Themenhefte

SCHWERPUNKTPROGRAMM **UMWELT**
SCHWEIZ. NATIONALFONDS ZUR FÖRDERUNG DER WISSENSCHAFTLICHEN FORSCHUNG
PROGRAMME PRIORITAIRE **ENVIRONNEMENT**
FONDS NATIONAL SUISSE DE LA RECHERCHE SCIENTIFIQUE
PRIORITY PROGRAMME **ENVIRONMENT**
SWISS NATIONAL SCIENCE FOUNDATION

Naturbilder – Ökologische Kommunikation zwischen Ästhetik und Moral

W. Lesch (Hrsg.)

Springer Basel AG

Herausgeber

Dr. Walter Lesch
Universität Freiburg/Schweiz
Interdisziplinäres Institut für Ethik und Menschenrechte
Rue St-Michel 6
CH-1700 Fribourg
Schweiz

Die Deutsche Bibliothek - CIP-Einheitsaufnahme

Naturbilder : ökologische Kommunikation zwischen Ästhetik
und Moral / W. Lesch (Hrsg.). –
  (Themenhefte SPP Umwelt)
  ISBN 978-3-7643-5340-7   ISBN 978-3-0348-7768-8 (eBook)
  DOI 10.1007/978-3-0348-7768-8
NE: Lesch, Walter [Hrsg.]

Camera-ready Vorlage erstellt von den Autoren
Umschlaggestaltung: Markus Etterich, Basel
Gedruckt auf säurefreiem Papier,
hergestellt aus chlorfrei gebleichtem Zellstoff. TCF ∞

ISBN 978-3-7643-5340-7

9 8 7 6 5 4 3 2 1

Inhaltsverzeichnis

VI

Ästhetische Naturbilder im Wandel

Regionale Differenzen

Von Landschaftsbildern zu neuen künstlerischen Darstellungen von Natur

Urbanistik und Architektur

Natur im Film

Anhang

Vorwort

Das vorliegende Buch entstand aus Forschungsarbeiten in der ersten Beitragsperiode des vom Schweizerischen Nationalfonds finanzierten Schwerpunktprogramms Umwelt (1993-1995). Im Modul 4 waren Wissenschaftlerinnen und Wissenschaftler in koordinierten Projekten damit beauftragt, die gesellschaftlichen Voraussetzungen für umweltgerechtes Denken und Handeln zu erforschen. Dies geschah von Anfang an im intensiven Austausch zwischen den Disziplinen, im Modul 4 vor allem auf dem Gebiet der Geistes- und Sozialwissenschaften. Dabei wurde relativ früh deutlich, dass der kulturellen Dynamik eine besondere Bedeutung bei der Konzipierung, Förderung und Durchsetzung von nachhaltigem Handeln zukommt.

In einem insgesamt stark naturwissenschaftlich geprägten Forschungsprogramm war es zur Nutzung von Synergieeffekten naheliegend, die Kooperation zwischen jenen Projekten zu intensivieren, deren Akzent bei den kulturellen Fragestellungen lag, die zwar in anderen Forschungsbereichen durchaus auch präsent waren, aber nicht prioritär bearbeitet werden konnten. So schlossen sich Forscherinnen und Forscher aus der Religionswissenschaft, Theologie, Philosophie, Ethnologie, Geographie und Linguistik Ende 1993 zu der lockeren Arbeitsgemeinschaft des *Projektteams «Kulturwandel»* zusammen, das nun im Zeitraum von knapp zwei Jahren gemeinsame Forschungs-, Tagungs- und Publikationsaktivitäten abgesprochen hat.

Ein erster öffentlicher Anlass war ein Workshop, der im März 1994 an der Universität Fribourg zur Thematik des hier vorgelegten Buches durchgeführt wurde. Einige der abgedruckten

Texte gehen auf für diese Arbeitstagung vorbereitete Referate und Statements zurück. Im Laufe der Nachbereitung wurde uns jedoch klar, dass wir uns nicht in eine kulturwissenschaftliche Sackgasse manövrieren wollten. Es wäre ein Widerspruch zur transdisziplinären Forschungslogik des Schwerpunktprogramms Umwelt gewesen, wenn wir den Gesprächskreis nicht auf andere Disziplinen ausgeweitet hätten. Deshalb erging die Einladung an Expertinnen und Experten verschiedenster Fachgebiete, über die ethischen und ästhetischen Konturen *ihrer* Naturbilder Auskunft zu geben. So konnten nicht nur die Grenzen des Moduls 4 überschritten werden; es war auch möglich, ausserhalb des SPPU Mitwirkende für unser Themenheft zu gewinnen.

Der Dank gilt allen, die zu einem Beitrag bereit waren, obwohl sie wussten, dass es sich nicht um einen der üblichen Sammelbände handelt, sondern um ein Gemeinschaftsunternehmen, das mit vielen Rücksprachen, Änderungswünschen und manchmal auch etwas langwierigen fächerübergreifenden Kontakten verbunden ist. Ohne den Impuls, die Geduld und das konzeptionelle Mitdenken der Programmleitung in Bern beim Start dieses Buchprojekts wäre das Ergebnis nicht zustandegekommen. Dafür ein herzlicher Dank an Dr. Rudolf Häberli und an Walter Grossenbacher. Der Dank der Autorinnen und Autoren gilt ebenso dem Birkhäuser Verlag für die gute Kooperation.

Meine Arbeit als Herausgeber wurde entscheidend unterstützt durch meine beiden Kollegen im Freiburger Teilprojekt: Charles Martig (bis 1994) und Andreas Föhn. Ihrer kompetenten Mitarbeit habe ich wesentliche Anregungen und ein stimulierendes Arbeitsklima zu verdanken. Andreas Föhn hat die auch bei guter EDV-Ausstattung nicht immer leichte Aufgabe übernommen, Disketten unterschiedlichster Herkunft und Texte mit selbst nach mehreren Bearbeitungen höchst individuellen Gestaltungsmerkmalen in die vom Birkhäuser Verlag gewünschte Form zu bringen. Ohne seine sorgfältige inhaltliche und technische Hilfe wäre die Arbeit an den «Naturbildern» trostloser gewesen.

Fribourg, im Herbst 1995

Walter Lesch

Einleitung und Überblick

Ökologischer Kulturwandel

Akzente kulturwissenschaftlicher Umweltforschung

Walter Lesch

Diese Einleitung gibt einen kurzen Überblick über gemeinsame Erkenntnisinteressen und Fragerichtungen der interdisziplinären Beschäftigung mit Naturbildern. Als Brennpunkt dient das Programm eines ökologischen Kulturwandels, dessen Dringlichkeit unbestritten ist, dessen Realisierungschancen jedoch unterschiedlich eingeschätzt werden. Die Zukunftsfähigkeit moderner Industriegesellschaften und erst recht ein internationaler Interessenausgleich nach Kriterien der Gerechtigkeit ist nicht allein durch rechtliche Sanktionen oder durch den ökologischen Umbau der Wirtschaft zu erreichen, obwohl entsprechende Massnahmen wünschenswert sind; *alle* Teilbereiche gesellschaftlicher Kommunikation sind auf ihre Umwelt- und Sozialverträglichkeit zu überprüfen. Dabei zeigt sich, dass die kulturellen Ressourcen einer Gesellschaft weitaus mehr sind als luxuriöser Bildungs- und Traditionsbalast. Sie sind einflussreiche und ambivalent wirkende Faktoren in einer rasanten Zivilisationsdynamik, die durch ihre naturzerstörerische Logik in eine gefährliche Sackgasse geraten ist. Es wird zu zeigen sein, dass die

Kulturwissenschaften[1] nicht nur über Hindernisse und destruktive Kräfte lamentieren, sondern auch auf wirksame Gegengifte und brauchbare Orientierungshilfen hinweisen.

1. Die Pluralität der Naturbilder

«Die in unserem Kulturkreis massgebende kulturelle Information ist zu analysieren und zu bewerten, in ihrer Herkunft ebenso wie in ihrem Bestand und in ihren Entwicklungsmöglichkeiten. Kriterium ist die Verträglichkeit mit lebensfördernden Umweltbedingungen. (...) Kulturvergleichende Studien, die wichtige Ergebnisse und Kritik der uns eigenen ökologisch relevanten kulturellen Information versprechen, sind erwünscht.» So stand es im Ausführungsplan zum *Schwerpunktprogramm Umwelt* vom März 1992. Die in dem vorliegenden Band versammelten Arbeiten haben es sich zum Ziel gesetzt, zur Aufschlüsselung von ökologisch relevanten Kulturphänomenen beizutragen. Wir gehen von der Hypothese aus, dass die dominierenden kulturellen Repräsentationen von Natur – wir haben sie kurz als «Naturbilder» bezeichnet – unseren praktischen Umgang mit der natürlichen Umwelt in Alltag, Beruf und Freizeit massgeblich prägen.

Darin ist ferner die Annahme enthalten, dass uns Natur nur selten in ihrer Ursprünglichkeit entgegentritt, sondern meistens in vergesellschafteter Form (vgl. Eder, 1988): bereits von Menschen bearbeitet und kulturell codiert. Insofern liegt das kulturwissenschaftliche Interesse an der Natur auf der Hand. Wir sollten dabei jedoch nicht übersehen, dass die konzeptionellen Schwierigkeiten beim Umschalten von ‹Natur› auf ‹Kultur› nicht gerade geringer werden. Denn der Kulturbegriff leidet unter einer erdrückenden Bedeutungsvielfalt, die für den wissen-

---

[1] Die Bezeichnung «Kulturwissenschaften» wird immer häufiger dem traditionellen Begriff «Geisteswissenschaften» vorgezogen. Die beiden Vokabeln können aber weiterhin austauschbar verwendet werden, um endlose Debatten über «Kultur» und «Geist» zu umgehen. Nach üblicher Terminologie nehmen die Sozialwissenschaften hinsichtlich ihrer stärker empirisch ausgerichteten Methodologie eine mittlere Position zwischen Kultur- und Naturwissenschaften ein (vgl. Lepenies, 1988). Damit sind die verhärteten Fronten, die durch die alte These von den «zwei Kulturen» (natur- und geisteswissenschaftliche Intelligenz) unterstützt wurde, ein wenig aufgeweicht worden. Das Schwerpunktprogramm Umwelt leistet einen wesentlichen Beitrag zur Stimulierung transdisziplinärer Dialoge.

schaftlichen Diskurs nicht unproblematisch ist.[2] Gelegentlich wird ‹Kultur› immer noch in Opposition zu ‹Zivilisation› verstanden, wobei ‹Zivilisation› stärker den technisch-wissenschaftlichen und effizienzorientierten Aspekt gewichtet, ‹Kultur› eher den ästhetisch-künstlerischen und zugleich unpolitischen Bereich (vgl. Geyer, 1994: 6ff.). Für die Kultur hat eine solche Differenzierung den negativen Effekt, dass sie in das elitäre Abseits der höheren Sphären des Geistes geschoben wird, in denen sie sich mit konservativem Trotz behaupten kann und bei guter Konjunktur sogar an einer Luxusspielwiese erfreuen darf. Sie wäre dann aber von wichtigen gesellschaftlichen Entwicklungen abgeschnitten. Das Projekt einer «ökologischen Zivilisierung» (Kösters, 1993) sollte daher kulturelle Aspekte im klassischen Sinn integrieren, während umgekehrt die Kultur keine Berührungsängste vor dem technisch-instrumentellen Bereich hat. Wir verstehen in pragmatischer Absicht kulturwissenschaftliche Forschung in einem umfassenden Sinn, der neben den traditionellen Text- und Bildwelten der Bibliotheken und Museen auch Wissenschaften, Medien, Produktgestaltung und Technologie einschliesst. Folglich habe wir die «Naturbilder» nicht nur in Gemäldegalerien gesucht, wollten andererseits aber auch nicht auf die explizit künstlerische Seite von Kultur verzichten (vgl. zum weiteren Verständnis ökologischer Kommunikation: de Haan, 1995).

Das Wort «Naturbild» klingt wie eine Analogiebildung zu «Weltbild», hat jedoch einen bescheideneren Anspruch und ist konkreter. Weltbilder wollen Aussagen über das Ganze der Wirklichkeit machen: über Ursprung und Ziel, Gesetzmässigkeiten der Entwicklung, Geist und Materie. Der von der deutschen Romantik geprägte Begriff «Weltanschauung» hat in der heutigen alltagssprachlichen Verwendung seinen pathetischen Klang und seinen umfassenden kosmologischen Anspruch verloren, da wir vor der Vermischung von Versatzstücken aus verschiedenen Weltbildern nicht zurückschrecken. An die Pluralität der Weltbilder und Weltanschauungen haben wir uns längst gewöhnt. Und wir halten es für selbstverständlich, im Bereich der Wissenschaft weltanschauliche Neutralität walten zu lassen. Strenge Wissenschaft, so will es das Ideal, bleibt von den Besonderheiten bildlicher Vorstellungen unberührt; sie ist abstrakt, formal, logisch, interkulturell kommunizierbar und deshalb frei von zufälligen kulturell vermittelten Sichtweisen, die den Relativismus unendlicher Interpretationen zur Folge haben. Die existentielle Bedeutung von Weltbildern wird keineswegs geleugnet; aber diese werden in den

---

[2] Über moderne Ansätze einer Philosophie der Kultur und die damit verbundenen Definitionsprobleme informiert ausführlich Geyer, 1994.

Bereich des Privaten verwiesen, um eine öffentlich überprüfbare Wissenschaft von der Verwirrung des Intellekts durch Bilder freizuhalten. Wahrscheinlich war ein solches Objektivitätsideal der Wissenschaft immer schon ein Zerrbild, das der tatsächlichen Logik der Forschungsprozesse nicht entsprach. Heute haben wir ein unbefangeneres Verhältnis zum Konstruktionscharakter wissenschaftlicher Erkenntnis, in die auch visuelle Repräsentationen einfliessen (vgl. zur Bildlichkeit in der Philosophie: Heinrich/Vetter, 1991).[3] Wissenschaft hat nicht nur in der Darstellung ihrer Ergebnisse ein Verhältnis zum Ästhetischen; sie lässt sich auch in der Planung von Untersuchungen durch ästhetische Standards leiten. Auch Spitzenforschung muss sich nicht schämen, wenn ihr nachgesagt wird, zwischen Wissenschaft und Kunst zu vermitteln (vgl. die Beiträge in Bien et al., 1993 und die umfassende Dokumentation des Stuttgarter Kongresses «Natur im Kopf», 1994). In neuen Entwürfen der Naturphilosophie, die sich mit der Chaostheorie auseinandersetzen, ist die Wende zum Ästhetischen nicht zu übersehen (vgl. Kanitscheider, 1993). Die Schönheit von Gebilden der fraktalen Geometrie ist innerhalb weniger Jahre zu einem populären Inbegriff modernster Naturwissenschaft geworden.

Während Weltbilder gelegentlich zur Fixierung auf ein konkurrenzloses und geschlossenes System neigen, sind unsere Bilder von der Natur nur nach dem offenen Modell eines unendlichen Bilderarchivs denkbar. Selbst bei der weltanschaulichen Einschränkung des Blicks auf *ein* abstraktes und für verbindlich gehaltenes Weltbild ist die Fülle der Naturbilder nicht zu domestizieren. Naturbilder sind zum Teil *natürliche* Bilder: Visionen dessen, was in der Natur ohne den gestaltenden Einfluss des Menschen vorgegeben ist. Sie sind aber auch als mediale Produkte *künstliche* Reflexe des Natürlichen: Nachahmungen der Natur oder artifizielle Neugestaltungen ohne den Anspruch auf eine Abbildung von Wirklichkeit. Naturbilder sind Kulturprodukte, die nicht einfach reine Natur repräsentieren, sondern mit dem metaphorischen Überschuss von Bildern arbeiten (vgl. die Artikel in Zimmermann, 1982). Sie eröffnen Räume der Imagination, stimulieren neue Bilder und bewirken somit einen Pluralisierungsschub, der sich durch wissenschaftliche Disziplinierungen nicht bremsen lässt. Wahrscheinlich gelten sie genau deshalb bis heute in Kreisen der etablierten Wissenschaft als suspekt.

---

[3] Für die Sozial- und Kulturwissenschaften liegt hier die Chance, die forschungspolitisch folgenreiche Gegenüberstellung von «harten Fakten» in den Naturwissenschaften und «weichen Optionen» im eigenen Bereich aufzubrechen und subtilere Übergänge zwischen den Wissenskulturen aufzuzeigen (vgl. Felt et al., 1995: 149ff.)

Naturbilder vermitteln nicht nur wirklichkeitsnahe Visionen dessen, was ist; sie transportieren auch Vorstellungen von dem, was sein soll. Sie enthalten Sehnsüchte und Utopien, Schrekkensbilder und Drohungen. Nun ist gerade die Kommunikation über ökologische Sachverhalte in Sprache und Bild voll von Appellen und Imperativen. Die Analyse von Naturbildern bietet eine hervorragende Gelegenheit, der normativen Logik von Bildern auf die Spur zu kommen. Die moralischen Bewertungen von Natur sind zu einem nicht geringen Mass vom jeweils wahrgenommenen Wirklichkeitsausschnitt abhängig. Kognitive Einsichten in umweltrelevante Zusammenhänge reichen offensichtlich nicht aus, um zu einem konsequenten Handeln zu motivieren. Die Beschäftigung mit Naturbildern könnte nach der in diesem Buch vertretenen Auffassung eine Gelegenheit sein, das Spektrum der Wahrnehmungen zu erweitern und die Sinne für die Natur zu schärfen.

Obwohl der Akzent der hier versammelten Beiträge auf der Verständigung über Bilder liegt, handelt es sich nicht um einen Bildband. Der Grund für diese Einschränkung liegt nicht nur in den hohen Kosten für qualitativ hochwertige Reproduktionen; es gibt auch ein gutes Sachargument für die Dominanz des Textes. Wir bewegen uns nämlich im Medium des Buches und der argumentativen Rede, nicht in audiovisuellen Medien oder in Ausstellungsräumen. Diesen Unterschied gilt es gerade in einer Zeit der Bilderflut festzuhalten. Die Umsetzung der in den verschiedenen Beiträgen entwickelten Zugänge zur Natur muss anderen Ausdrucksformen vorbehalten bleiben. Falls die Texte die Leserinnen und Leser zu eigenen Experimenten zu einem reflektierten Umgang mit Bildern z. B. im Schul- oder Hochschulunterricht anregen, wäre ein wichtiges Ziel dieser Publikation erreicht.

Weil der öffentliche Streit über ökologische Fragen nicht zuletzt auf Differenzen in der Wahrnehmung beruht, wird in mehreren Aufsätzen dieses Buches ein Brückenschlag zwischen ethischer und ästhetischer Reflexion versucht (vgl. die zusammenfassenden Thesen am Ende des Buches). Damit ist die Absicht verbunden, ein unproduktives Moralisieren zu vermeiden und die ethische Optik durch die Ästhetik und durch die Sichtweisen anderer Disziplinen, die sich mit Wertungen und Wahrnehmungen in der Ökologie befassen, zu ergänzen.

Naturbilder sind Ausdruck von Kultur und geben insofern auch Aufschluss über jene kulturellen Informationen, die für ein umweltverantwortliches Handeln wichtig sind. Es gibt daher einen neuen Trend zur «Umweltkultur», zu einer neuen kulturellen Codierung von Natur, verbunden mit der Hoffnung auf einen Wertwandel in Richtung auf mehr «Nachhaltigkeit» (vgl.

zur Rolle der Kultur im sozialen Wandel: Ingelhart, 1995: 487ff.). Könnte es nicht sein, dass die an das kulturelle Subsystem Kultur geknüpften Erwartungen zu hoch sind? Denn wie soll die neue Kultur konkret aussehen? Unsere Lebenswelt ist durch eine Vielzahl von Lebensstilen geprägt, die sich nicht per Dekret auf ökologische Zielsetzungen verpflichten lassen. Besteht begründete Hoffnung auf freiwillige Lernprozesse und auf eine grössere Bereitschaft zum Verzicht? Genau hier liegt ein Problem der geforderten ökologischen Transformation bisheriger kultureller Massstäbe: nach einer Phase individualistischer Abkehr von Ideologien dürfte eine grüne Umkehrpredigt von vielen als ein wenig überzeugender Religionsersatz empfunden werden, eventuell sogar als eine esoterische Wiederverzauberung der Natur. An einem ökologischen Gesinnungsterror einer neuen «political correctness» besteht aus nachvollziehbaren Gründen kein Interesse.[4] Deshalb ist auch die von einigen Vertretern einer Umweltethik geäusserte Kulturkritik im Sinne einer Rückkehr zu Massstäben des Natürlichen wenig überzeugend (vgl. zu den Ansätzen der «Neuen Ethik»: Brenner, 1994: 163-192). Der Weg aus der Krise dürfte mit einer pauschalen Kritik an aufklärerischer Rationalität kaum zu finden sein, da wir für die Begründung und Durchführung wirksamer Strategien nicht weniger, sondern mehr Rationalität brauchen.

Ich halte die beschriebene Ausgangssituation aber für eine gute Basis zu einem offenen Gespräch über die Pluralität der Naturbilder, deren Qualitäten erst nach dem Weglegen der ideologischen Brillen sichtbar werden. «Verträglichkeit mit lebensfördernden Umweltbedingungen», wie sie im eingangs zitierten Ausführungsplan des Schwerpunktprogramms Umwelt gefordert wurde, mag durchaus ein Kriterium für die Bilder in Werbekampagnen sein; zur Bewertung von Kunst dürfte dieser Massstab aber kaum taugen.[5] Deshalb haben wir uns auf eine

---

4 Im übrigen hat sich gezeigt, dass beispielsweise eine grüne Gesinnungsliteratur ästhetisch nicht sehr ansprechend ist. Wer sich künstlerischer Mittel bedient, um Thesen zu illustrieren, wird scheitern, wenn er das Handwerk der literarischen Darstellung nicht wirklich gut beherrscht. Entsprechendes gilt für andere Medien. Damit wird deutlich, dass ökologisch relevante Naturbilder nicht unbedingt eine explizit ökologische Botschaft haben müssen. Unter Umständen ist eine ohne Bekehrungsabsichten geschriebene Naturlyrik reizvoller und überzeugender als ein Text mit überdeutlich erkennbarer guter Gesinnung. Vgl. als Beispiele der neueren Öko-Literatur die Zukunftsromane «Ökotopia» (Callenbach, 1990), eine positive Vision einer umweltgerechten Gesellschaft, und «Go!» (Fleck, 1993), eine negative Utopie der Öko-Diktatur.

5 Aus diesem Vorständnis autonomer Kunst erklärt sich der Reflex vieler Geisteswissenschaftler gegen eine befürchtete Vereinnahmung durch sogenannte «orientierte Forschung». Gegen übertriebene Berührungsängste spricht aber schon allein das Selbstverständnis der Geisteswissenschaftler, Orientierungswissen vermitteln zu wollen und dieses als unentbehrliches Spezifikum der ansonsten als nicht sehr nützlich eingeschätzten Disziplinen zu deklarieren (vgl. Felt et al., 1995: 159). Wenn eine funktionale Legitimierung im

vielstimmige Komposition geeinigt, deren Bestandteile nun kurz erläutert werden sollen. Dieser Überblick darf zugleich als kleine kommentierte Orientierungshilfe bei der Lesereise durch die folgenden Texte betrachtet werden. Sie dokumentieren die Arbeit von Disziplinen aus allen drei Wissenschaftskulturen, aus Natur-, Sozial- und Kulturwissenschaften, wobei der Schwerpunkt im Bereich der Kultur gewählt wurde. Eine Intensivierung der Kooperation mit empirisch ausgerichteten Forschungsprojekten ist damit jedoch nicht ausgeschlossen und zu einem späteren Zeitpunkt sogar ausdrücklich erwünscht.

2. Disziplinen und Transdisziplinarität: Die Beiträge im Überblick

Zu den Besonderheiten der kulturwissenschaftlichen Disziplinen im transdisziplinären Forschungsprozess gehört deren geschichtliche Dimension. Kulturwissenschaften arbeiten mit Material, das in seiner historischen Entwicklung zu verstehen ist. «Menschen leben weit mehr in der Vergangenheit, als uns bewusst ist. Denn wir interpretieren die Wirklichkeit mit Konzepten und Weltanschauungen, die auf vergangenen Erfahrungen beruhen. Das ist unvermeidlich: Unsere Erfahrungen setzen sich aus vielen Millionen Eindrücken zusammen, und wir können uns nicht auf alle konzentrieren. Wenn wir ihnen eine gewisse Kohärenz geben wollen, müssen wir abstrahieren und eine Reihe von vereinfachten Konzepten bilden, die uns für wichtige Ziele relevant erscheinen» (Inglehart, 1995: 487). Das gilt auch für die kollektiven Muster der Naturwahrnehmung, die oft ein grosses Beharrungsvermögen haben. Für die Darstellung der Geschichte des Umweltbewusstseins in der Schweiz seit dem 18. Jahrhundert ist auf die lehrreiche Studie des Genfer Historikers François Walter zu verweisen (Walter, 1990). Dort befindet sich reichhaltiges Text- und Bildmaterial zum Wandel der Naturbilder und ihren jeweiligen ideologischen Konnotationen.

Das vorliegende Buch gliedert sich in zwei grosse Teile: einem eher konzeptionellen und einen eher anwendungs- und beispielorientierten Teil, wobei selbstverständlich Beispiele und

---

eigenen Interesse nicht ausgeschlossen wird, sollte sie als gesellschaftliche Anfrage nicht pauschal abgewehrt werden.

konzeptionelle Anstrengungen in beiden Hauptteilen anwesend sind. In der Regel versuchen sich jeweils zwei Beiträge aus unterschiedlichen Disziplinen an thematisch verwandten Perspektiven. Abschliessend werden im Anhang in Thesenform Ergebnisse der Freiburger Forschungen als Grundlage für weitere Diskussionen zusammengefasst.

Bei der Erörterung von Konzepten der Naturwahrnehmung geht es zunächst in einem Beitrag des Herausgebers um die systematische Verbindung von umweltethischen und naturästhetischen Erkenntnisinteressen. Ökologische Ethik hat sich seit etwa zwei Jahrzehnten als ein eigenständiger Zweig angewandter Ethik etablieren können; in den letzten Jahren hat auch die traditionsreiche Ästhetik der Natur neue Beachtung gefunden und wird nun immer mehr in Verbindung mit Fragen der Umweltethik diskutiert. Das Interesse an dieser Kombination hat vor allem folgenden Grund: Appelle an ein umweltverantwortliches Handeln reichen offensichtlich nicht aus, um einen Lebensstil- und Wertwandel zu fördern. Dieser hängt vielmehr von Motivationen ab, die durch die Art und Weise unserer Naturerfahrung bedingt sind. Eine ästhetische Erfahrung der Natur ist einer der Wege, den Eigenwert unserer natürlichen Umwelt anzuerkennen. Die Sensibilität für das Naturschöne ist Teil eines Entwurfs von gutem und sinnvollem Leben und verdient insofern die Anerkennung durch andere Mitglieder der Gesellschaft, auch wenn diese für ihren persönlichen Lebensentwurf andere Prioritäten setzen. Ästhetik ist also nicht nur ein Aufputschmittel für eine in Argumentationsnot geratene Ethik; sie ist ein plausibler Versuch, unser jedem normativen Disput vorausliegendes Leben in gestalteten und zu gestaltenden Umgebungen kognitiv und affektiv zu begreifen. Vor diesem Hintergrund werden bereits vorliegende Konzepte der Verbindung von Ethik und Ästhetik diskutiert, um ein an der Lebensstilforschung orientiertes Modell für eine in der ökologischen Praxis relevante Synthese vorzuschlagen.

Anschliessend bietet *Christian Thomas* Orientierungshilfen im Dickicht der Bilder und fragt nach der Bedeutung visueller Kommunikation für ökologische Belange. Er untersucht konkretes Bildmaterial hinsichtlich des Verhältnisses von Natürlichkeit und Künstlichkeit und macht deutlich, dass die Grenze zwischen Natur- und Kulturphänomenen in einer Zeit fortgeschrittener technischer Möglichkeiten der Reproduktion und Manipulation von Bildern immer mehr verschwimmt. Die Echtheit von Naturbildern wird zum Problem, obwohl gerade die Erfahrung einer vom Menschen zerstörten Natur die Grenzen totaler Naturbeherrschung sichtbar macht.

So ist letztlich nicht auszuschliessen, dass ausgerechnet in der Kunstwelt des Bilder-Dschungels der Mensch das Opfer seiner eigenen Herrschaftsansprüche wird und im Dschungel der in grösseren Zeitdimensionen rechnenden realen Natur hoffnungslos verloren ist.

Wenn wir heute von «Ästhetik» sprechen, ist damit längst nicht mehr nur die traditionelle Kunstphilosophie gemeint. Eine zeitgemässe und praktisch relevante ästhetische Theorie ist sogar gut beraten, wenn sie das Gespräch mit den Praktikern der Gestaltung sucht: mit Architekten, Designern und Werbefachleuten, die wissen, wie Umgebungen und Befindlichkeiten beeinflusst werden. «Design als ästhetische Arbeit, als Produktion von Oberflächen und Formen entscheidet heute darüber mit, in welcher Weise sich der Mensch leiblich erfahren kann und in welcher Weise er sich durch die Strategien der Designer erfahren soll» (Böhme, 1995: 18). Am Beispiel des «Eco-Design» entwickeln *Ruth Kaufmann-Hayoz*, *Christian Häuselmann* und *Wolfgang Gessner* einen konkreten Vorschlag für die praktische Nutzung wahrnehmungspsychologischer Erkenntnisse. Sie analysieren Produkte des alltäglichen Gebrauchs und räumliche Infrastrukturen und untersuchen die dort eingesetzten Gestaltungsmittel, die ein umweltverantwortliches Handeln fördern oder behindern. Leider ist es oft so, dass die umweltschädlichen Benutzungsfolgen den Verbrauchern durch das Design verheimlicht werden, weil Umgebungen so gestaltet sind, dass sie beispielsweise zum hemmungslosen Energieverbrauch einladen. Es käme also darauf an, die Wahrnehmungstheorie mit einer ökologischen Semiotik zu verbinden, die ein handlungslenkendes Potential hat. Benutzerinnen und Benutzer könnten durch ein umfassendes «Eco-Design» aufgefordert werden, den umweltorientierten Wertewandel in ihrem Alltagsverhalten selbstverständlich und unkompliziert mitzuvollziehen.

Mit einem systemtheoretisch geprägten Ansatz versucht *David J. Krieger* dem ökologischen Auge eine neue Sehschärfe zu geben. Er zeigt die Grenzen und funktionalen Möglichkeiten ökologischer Kommunikation und skizziert auf der Basis seiner Forschungen zu einer interreligiösen Umweltethik die religiösen Aspekte der Umweltkrise. Im Anschluss an grundlegende Überlegungen von Luhmann (vgl. Luhmann, 1995) beschäftigt Krieger sich vor allem mit dem auch für ökologische Belange zentralen Problem der Beobachterposition. Wer kann sich eigentlich anmassen, über systemische Zusammenhänge vom Komplexitätsgrad der Ökologie überprüfbare Aussagen zu machen, wenn er oder sie dabei permanent auf Differenzen und Paradoxien stösst? Ist das ökologische Auge blind? Krieger schlägt vor, Ökologie als ein Denken zu verstehen, das nach der Einheit der Differenz von Natur, Kultur und Geist fragt. Parodoxien markieren einen blinden Feck, der nicht von einem Beobachter wahrgenommen werden kann. Aber sie sind genau die Bereiche, die in der Weisheit der Religionen und Kulturen reflektiert werden: in Mystik und Kunst. Sind diese Überlieferungen Sehschulen für das ökologische Auge? Die spirituellen Komponenten in zahlreichen ökologischen Aktionsprogrammen scheinen für die Richtigkeit dieser Annahme zu sprechen.

Abseits der vertrauten Deutungsmuster bewegt sich auch der Beitrag des Theologen *Uwe Gerber* zur Schöpfungstheologie. Gerber versteht theologische Aussagen über Natur als Schöpfung nicht als ein starres dogmatisches Denkgebäude, sondern als ein schon in der biblischen Tradition sehr buntes Mosaik von Bildern, die mit heutigen Einstellungen zur Natur verglichen werden können. Gerber rekonstruiert in einem anschaulichen und narrativen Stil vier Bilder («Visionen»), mit denen er jüdisch-christliches Gedankengut und die darin enthaltene Ambivalenz in der Gestaltung des Mensch-Natur-Verhältnisses lebendig macht und problematisiert. Er unterscheidet zwischen einem Modell der Umkehr zu ökologischer Gerechtigkeit, einem resignativen Ordnungsdenken, das sich in eine gegebene Struktur von Natur und politischer Herrschaft einfügt, einem Modell der aktiven Weltgestaltung in den Rhythmen der Natur und einer Vision des solidarischen Lebens im Paradiesgarten oder Oasenbiotop. Wenn Theologie in dieser Weise sozialgeschichtlich geerdet wird, kann sie auf Kompetenzstreitigkeiten mit naturphilosophischen Kosmologien verzichten. Die von Gerber in den vier idealtypischen Bildern verdichteten schöpfungstheologischen Entwürfe sind praktische Modelle von in der altorientalischen Welt gelebten Überzeugungen, die unseren Sehnsüchten und Orientierungsversuchen gar nicht so fremd sind.

Natur wird in unserer Wissenschaftskultur als Domäne der Naturwissenschaften betrachtet. Dabei wird oft übersehen, dass naturwissenschaftliches Arbeiten eine kulturelle Praxis ist, die zu eigenständigen Deutungen von Natur- und Kulturphänomen herausfordert. *Andreas Erhardt* hat als Biologe die keineswegs selbstverständliche Aufgabe übernommen, sein persönliches Verständnis von Naturschönheit darzustellen und am Beispiel seiner Forschungen zu erläutern.

Nach den grundlagenorientierten Konzeptdebatten im ersten Teil akzentuieren die Beiträge im zweiten Teil stärker die Veränderbarkeit von Naturbildern und belegen dies jeweils mit konkreten Untersuchungsergebnissen aus Fallstudien.

Für eine hilfreiche Irritation unserer Wahrnehmungsmuster sorgt die Ethnologin *Christin Kocher Schmid* in ihrem ethnobotanischen Beitrag zu ästhetischen Präferenzen im Umgang mit Pflanzen. Sie vergleicht die farbliche Komposition von Familiengärten in der Schweiz (Region Basel) und in Nokopo, einem Dorf in Neuguinea. Unter ästhetischem Empfinden versteht die Autorin im Anschluss an Gregory Bateson das Erkennen von Mustern und das Gestalten von harmonisch strukturierten Ordnungen. Gerade die farblichen und kompositorischen Präferenzen bei der Gestaltung von Gärten seien ein Beleg für diesen ästhetischen Ordnungssinn, der emotionale Befriedigung auslöse. Im Vergleich der untersuchten Gärten in der Schweiz und in Neuguinea kommen allerdings recht unterschiedliche Bedürfnisse in den Blick. Während die Bewohner von Nokopo ihre Gärten nach dem Vorbild des benachbarten Waldes, dem mythologischen Ursprung ihrer Existenz, anlegen, wird in den Schweizer Gärten das Verlangen nach einer vorindustriellen Idylle sichtbar, die sich zum Teil an der Alpenlandschaft orientiert. In beiden Fällen sind nicht nur Nützlichkeitserwägungen massgebend, sondern die Suche nach einem Ausdruck für eigene Befindlichkeiten und existentiell bedeutsame Naturbilder, die Identität und Geborgenheit vermitteln.

Ursula Brechbühl und *Lucienne Rey* befassen sich mit weniger weit entfernten Regionen und weisen mit Hilfe der Analyse von Zeitungstexten aus der Schweiz nach, dass selbst in den eng benachbarten Sprach- und Kulturräumen dieses kleinen Landes erhebliche regionale Differenzen in der Wahrnehmung und Bewertung von Natur zu verzeichnen sind. Am Beispiel der Einstellungen zum Beton, jenem künstlichen Baustoff, der zum Inbegriff der bedrohlichen «Un-Natur» geworden ist, werden Strategien von Umweltdiskursen in den Printmedien sichtbar, die sich zu einem spannenden Kapitel Mentalitätsgeschichte zusammenfügen.

«Landschaft» ist sei langem eine Schlüsselkategorie der Naturästhetik. Entsprechend war die Landschaftsmalerei ein bevorzugter Gegenstand der kunstwissenschaftlichen und philosophischen Arbeit zum Thema Natur (vgl. Raulet, 1987). *Walter Lesch* erläutert dieses Genre am Beispiel der berühmten Sainte-Victoire-Bilder von Paul Cézanne und deren literarischer Verarbeitung durch Peter Handke. Landschaften haben nicht nur einen kunsttheoretischen Wert; sie sind auch Imaginationsräume für die Identitätsvergewisserung, für das, was traditionell und vielfach missbraucht als «Heimat» bezeichnet wird. Sie sind Schnittstellen von Natur und

Kultur, menschliche Kunstwerke mit natürlichen Materialien, natürliche Lebensräume, in die sich der Mensch einfügt, «Naturwelt» und «Menschenwerk» zugleich. Das Wahrnehmungsproblem besteht darin, dass wir Landschaft nie als totale Impression erfahren, sondern zwangsläufig als Bildausschnitt, begrenzt durch eine Rahmung, die durch die Begrenzung unseres Gesichtsfeldes oder durch die Bedingungen der Medientechnik gegeben ist. Landschaft muss daher nicht unbedingt visuell repräsentiert werden; sie ist auch ein herausragendes Thema für sprachliche Gestaltung, wie der russische Schriftsteller Andrej Bitow jüngst in seinem grossartigen Roman «Mensch in Landschaft» (Bitow, 1994) gezeigt hat. Texte und Bilder von Landschaften laden zur imaginären oder realen Bewegung in Räumen ein, in denen wir täglich etwas Neues entdecken. «Indem wir uns in der *paysage* bewegen, bietet sich die Möglichkeit eines *dépaysement*: nicht mehr der Kosmos als Panorama, dafür die Möglichkeit einer Entdeckung der Landschaft durch Verfremdung der alltäglichen Umwelt» (Waldenfels, 1985: 192).

Nach dem Ende der traditionellen Landschaftsbilder wurden in der Kunst neue Zugänge zur Natur in Skulpturen und spektakulären Aktionen gesucht (vgl. Garaud, 1993). *August Heuser* erläutert die zentrale Bedeutung der Natur im Werk von Joseph Beuys und eröffnet damit über dieses Thema hinaus einen bedenkenswerten Zugang zu einem oft missverstandenen Künstler. In provozierenden Symbolhandlungen hat Beuys schon relativ früh die Respektierung der Natur zum Thema seiner Kunstwerke gemacht, in denen sich avangardistische Gestaltung, ökologisches Bewusstsein und politische Zeitgenossenschaft verbinden. Zu den Höhepunkten gehörte das 1982 bei der Kasseler *Dokumenta 7* begonnene Projekt «7000 Eichen»: im Laufe von fünf Jahren wurden in Kassel 7000 Eichen gepflanzt; zu jedem Baum wurde eine Basaltstele gestellt. Heuser macht nachvollziehbar, dass Beuys' Idee eines «ökologischen Gesamtkunstwerks» nicht einer momentanen Laune entsprungen ist, sondern im Kontext weitreichender naturphilosophischer, ästhetischer und politischer Reflexionen zu interpretieren ist, die auch für religiöse Aspekte offen sind.

Analog zur stereotypen Gegenüberstellung von Natur und Kultur wird immer wieder auf den Gegensatz von Natur(landschaft) und Stadt(landschaft) verwiesen, wobei bezeichnenderweise beiden Lebensräumen der Charakter einer Landschaft zugesprochen wird. Sind Städte Landschaften in einem übertragenen Sinn oder schroffe Gegenentwürfe zur Natur? *Andreas Föhn* gibt auf diese Frage eine architekturtheoretisch informierte Antwort und beschreibt ein bisher von der Sozialethik noch kaum beachtetes Arbeitsfeld. Dabei sind doch gerade Städte die grossen ökologischen Krisenzentren (Hoffmann-Axthelm, 1993), deren Zustand uns nach neuen Konzepten von Urbanität suchen lässt. Ökologie ist nicht mit pauschaler Stadtfeindschaft zu koppeln, weil die Probleme damit nicht aus der Welt geschafft werden. Es auch nicht damit getan, einen Hauch von Natur in Form von Parks und kleineren Begrünungen in die Städte zurückzubringen. Föhn entfaltet drei urbanistische Konzepte, die von normativer Bedeutung für die Lebensplanung und Alltagsgestaltung in Städten sind: Le Corbusiers klassisch-geometrisches Ordnungsmodell, das Bild der Stadt als Organismus und die neue Orientierung an chaostheoretischer Selbstorganisation städtischer Gebilde. Den jeweiligen Städtebautheorien entsprechen sozialethische Leitbilder, die wiederum eng mit Idealbildern des Natürlichen und dessen normativer Kraft verknüpft sind. Die Naturalisierung von Stadtbildern, die bisher nur als ästhetische Verfremdungsstrategie, etwa im Surrealismus, wirksam war, hat also auch eine ethisch-praktische Komponente.[6]

Durch die Sensibilisierung für die Folgen der Umweltzerstörung ist die Natur unter anderem durch die Bemühung um eine «ökologische Architektur» in die Städte zurückgekehrt. *Christian Thomas* erläutert die praktischen Aspekte dieses Trends an Beispielen aus der Architekturgeschichte und zeigt die bleibende Ambivalenz bisheriger Anstrengungen zugunsten einer «biologischen», natur- und menschengerechten Bauweise. Lange Zeit wurde der Naturbaustoff Holz mit hochgiftigen Produkten imprägniert. Gestaltungselemente wie Sonnenkollektoren, Wintergärten und Fassadenbegrünung sind Statussymbole und Versatzstücke einer Idee, die sich gut verkaufen lässt. Dennoch ist das Bewusstsein für die Verwendung giftfreier Baustoffe und energiesparender Konstruktionen so sehr gestiegen, dass sich eine Trendwende in der Architektur abzuzeichnen beginnt, ohne dass sich für das «grüne» Bauen ein einheitliches Stilprinzip erkennen liesse. Die neuen Ideale vom gesunden und umweltverantwortlichen Wohnen stützen sich auf eine Fülle von Naturbildern und ästhetischen Vorbildern und werden die gestalterische Phantasie eher beflügeln als einengen. Allerdings sind die gesetzlichen und wirtschaftlichen Rahmenbedingungen nicht immer sehr innovationsfreundlich.

---

[6]   Vgl. zur grossen ästhetischen Faszination des interdisziplinär reizvollen Themas Stadt die Ausstellung «La ville, art et architecture en Europe, 1870-1993», die 1994 im Pariser Centre Pompidou gezeigt wurde.

Eine letzte Abteilung von Texten wendet sich den Naturbildern in jenem Medium zu, das unsere Wahrnehmungen wie kein anderes prägt: dem 1995 hundert Jahre alten Film. Dies geschieht aus zwei verschiedenen, sich ergänzenden Blickwinkeln. *Angela Lüthje* widmet sich in ihrer Arbeit dem Film in umweltpädagogischer Absicht und konzentriert sich daher vorwiegend auf didaktisch konzipierte Naturfilme, die aufklärend und bewusstseinsbildend wirken sollen. Damit dieses Ziel erreicht wird, darf das Filmmaterial nicht zur Illustration einer pädogogischen Idee degradiert werden, die eigentlich auch verbal vermittelt werden könnte. Naturfilme sind als selbständiges Genre von hohem Niveau nur dann zu profilieren, wenn sie die filmtechnischen und ästhetischen Möglichkeiten gekonnt nutzen. Die aussergewöhnliche Faszination, die von handwerklich perfekten Naturfilmen und insbesondere von Tierfilmen ausgeht, dürfte damit zusammenhängen, dass dort ein Ausschnitt von Wirklichkeit erlebbar wird, der den Zuschauerinnen und Zuschauern sonst nicht aus dieser Nähe zugänglich ist und der auch nicht im Studio simuliert werden kann. Natur ist im Naturfilm also nicht eine eventuell durch Artefakte ersetzbare Kulisse, sondern sie ist «Hauptdarstellerin» eines Geschehens, das dann zwar zu anthropomorphen Deutungen Anlass geben mag, aber irgendwie fremd und geheimnisvoll bleibt.

Charles Martig entfaltet sein Verständnis einer Modellethik am Beispiel der Naturdarstellung in Spielfilmen, die keine ökologische Botschaft vermitteln wollen, aber eindrückliche Bilder von Natur enthalten (vgl. Sitney, 1993). Mit diesem theoretisch reflektierten und in der praktischen Medienarbeit verwendbaren Ansatz schliesst sich der Kreis zu dem anfangs skizzierten Anliegen einer Vermittlung zwischen ethischen und ästhetischen Kategorien. Nach einem Rückblick auf das umstrittene Genre des deutschen Bergfilms und kurzen Hinweisen zum US-amerikanischen Film widmet sich Martig einer gründlichen Analyse und Interpretation von Fredi Murers «Höhenfeuer», einem Meilenstein des neuen Schweizer Spielfilms (1985), an dem sich exemplarisch das Zusammenspiel von Naturbildern, Phantasie, Erzählung und Klangwelten zeigen lässt.

Das gemeinsame Interesse aller hier einleitend präsentierten Beiträge ist die Aufklärung des Zusammenhangs von Naturwahrnehmung, Motivation zu umweltverantwortlichem Handeln und problemadäquater Praxis im Alltag. Dabei erweist sich das Interesse an Ästhetik und Kultur nicht als ein elitärer Umweg, sondern als Gestaltungsaufgabe in alltäglichen Zusammenhängen. «In der kommunikativen Alltagspraxis müssen kognitive Deutungen, moralische Erwartungen, Expressionen und Bewertungen einander ohnehin durchdringen. Die Verständigungsprozesse der Lebenswelt bedürfen deshalb einer kulturellen Überlieferung *auf ganzer Breite*, nicht nur der Segnungen von Wissenschaft und Technik» (Habermas, 1988: 26). Wir haben einige Aspekte der kulturellen Überlieferungen zu den Leitvorstellungen von Natur transparenter zu machen versucht und sind nun an der Umsetzbarkeit der Ergebnisse interessiert.

3. Orientierte und orientierende Forschung

Die vorgestellten Beiträge zeigen meines Erachtens die Pluralität und Vitalität kulturwissenschaftlicher Umweltforschung, die im Vergleich mit anderen Wissenschaften mit ökologischen Interessen keinen Minderwertigkeitskomplex haben muss. Natur- und Technikwissenschaften sowie Sozial- und Kulturwissenschaften liefern im günstigsten Fall komplementäre Bausteine zu einem gemeinsamen Forschungsprogramm, in dem sich hermeneutische und empirische Methoden problemorientiert ergänzen (vgl. Lesch, 1995; Felt et al., 1995).

Wir haben uns um eine Verknüpfung von Forschungsergebnissen bemüht, die zur Reflexion und zur Praxis anregen möchten. Enzyklopädische Vollständigkeit war nicht angestrebt. Einzelne Beiträge stehen exemplarisch für grössere Zusammenhänge, die durch Querverweise in der soeben gegebenen Übersicht und durch die Literaturangaben am Ende jedes Artikels leicht zu erschliessen sind. Wahrnehmung (Aisthesis) und Bewertung (Ethik) von Natur sind in fast allen Beiträgen wie die beiden Brennpunkte einer Ellipse. Dieses Spannungsfeld lädt zu dem anspruchsvollen Versuch ein, eine universalistische Umweltmoral nicht von oben zu verordnen, sondern in der Vielfalt der kulturellen Vermittlungen plausibel zu machen. In dieser Hinsicht ist das ganze Themenheft als ein Beitrag zu einer neuen Kultur der Nachhaltigkeit zu verstehen, die sich als kontextualisiertes Wissen und Handeln realisiert.

Der Weg zu einem neuen ökologischen Leitbild unserer Zivilisation ist nicht möglich ohne Innovationen beim kulturellen Lernen. Die Sozialethik kann sich auf ihre eigene Tradition berufen, wenn sie zu diesem Zweck den Dreischritt von «Sehen - Urteilen - Handeln» vorschlägt und den Aspekt des Sehens wieder stärker zu gewichten lernt. Die Sensibilisierung für die praktische Bedeutung unserer Bilder von der Natur ist ein Schritt in diese Richtung und sollte durch die gezielte Förderung von ästhetischer Bildung unterstützt werden (vgl. die Beiträge in Selle, 1990). Allerdings geschieht diese kulturelle Tätigkeit nicht auf einer Insel, auf der es keine ökonomischen Zwänge und Verteilungsprobleme gäbe. Wenn wir beispielsweise Landschaften als schön und bewahrenswert einschätzen, stellt sich auch die Frage nach der Finanzierbarkeit entsprechender Massnahmen.

Selbst wenn monetäre Bewertungen an Grenzen stossen und wir davor zurückschrecken, ästhetische Wertschätzung schlicht mit Zahlungsbereitschaft gleichzusetzen, sind auf die Dauer Verbindungen zwischen kulturwissenschaftlichen Untersuchungen und ökonomischen Erwägungen nicht zu vermeiden. Sie sind sogar im Interesse des ökologischen Anliegens anzustreben. Künftige Forschungen werden sich verstärkt auf diesen Zusammenhang konzentrieren (vgl. Blöchinger et al., 1995), ohne die jeweilige Eigenständigkeit von sozial- und kultur- bzw. geisteswissenschaftlichen Forschungsansätzen aufzugeben. Es handelt um unterschiedliche Perspektiven, die nicht zu schnell harmonisiert werden sollten. Kulturwissenschaftliche Umweltforschung markiert Grenzen des Nutzenkalküls, ohne die Notwendigkeit von Nützlichkeitserwägungen grundsätzlich zu leugnen. Kultur bezieht sich gerade auch im Kontext der Ökologie nicht nur auf Sachverhalte, sondern vor allem auch auf «Sinnverhalte». Dadurch wird sie einerseits als mögliche Orientierungsquelle attraktiv, andererseits als Störfaktor unbequem. Insofern ist die komplexe Idee eines «ökologischen Kulturwandels» ganz gewiss nicht ohne Interessenkollisionen umzusetzen. Aber vielleicht hat sie doch eine grössere Plausibilität und Attraktivität als technokratische Zauberformeln, mit denen kein Handeln aus Einsicht ermöglicht wird. Das Nachdenken über Naturbilder mündet also notwendigerweise in ein offenes Gespräch über Menschenbilder.

Literatur

Bien, G./Gil, Th./Wilke, J. (Hrsg.) (1993) «Natur» im Umbruch. Zur Diskussion des Naturbegriffs in Philosophie, Naturwissenschaft und Kunsttheorie. frommann-holzboog, Stuttgart-Bad Cannstatt.

Bitow, A. (1994) Mensch in Landschaft. Eine Pilgerfahrt. Roman. Rowohlt, Berlin.

Blöchinger, H./Hampicke, U./Langer, G. (1995) Schöne Landschaften: Was sind sie uns wert, was kostet ihre Erhaltung *In*: Jahrbuch Ökologie 1996, Altner, G. et al. (Hrsg.), Beck, München, 136-150.

Böhme, G. (1995) Atmosphäre. Essays zur neuen Ästhetik. Suhrkamp, Frankfurt a. M.

Brenner, A. (1994) Streit um die ökologische Zukunft. Neue Ethik und Kulturalisierungskritik. Königshausen & Neumann, Würzburg.

Callenbach, E. (1990) Ökotopia. Notizen und Reportagen von William Weston aus dem Jahre 1999. Rotbuch, Berlin.

de Haan, G. (Hrsg.) (1995) Umweltbewusstsein und Massenmedien. Perspektiven ökologischer Kommunikation. Akademie Verlag, Berlin.

Eder, K. (1988) Die Vergesellschaftung der Natur. Studien zur sozialen Evolution der praktischen Vernunft. Suhrkamp, Frankfurt a. M.

Felt, U./Nowotny, H./Taschwer, K. (1995) Wissenschaftsforschung. Eine Einführung. Campus, Frankfurt a. M., New York.

Fleck, D. C. (1993) Go! Die Öko-Diktatur. Roman. Rasch und Röhring, Hamburg.

Garaud, C. (1993) L'idée de la nature dans l'art contemporain. Flammarion, Paris.

Geyer, C.-F. (1994) Einführung in die Philosophie der Kultur. Wissenschaftliche Buchgesellschaft, Darmstadt.

Habermas, J. (1988) Moralbewusstsein und kommunikatives Handeln. Suhrkamp, Frankfurt a. M.

Heinrich, R./Vetter, H. (Hrsg.) (1991) Bilder der Philosophie. Refexionen über das Bildliche und die Phantasie. Oldenbourg, Wien, München.

Hoffmann-Axthelm, D. (1993) Die dritte Stadt. Bausteine eines neuen Gründungsvertrages. Suhrkamp, Frankfurt a. M.

Inglehart, R. (1995) Kultureller Umbruch. Wertwandel in der westlichen Welt. Campus, Frankfurt a. M., New York.

Kanitscheider, B. (1993) Von der mechanistischen Welt zum kreativen Universum. Zu einem neuen philosophischen Verständnis der Natur. Wissenschaftliche Buchgesellschaft, Darmstadt.

Kösters, W. (1993) Ökologische Zivilisierung. Verhalten in der Umweltkrise. Wissenschaftliche Buchgesellschaft, Darmstadt.

Landeshauptstadt Stuttgart, Kulturamt (Hrsg.) (1994) Zum Naturbegriff der Gegenwart. Kongressdokumentation zum Projekt «Natur im Kopf», Stuttgart, 21.-26. Juni 1993, 2 Bände. frommann-holzboog, Stuttgart-Bad Cannstatt.

Lepenies, W. (1988) Die drei Kulturen. Soziologie zwischen Literatur und Wissenschaft. Rowohlt, Reinbek.

Lesch, W. (1995) Interdisziplinarität ohne Disziplinlosigkeit. Wissenschaftstheoretische Probleme sozialethischer Forschung *In*: Brennpunkt Sozialethik. Theorien, Aufgaben, Methoden. Heimbach-Steins, M. et al. (Hrsg.), Herder, Freiburg i.Br., Basel, Wien, 171-187.

Luhmann, N. (1995) Über Natur *In*: ders.: Gesellschaftsstruktur und Semantik. Studien zur Wissenssoziologie der modernen Gesellschaft, Bd. 4. Suhrkamp, Frankfurt a. M., 9-30.

Raulet, G. (1987) Natur und Ornament. Zur Erzeugung von Heimat. Luchterhand, Darmstadt, Neuwied.

Selle, G. (Hrsg.) (1990) Experiment Ästhetische Bildung. Aktuelle Beispiele für Handeln und Verstehen. Rowohlt, Reinbek.

Sitney, P. A. (1993) Landscape in the cinema: the rhythms of the world and the camera *In*: Landscape, natural beauty and the arts, Kemal, S./Gaskell, I. (Hrsg.), Cambridge University Press, Cambridge, 103-126.

Waldenfels, B. (1985) In den Netzen der Lebenswelt. Suhrkamp, Frankfurt a. M.

Walter, F. (1990) Les Suisses et l'environnement. Une histoire du rapport à la nature du 18ᵉ siècle à nos jours. Editions Zoé, Genf.

Zimmermann, J. (Hrsg.) (1982) Das Naturbild des Menschen. Beck, München.

Konzepte der Naturwahrnehmung

Zu schön, um wahr zu sein?

Neue Perspektiven für die ökologische Ethik

Walter Lesch

Dass in einem interdisziplinären Forschungsprogramm auch ein Projekt zum Zusammenhang von Umweltethik und Naturästhetik durchgeführt wurde, darf zumindest nicht als selbstverständlich betrachtet werden.[1] Gewiss liegt es im Trend des Zeitgeistes, Ästhetik neu zu gewichten, was jedoch nicht unbedingt schon ein Argument für die Durchführung eines wissenschaftlichen Vorhabens wäre. Warum hat die Beschäftigung mit Fragen der Ästhetik neuerdings wieder Konjunktur? Und warum wird Ästhetik mit einem Bereich wie der Ethik in Verbindung gebracht, die doch eher mit der umständlichen Schwere und Strenge von Begründungsdiskursen zu tun zu haben scheint als mit der schwebenden Leichtigkeit der Kunst?

---

[1] Der Autor dieses Beitrags hat das Nationalfondsprojekt mit dem Titel «Der Beitrag einer Ästhetik der Natur zur ethischen Theoriebildung und zur Sensibilisierung für umweltgerechtes Handeln» (Nr. 5001-034734) an der Universität Freiburg i. Ue. bearbeitet. Vgl. zu den Grundlagen des Projekts und der Forschungsbasis in Ästhetik und Ethik: Lesch, 1994a (mit ästhetischem Schwerpunkt) und 1995 (mit ethischem Schwerpunkt). Eine knappe Zusammenfassung des Gesamtkonzepts enthalten die «Freiburger Thesen» im Anhang dieses Themenheftes.

1. Ethik und Ästhetik: Entweder ... oder?

Ich reproduziere damit zunächst einmal eine idealtypische Gegenüberstellung, die an die fiktiven Gespräche zwischen dem Ethiker und dem Ästhetiker in Kierkegaards *Entweder – Oder*
erinnert (Kierkegaard, 1988).[2] Dort wird die ethische Betrachtung des Lebens mit Sinnsuche,
Wahrheit, Beständigkeit, Ernsthaftigkeit, aber auch Langeweile in Verbindung gebracht; im
Licht der Ästhetik wird hingegen diese bleierne Schwere weggezaubert und in verführerische,
abenteuerliche und unberechenbare Schönheit verwandelt.

Zu Kierkegaards schroffem Entweder-Oder als der Wahl zwischen dem Ästhetiker A und
dem Ethiker B gesellt sich eine dritte Existenzmöglichkeit: die religiöse Haltung, die letztlich
von Kierkegaard bevorzugt wird. Dort sollten wir aber nicht zu schnell Zuflucht suchen. Und
auch bei einer Arbeit, die an einem Institut für Moraltheologie angesiedelt war, ging es keineswegs um eine glatte und fromme Auflösung der Kontroversen zwischen A und B. Kierkegaards Figuren repräsentieren sehr genau ein Vorverständnis von Ethik und Ästhetik, das auch
heute noch anzutreffen ist.[3] Folglich stiess ich bei der Erläuterung meines Vorhabens, nach
ästhetischen Impulsen für eine ökologische Ethik zu suchen, relativ häufig auf Verwunderung
oder Skepsis. Hartnäckig hält sich das Vorurteil, dass mit dem Zugang über die Ästhetik automatisch Orientierungsaufgaben der Ethik preisgegeben seien. Also sei eine ästhetisch informierte Umweltethik vielleicht im Theoriedesign ansprechender als herkömmliche Ansätze der Öko-
Ethik, aber eben doch *zu schön, um wahr zu sein.* Die skeptische Haltung ökologisch Enga-
gierter gegenüber modischen Ästhetisierungsschüben ist also ungebrochen, obwohl es mittlerweile kaum eine umweltethische Publikation gibt, die diesen Aspekt nicht wenigstens am Rande einbezieht.

Hinter dieser vorsichtigen Bewertung, die immerhin mit einem kleinen Erkenntniszuwachs
durch die Einbeziehung ästhetischer Aspekte rechnet, verbirgt sich eine interessante Verschiebung der Massstäbe. Denn Ethik hat ja in Wissenschaft und Öffentlichkeit nicht unbedingt die
beste Presse. Der Ruf nach Ethik ist eine Antwort auf Krisenphänomene in einer immer kom-

---

[2] Vgl. zur kritischen Darstellung von Kierkegaards Ästhetik: Eagleton, 1994: 180-203. Vgl. auch Greve,
     1990.
[3] Selbstverständlich gibt es in Kierkegaards Stadienlehre des Ästhetischen, Ethischen und Religiösen subtile-
     re Zwischentöne, die hier nicht reflektiert werden können.

plexeren Gesellschaft, wobei es sehr oft bei einem feierlichen Appell an die Verantwortung bleibt. Die Implementierung konkreter Normen in Politik, Wirtschaft, Technik und Wissenschaft ist schon viel schwieriger – und vor allem sehr lästig für jene, die sich an das Funktionieren sogenannter Sachgesetzlichkeiten gewöhnt haben. Wenn nun aber auch noch Ästhetik ins Spiel kommt, wird die Sache unheimlich, fast so unheimlich wie bei religiös motivierten Forderungen.[4] Ich möchte daher aus den Erfahrungen mit ethischen Diskursen lernen und folgende Falle bei der Einbeziehung ästhetischer Anliegen vermeiden: der undifferenzierte Ruf nach mehr «Wahrnehmung» dürfte nicht weniger kontraproduktiv sein als die pauschale Forderung nach mehr «Verantwortung». Es wird jeweils zu klären sein, wer derartige Appelle an wen richtet und welche Gründe dafür geltend gemacht werden. Sonst bleibt es bei unverbindlichen kulturdiagnostischen Momentaufnahmen.

Bei der Durchsicht der mittlerweile sehr umfangreichen Literatur zur neueren Ästhetik[5] fällt auf, dass der Bedeutungsumfang der Vokabel «Ästhetik» gewaltig aufgebläht wurde. Mit «Ästhetik» werden längst nicht mehr nur Fragen der Kunstphilosophie assoziiert. Unter dem Label, das einst einer 1750 von Baumgarten begründeten philosophischen Disziplin als der Wissenschaft von der sinnlichen Erkenntnis vorbehalten war, figurieren heute Phänomene wie Design, Layout, Kosmetik, Körperkultur usw., also lauter Oberflächenreize, die wenig mit tiefsinniger Reflexion zu tun haben (vgl. Welsch, 1989). Damit erhält die Ästhetik zwar einerseits ein praktischeres Image; andererseits ist jenen Kritikern zuzustimmen, die dem schönen Schein einer popularisierten Ästhetik noch weniger vertrauen als dem idealistischen Diskurs über Kunst und Schönes.

Der Verweis auf Ästhetik taucht inzwischen an ungewöhnlichen Orten auf, beispielsweise in Debatten über den Schutz der Artenvielfalt, der nicht zuletzt aus ästhetischen Gründen geboten sei. So jedenfalls wurde auch beim Umweltgipfel in Rio de Janeiro 1992 argumentiert. Obwohl dies unmittelbar einleuchtet, beginnen die Probleme spätestens bei der praktischen Umsetzung. Denn wie kann der ästhetische Wert einer Art oder der Vielfalt der Arten objektiv bestimmt werden? Die auffällige Begeisterung für ästhetische Werte scheint mit einer Argumentationsnot

---

4   Ästhetische Angelegenheiten sind immer noch mit einer Aura des Geheimnisvollen, Anspruchsvollen und Elitären umgegeben. Sie eignen sich auf den ersten Blick daher nicht sehr für eine Verständigung über grosse politische und gesellschaftliche Fragen. Zu dem wichtigen Bereich der Ökonomie scheinen sie sogar in unerbittlicher Opposition zu stehen, sofern sie nicht werbeästhetisch instrumentalisiert werden.

5   Das Literaturverzeichnis enthält eine kleine Auswahl aus der reichen Produktion der vergangenen Jahre.

auf einer anderen Ebene zusammenhängen. Ästhetik wird sehr häufig dann beschworen, wenn fast nur noch monetäre Werte zählen oder wenn wissenschaftliche Begründungen an Grenzen stossen. Beides ist im Falle der bedrohten Biodiversität gegeben. Auf der einen Seite gibt es eine an Nutzenkalkülen orientierte Bewertung, die nur nach dem konsumptiven oder produktiven Wert von Lebewesen für die Befriedigung menschlicher Bedürfnisse fragt; auf der anderen Seite ist der Status von Lebewesen in einem komplizierten Ökosystem durchaus nicht immer eindeutig zu bestimmen.[6] In beiden Fällen bringt der Rekurs auf Ästhetik eine neue Dimension ins Spiel, weil der Eigenwert der als schön und schützenswert empfundenen Natur die Nutzenkalküle und Funktionsbestimmungen in die Schranken weist.

Allerdings kann eine ästhetische Betrachtung der Natur die anderen Zugangsweisen nicht ersetzen. Sie tritt weder an die Stelle der Ökonomie noch an die Stelle der Naturwissenschaften, sondern liefert ein typisches *Erweiterungsargument* in einer breit abzustützenden Begründung von Handlungsoptionen, für die ein ganzes Bündel guter Gründe angeführt werden muss, um entsprechende Massnahmen plausiblel zu machen. Für die Praxis ethischer Beratung ist dieses Konzept einer Konvergenzargumentation mit sich wechselseitig ergänzenden Gesichtspunkten längst selbstverständlich. Von Vertretern einer reinen ästhetischen Theorie wird eine solche Kooperation aber immer noch als Zumutung empfunden, da jede Anwendungsorientierung ein Verrat an der Sache der autonomen Ästhetik sei. Umgekehrt wäre aber zu fragen, warum denn ästhetische Erfahrung um jeden Preis einen *zentralen* Stellenwert haben soll und sich nicht mit dem Status eines Erweiterungsarguments begnügen kann. Offensichtlich behauptet die klassische Autonomie-Ästhetik immer noch ihren Anspruch auf eine klar abgegrenzte Sphäre und behindert damit ein fächerübergreifendes Gespräch. Vor die Wahl gestellt, an einen philosophischen (oder auch literatur-, kunst- oder medienwissenschaftlichen) Binnendiskurs anzuknüpfen oder aber neue gesellschaftliche Anfragen und Zusammenhänge zu berücksichtigen, habe ich mich für die zweite Möglichkeit entschieden. Damit ist die Eigenständigkeit äs-

---

[6] Viele der Schätzungen zur Inventarisierung der weltweiten Artenvielfalt gelten als Spekulationen. Umstritten ist ferner, welche Vielfalt für das Überleben eines Ökosystems tatsächlich erforderlich ist. Grundsätzlich könnte gelten: im Zweifelsfall für die bedrohte Art; in manchen Fällen dürfte diese einfache Vorzugsregel aber nicht ausreichen, um grössere Massnahmenpakete kohärent zu begründen und bei knappen finanziellen Mitteln die Prioritäten zu definieren. 1995 hat sich dieses Dilemma bei der Artenschutzkonferenz von Jakarta im Rahmen des Umweltprogramms der UNO gezeigt: der zu diesem Anlass erstellte umfangreiche Expertenbericht enthält mehr Fragen als Antworten. Immerhin besteht grundsätzlich Einigkeit darüber, dass ein drastischer Artenschwund den Kollaps des globalen Ökosystems beschleunigt.

thetischer Theoriebildung nicht prinzipiell in Frage gestellt; das Erkenntnisinteresse der vorliegenden Überlegungen hat aber eine eindeutig praktische Ausrichtung.[7]

Die einleitende Frage nach dem vermeintlichen «Entweder-Oder» bei der Bestimmung des Verhältnisses zwischen Ethik und Ästhetik ist also mit einer Auflösung des starren Gegensatzes zu beantworten. Ich möchte zeigen, dass Ethik und Ästhetik ihre relative Eigenständigkeit wahren und dennoch in einen kooperativen und produktiven Argumentationszusammenhang gebracht werden können. Denn wenn schon die «kleine» Interdisziplinarität im Haus der Geisteswissenschaften bzw. zwischen den Teildisziplinen der Philosophie nicht gelänge, wäre wohl auch jedes ehrgeizigere, an Problemlösungen orientierte Grossprojekt, das gar die Grenzen der grossen Wissenschaftskulturen überschreitet, zum Scheitern verurteilt.

2. Gründe für das neue Interesse an der Naturästhetik

Bei der bisherigen Darstellung fehlte, abgesehen vom Beispiel der Biodiversität, der Aspekt «Natur», auf den sich unser Interesse an ästhetisch-ethischen Konvergenzen konzentrieren soll. In der Tradition der Ästhetik war er präsent in der Dichotomie von Kunstschönem und Naturschönem, wobei das Naturschöne in manchen Epochen eine untergeordnete Rolle spielte. Es wird also darum gehen, die Gründe für diese Geringschätzung zu rekonstruieren und die Stärken einer Naturästhetik herauszuarbeiten, die eine echte Alternative zu der an Kunstwerken orientierten Theorie ästhetischer Erfahrung darstellt.

Hinsichtlich der aktuellen Ästhetik-Mode, die sich vor allem in artifiziellen Welten des Konsums und der Medien abspielt, bringt das Interesse an Natur und an unseren kulturell vermittelten Bildern von Natur einen neuen Gesichtspunkt zur Geltung. Natur wäre gewissermassen das Andere der Kultur, der verdrängte Ermöglichungsgrund von Kunst, Natur als Wildnis, als von

---

[7] Vgl. stellvertretend für Tendenzen in der neueren Ästhetik: Descamps, 1993; Gebauer/Wulf, 1992; Koppe, 1983 und 1991; Marquard, 1989; Paetzold, 1990. Zur Gesamtdarstellung der Geschichte der Ästhetik: Eagleton, 1994; Jung, 1995. Ein instruktiven Überblick in Form eines Lexikons bietet Henckmann/Lotter, 1992. Bibliographische Vollständigkeit wurde wegen der Fülle vorliegender Arbeiten nicht angestrebt. Die Literaturhinweise in diesem Text möchten lediglich zur weiteren Beschäftigung mit dem Thema einladen und den Einstieg über die vom Verfasser als besonders hilfreich empfundene Literatur erleichtern.

Menschen nicht beeinflusstes Leben, ein Raum der Freiheit, des grenzenlos Vielfältigen und Unverfügbaren. Es ist eine Natur, deren Eigenwert uns oft erst im Moment ihrer Zerstörung bewusst wird.

Eine solche Natur als schön zu bezeichnen, ist längst nicht mehr eine Angelegenheit akademischer Abhandlungen oder poetischer Schwärmereien von Romantikern.[8] Es entspricht einem allgemeinen Trend, natürliche Vielfalt positiv zu bewerten. Wenn wir also den Schutz der Artenvielfalt schon nicht allein mit naturwissenschaftlichen oder ethischen Argumenten stringent einfordern können, dann spricht doch immerhin unser Schönheitssinn für eine umfassende Erhaltung bestehender Vielfalt. Diese umfasst dann so unterschiedliche Aspekte wie

- Buntheit (deren Inbegriff ist oft eine tropische Farbenpracht),

- Unermesslichkeit (niemand kann die Zahl der Arten exakt angeben),

- Reichtum (auch im Sinn der ökonomischen Nutzbarkeit als Ressourcen),

- Wildheit (unbeherrschbare und zum Teil für den Menschen gefährliche Vitalität),

- Unvernunft (als Gegenbild zu unseren angeblich rationalen kulturellen Konstrukten).

Damit sind auch einige Kompenenten dessen erfasst, was in der Fachsprache der Ästhetik als das Erhabene bezeichnet wird: etwas, das über alle Grenzen herausragt, dessen Betrachtung dem Subjekt aber gerade deswegen ein lustvolles Gefühl vermittelt.

Es gibt also auch schon eine Vielfalt im Verständnis von Vielfalt. Wo die einen auf die Evidenz der natürlichen Gegebenheiten verweisen, bemühen andere die Analogie von Natur und Kultur, da ja auch kulturell ein unermesslicher Reichtum schützenswerter Gegenstände und Ideen zu konstatieren ist. Wir sprechen von einem gemeinsamen Erbe der Menschheit, das Texte, Bauwerke, Bilder, aber auch die Pluralität aktueller Kulturen umfasst, und bestehen darauf, dass dieses Erbe nicht zum exklusiven Besitz kleiner Gruppen werden darf. Analog wäre die Vielfalt natürlicher Arten zu sehen, die für künftige Generationen von Menschen und für die künftige Stabilität von Ökosystemen erhaltenswert ist. Die schöpferischen Hervorbrin-

---

8 Romantik verstehe ich hier nicht als kulturgeschichtliche Epoche, sondern im alltagssprachlichen Sinn als Gegenentwurf gegen die angebliche Gefühlskälte technischer Rationalität und wissenschaftlicher Zivilisation, die sich an der Maxime der Naturbeherrschung orientiert. Vgl. zur historischen Rekonstruktion und Aktualisierung der Naturverständnisse in Aufklärung und Romantik: Vietta, 1995. Mit einer ähnlichen Fragestellung in Auseinandersetzung mit Rousseau: Lesch, 1994b. Es ist kein Zufall, dass gerade in unserer Zeit dem romantischen Paradigma der Naturphilosophie als Gegenentwurf zum Rationalismus neue Beachtung geschenkt wird.

gungen des menschlichen Geistes haben also keinen Monopolanspruch auf Schutz und Erhaltung; neben die kulturelle Überlieferung tritt immer mehr auch die Natur als Bereich einer weitsichtigen Planung. Internationale Organisationen wie die zunächst nur mit kulturellen Aufgaben betraute UNESCO haben diese Herausforderung inzwischen erkannt und entsprechende Aktionsprogramme konzipiert.

Das Problem besteht wie bei allen dynamischen Systemen darin, Kriterien für ein Gleichgewicht oder einen Idealzustand anzugeben. Wer Kultur oder Natur auf einem bestimmten Niveau museal konservieren will, erreicht das Gegenteil seiner Schutzabsicht, wenn er ausschliesslich nostalgischen Maximen folgt. Sowohl die Erfahrung bedrohter Kultur als auch die Einsicht in die Gefährdung der natürlichen Grundlagen führt zu einem Gefühl von Vergänglichkeit, Endlichkeit und Verletzlichkeit, also letztlich zu einer Haltung der Bescheidenheit angesichts grosser systemischer Zusammenhänge, deren labiles Gleichgewicht in tödliches Chaos umkippen kann (vgl. Fuller, 1993). Aus diesem Grund eignet sich das Wissen um die Begrenztheit natürlicher Ressourcen ganz besonders zur Entwicklung von Krisenszenarien, die teils zum Gegensteuern wachrütteln sollen, teils aber auch mit der Lust am Untergang spielen. Insofern hat die Krise der natürlichen Umwelt eine eigenwillige Ästhetik der Katastrophe hervorgebracht, die mit dem einfachen Gedanken arbeitet, dass es Natur letztlich auch ohne den Menschen und folglich ohne Kultur geben wird. Aus der fiktiven Sicht der grossen natürlichen Abläufe kann der Mensch als ein bedauerlicher Störfaktor betrachtet werden, der sich durch sein destruktives Verhalten selbst auslöschen wird, weil er evolutionär bei einem Festhalten an den alten kulturellen Standards keine Überlebenschance hat.

Wenn wir derartige Horrorvisionen nicht als böswillige Übertreibungen abtun, dann bietet die gegenwärtige kulturelle Situation die Möglichkeit, falsche Alternativen zu überwinden und die Gegenüberstellung von Kultur und Natur in eine produktive Allianz zu überführen. Die westliche Tradition der Ethik tut sich mit einem solchen Kurswechsel schwer, weil sie schlechte Erfahrungen mit naturalistischen Kurzschlüssen gemacht hat. Es ist richtig, dass wir nicht unbekümmert von einem Sein auf ein Sollen schliessen können, da menschliche Freiheit eine besondere Verantwortung für die Begründung von Normen mit sich bringt, die nicht einfach aus einer stabilen Naturordnung abzulesen sind. Auf der anderern Seite gibt aber durchaus so etwas wie naturale Unbeliebigkeiten: Einschränkungen, die mit unserer Bedingtheit als Naturwesen zusammenhängen und bei einer vernünftigen Urteilsbildung in moralischen Fragen unbedingt zu berücksichtigen sind. Während wir bei der stärker am Kultur-Paradigma orientierten Ethik auf eine instinktive Abwehr der Normativität des Natürlichen treffen, gibt es umgekehrt bei jenen, die einen Rekurs auf Natur propagieren, oft eine übertriebene Abwertung kultureller Leistungen, intellektueller Anstrengungen und bunter Meinungsvielfalt.

Diese Konstellation ist nicht neu; sie wurde geistesgeschichtlich in mehreren Variationen durchgespielt, etwa in dem Gegensatz von Aufklärung und Romantik oder in dem Disput zwischen Sartre und Camus, in dem es um die Einschätzung von «Geschichte» und «Natur» ging, wobei Sartre eine naturferne geschichtsphilosophische Position verteidigte, während Camus sich nicht auf eine Doktrin des richtigen Geschichtsablaufs festlegen lassen wollte und in der Natur seiner mittelmeerischen Welt Augenblicke grössten Glücks erlebte – trotz der von ihm schonungslos beschriebenen Absurdität und Ambivalenz menschlicher Bemühungen. «Worauf es Camus bei all seinen Äusserungen über die Natur wesentlich ankommt, das ist die Erfahrung, dass es ausser und neben der Geschichte eine andere Dimension, eine andere Wirklichkeitsform gibt, die uns die Einsicht aufdrängt, dass die Geschichte ‹nicht alles ist›, eine Dimension, die er gleichzeitig als schön und als bedrohlich erfährt, jedenfalls aber als dauerhaft, als bleibend und insofern der Geschichte überlegen» (Schlette, 1994: 91). Andererseits weiss Camus sehr genau, dass die Natur kein Refugium für Träumereien bietet, da sich der Wahnsinn der Geschichte mit dem Lob natürlicher Schönheit nicht stoppen lässt.

Die bisherigen Überlegungen sprechen insgesamt für eine kritisch zu reflektierende Neubewertung von Natur und von Naturphilosophie, wobei diese ganz besonders in der Dimension des Ästhetischen zu entfalten ist. Dem entspricht übrigens auch der Paradigmenwechsel in den Naturwissenschaften von der Annahme stabiler Ordnungen zu Theorien der Evolution und der Selbstorganisation, die im Chaos ästhetisch reizvolle Strukturen und Muster erkennen lassen. Es liegt also nahe, eine zeitgemässe Naturwahrnehmung in den unterschiedlichsten Handlungskontexten und ganz besonders auch in ökologischer Perspektive mit dem Aspekt des Ästhetischen zu verknüpfen.[9]

Naturästhetik ist also auf jeden Fall mehr als nur eine Verlegenheitslösung, wenn die Ethik in Argumentationsnot gerät. Allerdings ist einzuräumen, dass es erst relativ wenige positive Entfaltungen dessen gibt, was eine Ästhetik der Natur heute tatsächlich leisten könnte. Immer

---

[9] Vgl. z. B. folgende Arbeiten: Bücher-Vogler, 1993; Heiland, 1992; Knodt, 1994; Nasar, 1992; Nennen, 1991; Schönherr, 1989.

noch dominieren Richtungskämpfe, in denen erst einmal Klarheit über sehr grundlegende philosophische Konzepte gesucht wird. Zur leichteren Übersicht seien einige «Fronten» der aktuellen Debatten benannt.

- Da wird etwa darüber gestritten, ob eine Ästhetik *metaphysisch oder nachmetaphysisch* zu entfalten sei. Dahinter verbirgt sich der Streit um die sprachtheoretische Wende der Philosophie und das angebliche Ende aller Bewusstseinsphilosophie, da diese den modernen kommunikationstheoretischen Standards nicht mehr genüge. Metaphysik wird dann meist pauschal als vormodern diskreditiert. Für die Wiederaufnahme von Traditionen der Naturphilosophie und -ästhetik bedeutet dies eine gewisse Verlegenheit, da diese im Kontext metaphysischer Weltbilder entwickelt wurden.

- Umstritten ist ferner, ob Ästhetik *idealistisch oder nachidealistisch* gedacht werden müsse, ob sie also ohne weiteres die Systementwürfe des Idealismus weiterführen könne oder nach den Schocktherapien der Avantgarde von einem ganz neuen Werkverständnis her zu denken sei (vgl. Bürger, 1983). Grundlegend für die Ästhetik wäre dann die Materialität des Kunstwerks, das nicht selten durch seine alltägliche Banalität provoziert.

- Noch weitgehender ist die Forderung, dass eine zeitgemässe Ästhetik *konsequent antiidealistisch* auftreten solle (vgl. Bourdieu, 1992), da die herkömmliche Philosophie die gesellschaftliche Komponente der Entstehungsbedingungen ästhetischer Urteilskraft überhaupt nicht berücksichtigt habe.

- Und schliesslich wird gefragt, ob Ästhetik zwangsläufig *anthropozentrisch* sei *oder auch a-zentrisch* gedacht werden könne. Gibt es eine sinnvolle Alternative zu einem epistemischen Anthropozentrismus?[10]

Dies ist eine Auswahl der Grundsatzfragen, die nun auch bei dem Versuch einer Synthese natürästhetischer und umweltethischer Anliegen zur Sprache kommen.

---

[10] Bei den mündlichen und schriftlichen Reaktionen auf meine erste Skizze einer ethisch motivierten Ästhetik der Natur (Lesch, 1994a) dominierte die Kritik an der Anthropozentrik meiner Darstellung. Ich würde aber nach wie vor an der Unvermeidlichkeit dieser Perspektive festhalten, weil gerade die ästhetische Erfahrung in hohem Masse subjektzentriert ist (vgl. Godlovitch, 1994). Damit ist aber keineswegs ausgeschlossen, dass von diesem Standpunkt aus der Eigenwert der nicht-menschlichen Natur erkannt und anerkannt wird.

3. Diskussion vorhandener Modelle

Die Erforschung einer praktisch relevanten Naturästhetik muss nicht am Nullpunkt beginnen. Deshalb sollen kurz und ohne Anspruch auf Vollständigkeit jene Beiträge skizziert werden, auf die unsere Arbeit zurückgreifen kann. Es sind in erster Linie die grösseren Arbeiten von Böhme und Seel, die auch kritisch aufeinander verweisen.

3.1 Gernot Böhmes «ökologische Naturästhetik»

Gernot Böhme hat seit mehreren Jahren anregende Arbeiten zur Rehabilitierung der Naturphilosophie vorgelegt, teils in Kooperation mit seinem Bruder Hartmut Böhme, dem die interdisziplinäre Forschung zum Verständnis von Natur ebenfalls wertvolle Impulse verdankt (vgl. Böhme, 1988). Die wichtigsten Texte von Gernot Böhme liegen inzwischen in drei Aufsatzbänden vor, die eine kontinuierliche Profilierung und Vertiefung des Themas «ökologische Naturästhetik» erkennen lassen (Böhme, 1989, 1992, 1995).

«Die ökologische Naturästhetik ist zunächst ein besonderer Weg, durch den man in die Ästhetik hineinkommt. Die herkömmliche Ästhetik wird vollkommen beherrscht von der Frage nach der Kunst, sie ist eine Theorie des Kunstwerks. Wenn man aus der Ökologie in die Ästhetik hineinkommt, dann stellt sie sich aber ganz anders dar und hat auch ganz andere Aufgaben. Was wir das Umweltproblem nennen, ist primär ein Problem der menschlichen Leiblichkeit» (Böhme, 1995: 14). Mit dieser Fokussierung löst Böhme die Naturästhetik von der Dominanz des Kunstschönen und macht den menschlichen Leib zum Sensorium für die Wahrnehmung von Umgebungen: von *Atmosphären*, in die wir hineingeraten. «Von der Ökologie ausgehend stellt sich die Frage nach dem Sich-Befinden in Umgebungen. Und dies ist eine ästhetische Frage» (Böhme, 1995: 15). Es ist aber zugleich eine eminent praktische Frage, wie eine humane Umwelt gestaltet werden soll. Böhme wirft der elitären Kunstphilosophie vor, sie habe ihre eigene Kompetenz, einen handlungsentlasteten Umgang mit Atmosphären zu erproben, nicht genügend in die Praxis umgesetzt und reagiere nun mit Empörung, weil die inzwischen erfolgte Ästhetisierung des Alltags von anderen Experten übernommen wurde: von Werbefachleuten, Designern und Spezialisten der Medienkommunikation.

Böhme erwartet also weniger von den Theoretikern als von den Praktikern der Naturgestaltung: zum Beispiel von Gartenbaukünstlern und Architekten, die Natur nicht nur als Gestaltungselement gebrauchen, sondern die wissen, wie Natur in Erscheinung tritt und unsere Sinne erreicht. Wir erleben Natur am direktesten über die Natur, die wir selbst sind: in unserer Leiblichkeit, die mit Wohlbefinden oder aber mit Atembeschwerden, Kopfschmerzen und Allergien auf Umwelteinflüsse reagiert. Die Ästhetik sollte sich daher nicht in endlosen Reflexionsschleifen verlieren. Sie hätte, «wenn sie ihrem Namen Ehre machte, die Chance, bei der Neugestaltung der menschlichen Naturbeziehung eine wesentliche Rolle zu spielen. Sie hätte in der Entfaltung des Sinnenbewusstseins die Möglichkeit, den Menschen in bewusste leibliche Existenz einzuüben, zu lehren, was es heisst, selbst Natur zu sein» (Böhme, 1992: 23). Böhme gewinnt aus seinen Überlegungen «die Rekonstruktion eines vollständigen Wahrnehmungsbegriffs, die Wiederentdeckung leiblicher Anwesenheit, die Ausweitung des Interesses auf die ästhetische Valenz der Welt überhaupt, die Einführung des Begriffs der ästhetischen Arbeit, jenes gewichtigen Teils gesellschaftlicher Tätigkeit, der nicht der Produktion, sondern vielmehr der Inszenierung und Präsentierung dient, und dessen allerkleinster Teil das künstlerische Schaffen darstellt» (Böhme, 1995: 178).

Mit Böhmes Ansatz einer ökologischen Naturästhetik werden traditionelle Modelle der Naturwahrnehmung neu lesbar als Versuche einer umfassenden Kommunikation in und mit der Natur, die sich uns als Chiffrenschrift präsentiert, die wir decodieren. Das Moment des Ethischen ist in Böhmes Ästhetik in einer elementaren und unprätentiösen Weise gegenwärtig: die Gestaltung von Atmosphären ist nämlich eine gesellschaftliche Praxis und nicht nur eine Angelegenheit individueller Vorlieben. Naturästhetik wäre folglich nicht als marginales, schöngeistiges Projekt, sondern als «Teil einer erweiterten Ökologie» (Böhme, 1989: 12) zu verstehen. Es ist Böhmes grosses Verdienst, die Naturästhetik vom Hauch eines elitären Sonderdiskurses befreit und einer breiten interdisziplinären Verständigung zugänglich gemacht zu haben.

3.2 Martin Seels «Ästhetik der Natur»

Ein weiterer einflussreicher Beitrag zu einer Ästhetik der Natur stammt von Martin Seel, der bereits mit einer Arbeit zur modernen Ästhetik hervorgetreten war (Seel, 1985) und seine Untersuchungen bis an die Schwelle des Übergangs von der Ästhetik zur Ethik der Natur fortgesetzt hat (Seel, 1991 und 1993). Seel unterscheidet zwischen «kanonischer» und «problematischer» Natur, wobei wir nur zu letzterer ein lebensweltlich-praktisches Verhältnis haben, weil wir sie als zerstörbar erleben. «Die moderne Naturphilosophie ist als Theorie der Naturwissenschaften über weite Strecken eine Philosophie der kanonischen Natur» (Seel, 1991: 28). Im Gegensatz zur objektivierenden Naturbetrachtung möchte Seel seine Naturphilosophie als Ästhetik und als ethische Theorie entfalten, d. h. als Explikation der Möglichkeit gelingenden Lebens, für das die Erfahrung des Naturschönen eine exemplarische Bedeutung hat.

In streng parallel konstruierten Kapiteln erläutert Seel drei Wahrnehmungsmodi – Kontemplation, Korrespendenz und Imagination –, deren differenzierte Beschreibung sich inzwischen in vielen Debatten über Naturästhetik bewährt hat.[11]

- Die *kontemplative* Naturwahrnehmung richtet sich auf das sinnfreie Spiel der Erscheinungen, die sich dem Betrachter in ihrer nackten Präsenz darbieten. Diese Art der Kontemplation ist nicht zu verwechseln mit mystischen, magischen oder animistischen Zugängen zur Natur. «Die reine kontemplative Wahrnehmung gilt nicht der übersinnlichen, sie gilt der sinnlichen Welt. Darin liegt ihre Intelligenz: in der vielfach gedeuteten Welt nicht den Weg zur Deutung, zu den Ideen, zum Ganzen zu gehen, das Angeschaute auf nichts zu beziehen ausser auf die Anschauung selbst» (Seel, 1991: 83).

- Das *korresponsive* Urteil ist an einer sinnhaften Gestaltung der wahrgenommenen Räume interessiert, ohne dies mit der Implikation eines absoluten Sinns zu verbinden. Menschen entdecken in der Natur Korrespondenzen zur eigenen Lebenswelt und erleben beispielsweise Landschaften als ansprechend und ausdrucksstark, als abweisend und feindlich oder als Orte gelingenden Lebens.

---

[11] Vgl. zur Konkretisierung meinen Beitrag über Handke und Cézanne in diesem Band.

• Und schliesslich ist die Natur ein Ort der *Imagination*: ein künstlerisches Ereignis, das die Phantasie anregt, neue Bilder entstehen lässt und sich auf bereits in unseren Köpfen vorhandene Bilder bezieht.

In allen drei Fällen wendet sich Seel gegen eine metaphysische Überhöhung der Naturerfahrung. Der Sinn für das Naturschöne vermittelt «eine Erfahrung positiver Kontingenz» (Seel, 1993: 213), weil uns deutlich wird, das nicht alles von uns gemacht und geformt ist. Die Wahrnehmung des Naturschönen ist Teil einer menschlichen Lebensform und eröffnet doch eine fremde Dimension, die übrigens auch im Umgang mit Kunst möglich ist. Der Satz «Es muss nicht Natur sein ...» kehrt daher leitmotivisch in Seels Untersuchung wieder. Die nachmetaphysischen Variationen über das Kontingente verzichten auf den Gestus der Sinnstiftung und auf die Suche nach dem grossen Zusammenhang im geheimnisvollen Naturgeschehen. Ihnen geht es vielmehr um die gefährdete (problematische) Natur innerhalb der menschlichen Wirklichkeit.

Eine gewisse Nähe zum Anliegen von Gernot Böhme ist also durchaus gegeben. Allerdings ordnet Seel Böhmes Interesse an einer ökologischen Naturästhetik grösstenteils dem Wahrnehmungsmodus der Korrespondenz zu und befürchtet eine Entwertung des Naturschönen. Eine Natur, die nur noch ein «Garten des Menschlichen» sei, sei keine Natur mehr (Seel, 1991: 131). Freilich ist für Böhme die Gartenästhetik nur ein Anknüpfungspunkt unter vielen. Die Replik des Kritisierten ist nicht ausgeblieben: «Seels Ansatz (...) leistet mit der konservativen Verteidigung einer Grenze des Ästhetischen der Immunisierung der ästhetischen Theorie gegenüber Gegenwartsproblemen Vorschub. So führt seine Theorie gerade wegen ihrer systematischen Geschlossenheit nirgendwo hin» (Böhme, 1995: 10f.).

Nach Seels eigenem Verständnis soll seine Ästhetik zu einer eudämonistischen Ethik der Natur führen. «Erst mit der Ethik der Natur ist alles über die Ästhetik der Natur gesagt» (Seel, 1991: 288). Gemeint ist zunächst eine Ethik der individuellen Lebensführung, für welche schöne oder erhabene Natur ein Raum von Freiheit und Nicht-Instrumentalisierbarkeit ist. «Es ist nicht nur für unser Verhältnis zur äusseren Natur, sondern für unsere Lebensweise *überhaupt* besser, in und mit einer vielgestaltigen, nicht durchgehend von uns beherrschten Welt zu leben» (Seel, 1993: 214). Diese individualethische Betrachtung lässt sich sozialethisch erweitern, insofern der individuelle Entwurf einer Ethik des guten Lebens, das auch den Sinn für das Naturschöne umfasst, gesellschaftliche Anerkennung verdient und die Schonung von Räumen freier Natur als universelle Norm behauptet werden kann. Naturschutz lässt sich also nicht zuletzt als «ein Gebot der sozialen und politischen Rücksicht gegenüber der Möglichkeit individueller Entfaltung» (Seel, 1991: 341) begründen.[12]

3.3 Orientierung durch «Aisthetik»?

Zur Ergänzung des Panoramas sei nur kurz auf die Erwartungen hingewiesen, die ganz allgemein mit einer Wiederentdeckung der «Aisthesis» als umfassender Wahrnehmungskompetenz auf in ethischer Hinsicht verbunden sind.[13] Obwohl Wolfgang Welsch weniger an ökologischen Fragen interessiert ist, teilt er Gernot Böhmes Kritik am Verlust des Sinnlichen in der traditionellen Ästhetik und plädiert mit der Aufwertung der Aisthesis für eine *Kultur des blinden Flecks*. «Das wäre eine Kultur, die prinzipiell für Ausschlüsse, Verwerfungen, Andersheiten sensibel wäre. Sie verschriebe sich nicht einem Kult des Sichtbaren, Evidenten, Glänzenden, Pragenden – nicht also dem gegenwärtigen Ästhetisierungstrubel –, sondern dem Verdrängten, den Leerzonen, den Zwischenräumen, der Alterität. Dem würde sie ihre Aufmerksamkeit nicht nur in ästhetischen, sondern ebenso in lebensweltlichen, sozialen, politischen Kontexten zuwenden» (Welsch, 1994: 20). Das Aisthesis-Postulat fordet also ästhetische Ge-

---

12 Vgl. zur Auseinandersetzung um die neueren Entwürfe einer Ästhetik der Natur Seels Replik auf Einwände, die Harmut Böhme (1992) formuliert hatte (Seel, 1993: 221-227). Es geht vor allem um die Vorwürfe, Seel vernachlässige den kommunikativen Charakter von Erscheinungen der Natur (Seel insistiert darauf, dass der uns umgebenden Natur unser ästhetisches Interesse gleichgültig ist), er übersehe die evolutionäre Gemeinsamkeit von Mensch und Natur (Seel bekräftigt die Differenz von Natur und Kultur) und habe keinen Blick für das Ganze der Natur (Seel wendet sich in der Tat entschieden gegen eine holistische Naturphilosophie). Seel formuliert pointiert: «Nicht die Natur hat ein Recht gegenüber dem Menschen, der Mensch hat ein Recht auf Natur – gegenüber dem Menschen» (Seel, 1991: 346).

13 Vgl. dazu Barck et al., 1991; Schramm, 1994: 60-65 mit einer Kritik an Böhme und Seel. «Das Gemeinsame von Ästhetik und Ethik ist die Aisthetik: Ästhetik und Ethik sind Wahrnehmungsphänomene, die gegen das Vergessen stehen» (Schramm, 1994: 50). Mit der konstruierten Gemeinsamkeit droht das je eigene Erkenntnisinteresse von Ethik und Ästhetik aber verlorenzugehen. Mir ist schleierhaft, warum Schramm den Entwürfen von Böhme und Seel ernsthaft vorhalten kann, ihr Ausgangspunkt sei nicht die Zerstörung der Natur. Schramms eigene Aisthetik mündet unvermittelt in eine Theologie der Schöpfung und konkretisiert sich in einer «aisthetischen» Ökonomie, die ihre Blindheit für ökologische Belange überwindet. So sehr ich Schramms sozial- und wirtschaftsethische Anliegen teile, so wenig kann ich seine allgegenwärtigen «Aisthetisierungsstrategien» nachvollziehen. Sie scheinen mir mit dem ursprünglichen Anliegen von Ästhetik nur noch wenig zu tun zu haben.

rechtigkeit als Anerkennung des Heterogenen und den Schutz einer Pluralität der Lebensformen. Dieses äusserst sympathische Anliegen wäre aber wirkungslos und kontraproduktiv, wenn das permanente Insistieren auf der Anerkennung des Heterogenen Entscheidungsprozesse lahmlegt. Die Aisthesis ist auf Lebensformen und Institutionen angewiesen, die resonanzfähig genug sind, um auf neue Naturbilder kreativ reagieren zu können.

Der augenblickliche Diskussionsstand gewinnt weitere Konturen, wenn wir als Zwischenbilanz einen Blick zurück in die «Archive» der Naturästhetik werfen und damit die theoretischen Hintergründe heutiger Auseinandersetzungen besser verstehen.

4. Klassische Vorläufer und Aktualisierungen

Im Unterschied zu sozialwissenschaftlicher Forschung bezieht sich die philosophische Arbeit vorrangig auf *Texte*, die sich in der Tradition bewährt haben und zu Klassikern der theoretischen Auseinandersetzung geworden sind. Ein solcher Meilenstein in der Geschichte der Ästhetik ist Kants 1790 erstmals erschienene «Kritik der Urteilskraft», die seither Massstäbe gesetzt hat (vgl. Teichert, 1992; Schneider, 1994). Kants Leistung besteht nicht nur in der Grundlegung einer Theorie der Urteilskraft, die ausdrücklich als Vermittlung zwischen theoretischer und praktischer Vernunft gedacht ist. Mit seinen Überlegungen zum Naturschönen, zum Erhabenen, zur Einbildungskraft und zum Verhältnis zwischen der Hochschätzung des Naturschönen und einer moralischen Gesinnung hat er ausserdem Themen vorgegeben, die bis heute die Diskussion bestimmen.

Kant behauptet, «dass ein unmittelbares Interesse an der Schönheit der Natur zu nehmen (...) jederzeit ein Kennzeichen einer guten Seele sei; und dass, wenn dieses Interesse habituell ist, es wenigstens eine dem moralischen Gefühl günstige Gemütsstimmung anzeige, wenn es sich mit der Beschauung der Natur gerne verbindet» (Kant, 1977: 395f.). Dagegen ist allerdings immer wieder der Einwand erhoben worden, dass erfahrungsgemäss nicht nur edle Naturen die Natur bewundern.

Der hohen Einschätzung des Naturschönen, das Hegel bekanntlich als «vorästhetisch» eingestuft hatte, begegnen wir auch bei Adorno, der sein ästhetisches Denken ganz bewusst als Ästhetik nach Auschwitz verstanden wissen wollte und insofern nicht der Naturschwärmerei bezichtigt werden kann (vgl. Sauerland, 1979: 81-91). Bemerkenswert ist die Emphase, mit der Adorno das Naturschöne als Chiffre der Versöhnung denkt und als plötzliches Erscheinen des Nicht-Darstellbaren zu fassen versucht. Naturschönheit ist «dicht an der Wahrheit, aber verhüllt sich im Augenblick der nächsten Nähe» (Adorno, 1970: 115). Die ästhetische Erfahrung der Natur befreit vom Zwang der Naturbeherrschung und Verdinglichung, die Adorno als Schattenseite der Aufklärung beschrieben hatte. «Alles Andersartige, Nichtidentische, Draussen Seiende, alles Inkommensurable muss entweder weggeschnitten oder erklärt, klassifiziert und unter eine Formel gebracht werden» (Sauerland, 1979: 84). Das Schweigen der Natur wird hingegen zum utopischen Potential und zum Grenzwert von Kunst überhaupt.

In eigenwilliger Weise hat Jean-François Lyotard die Diskussion um das Erhabene im Kontext postmoderner Philosophie neu belebt, wobei das Interesse an der Natur für ihn keine besondere Rolle spielt. Sein Denken gilt der Darstellung des Undarstellbaren, der Entdeckung des Unsichtbaren im Sichtbaren (vgl. Welsch/Pries, 1991) und hat massgeblichen Anteil an der gegenwärtigen Neuvermessung der philosophischen Landschaft im Sinne einer gesteigerten Wahrnehmungskompetenz und einer Ablehnung gigantischer Systembildungen.

Dies sind nur einige Hinweise auf das neue philosophische Interesse an Ästhetik, die nicht nur als Spezialdisziplin, sondern vor allem als Grundlage philosophischer Erkenntnis und in ihrem Verhältnis zur Ethik im Mittelpunkt des Interesses steht.[14]

5. Eine soziologisch differenzierte Sichtweise im Anschluss an Pierre Bourdieu

Die bisher dargestellten philosophischen Zugänge zur Ästhetik und speziell zur Naturästhetik sollten meines Erachtens durch eine explizit soziologische Sichtweise ergänzt werden. Nicht

---

[14] Ein kompletter Forschungsbericht müsste auch die in Europa zu wenig beachtete amerikanische Ästhetik berücksichtigen, was hier leider nicht geleistet werden kann. Vgl. zur Ästhetik des Pragmatismus und zu dem in diesem Umfeld diskutierten Verhältnis von Ethik und Ästhetik: Shusterman, 1994.

weil ich der Philosophie nicht zutraue, praktisch zu werden, sondern weil auch eine interne Kritik idealistischer Ästhetik zwangsläufig dazu führen muss, die begrenzte Reichweite ästhetischer Konzepte zu akzeptieren. Die extreme Verweigerung dieser selbstkritischen Haltung führt in einen Ästhetizismus, durch den alle Wahrnehmungen durch das Diktat von Kunst und Künstlichkeit eingeengt werden, was schliesslich zu einer Geringschätzung von Natur führt.

Noch vor dem grossen kultursoziologischen Panorama der «Erlebnisgesellschaft» (Schulze, 1992) hat Pierre Bourdieu in seiner «Kritik der gesellschaftlichen Urteilskraft» (so der unbescheidene Untertitel seines Buches, 1992) einen Beitrag zur Ethik und Ästhetik moderner Lebensstile geleistet. Bourdieu präsentiert sich als Anti-Kant, der mit der Rekonstruktion einer populären Ästhetik den Diskurs über Kunst vom Zwang idealistischer Kategorien befreien will. Seine Untersuchungsmethode sind Befragungen, deren Inhalt hier an einem Beispiel erläutert werden soll. Die Interviewpartner wurden mit zwei Photographien konfrontiert und nach ihren spontanen Geschmacksurteilen gefragt. Ein Bild zeigt die Hände einer alten Frau, das andere eine Nachtaufnahme der Erdgasverarbeitungsanlage bei Lacq (Bourdieu, 1992: 86-89). Auf das erste Bild reagierten Kunstkenner (oder solche, die sich dafür hielten,) mit gelehrten Assoziationen: das Bild erinnere an ein Gemälde von Van Gogh. Weniger Gebildete interpretierten das Photo vorzugsweise mit moralischen Kategorien: sie stellten sich die Lebensumstände der Person vor, deren von harter Arbeit gezeichnete Hände zu sehen waren. Mit dem geheimnisvollen Photo der Industrieanlage konnten sie hingegen wenig anfangen, während für ästhetische Betrachter immerhin die merkwürdigen Formen als abstrakte Kunst zu würdigen waren. «Konfrontiert mit legitimen Werken, greifen diejenigen, denen es an entsprechender Kompetenz gebricht, auf die Schemata ihres Ethos zurück (...). Die Folge dieses Rückgriffs ist die systematische ‹Reduktion› von Kunst auf Leben, ist das Ausklammern der Form zugunsten des ‹menschlichen› Gehalts und Inhalts – von ‹reiner› Ästhetik her gesehen der barbarische Akt schlechthin» (Bourdieu, 1992: 85f.).

Ein Urteils- und Handlungsmuster der oben beschriebenen Art bezeichnet Bourdieu als *Habitus*. Der Habitus ist ein Bündel von Dispositionen, die beim Handeln meist nicht reflektiert werden und hinter dem Rücken der Akteure ihre Wirksamkeit entfalten. Die Habitusformen bestimmen die sozialen Konstruktionen von Realität.[15]

---

[15] Vgl. zur Rezeption und Kritik der Habitustheorie: Bölts, 1995; Gebauer/Wulf, 1993; Honneth, 1990 und 1994; Müller, 1992; Schwingel, 1993. Honneth (1990) kritisiert vor allem den utilitaristischen und funktio-

Bezüglichkeit der Naturwahrnehmung und -bewertung könnte man sagen, dass auch hier unterschiedliche Muster unseren Umgang mit der Natur prägen und den Diskurs über das Naturschöne bestimmen. Für die Förderung von umweltverantwortlichem Handeln wäre es daher von Interesse, jene Handlungsgrammatik zu erforschen, die – jenseits von Distinktion und Bildungsbeflissenheit – ökologische Praxis als Teil des «kulturellen Kapitals» enthält. Dabei könnte auch deutlicher herausgearbeitet werden, dass Umweltethik und Naturästhetik in Überflussgesellschaften und in Armutsgesellschaften einen jeweils anderen Stellenwert haben dürften. Die Ästhetik würde vom hohen Ross ihrer isolierten Beobachterposition herabsteigen und Rechenschaft ablegen über den gesellschaftlichen Ort ihrer Reflexionen. Erst dann, so meine ich, wäre das Pluralitätspostulat mehr als eine Phrase. Da es gerade nicht darum geht die Normierung und Konditionierung eines lustlosen *homo oecologicus* zu erzwingen, käme es darauf an, ein Gespür für die Vielfalt der Lebensstile zu entwickeln, in denen mit unterschiedlichen Akzentuierungen ökologische Verantwortung und Sinn für das Naturschöne ihren Platz haben (vgl. Meinberg, 1995).

6. Bilanz

In einer kurzen Bilanz möchte ich nun den Ertrag der Überlegungen zusammenfassen und den Problemüberhang für die weitere Forschung formulieren. Dabei sei ausdrücklich erwähnt, dass die in diesem Themenheft dokumentierte interdiszplinäre Arbeit über Naturbilder als Teil einer Antwort auf die offenen Fragen verstanden werden darf, da die praktisch relevanten Forschungsfragen nicht mehr in einem einzigen Theorieentwurf beanwortet werden können.

---

nalistischen Bezugsrahmen von Bourdieus Kultursoziologie. Sieht man von gelegentlichen Überzeichnungen ab, halte ich jedoch den Erklärungswert von Bourdieus Ansatz für eine Ethnographie moderner Gesellschaften für sehr hoch.

6.1 Gewinn für eine konsistente Ethik-Konzeption

An erster Stelle sei erwähnt, dass sich der Stil der Ethik durch die Einbeziehung der Ästhetik positiv verändert. Die Bedeutung der Naturästhetik für die Ethik findet inzwischen immer mehr Anerkennung und wird auch im diskursethischen Konzept von Jürgen Habermas als Erschliessung eines neuen moralischen Horizonts gewürdigt, der über die Plausibilitäten der Kommunikation zwischen gleichberechtigten Diskursteilnehmern hinausgeht (Habermas, 1991: 226). Die Ästhetik des Naturschönen ist zunächst einmal eine lebensweltliche Einsicht, die zu Erweiterungen im Rationalitätsverständnis beitragen kann. Der Rekurs auf das Schöne leistet also nicht einer wenig hilfreichen Rehabilitation einer konservativen Wertethik Vorschub, sondern kann Teil einer emanzipatorischen Sozialethik werden (vgl. auch Lesch, 1995).

Wolfgang Welsch hat die Konvergenzen von Ethik und Ästhetik zu dem Kunstwort *Ästhet/hik* zusammengefügt und hebt im Anschluss an Adorno und Lyotard als Ansatzpunkte für das Ethische mitten im Ästhetischen den Gerechtigkeitsaspekt von Pluralität und Heterogenität hervor (Welsch, 1994). Dieser weitreichende Syntheseversuch geht vielleicht insofern zu weit, als das stimulierende Gespräch zwischen Ethik und Ästhetik ja auch möglich ist, ohne die graphische Verschmelzung zur *Ästhet/hik* zu bemühen. Denn damit wird eine Einheit suggeriert, die im praktischen Diskurs aus Gründen der Argumentationslogik gelegentlich doch wieder aufgelöst werden muss.

Insgesamt ist vor überspannten Erwartungen angesichts der möglichen *Ersatzfunktionen des Ästhetischen* (Bubner, 1989) zu warnen, da Leben und Kunst eben doch nur in Ausnahmefällen zur Deckung gebracht werden können. Vielversprechender erscheint mir eine Orientierung am Habitus-Modell sozialen Handelns, das sich in einer Vielzahl von Lebensstilen artikuliert, die jedoch Muster ausbilden und nicht nur individualistische Präferenzen zum Ausdruck bringen (vgl. Schmid, 1991).

6.2 Neue Einsichten in ökologische Kommunikation

Die Beschäftigung mit Naturästhetik führt zu einem erweiterten Verständnis von Kommunikation. Offensichtlich gibt es nicht nur Kommunikation über Natur, sondern auch Kommunikation mit der Natur, wenn auch nicht in wechselseitigen Anerkennungsverhältnissen, so doch im Modus ästhetischer Anerkennung. Ferner hat jede Ästhetik, sofern sie sich nicht als einsame Meditation versteht, eine praktisch-strategische Seite, die bisher zu wenig berücksichtigt wurde und als medienethische Komponente in die Umweltethik einbezogen werden sollte, damit diese nicht nur defensiv auf die modernen Möglichkeiten der visuellen Kommunikation reagiert.

6.3 Wahrheit und Wirklichkeit

Die gesichteten Entwürfe einer neuen Naturästhetik bewegen sich teils im Kontext eines nachmetaphysischen Denkens (Seel, 1991), teils im Kontext der Postmoderne (Welsch, 1989; vgl. auch Lesch/Schwind, 1993). Zu erwähnen wären auch frühere Versuche, Kunst und Wissenschaft in ein neues Verhältnis zu bringen, vor allem das Werk von Paul Feyerabend (vgl. Feyerabend, 1984). Eine zeitgemässe Ästhetik der Natur verzichtet auf grosse Gesten und geschlossene Systeme und bevorzugt fragmentierte Naturbilder, die jedoch manchen besorgten Zeitgenossen zu wenig Orientierung bieten. Muss dieser Perspektivismus der Naturbilder automatisch zu einem Relativismus führen, der die für wissenschaftliche Erkenntnis und rationale Lebensführung zentrale Wahrheitsfrage aufgibt? Und droht nach dem Verlust von zuverlässiger Wahrheit nun auch noch der Verlust von Wirklichkeit in den virtuellen Welten der neuen Medien? Mit Ästhetik allein werden diese Fragen nicht zu beantworten sein. Wir stehen daher am Ende des kleinen Spaziergangs durch eine Galerie von aktuellen Naturbildern der praktischen Philosophie vor dem Übergang von der Ästhetik der Natur zur ökologischen Sozialethik, die sich nicht nur mit individuellen Lebensstilfragen, sondern vor allem mit Problemen der Gerechtigkeit in komplexen gesellschaftlichen Systemen befasst. Eine solche Sozialethik wird in ihrem eigenen Interesse alles in ihren Kräften stehende tun, damit im Streit um die Konstruktionen und Interpretationen von Wirklichkeit die Stimme der Ästhetik gehört wird. Die Ethik sagt dies nicht gönnerhaft, sondern weil sie weiss, dass im Medium ästhetischer Erfahrung oft bessere Werteinsichten möglich sind als im akademischen Streit über Normenbegründungen.

Literatur

Adorno, Th. W. (1970) Ästhetische Theorie. Suhrkamp, Frankfurt a. M.

Barck, K. et al. (Hrsg.) (1991) Aisthesis. Wahrnehmung heute oder Perspektiven einer anderen Ästhetik. Reclam, Leipzig.

Böhme, G. (1989) Für eine ökologische Naturästhetik. Suhrkamp, Frankfurt a. M.

Böhme, G. (1992) Natürlich Natur. Über Natur im Zeitalter ihrer technischen Reproduzierbarkeit. Suhrkamp, Frankfurt a. M.

Böhme, G. (1995) Atmosphäre. Essays zu einer neuen Ästhetik. Suhrkamp, Frankfurt a. M.

Böhme, H. (1988) Natur und Subjekt. Suhrkamp, Frankfurt a. M.

Böhme, H. (1992) Rezension von Martin Seel, Eine Ästhetik der Natur. *Zeitschrift für philosophische Forschung 46*: 319-326.

Bölts, H. (1995) Umwelterziehung. Grundlagen, Kritik und Modelle für die Praxis. Wissenschaftliche Buchgesellschaft, Darmstadt.

Bourdieu, P. (1992) Die feinen Unterschiede. Kritik der gesellschaftlichen Urteilskraft. Suhrkamp, Frankfurt a. M., 5. Aufl. (Orig.: La distinction. Critique sociale du jugement. Les éditions de minuit, Paris 1979).

Bubner, R. (1989) Ästhetische Erfahrung. Suhrkamp, Frankfurt a. M.

Bücher-Vogler, Ch. (1993) Ökologie in der Kunst? *In*: Jahrbuch Ökologie 1994, Altner, G. et al. (Hrsg.), Beck, München, 220-230.

Bürger, P. (1983) Zur Kritik der idealistischen Ästhetik. Suhrkamp, Frankfurt a. M.

Descamps, Ch. (Hrsg.) (1993) Le beau aujourd'hui. Editions du Centre Pompidou, Paris.

Eagleton, T. (1994) Ästhetik. Die Geschichte ihrer Ideologie. Metzler, Stuttgart/Weimar.

Feyerabend, P. (1984) Wissenschaft als Kunst. Suhrkamp, Frankfurt a. M.

Fuller, G. (1993) Das Ende. Von der heiteren Hoffnungslosigkeit im Angesicht der ökologischen Katastrophe. Ammann, Zürich.

Gebauer, G./Wulf, Ch. (Hrsg.) (1992) Mimesis. Kultur – Kunst – Gesellschaft. Rowohlt, Reinbek.

Gebauer, G./Wulf, Ch. (Hrsg.) (1993) Praxis und Ästhetik. Neue Perspektiven im Denken Pierre Bourdieus. Suhrkamp, Frankfurt a. M.

Godlovitch, St. (1994) Ice Breakers: Environmentalism and Natural Aesthetics. *Journal of Applied Philosophy, 11, number 1*: 15-30.

Greve, W. (1990) Kierkegaards maieutische Ethik. Suhrkamp, Frankfurt a. M.

Habermas, J. (1991) Erläuterungen zur Diskursethik. Suhrkamp, Frankfurt a. M.

Heiland, St. (1992) Naturverständnis. Dimensionen des menschlichen Naturbezugs. Wissenschaftliche Buchgesellschaft, Darmstadt.

Henckmann, W./Lotter, K. (Hrsg.) (1992) Lexikon der Ästhetik. Beck, München.

Honneth, A. (1990) Die zerrissene Welt des Sozialen. Sozialphilosophische Aufsätze. Suhrkamp, Frankfurt a. M.

Honneth, A. (1994) Desintegration. Bruchstücke zur soziologischen Zeitdiagnose. Fischer, Frankfurt a. M.

Jung, W. (1995) Von der Mimesis zur Simulation. Eine Einführung in die Geschichte der Ästhetik. Junius, Hamburg.

Kant, I. (1977) Kritik der Urteilskraft (Werkausgabe Band X, hrsg. von Wilhelm Weischedel). Suhrkamp, Frankfurt a. M.

Kierkegaard, S. (1988) Entweder – Oder, 2 Bände. Deutscher Taschenbuch Verlag, München.

Knodt, R. (1994) Ästhetische Korrespondenzen. Denken im technischen Raum. Reclam, Stuttgart.

Koppe, F. (1983) Grundbegriffe der Ästhetik. Suhrkamp, Frankfurt a. M.

Koppe, F. (Hrsg.) (1991) Perspektiven der Kunstphilosophie. Texte und Diskussionen. Suhrkamp, Frankfurt a. M.

Lesch, W./Schwind, G. (Hrsg.) (1993) Das Ende der alten Gewissheiten. Theologische Auseinandersetzung mit der Postmoderne. Grünewald, Mainz.

Lesch, W. (1994a) Theologisch-ethischer Entwurf einer Ästhetik der Natur *In*: Theologie und ästhetische Erfahrung. Beiträge zur Begegnung von Religion und Kunst, Lesch, W. (Hrsg.), Wissenschaftliche Buchgesellschaft, Darmstadt, 125-144.

Lesch, W. (1994b) Von Rousseau zum ökologischen Denken. Wege der Rezeption von Rousseaus Naturverständnis *In*: Zur Rezeption der Aufklärung in der Romania im 19./20. Jahrhundert, Klein, W./Sändig, B. (Hrsg.), Schäuble Verlag, Rheinfelden, 229-247.

Lesch, W. (1995) Die «Ökologisierung» moralischer Kommunikation *In*: Theologische Ethik im Diskurs. Eine Einführung, Lesch, W./Bondolfi, A. (Hrsg.), Francke (UTB), Tübingen/Basel, 292-312.

Lyotard, J.-F. (1989) Streifzüge. Gesetz, Form, Ereignis. Passagen-Verlag, Wien.

Marquard, O. (1989) Aesthetica und Anaesthetica. Philosophische Überlegungen. Schöningh, Paderborn/München/Wien/Zürich.

Meinberg, E. (1995) Homo Oecologicus. Das neue Menschenbild im Zeichen der ökologischen Krise. Wissenschaftliche Buchgesellschaft, Darmstadt.

Müller, H.-P. (1992) Sozialstruktur und Lebensstile. Der neuere theoretische Diskurs über soziale Ungleichheit. Suhrkamp, Frankfurt a. M.

Nasar, J. L. (Hrsg.) (1992) Environmental aesthetics. Theory, research, and applications. University Press, Cambridge.

Nennen, H.-U. (1991) Ökologie im Diskurs. Zu Grundfragen der Anthropologie und Ökologie und zur Ethik der Wissenschaften. Westdeutscher Verlag, Opladen.

Paetzold, H. (1990) Profile der Ästhetik. Der Status von Kunst und Architektur in der Postmoderne. Passagen Verlag, Wien.

Sauerland, K. (1979) Einführung in die Ästhetik Adornos. de Gruyter, Berlin/New York.

Schlette, H. R. (1994) Zur Interpretation der Natur bei Camus *In*: Die Gegenwart des Absurden. Studien zu Albert Camus. Pieper, A. (Hrsg.), Francke, Basel, 87-102.

Schmid, W. (1991) Auf der Suche nach einer neuen Lebenskunst. Die Frage nach dem Grund und die Neubegründung der Ethik bei Foucault. Suhrkamp, Frankfurt a. M.

Schneider, G. (1994) Naturschönheit und Kritik. Zur Aktualität von Kants Kritik der Urteilskraft für die Umwelterziehung. Königshausen & Neumann, Würzburg.

Schönherr, H.-M. (1989) Die Technik und die Schwäche. Ökologie nach Nietzsche, Heidegger und dem «schwachen» Denken. Passagen-Verlag, Wien.

Schramm, M. (1994) Der Geldwert der Schöpfung. Theologie – Ökologie – Ökonomie. Schöningh, Paderborn/München/Wien/Zürich.

Schulze, G. (1992) Die Erlebnisgesellschaft. Kultursoziologie der Gegenwart. Campus, Frankfurt a. M./New York.

Schwingel, M. (1993) Analytik der Kämpfe. Macht und Herrschaft in der Soziologie Bourdieus. Argument-Verlag, Hamburg.

Seel, M. (1985) Die Kunst der Entzweiung. Zum Begriff der ästhetischen Rationalität. Suhrkamp, Frankfurt a. M.

Seel, M. (1991) Eine Ästhetik der Natur. Suhrkamp, Frankfurt a. M.

Seel, M. (1993) Ästhetische und moralische Anerkennung der Natur *In*: Raum und Verfahren (Interventionen, 2), Huber, J./Müller, A. M. (Hrsg.), Stromfeld/Roter Stern, Basel/Frankfurt a. M. und Museum für Gestaltung, Zürich, 205-227.

Shusterman, R. (1994) Kunst Leben. Die Ästhetik des Pragmatismus. Fischer, Frankfurt a. M.

Teichert, D. (1992) Immanuel Kant: ‹Kritik der Urteilskraft›. Schöningh (UTB), Paderborn/München/Wien/Zürich.

Vietta, S. (1995) Die vollendete Speculation führt zur Natur zurück. Natur und Ästhetik. Reclam, Leipzig.

Welsch, W. (1989) Ästhetisches Denken. Reclam, Stuttgart.

Welsch, W./Pries, Ch. (Hrsg.) (1991) Ästhetik im Widerstreit. Interventionen zum Werk von Jean-François Lyotard. VCH, Acta humaniora, Weinheim.

Welsch, W. (Hrsg.) (1993) Die Aktualität des Ästhetischen. Fink, München.

Welsch, W. (1994) Ästhet/hik. Ethische Implikationen und Konsequenzen der Ästhetik *In*: Ethik der Ästhetik, Wulf, Ch./Kamper, D./Gumbrecht, H. U. (Hrsg.), Akademie Verlag, Berlin, 3-22.

Die Natur im Bilder-Dschungel

Christian Thomas

In der verwirrenden Welt dessen, was wir täglich sehen und anschauen, wird es immer schwieriger, auch nur einigermassen klar abgegrenzt Natur oder Bilder von Natur zu finden. Beide Begriffe fransen zusehends stärker in ihren Grenzbereichen aus. Ganz natürliche Natur gibt es nicht mehr, und die bildenden Künste erproben ständig neue Grenzen, um das, was man früher ein Bild nannte, zu verfremden. Daraus entsteht eine wachsende Desorientierung im Verhältnis zur Natur. In der ökologischen Diskussion zeigt sich, dass der Naturbezug des Menschen nicht theoretisch geklärt werden kann, sondern dass die Echtheit der Bedürfnisse nach Naturbezug untersucht werden muss. Die Echtheit der entsprechenden Bilder muss uns deshalb beschäftigen.

1. Natur pur

Stellen Sie sich vor, Sie sitzen auf einem Stein an einem der einsamsten Orte in den Alpen. Sie geniessen ein herrliches Panorama und Sie haben sich so hingesetzt, dass von Ihrem Standort aus keine Alphütte, kein Strommast, keine Bergbahn-Station und nicht einmal ein von Menschen getrampelter Weg zu sehen ist. Alles unverfälschte echte Natur: urchige Granitfelswände, weit hinten eine Gletscherzunge und im Vordergrund ein klarer Bergsee mit einem Moor und einigen knorrigen Lärchen und Arven, die sich spiegeln. Wir können uns vorstellen, dass noch nie ein Mensch hier gewesen ist und dass hier der Gral der Natur liegt, von dem aus Ausläufer bis hinunter in die Städte reichen.

Plötzlich sehen Sie den Kondensationsstreifen eines Flugzeuges am Himmel. Einige weitere verblasste Wolkenformationen lassen darauf schliessen, dass es vorher schon andere Kondensationsstreifen gab. Die Träumerei ist wie weggefegt. Das reine unbefleckte Naturbild ist zerstört. Der Mahnfinger, der an die Zivilisation erinnert, ist überall. Es kommt Ihnen in den Sinn, dass der Gletscher im Hintergrund in den letzten Jahren massiv geschrumpft ist, wahrscheinlich wegen des von den Menschen erwärmten Klimas, dass der Bergsee im Vordergrund nicht nur klar, sondern vermutlich wegen des sauren Regens auch biologisch tot ist. Und die Vegetation im Moor wäre wahrscheinlich ganz anders, wenn der Stickstoff-Eintrag aus der verschmutzten Luft die mageren Rasen nicht gedüngt hätte. Das Gras wäre nicht so abgefressen, wenn Luchse und Adler da wären, um Gems- und Steinbock-Populationen in Schach zu halten. Die Gedanken tragen Sie weiter zu den Dingen, die da sind, ohne dass man sie sieht: Hätten Sie ein Mobiltelefon dabei, so könnte jederzeit jemand anrufen; hätten Sie ein Radio dabei, so könnten Sie Dutzende von Programmen empfangen, und mit einer etwas grösseren Batterie und einer Satelliten-Schüssel wären es fast ebenso viele Fernseh-Programme. Die Luft ist voll von elektromagnetischen Wellen, welche überall und jederzeit mittels eines kleinen Apparates eine allfällige Illusion von unberührter Natur zusammenbrechen lassen können. Und überhaupt: Warum wohl haben Sie Ihr Gesicht mit der Sonnencreme mit Schutzfaktor 12 eingerieben, bevor Sie in diese Höhe aufgestiegen sind (vgl. auch McKribben, 1992: 57)?

Die Natur ist also immer und überall ihrem Gegenteil (oder ihrem Komplement), der Zivilisation, der Kultur ausgesetzt, ja die Natur ist überall schon durchdrungen von Zivilisation, auch wenn mit Camel-Expeditionen und mit WWF-Safaris versucht wird, den Eindruck zu erwekken, das ganz Ursprüngliche sei noch zu entdecken und zu retten. Natur ist somit ein relativer Begriff: Vor dem Bergrestaurant ist ein Geranientrog ein Stück Kultur, in der grauen Stadt ist der gleiche Geranientrog ein Stück Natur. «Natur pur» ist ein gedankliches Konstrukt, das es in der Natur nicht gibt. «Natur pur» hat es gar nie gegeben, denn erst seit der Mensch dafür

sorgt, dass es die reine Natur nicht mehr gibt, existiert die Idee der reinen Natur. Als der
Mensch noch Naturmensch war, kam er nicht auf die Idee, über Natur in diesem Sinne nachzudenken. Wie gründlich die Illusion der reinen Natur bereits zerstört ist und wie absurd trotzdem damit politische und kommerzielle Werbung betrieben wird beschrieb Brigitte Wormbs
schon in ihrem Buch «Über den Umgang mit Natur. Landschaft zwischen Illusion und Ideal»
(Wormbs, 1978).

2. Bild und Ding

Wie der Begriff der Natur ist auch der Begriff des Bildes nur auf den ersten Blick klar: Wenn
wir vor einer Wand stehen, an der ein klassisches Bild hängt, so begrenzt der Rahmen die
Bildfläche und wir erkennen Objekte auf dem Bild, zum Beispiel eine Vase mit Blumen, von
denen wir wissen, dass sie von einem Maler mit Ölfarbe auf eine Leinwand gemalt worden
sind. Die Abfolge vom Objekt zum Bild ist in diesem Falle klar: Der Maler wählt Hintergrund,
Belichtung und Maltechnik und macht mit seiner Kunst eine Übersetzung vom Objekt zum Bild
auf der Leinwand, von der wir wissen, dass sie Weglassungen, Überhöhungen und Interpretationen aller Art enthält.

Das Wort «Bild» impliziert, dass nicht die Sache selbst vor uns steht. Ein Baum ist normalerweise nicht ein Bild von einem Baum. Das ist vorerst trivial, doch unmerklich, aber immer
mehr verwischt sich die Grenze zwischen dem, was von einem oder mehreren Menschen in
einer bestimmten Absicht hergestellt worden ist – nennen wir es «Artefakt» – und dem, was
ursprünglich entstanden ist und nichts anderes darstellt. Jedes darstellende Bild hat in einer
gewissen Weise auch die Spannung zum Inhalt, die zwischen dem darzustellenden Ding und
seiner Abbildung existiert.

Das Bild war ursprünglich ein Derivat von einem zeichenbaren oder malbaren Ding. Die
abstrakte Kunst hat auf das «Ding» im Bild zuerst schrittweise, später schon vom Konzept her
verzichtet. Verschiedene Kunstrichtungen und -Ismen gehen ganz unterschiedliche Wege, um
das Ding im Bild zu negieren oder doch irgendwie darzustellen (Hat der Tachismus Flecken

dargestellt?). Obwohl sie keine Gegenstände darstellen, werden auch abstrakte Gemälde als Bilder angesprochen. Manchmal stellen sie innere Bilder dar, die keinen materiellen Gegenstand darstellen. In der sogenannten konkreten Kunst, einer geometrisierenden Richtung der abstrakten Kunst mit klar definierten Farben, stellen die «Bilder» eine im voraus gedachte geometrische und farbliche Konstellation dar, und manchmal werden mathematische Formeln oder Proportionen farblich interpretiert. Es gibt kaum etwas Denkbares, das nicht in einem Kunstwerk zu einem Bild verdichtet werden kann.

Es gibt auch Derivate zweiten Grades, Fotos von Bildern, Gemälde von Skulpturen, Videos von Theaterstücken und so weiter. Umgekehrt gibt es Skulpturen, die nichts darstellen, sondern sozusagen Dinge sind. Architektonische Kunstwerke sind meistens gleichzeitig benützbare Gebäude und skulpturale Schauobjekte. Für Gebäudefassaden, die eine (künstlerische) Aussage machen, hat sich der Begriff der «architecture parlante» eingebürgert. Die Vorstellung, dass Bilder Darstellungen von Dingen seien, lässt sich nicht mehr halten, denn die Bilderwelt hat sich verselbständigt und die Dinge stellen sich dar wie Bilder.

Bei den Gärten und Parkanlagen ist der Übergang vom Nutzgarten oder von der ohne künstlerische Absicht gepflanzten Parkanlage bis hin zum streng komponierten Schaugarten ein fliessender. So ist die Einordnung einer Pflanzung als «Ding» (eine Gruppe von Pflanzen) oder als Bild (Gartenansicht) mehr eine Frage des Blickwinkels als eine von der Sache her gegebene definitorische Angelegenheit. Die Landschaftskunst (Land Art) hat diese Grenze zwischen Natur und Kunstwerk thematisiert und fruchtbar gemacht und damit auch aufgehoben. Das Landschaftsbild ist in der «Land Art» nicht mehr interessant als Ort der Auseinandersetzung zwischen Menschen und ihrer Umgebung wie in der aufklärerischen Landschaftsmalerei (Vgl. Sitt/Baumgärtel, 1995), sondern die Landschaft wird als menschliches Produkt künstlerisch überhöht. Interessant ist vielleicht schon hier die Feststellung, dass die Anstrengung zur Durchdringung der Landschaft zu den frühesten Zeugnissen menschlicher Kultur gehört (Megalith-Kulturen) und heute wieder aktuell ist (vgl. Werkner, 1992). Land Art wird jetzt Ausdruck der Totalität unserer Zivilisation, welche die Natur völlig durchdringt, während die Megalith-Kulturen noch die Einheit mit dem kosmischen Geschehen dokumentieren. Die heutige Landschafts-Kunst (Abbildung 1) dokumentiert aber nicht nur diese Einheit, sie kann auch ironisch bis bösartig das «Zurück-zur-Natur» demonstrieren.

Abbildung 1. Zynische Landschaftskunst: Mit Herbizid in eine Wiese gespraytes Recyclingsignet.

3. Naturbilder und Bilderbuch-Natur

Heute gibt es grosse Anstrengungen, eingedolte und begradigte Bäche und Flussläufe auszu-
baggern, mäandrieren zu lassen und zu bepflanzen, kurz: die Landschaftsbilder werden
«renaturiert». Landschaftsarchitekten und Landschaftsgärtner üben diese Tätigkeit mit Kreativität und mit grossem Fachwissen aus. Sie lassen im angepflanzten Werk ihr inneres Bild von
Natur aufleben und erfüllen eigentlich alle Kriterien, die man heute für den Begriff Kunstwerk
formulieren kann. Sie achten allerdings darauf, dass nur ganz bestimmte Pflanzen verwendet
werden, nämlich einheimische, und zwar mit Vorliebe solche, die es vielleicht früher einmal an
diesem Standort gegeben hat, und womöglich solche, die vom Aussterben bedroht sind. Eine
solche Renaturierung ist in kaum einem Falle eine Rückführung in einen Zustand, der früher
einmal real existiert hat. Das Ziel dieses Kunstwerkes besteht darin, dass nach einigen Jahren

Abbildung 2. Neuangelegtes Naturschutzgebiet: Kunstwerk oder Naturwerk?

kaum mehr auszumachen ist, ob das Gebiet natürlich bewachsen oder eben renaturiert ist. Wenn nun alle Spaziergänger eines Tages das angepflanzte Gebiet als ursprüngliche Natur empfinden, hat sich dann das gelungene Kunstwerk selbst aufgelöst (Abbildung 2)?

Immer weniger Spezialisten wissen noch, welches einheimische, welches standortgerechte und welches exotische Pflanzen sind, und was genau der Unterschied ist. Wo ist nun die Grenze zwischen Natur und Artefakt? Ist eine exotische Pflanze bei uns ein Artefakt? Ist eine gezüchtete Pflanze ein Artefakt? Eine gentechnisch erzeugte Pflanzenart ist wahrscheinlich ein Artefakt, doch nur mit speziellen botanischen oder gar biochemischen Kenntnissen lässt sie sich von den natürlichen Pflanzen unterscheiden. Selbst bei den Lebewesen ist die Grenze zwischen Natur und Artefakt also unklar, noch viel weniger klar ist diese Grenze aber bei den menschlichen Tätigkeiten.

Viele Leute zieht es in die Berge, weil diese ja der Inbegriff von Natur sind, doch täuschen wir uns nicht: Die Art und Weise, wie wir die Berge sehen, hat viel damit zu tun, wie unser Sehen vorkonditioniert ist. Die Darstellung der Berge in alten Stichen und in der Landschaftsmalerei zeigt das schon, aber auch die Bergfotografie, und die Auswahl von Bergfotos, welche in den Bildbänden abgedruckt wird, zeigen, dass eben nicht einfach die Berge so wie sie ewig sind gezeigt werden, sondern dass typische Fotos einen Standpunkt haben, dass bestimmte Wolkenformationen zu bestimmten Zeiten und für bestimmte Bedürfnisse eher ausgewählt werden und dass das Foto auch ein Rohmaterial für weitergehende Interpretationen sein kann.

So ist die Natur immer auch ein Bilderbuch, sie zeigt uns das, was wir in unserem inneren Bilderbuch von ihr gespeichert haben und was somit mit Vorliebe wiedergegeben wird. Das «Buch der Natur», aus dem früher gelesen werden konnte, um die Macht Gottes zu erkennen, ist zum Spiegel des Menschen geworden. Die Natur entzieht sich nicht nur auf der wissenschaftlichen Ebene, sondern auch auf jener der Bilderwelt jeder endgültig objektiven Darstellung. Die Naturfotografie hat die Illusion der objektiven Darstellung perfektioniert und in unzähligen Bildbänden zelebriert, doch diese Illusion bricht jetzt zusammen. Wie Stefan Heiland (Politische Ökologie, 1991/92: 49) zutreffend schreibt, ist es nicht mehr möglich, «ästhetisch ansprechend» mit «ökologisch intakt» gleichzusetzen. Diese Feststellung wird sehr realistisch, wenn man das Bilderbuch «Giftlandschaft» von Wout Berger (1992) betrachtet: Es zeigt breitformatige, poetisch fotografierte Landschaften mit teils massiven Altlasten von Giftmüll in Holland. Viele Beispiele sind Industriebrachen, auf denen sich eben erst die Pioniervegetation einnistet, einige sind aber Bilder mit etwas karger, aber malerischer Vegetation. Erst die Legende erklärt, wie giftig der Untergrund ist. Eines der schönsten Fotos zeigt einen Teppich von Moos, das im Gegenlicht rötlich schimmert, auf dem einzelne Pionierpflanzen gedeihen. Dieser Standort einer früheren Verbrennungsanlage für Chemikalien wird als einer der giftigsten im Lande geschildert. Er enthält einen Giftcocktail mit Dioxin und PCB, der mit konventionellen Methoden nicht saniert werden kann

Gernot Böhme (1989) hat das markante Auseinanderdriften des früheren Parallelismus von schöner Natur und guter Natur mit dem Datum des 1. Mai 1986 (Tschernobyl) markiert. Später (Böhme, 1995) kommt er folgerichtig zum Schluss, dass das Naturbild so eine neue Aufgabe erhält: «Natur ist als soziales und kulturelles Produkt darzustellen, um mögliche Alternativen für die Zukunft aufzuweisen», wie er es im Konzept für eine geplante Ausstellung formuliert hat. Das intellektuelle und das emotionale Umweltbewusstsein beschreibt Böhme als die Massenressource für notwendige Veränderungen im Verhältnis Mensch-Natur und als Basis für eine demokratisch durchsetzbare Naturpolitik, die er auch als Naturgestaltung und als «Naturproduktion» bezeichnet. Die bewusste Naturproduktion muss den Naturschutz ablösen.

4. Konvergenz von Natur und Künstlichkeit

Was ist nun eine künstliche Pflanze, zum Beispiel ein Ficus Benjamini aus Plastik? Ist der Plastik-Baum ein Bild einer Pflanze, eine künstlich dargestellte Pflanze, sozusagen eine Skulptur? Es ist möglich, dass irgendwo ein Ficus Benjamini als Kunstwerk aus Plastik hergestellt wurde; doch der gewöhnliche Ficus Benjamini, der aus Plastik statt lebendig ist, erhebt nicht nur keinen Anspruch auf künstlerischen Wert, im Gegenteil, der Produzent und der, der ihn aufstellt, hoffen, dass kaum jemand bemerkt, dass das Ding aus Plastik ist.

Erstaunlich ist, wie sehr sich die lebendigen Topfpflanzen und die künstlichen immer mehr angleichen. Es werden immer raffiniertere Täuschungen von künstlichen Pflanzen hergestellt, sie weisen manchmal auch kränkelnde und abgestorbene Blätter auf, die Patina ist nicht mehr satt glänzend, sondern oft matt wie ein echtes Blatt. Gleichzeitig nähern sich die lebendigen

Topfpflanzen in ihrem Aussehen immer mehr den künstlichen Pflanzen. In grossen fabrikartigen Gewächshäusern in den Niederlanden werden Tausende von identischen Pflanzen gezüchtet, und im Supermarkt findet man dann ein Dutzend oder mehr Pflanzen nebeneinander, die genau gleich viele Blätter aufweisen, mit dem gleichen Spray auf Hochglanz gebracht. Kein Blatt hat einen gelben oder braunen Rand, keine Verfärbung, kein Insektenfrass, kurz: die Pflanzen sind perfekter als die künstlichen. Immer weniger Leute kennen die immer vielfältigeren tropischen Pflanzen, die es in den Geschäften gibt, und noch weniger Leute können sie auf 3 Meter Distanz von ihren Plastik-Plagiaten unterscheiden.

Ganz ähnlich sind die Fähigkeiten der Industrie, Holz zu imitieren, gestiegen: Früher sah man von weitem, dass der Holzimitation die Poren der Jahrringe fehlen und man konnte sich beim Anfühlen einer Oberfläche vergewissern, ob wenigstens ein dünnes Furnier aus echtem Holz war, doch heute werden einzelne Holzarten sehr genau imitiert, sogar die feinen Löchlein der Poren werden dargestellt. Auf der anderen Seite gibt es Naturholz, das mit einer so dicken Schicht plastifiziert wird, dass es sich anfühlt wie massiver Kunststoff. Nur ein Schreiner, der weiss, für welche Bauteile Echtholz nach wie vor billiger oder wegen der Beanspruchung zuverlässiger ist als das Imitat, wird in einer Nussbaum-Küche, in der Echtholz, plastifiziertes Holz und Plastikholz durcheinander verwendet worden sind, die Echtholz-Bauteile mit Leichtigkeit von den Imitaten unterscheiden können. Manchmal rächt sich das Echtholz nach einigen Jahren, wenn der Lichteinfall seine Farbe verblassen lässt und das Plastikholz seine dunkle Farbe behält.

Das Imitat kann aber auch lebendige Natur sein. In Montréal wurde die riesige Olympia-Radrennbahn zum sogenannten «Biodôme» umgebaut, einem Museum für ganze Ökosysteme. Ein Stück tropischer Regenwald (Abbildung 3), eine Flusslandschaft, und Polarwelt wurden nachgebaut, nachgepflanzt und werden entsprechend klimatisiert (vgl. Parent/Desaulniers, 1995). Die Betreiber weisen darauf hin, dass die kleinen Biotope in dem Sinne natürlich seien, dass nicht irgendwelche Pflanzen und Tiere ausgestellt werden, sondern dass man in jedem Biotop im künstlich zur Verfügung gestellten Klima ein natürliches Gleichgewicht einpendeln lässt. Tiere und Pflanzen sollen sich selbst artgerecht reproduzieren können. Die Besucher können verfolgen, wie sich die Biotope im Laufe der Jahre verändern. Die Institution des Biodôme versteht sich sehr stark als Institution der Forschung und der Erziehung. Das Naturverständnis dieser Einrichtung soll also bewusst verbreitet werden.

Die Konvergenz von Natur und Künstlichkeit hat schon vor Jahrtausenden beispielsweise mit der Züchtung von Tieren und Pflanzen begonnen: Bei den Hunden wurden die inneren Bilder, welche Menschen in ihr Haustier zu projizieren wünschen, in Fleisch und Blut herangezüchtet: ob grimmige Bestie oder Kuscheltier, alles ist heute zu haben. Wenn nun mit der Gentechnologie die Eigenschaften von Lebewesen einzeln zusammengesetzt werden können, so kann man von einem eigentlichen Design von Lebewesen sprechen, und es fragt sich, wieweit ein Lebewesen, das «designed» ist, noch naturhaft ist. Im Bioreaktor wird die Bakterie zum Teil eines technischen Systems. Im Gegenzug wird technischen Artefakten Lebendigkeit zugesprochen: Computer-«Viren» können ein System «zerfressen», Radioaktivität ist «langlebig», Roboter erhalten einen Namen und werden wie Lebewesen angesprochen. Langsam scheinen sich die Entwicklungen von Natur und Technik geradezu zu überschneiden.

Abbildung 3. Künstlich angelegtes Dschungel-Ökosystem im Biodôme von Montréal (Ehemalige Olympia-Sporthalle).

Die Machbarkeit oder Reproduzierbarkeit von Natur hat Gernot Böhme (1992) dazu inspiriert, eine Parallele zwischen den von Walter Benjamin 1936 in seinem Aufsatz «Das Kunstwerk im Zeitalter der technischen Reproduzierbarkeit» beschriebenen Veränderungen der Wirkungen von Kunstwerken mit der veränderten Wirkung von Natur zu vergleichen. Benjamin stellte fest, dass die Kunstwerke eine Aura, einen Nimbus rein schon dadurch verloren haben, dass die blosse Möglichkeit ihrer Reproduktion besteht. Benjamin hat ein Schwinden des Heiligenscheins, der die klassischen Kunstwerke umgab, festgestellt und hoffte, dass die Kunst aus dem bildungsbürgerlichen Ghetto befreit und zum Bestandteil der Massenkultur würde. Böhme zählt einige der Reproduktionstechniken von Natur auf und kommt zum Schluss, dass die Natur, so wie sie sich als Element der europäischen Kultur präsentiert, zerstört wird, dass jetzt die Natur als «kulturelles Produkt verstanden werden muss, als sozial konstituierte Natur» (Böhme, 1992: 123).

Abbildung 4. Pressefoto zur Forschung über Biodiversität: Natur wird als nur technisch verständlich dargestellt.

Gerade die Naturforschung hat immer schon nicht die Natur an sich untersucht, sondern eine für einen Versuch präparierte, konditionierte und zumindest selektiv erfasste Natur (Abbildung 4).

5. Kunst ist Natur, Natur ist Kunst

Die Unterscheidung zwischen Natürlichem und Künstlichem stösst aber nicht nur auf dieser vordergründigen Ebene auf praktische Schwierigkeiten, auch in der Beschreibung des Seins, also auf der ontologischen Ebene gibt es Schwierigkeiten. Immer wieder gab es in der Geistesgeschichte Dispute über die Frage nach dem Unterschied zwischen Naturwissenschaft und Kunst, wobei die Wissenschaftler und die Künstler meistens versuchten, ihre Tätigkeit als die erhabenere darzustellen.

Im Grunde genommen ist das alles mehr oder weniger Spiegelfechterei, denn die Grenze zwischen einer Tätigkeit, welche die Natur respektiere ein Naturprodukt behandelt und einer Tätigkeit, die ein Kulturprodukt behandelt ist je nach Blickwinkel viel kleiner als vorerst vermutet, und in einigen Gebieten, etwa der Architektur, gibt es diese Grenze gar nicht. Zwischen den Naturgesetzen, welche die Statik «regieren», und ästhetischen Prinzipien oder Ideen gibt es fliessende Übergänge, aber keine Trennungslinien (Thomas, 1991).

Bekanntlich ist der Mensch auch ein Naturwesen. Wollte man Natur und Kultur sauber trennen, so müsste die Trennlinie quer durch den Menschen hindurch gezogen werden. Während Jahrhunderten wurde das Naturhafte der Menschen durch die Figur des Wilden Mannes (Green Man) dargestellt, der in vielen romanischen und gotischen Kathedralen und Kirchen als Abschlussstein oder Kanzelverzierung an prominentem Ort einen Gegenpol zu den Darstellungen von Heiligen bildete (Anderson, 1990).

Während der den materiellen Einflüssen ausgesetzte Körper des Menschen und die schwer kontrollierbaren und beschreibbaren Gefühle oftmals als das Naturhafte interpretiert werden, gilt der klar denkende Verstand am ehesten als der Aspekt des Menschseins, der sich über das Naturhafte zu erheben vermag. Es gibt auch zahlreiche Versuche ihn als Schaltzentrale und

Motor der Zivilisation recht eigentlich verantwortlich zu machen für die heutigen Umweltprobleme. Walter Schiesser (1991) zählt einige solche Versuche auf, sie sind im Aufsatz «Rationalität – ein dubioser Begriff in der Umweltdebatte» (Thomas, 1994) zusammengefasst. Doch auch den Verstand selbst können wir gerade im Hinblick auf die Umweltprobleme nicht von der Natur ausklammern. Verhaltensforscher, welche die Gesetzmässigkeiten des Verstandes untersuchen, kommen zum Schluss, dass es wesentliche Dispositionen unseres Verstandes gibt, welche durch die Entstehungsgeschichte der Menschheit bedingt sind und man wird zugeben müssen, dass Konrad Lorenz (1973), der die Umweltprobleme wegen dieser Grunddispositionen als unlösbar ansieht, in einigen Punkten recht hat (Feyerabend et al., 1987).

Das Naturhafte des Verstandes tritt auch darin zutage, dass Philosophen und Rechtsgelehrte der frühen Aufklärung, so Christian Thomasius in «fundamentum iuris naturae et gentium», sich auch für moralische Fragen auf das Naturrecht berufen haben. Die Kräfte des Verstandes wurden als Teil der Menschennatur gesehen, und da diese direkt aus der Schöpfung Gottes entstanden ist, lag auch eine Legitimation vor, die marode kirchliche und feudale Struktur, das heisst die damalige Kultur aufgrund von Naturrecht zu kritisieren (vgl. Bloch, 1953/1961). Diese idealistische Sicht der Natur als Quelle des Wahrhaften, Schönen und Edlen hat sich in der Landschaftsmalerei des 18. und 19. Jahrhunderts in unzähligen Beispielen niedergeschlagen (Sitt/Baumgärtel, 1995).

So wie wir die Vogelnester als Naturprodukte betrachten können, können wir auch die Kunstwerke der Menschen als Naturprodukte ansprechen. Die Produktionsbedingungen sind etwas komplizierter, aber aus dieser Perspektive nicht grundsätzlich anders. Der Komponist Anton Webern schrieb: «Kunst ist die Weise, in der sich die Natur in einem besonderen Bereiche äussert, nämlich im Bereiche der menschlichen Tätigkeit. Warum unterscheiden sich die Künste von Naturgebilden? Weil allgemeine Gesetze, unter besonderen Bedingungen wirkend, besondere Erscheinungen hervorbringen. Dasselbe Gesetz, das Gravitationsgesetz, produziert je nach Umständen geradlinige Bewegungen wie den freien Fall, Ellipsen, asymptotisches Hinstreben auf einen Punktattraktor oder Chaos. Was sind die besonderen Bedingungen, die zur Produktion von Kunstwerken führen? Die Anwesenheit von Individuen, Gruppen, Kulturen mit komplizierten und oft nicht näher bestimmbaren Eigenschaften» (zitiert nach Feyerabend, 1992).

Wenn wir es also zulassen, den Menschen auch als Naturwesen zu sehen, dann ist das Künstliche oder die Kunst nicht etwas Unnatürliches, sondern eine Spezialität der Natur. Manzini (1991: 44) schreibt: «Pour l'homme, produire de l'artificiel est une activité absolument naturelle». Der Zivilisationsprozess ist aber nicht nur wegen der natürlichen Herkunft letztlich ein Naturphänomen, sondern auch wegen seiner insgesamt unprognostizierbaren Interaktion mit der Biosphäre. Gerade aufgrund der immer stärkeren zivilisatorischen Durchdringung der gesamten Biosphäre wird ihre Entwicklung trotz ständiger Verbesserung der Methoden immer weniger prognostizierbar und die Naturhaftigkeit des Zivilisationsprozesses tritt damit zutage. Bildlich hat sich dies unter anderem im Aufstieg des Bildes des blauen Planeten zur «Ikone» (Sachs, 1993/94) niedergeschlagen. In der Vorstellung der Erde als belebter Organismus (sog. Gaia-Hypothese) ist der Mensch nur noch wie ein Bazillus, der dem Organismus von innen mit Entzündungen lästig wird, der ihn aber nicht umbringen wird.

Auch umgekehrt fällt der Unterschied zwischen Natur und Kultur allzuleicht zusammen, denn die Natur ist – wie erwähnt – nicht etwas, das sich den Menschen gleichbleibend und objektiv darstellt. Jede Kultur hat einen bestimmten Filter, durch den sie das Naturgeschehen wahrnimmt. In der späten Antike wurden auf den Landkarten die nicht kolonisierten Gebiete mit «hic sunt leones» (hier sind die Löwen) beschriftet, auch wenn die dort wohnenden «Barbaren» nach heutigen Massstäben von Humanität vielleicht mindestens so zivilisierte Menschen waren wie die oftmals ziemlich blutdrünstigen Römer mit ihren Sklaven. Die Löwen waren unter anderem eine Metapher für das Wilde, Unzugängliche und Unbekannte. Wer heute eine Löwensafari bucht, sieht das gleiche Tier ganz anders. Es ist das Ziel seines Interesses, und er hat viel Geld bezahlt, um es vom Jeep aus zu sehen und zu fotografieren.

Wer die Naturdarstellungen vom Mittelalter bis heute im Wandel der Zeit betrachtet, sieht, dass sich die Wahrnehmung der Natur im Laufe der Jahrhunderte drastisch verändert hat. Kulturen lassen sich in Funktion ihrer Naturwahrnehmung beschreiben und zu glauben, unsere heutige Naturwahrnehmung sei das Ende dieses Prozesses ist höchst naïv. Wir befinden uns also wie die Menschen anderer Kulturepochen in einem Wandel von Naturauffassungen, der sich eher beschleunigt als stagniert. Die Beschleunigung hängt stark mit den neuen Technologien zusammen, welche keine Grenze zwischen Natur und Kultur kennen: Gentechnologie macht aus Lebewesen Kunstprodukte, und die virtuelle Realität saugt kulturelle und natürliche Gegenstände unbesehen und undifferenziert auf und spuckt sie als künstliche Realität wieder aus, die aber unter Umständen «naturnäher» wieder aufgenommen wird als ein Ausflug im Auto in die «freie» Natur.

Paul Feyerabend hat in seinem Aufsatz «Die Natur als Kunstwerk» (1994) argumentiert, dass die Natur, so wie sie von den Naturwissenschaften beschrieben wird, nichts andres ist als ein Kunstwerk ist, das ständig erweitert und umgebaut wird. Die Kunst der Naturdarstellung geschieht in den Wissenschaften nicht mit Pinsel und Farbe, sondern mit Werkzeugen wie der Mathematik, Gerätschaften wie Skylab, CERN oder Observatorien. Die Theorien und Naturdarstellungen, die daraus resultieren unterscheiden sich von den Kunstwerken der Künstler nicht prinzipiell, sondern nur in der konkreten Ausgestaltung.

Eingangs haben wir gesehen, dass es eine ursprüngliche und unverfälschte Natur gar nicht mehr gibt, dass also bald die ganze Natur vom Menschen entweder als bewusster Rest belassen wurde (Reservat) oder unwillkürlich erzeugt worden ist (z. B. wärmeres, stürmischeres Klima). Somit kann Natur mittlerweile in jedem Fall als Kulturprodukt angesehen werden. Natürlichkeit und Künstlichkeit sind nicht mehr Tatbestände, es sind Blickwinkel oder Interpretationen.

6. Bild und Wahrnehmung

Der Sehprozess hat schon in der antiken Philosophie zu komplexen Überlegungen geführt, denken wir nur an Platos Höhlengleichnis und an seine Abneigung gegenüber dem Schwindel der darstellenden Kunst. Descartes hat versucht, mehr Klarheit in den physischen Prozess zu bringen. Die Wahrnehmungs-Psychologie und die Jung'schen Deutungen von realen Gegenständen entsprechend dem Fundus von Traum-Bildern haben die Fragen und Probleme noch vervielfacht. Die alte Frage, welches die Beziehung zwischen einem wahren Gegenstand und einem gemachten Bild ist, hat sich zur Unlösbarkeit kompliziert.

Susan Sontag (1978) hat noch argumentiert, dass ein Foto im Gegensatz zu einem Gemälde eben nicht nur «ein Bild und eine Interpretation des Wirklichen ist, sondern zugleich eine Spur, etwas wie eine Schablone des Wirklichen, wie ein Fussabdruck oder eine Totenmaske. Während ein gemaltes Bild – selbst wenn es den photographischen Normen von Ähnlichkeit ent-

spricht– niemals mehr als eine Interpretation bietet, ist eine Fotografie nie weniger als die Auf-
zeichnung einer Emanation (Lichtwellen, die von Gegenständen reflektiert werden) – eine materielle Spur ihres Gegenstandes wie es ein Gemälde niemals sein kann» (Sontag, 1980: 147).
Diese Verbindung des Bildes zur materiellen Natur, welche die Fotografie mit dem silberbe-
schichteten Papier noch hatte, wird mit der Digitalisierung immer lockerer. Das produzierte
Bild, das mit der Fotografie schon mit Filtern und mit der Körnung des Papiers, der Zusam-
mensetzung der Entwicklungs- und der Stopplösung je nach Wunsch manipuliert werden
konnte, kann in digitaler Form ganz beliebig weiter bearbeitet, gemixt und gepanscht werden
und dann entweder ausgedruckt, in Musik umgewandelt und in der Form von elektromagnetischen Wellen um die Erde oder in den Weltraum geschickt werden. So hat die digital bearbeite-
te Fotografie nicht mehr viel gemeinsam mit Sontags Idee einer materiellen Spur zwischen Gegenstand und Bild in der Fotografie. Diese Spur wird so verwickelt, dass das authentisch ge-
malte Gemälde fast wieder die nähere materielle Verbindung hat: Da ist doch das Auge des
Malers, der die Lichtwellen sieht, ein Sehnerv, der die Information zu einem Hirn leitet, dort
wird die Information mit bereits vorhandenen Informationen vermischt, und es wird eine Information für den Armmuskel hergestellt, der das Bild malt. Im Vergleich mit dem, was der
digitalen Bildinformation auf dem Weg vom Objekt über verschiedene Computer, Fernsehsta-
tionen und Bildschirme alles passieren kann, erscheint die Umwandlung des Sehnerv-Reizes in
ein handgemaltes Landschaftsbild als geradezu handfest materiell. So zeichnet sich ab, dass der
Begriff des Bildes in der weltweiten digitalen Suppe immer mehr versumpft.

Ist ein Bild, das mit einem Leintuch verhüllt ist, ein Bild? Was ist aber eine CD-ROM, auf
der Bilder gespeichert sind? Es ist kein Bild, aber ein Tastendruck, der weniger aufwendig ist
als das Auspacken des Bildes, lässt das Bild auf dem Bildschirm erscheinen. Neu auf dem
Markt erhältlich sind jetzt Video-Brillen. Sie sehen aus wie eine leichte Windschutz-Brille und
haben in einer Ecke des Blickfeldes eine kleine Fläche eingebaut, die es erlaubt, eine Projektion, die von einem über dem Ohr montierten kleinen Gerät ins Auge umzuspiegeln. Ein kleines
Taschengerät versorgt den Projektor hinter dem Ohr mit der Video-Information. Bedenkt man
noch, dass mit Drogen im Hirn selbst je nach Chemie der Droge bestimmte Bilder erzeugt werden können, so ist der gedankliche Schritt nicht mehr weit bis zur Fütterung des Sehnerves mit
Impulsen von digitalisierten Bildern. So wie der Mensch sich heute intravenös ernähren kann
statt zu essen, könnte er dann statt zu sehen intravenös respektive intranervös Bilder konsu-

mieren, wobei das allerdings keine Bilder mehr wären, so wenig wie die Nährlösung Essen ist. Das wäre die konsequente Auflösung des Bildes.

7. Werbung: Die absichtliche Verwischung aller Grenzen

Immer grössere Teile unserer Zivilisation sind geprägt durch die Werbung für Produkte und Dienstleistungen. In keiner anderen Kultur haben die handelbaren Produkte und Dienstleistungen eine so zentrale Rolle gespielt wie in der unsrigen. Ein grosser Teil der alltäglichen Gegenstände war früher selbst produziert, durch Tausch erworben oder ererbt. Heute haben wir fast alles, was uns umgibt, gekauft. Auch die Dienstleistungen werden immer weniger mehr vom «System» (Staat, Kirche, Gemeinde, Korporation, usw.) erbracht, sondern sie werden ebenfalls gekauft. Deregulierung und Privatisierung bewirken, dass jetzt auch für Monopoldienstleistungen des Staates geworben wird, so für den öffentlichen Verkehr, das Trinkwasser und die Post und den Telefonanschluss, die früher als eine Selbstverständlichkeit galten, für die zu werben unsinnig schien.

So wird jetzt auch für die Natur und mit der Natur geworben. Nur noch ein sehr aufmerksamer und kritischer Zeitgenosse nimmt sich die Mühe und ist in der Lage, den Unterschied festzustellen. Das für Umweltschutz zuständige Bundesamt wirbt grossformatig für die Natur, der WWF und Greenpeace weniger grossformatig auch für die Natur, aber gleichzeitig mit der Natur für die Versandware, die sich im dicken Katalog präsentiert, und die übrigen Versandhäuser, die sich äusserlich nur wenig unterscheiden, werben ebenfalls seit Jahrzehnten mit Natur und Natürlichkeit, wie Brigitte Wormbs schon 1978 mit zahlreichen Beispielen kritisch geschildert hat. Natürlichkeit ist ein Verkaufsargument, also ist es naheliegend, wenn immer mehr Produkte in die Nähe der Natur gerückt werden, egal ob sie die Natur besonders belasten oder ob es besonders umweltfeindliche Produkte sind. Zugegeben, Erdöl ist ein Naturprodukt, und Sonnenkollektoren sind technische Produkte. Da die Natur nicht ein Wesen mit geschützter

Abbildung 5. Werbung mit der Natur und Werbung für die Natur.

Persönlichkeit ist, nimmt sich die Erdöl-Lobby denn auch das Recht aus, unbeschwert mit der freien Natur zu werben (Abbildung 5).

Besonders augenfällig ist die Werbung mit der Natur auf dem Sektor der Medizin. Seit der Naturarzt mit seinen Kräutern für immer breitere Bevölkerungsschichten den Schulmediziner mit Spritze und Skalpell auf der Skala der Vertrauenswürdigkeit überholt hat, wirbt auch die Schulmedizin mit der Natur: Synthetische Stoffe werden womöglich «naturidentisch» genannt und Naturbilder werden auch dort in der Werbung verwendet, wo ein für Produkt geworben wird, das nichts natürliches enthält.

Der Stellenwert der Werbung in der Formung von ästhetischen Vorstellungen und von inneren Bildern nimmt immer noch zu. Rolf Haubl (1992) stellt fest, dass «die gesellschaftliche Akzeptanz für Werbung wächst. Vor allem Teens und Twens geniessen die Bilderwelt der Werbung viel unbefangener». Die ablehnende Einstellung, die moralisch und ideologiekritisch begründet war, bröckelt ab. Die subventionierten Kulturträger müssen kürzer treten, der Spielraum für die Bilderwelt der Werbung nimmt zu. Viele grossstädtische Gegenden werden mit Reklametafeln «belebt», weil sie sonst so trist wären. Manch ein Filmer in kleineren Kulturräumen hat nur noch die Möglichkeit Werbefilme zu machen, um zu überleben. So wird bei Werbefilmen das beste Können eingesetzt. Das Resultat lässt sich sehen. Der Kinobesucher lässt sich oft mehr als eine Viertelstunde Werbung vor dem programmierten Film gefallen und hat dabei nicht selten etwas zu lachen. In privaten Fernsehprogrammen kann der kritische Zuschauer zum Schluss kommen, dass die Werbeblöcke das unterhaltsame Programm seien, während die ständig unterbrochenen, oft langweiligen Sendungen nur den nötigen Hintergrund dafür bilden.

8. Die ökologische Frage im Bilder-Dschungel

Stellen wir uns nun die Frage, in welcher Weise die ganze Desorientierung im visuellen Bezug zur Natur die Möglichkeit und die Bereitschaft zum ökologischen Handeln beeinflusst, so zeigt uns das Beispiel der Plastikpflanze das Dilemma: Angesichts der ähnlichen Wahrnehmung der künstlichen und der lebendigen Pflanze für immer mehr Leute stellt sich ernsthaft die Frage, was ökologisch sinnvoller ist: eine lebendige Topfpflanze, die einige Zeit in einem mit Erdöl beheizten und künstlich gedüngten Gewächshaus zugebracht hat, über tausend Kilometer transportiert worden ist und nach kurzer Zeit weggeworfen werden muss, weil sie Zugluft, Trockenheit oder Dunkelheit nicht überlebt oder eine Plastikpflanze, deren Produktion zwar auch Erdöl benötigt hat, die aber nachher dauerhaft und pflegeleicht ist. Sie «überlebt» Büroferien wie Umzüge und kann auch einige Zeit im Estrich verbringen und nochmals verwendet werden. Man könnte nun eine Erhebung über die durchschnittliche Lebensdauer respektive Benutzungsdauer einer lebenden und einer künstlichen Topfpflanze machen, die entsprechenden Erdöl-Äquivalente berechnen und so eine der heute üblichen Ökobilanzen erstellen. Man würde wahrscheinlich zum Schluss kommen, dass die künstliche Pflanze «ökologischer» ist. In der Tat gibt es ökologische Gütesiegel wie den Blauen Engel in Deutschland, die nur Produkte untereinander vergleichen und dann das am wenigsten umweltschädliche auszeichnen. Es wird nicht in Betracht gezogen, ob ein Produkt überhaupt absurd und somit unökologisch sein könnte. Es entzieht sich meiner Kenntnis, ob es eine Kunststoff-Pflanze mit dem Gütesiegel des Blauen Engels gibt, aber es läge durchaus in der Logik dieses Signets, eine solche Auszeichnung vorzunehmen (Abbildung 6).

Abbildung 6. Aus einer Broschüre des deutschen Umweltbundesamtes: Das Gütezeichen des blauen Engels wurde nur für den Plastiktopf verliehen, aber könnte es nicht auch einer Plastikpflanze gelten?

Dieses Beispiel zeigt anschaulich, wie absurd der Begriff «ökologisch» werden kann. Vor lauter Desorientierung ist es nicht mehr evident, dass nur die Reduktion der Bedürfnisse auf die wesentlichen Dinge zu Lösungen führen kann, die auch langfristig ökologisch verträglich sein können. Wenn wir die Natur nicht brauchen, sollten wir sie auch nicht beanspruchen, nicht einmal ein Abbild von ihr als Beruhigungsmittel.

9. Orientierung im Dschungel

Das Wort Dschungel steht nicht nur als Inbegriff für wilde Natur, es wird auch für die absolute Orientierungslosigkeit verwendet. In wilden Dschungel gibt es keine Wege, keine Himmelsrichtung, es ist halb dunkel und wer kein Naturmensch ist, der die feinsten Spuren zu lesen vermag, wird sich hoffnungslos verirren. Wie können wir uns zurechtfinden im Bilder-«Dschungel»? Nehmen wir uns die Menschen im grünen Dschungel als Vorbild: Der Amazonas-Indianer, der sein ganzes Leben im Dschungel verbringt, hat keine Vorstellung davon, dass es einen Ort ausserhalb des Dschungels geben könnte, von dem aus jeder Punkt auf der Erde absolut vermessen werden kann. Er hat trotzdem kein Orientierungsproblem. Dementsprechend sollten wir die Idee aufgeben, dass es einen Ort ausserhalb des orientierungslosen «Dschungels» gibt, und uns fragen, wie eine relative Orientierung möglich ist in einer Frage, in der es keine absoluten, festen Werte gibt. Dem Dschungel-Bewohner nützt das Koordinatennetz nichts. Uns nützen genauere Definitionen von «Natur», «Kultur» und «Bild» nichts, wenn diesen Begriffen vor Ort keine festen Tatsachen und keine Bilder mehr entsprechen.

Die Diskussion der Naturbilder und das Ende in einer dschungelartigen Situation hat seine Entsprechung auf der Ebene des sozialwissenschaftlichen und philosophischen Diskurses der letzten Jahre. Das Phänomen Natur wird von allen möglichen Positionen her ausgeleuchtet, oft auch im gleichen Buch in widersprüchlicher Weise Hassenpflug (1991). Von verschiedenen Seiten ist auch versucht worden, das herkömmliche moderne Naturverständnis zu überwinden (Politische Ökologie, 1991/92) und den Begriff des Naturschutzes überhaupt in Frage zu stellen (Politische Ökologie, 1995). Die Bilderwelt ist zwar Abbild solcher Diskurse, ist aber immerhin einfacher zu lesen, denn es ist möglich, sich eine subjektive, emotionale Meinung von Bildern zu machen, ohne sie genau betrachtet zu haben, während es bei Texten unzulässig ist, sich eine Meinung zu bilden, indem man nur die Titel liest, denn die Titel könnten vom Redaktor stammen, und der Text könnte etwas ganz anderes aussagen. Das Bild macht aber als Ganzes eine Sekunden-Aussage, die zwar falsch interpretiert werden kann, die aber trotzdem eine Aussage ist, auf der sich ein Bild behaften lassen muss.

Ein Beispiel für gegensätzliche Bildauffassung liefert das Plakat für internationalen Tage des ökologischen Films 1995 (Abbildung 7). Man kann den Fingerabdruck, der mit einem halben Blatt ergänzt wird, als Zeichen für das Verhältnis zwischen Mensch und Natur lesen: Es gibt Gegensätze wie den scharfen Schnitt und es gibt Harmonien, die dadurch entstehen, dass die Grösse des Fingerabdruckes zur Grösse des Blattes passt und die beiden eine Gesamtform bilden. Die Komplementärfarben drücken ein harmonisches Gegenüber aus. Der Fingerabdruck kann als Ausdruck für persönliches und authentisches Engagement gelesen werden: Die Filme-

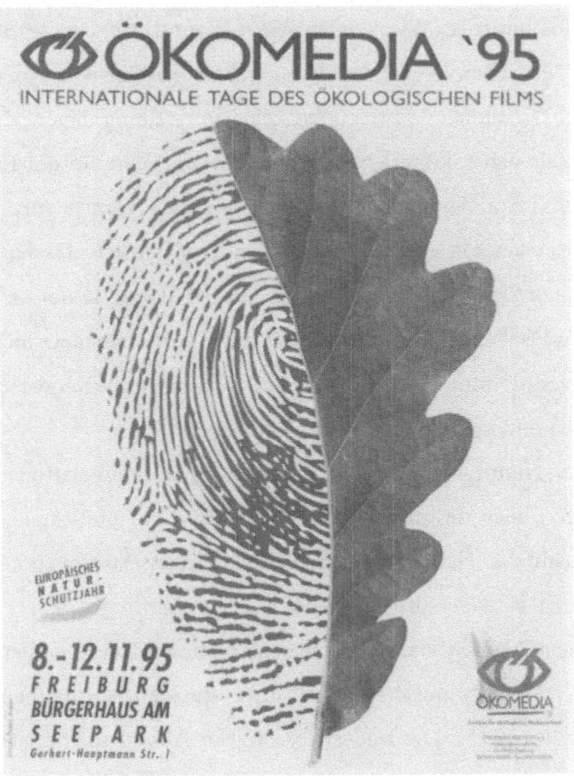

Abbildung 7. Plakat für die internationalen Filmtage.

macher sind am Festival persönlich anwesend. Eine kritische deutsche Betrachterin erblickte jedoch im Fingerabdruck das Signet für Gefangenschaft und fand die Kombination mit Deutscher Eiche unerträglich. Das Beispiel zeigt, dass Orientierung gerade bei Bildern in die falsche Richtung weisen kann.

Bilder sind meist vieldeutiger als Texte. Die Möglichkeit, sich über ein Bild eine Meinung zu bilden, ohne es genau analysiert zu haben, beinhaltet die Chance und die Gefahr, in einen sozusagen vor-aufklärerischen Zustand einzutauchen, nämlich zu der Befindlichkeit der Zufriedenheit, ohne alle Dinge genau eingeordnet zu haben, ohne einen Standpunkt im Koordinatennetz festgelegt zu haben. Es ist die Sicht des Amazonas-Indianers, der gar nicht weiss, wo sich sein Dschungel-Stück auf dieser Welt befindet, aber trotzdem glücklich sein kann.

Das Bild kann also nicht viel weiterhelfen, was den Bezug zur Natur (oder sogar zur verlorenen «wahren» oder «echten» Natur) betrifft, aber es kann immerhin die Entscheidung, ob man einen positiven oder einen negativen emotionalen Bezug zur dargestellten Sache haben will, erleichtern. Vorläufig wird das hauptsächlich von der Konsumgüter-Werbung ausgenutzt, doch das muss nicht so sein.

Angesichts der heutigen ökologischen Probleme den Naturbezug relativistisch zu sehen, fällt zwar schwer, doch es gibt gar keine andere Möglichkeit mehr. Das, was man früher als Natur bezeichnete, ist zu sehr durchdrungen von allem, was damals als ihr Gegenteil aufgefasst wurde: Kultur, Kunst, Technik oder «Geist».

Die Schlussfolgerung kann nur darin bestehen, dass mit der immer weiter gehenden Zerstörung, Ausrottung, Renaturierung und Reproduktion von Natur die Naturhaftigkeit des Menschen immer evidenter wird. Dieses scheinbare Paradox rührt daher, dass nicht nur die alte mit dem Paradies oder dem Wilden Mann symbolisierte Einheit mit der Natur gibt, sondern sich auch eine neue einstellen wird, weil die Natur auf diesem Planeten nicht ausrottbar ist. Die Natur wird deshalb letztlich jede kulturelle Leistung einholen. Akzeptiert man dies, so ist es nicht mehr ein paradox oder offensiv, sondern folgerichtig, wenn die Gensuisse, die Interessengemeinschaft für Gentechnik, mit einem Bild von ursprünglichster und unverfälschter Natur wirbt (Abbildung 8).

Abbildung 8. «Gen Suisse, die Schweizer Stiftung für eine verantwortungsvolle Gentechnik, hat diese Broschüre im Herbst 1991 herausgegeben. Erstauflage: 300'000 Exemplare. Erhältlich in deutscher, französischer und italienischer Sprache. Gedruckt auf chlorarmenm Papier».

Literatur

Anderson, W./Hicks, C. (1990) Green Man. The Archetype of Our Oneness with the Earth. Harpercollins, London, San Francisco.
Berger, W. (1992) Giftlandschap. Fragment, Amsterdam.
Bloch, E. (1953) Christian Thomasius, ein deutscher Gelehrter ohne Misere. Suhrkamp, Frankfurt a. M., 1961.
Böhme, G. (1989) Für eine ökologische Naturästhetik. Suhrkamp, Frankfurt a. M.
Böhme, G. (1992) Natürlich Natur. Die Natur im Zeitalter ihrer technischen Reproduzierbarkeit. Suhrkamp, Frankfurt a. M.
Böhme, G. (1995) Naturzerstörung – Naturgestaltung *In*: Politische Ökologie (1995).
De Haan, G. (1995) Umweltbewusstsein und Massenmedien. Akademie Verlag, Berlin.
Feyerabend, P. et al. (Hrsg.) (1987) Leben mit den «Acht Todsünden der zivilisierten Menschheit». Verlag der Fachvereine, Zürich.
Feyerabend, P. (1992) Kunst als Naturprodukt; *Unveröffentliches Vortragsmanuskript.*

Feyerabend, P. (1994) Die Natur als Kunstwerk. *Lettre international, Heft 25*: 40–42.

Hassenpflug, D. (Hrsg.) Industrialismus und Ökoromantik. Deutscher Universitäts Verlag, Wiesbaden.

Lorenz, K. (1973) Die acht Todsünden der zivilisierten Menschheit. Piper, München.

Manzini, E. (1991) Artefacts. Vers une nouvelle écologie de l'environnement artificiel. Centre Georges Pompidou, Paris.

McKribben, B. (1992) Das Ende der Natur. Piper, München; *Englische Erstausgabe 1989.*

Politische Ökologie (1991/92) Entfremdete Natur. Nachdenken über unser Naturverständnis, Heft I Nov./Dez. 91, Heft II Dez. 91/92. ökom, München.

Politische Ökologie (1995) Bitte nicht berühren! Ist der Naturschutz museumsreif? Heft Nr. 43 Nov. 1995. ökom, München.

Sachs, W. (1993/94) Der blaue Planet *In*: Scheidewege, Jahrbuch für skeptisches Denken, Jg. 23, Bd. 1.

Schiesser, W. (1991) Das Abendland und die globale ökologische Krise *In*: Für eine Zukunft mit Zukunft, Musée des arts décoratifs, Lausanne.

Sitt, M./Baumgärtel, B. (1995) Angesichts der Natur. Positionen der Landschaft in der Malerei zwischen 1780 und 1850. Böhlau, München.

Sontag, S. (1980) Über Fotografie. Fischer, Frankfurt a. M.

Thomas, Ch. (1991) Das Verhältnis zwischen Wissenschaft und Kunst in der Architektur. Diss. ETH Nr. 9359.

Thomas, Ch. (1994) Rationalität: ein dubioser Begriff in der Umweltdebatte *In*: Vernunft angesichts der Umweltzerstörung, Zierhofer, W. et al. (Hrsg.), Westdeutscher Verlag, München.

Werkner, P. (1992) Land Art in den USA. Prestel, München.

Wormbs, B. (1978) Über den Umgang mit Natur. Landschaft zwischen Illusion und Ideal. Verlag Roter Stern, Frankfurt a. M.

Wormbs, B. (1985) Was heisst hier Natur? *In*: Natur-Denkstücke, Deutscher Taschenbuch-Verlag, München.

«Eco-Design» – die wahrnehmungspsychologische Erweiterung eines technischen Konzepts

Ruth Kaufmann-Hayoz, Christian Häuselmann, Wolfgang Gessner

«Die Dinge sitzen fest im Sattel und reiten die Menschheit.» (Henry David Thoreau)

Einleitung

Die globalen und lokalen Veränderungen der natürlichen Umwelt, die wir als «Umweltprobleme» bezeichnen (Klimaveränderung, Ausdünnung der stratosphärischen Ozonschicht, Belastung von Luft, Wasser und Boden mit einer Vielzahl von Schadstoffen, usw.), sind zum grössten Teil als *nicht beabsichtigte Nebenfolgen* von menschlichen Handlungsweisen zu verstehen (Hirsch, 1993). Die Veränderung von individuellen und kollektiven Handlungsgewohnheiten zugunsten umweltverträglicher Alternativen fällt jedoch schwer und ergibt sich keineswegs als direkte Folge von Wissen und Einsicht (Etter und Geiselmann, 1995). Eine Vielzahl von *Restriktionen* hemmt die Umsetzung umweltschonender Handlungsabsichten oder schliesst sie sogar aus (Gessner et al., 1995; Foppa und Tanner, 1995; Frey und Foppa, 1986). Eine Gruppe von Hemmnissen ist in der Art und Weise begründet, wie Gebrauchsgegenstände, Strassenräume, Gebäude und sonstige Infrastrukturen gestaltet sind. Denn die physisch-materielle und symbolische Beschaffenheit der Umgebung, in der sich das Alltagshandeln von Menschen vollzieht, bestimmt zu einem grossen Teil, welche Handlungsweisen möglich oder unmöglich sind, begünstigt oder gehemmt werden, und damit auch, welche ökologischen Nebenfolgen mit diesem Handeln verbunden sind.

Es können verschiedene Arten von wahrnehmbaren Umgebungsmerkmalen, die eine handlungslenkende Wirkung haben, unterschieden werden. Sie reichen von «harten» physischen Merkmalen bis zu kulturell vereinbarten Zeichen.

1. Das Alltagshandeln des Einzelnen unterliegt in Bezug auf seine ökologischen Folgen in vieler Hinsicht *physisch-strukturellen Zwängen*, die ein Wählen von Alternativen ausschliessen (wer z. B. in einem Mehrfamilienhaus mit zentraler Heizsteuerung wohnt, kann die Raumtemperatur seiner Wohnung nicht in eigener Verantwortlichkeit regulieren).

2. Physische Strukturen begünstigen bzw. hemmen durch die *Handlungsangebote*, die sie für Menschen enthalten, ökologische Handlungsweisen (dieser Typ der Handlungslenkung steht im Zentrum dieses Artikels und wird in den folgenden Kapiteln ausführlich erläutert).

3. Die handlungslenkende Wirkung der physischen Strukturen kann verstärkt oder überhaupt erst erreicht werden durch *optische Hervorhebung oder Markierung* (die optische Verengung von Strassenräumen kann z. B. ein Verlangsamen der Fahrgeschwindigkeit bewirken).

4. *Bildliche Darstellungen* können unmittelbar als Handlungsaufforderung verstanden werden (z. B. ein als aufgesperrtes Maul gestalteter Kehrichtkübel).

5. Die Handlungslenkung kann allein durch Zeichen (Symbole, Wörter, Sätze) erreicht werden (z. B. «Zutritt verboten», «Einbahnstrasse», «Auto stehen lassen oder niedertourig fahren»).[1]

---

[1] Eine weitere Möglichkeit der Handlungslenkung durch das Design, die in diesem Beitrag aber nicht weiter besprochen wird, ist das bewusste Einsetzen von Form Semantics (Smets, 1994): durch die Wahl von Form, Farbe, Material, usw. können Gegenstände die Nähe zu unterschiedlichen Werthaltungen, Weltbildern oder

In diesem Artikel befassen wir uns lediglich mit den ersten drei Typen von Handlungslenkung durch Gestaltung.[2] Das Design von Umgebungen und Gegenständen, das sich daran orientiert, dass unerwünschte ökologische Nebenfolgen des Handelns in diesen Infrastrukturen minimiert werden, nennen wir im folgenden «Eco-Design». Damit nehmen wir bewusst eine Erweiterung des Begriffs vor, wie er sich sonst in der Produktpolitik bereits eingebürgert hat. Wir führen anhand der ökologischen Produktgestaltung in das Thema ein und versuchen danach, aufgrund wahrnehmungs- und handlungspsychologischer Überlegungen ein umfassenderes Konzept ökologisch orientierter Gestaltung zu skizzieren.

«Eco-Design» in der Produktgestaltung

Ökologische Produktpolitik als moderne Umweltpolitik

Die ökologische Gestaltung von Produkten und Produktionsverfahren gilt heute als eines der Kernelemente einer modernen Umweltpolitik. Nachsorgende Abfalltechniken genügen nicht, um die anstehenden Ressourcen- und Schadstoffprobleme lösen zu können. Eine echte, ökologieorientierte Erneuerung unserer Industriegesellschaft hat dort einzusetzen, wo sich Rohstoffverbrauch, Energieverbrauch, Gehalt an toxischen Substanzen sowie Möglichkeiten der Wiederverwertung und Entsorgung von Materialien entscheiden – nämlich am Produkt selbst (Schäfer, 1994).

Schon bei der Produktentwicklung haben Designer, Produktions- und Marketingverantwortliche die Auswirkungen auf die Umwelt zu berücksichtigen. Umweltorientierte Standards

---

Trends ausdrücken und dadurch die affektive Tönung der Gebrauchsbeziehung und den Gebrauch selbst beeinflussen.

[2] Die Autorin und die Autoren bearbeiten das Projekt Nr. 5001-35276 „Interventionsmodelle zur Förderung umweltverantwortlichen Handelns" im SPP Umwelt des Schweizerischen Nationalfonds. Korrespondenzadresse: Interfakultäre Koordinationsstelle für Allgemeine Ökologie (IKAÖ), Falkenplatz 16, CH-3012 Bern.

sind neben den bisher vor allem beachteten funktionalen, gebrauchsorientierten, sicherheits-
technischen, ästhetischen und ökonomischen Standards gleichwertig in den Prozess der Produktgestaltung aufzunehmen. Dabei ist der gesamte ökologische Produkt-Lebenszyklus zu
betrachten: für alle Phasen sind die Energie- und Stoffeinsätze sowie die verschiedenen Werk-
und Schadstoffe nach ökologischen Kriterien zu bewerten und auf Vermeidungs- und Vermin-
derungspotentiale hin zu untersuchen. Wichtig ist die Unterscheidung zwischen ökonomischem
und ökologischem Produkt-Lebenszyklus. Beim ökonomischen Produkt- bzw. Marktlebens-
zyklus werden im Zeitablauf die Umsatz- und Gewinnentwicklung in den Phasen Einführung,
Wachstum, Reife, Sättigung und Degeneration beschrieben. Beim ökologischen Produkt-
lebenszyklus werden im Gegensatz dazu die ökologischen Auswirkungen eines Produktes in
den verschiedenen Lebenszyklus-Phasen Rohstofferschliessung, Produktion, Distribution, Nutzung, Verwertung und Entsorgung betrachtet.

Was heisst Eco-Design?

In der zitierten Literatur wird der gesamte Prozess der konstruktiven und technischen Entwicklung einschliesslich der äusseren Gestaltung eines Produktes als Design verstanden. Design
reicht also von der ersten Produktidee bis hin zur konkreten Produktrealisierung. Eco-Design
heisst in diesem Verständnis, im Produktentwicklungsprozess die Durchsatzfaktoren von Pro-
dukttechnologien ökologisch sinnvoll zu beeinflussen mit dem Ziel, die linearen und instabil
gewordenen Prozesse der Aufnahme, Umsetzung und Abgabe von Rohstoffen wieder in stabile
Stoffkreisläufe überzuführen.

Drei Aspekte stehen dabei im Vordergrund: Mit der *Lebensdauerverlängerung* lässt sich
der Materialeinsatz bei vergleichbarer Bedarfserfüllung reduzieren, ein *besseres Materialma-
nagement* fördert die Wiederverwertung von Rohstoffen und ermöglicht den Aufbau interner
Stoffkreisläufe, und durch die *Abfall- und Emissionvermeidung* sollen Reststoffe gezielt minimiert werden (Kreibich, 1994; Rubik und Teichert, 1993; Weenen, 1994).

Als geeignetes, aber aufwendiges Instrument zur Beurteilung von Produkten und deren
ökologischen Auswirkungen bietet sich die Produkt-Ökobilanzierung an. Eine vereinfachte

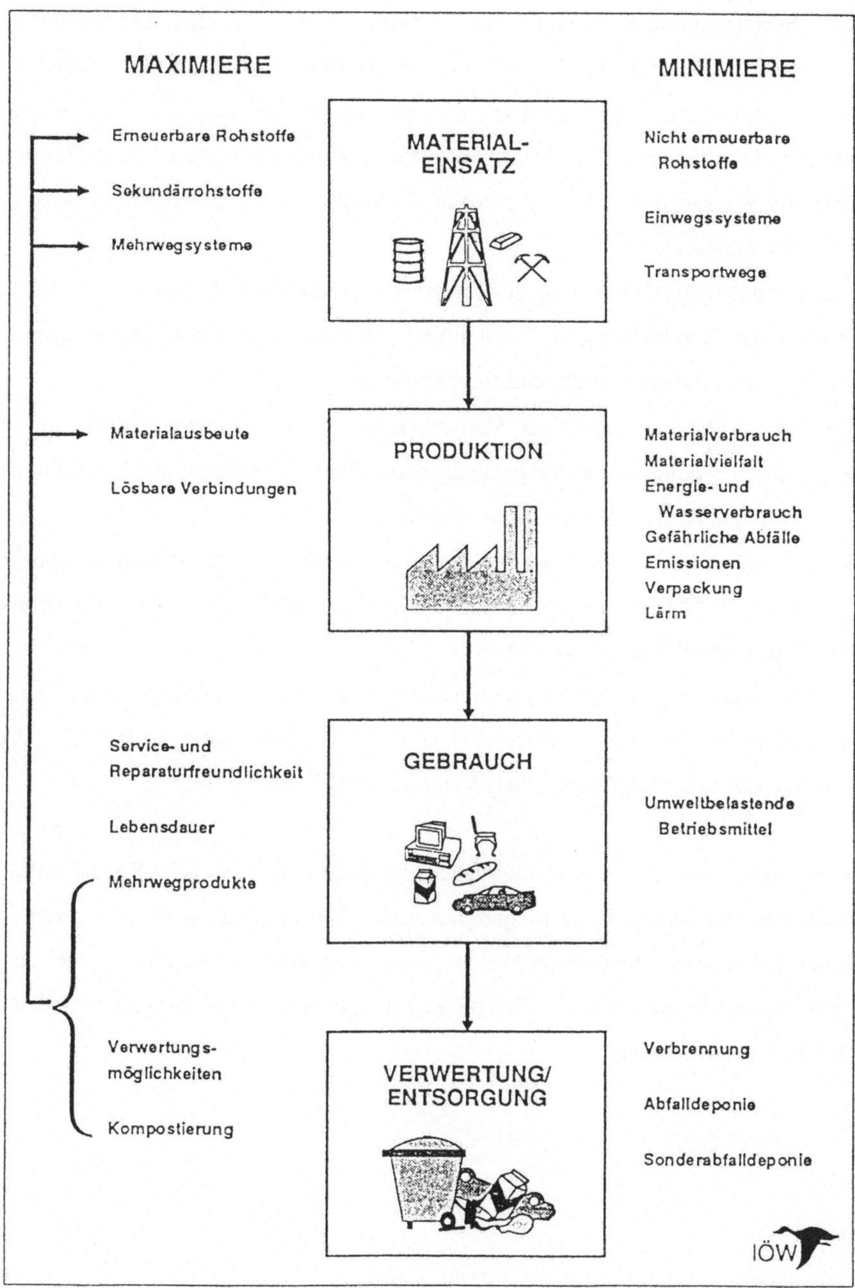

Abbildung 1. Kriterien für ein ökologisches Produktedesign (Quelle: Jasch, 1994: 7).

Form sind Checklisten, die als Leitlinien für ein ökologisches Produktedesign folgende Punkte enthalten können (z. B. Jasch, 1994; Bundesumweltministerium und Umweltbundesamt, 1995):

- *Rohstofferschliessung:* Bevorzugen von erneuer- und recyclierbaren Ressourcen sowie von Rohstoffen, die ohne grosse Transportwege beschafft werden können; vermeiden von Materialien und Werkstoffen, die nicht mehr in die Stoff- und Wirtschaftskreisläufe zurückgeführt werden können.

- *Produktion:* Mengen- und artmässiges Minimieren von Werkstoffen und Bauteilen; vermeiden bestimmter Beschichtungen, Zusätze und Verbundstoffe; verwenden schadstoffarmer Werkstoffe; mehrmaliger Einsatz einzelner Bauteile.

- *Distribution:* Vermeiden unnötiger Verpackungen; Einsatz wiederverwendbarer Verpackungen oder recyclingfähiger Verpackungsmaterialien; optimieren der Produktions- und Distributionslogistik nach ökologischen Kriterien.

- *Nutzung:* Erhöhen der Lebensdauer von Produkten; optimieren der Wartungs- und Servicefreundlichkeit; Wahl von umweltfreundlichen Betriebsmitteln; erarbeiten von Gebrauchsanleitungen zur umweltfreundlichen Nutzung.

- *Verwertung und Entsorgung:* Demontierbarkeit optimieren; Mehrfachnutzung anstreben; standardisieren der Bauteile-, Geräte- und Werkstoffkennzeichnung zur leichteren Verwertung; verwenden recyclingfreundlicher Werkstoffe und Bauteile.

Bei den meisten Checklisten zum Produktlebenszyklus ist eine eigentliche Bedarfsprüfung, bei der auch die Bedürfnisse und Erwartungen potentieller NutzerInnen vor dem Hintergrund einer nachhaltigen Lebensweise hinterfragt werden, nicht vorgesehen. Dies kommt auch in Abbildung 1 zum Ausdruck, die ausschliesslich die zu maximierenden bzw. zu minimierenden technischen Faktoren unterscheidet.

Die psychologische Dimension

Bei dem oben dargestellten Konzept des Eco-Designs in der Produktentwicklung werden ökologische Aspekte in allen Phasen des Produkt-Lebenszyklus berücksichtigt. Im folgenden befassen wir uns nur mit der Phase der *Nutzung* bzw. des *Gebrauchs*. Hier stellen wir eine wesentliche Ergänzungsbedürftigkeit des Konzepts fest: Zwar werden Produkte auf funktionale Gebrauchstauglichkeit hin optimiert und die beim Ge- und Verbrauch benötigten umweltbelastenden Betriebsmittel durch effizientere Technologien minimiert. Bei der Konzeption einer Waschmaschine wird z. B. darauf geachtet, dass das Gerät im Betrieb energie- und wassersparend arbeitet. Ausser acht gelassen wird aber die Frage, in welchen menschlichen Handlungszusammenhängen ein Produkt eingesetzt wird oder werden soll. Für die Gebrauchstauglichkeit selbst sind unseres Wissens noch keine ökologischen Kriterien entwickelt worden. Hierfür müsste z. B. die Frage gestellt werden, *ob die Existenz eines Produkts wie auch seine Konstruktion und Gestaltung geeignet sind, in den Handlungszusammenhängen, in denen es eingesetzt wird, umweltgerechtes Verhalten zu begünstigen, oder ob sie im Gegenteil solches Verhalten erschweren oder gar verhindern.*

Betrachten wir das Beispiel eines Wäschetrockners: die Verfügbarkeit eines solchen Gerätes in einem Haushalt begünstigt ohne Zweifel den Verzicht auf das (umweltfreundliche) Trocknen der Wäsche an der Luft, auch wenn der Wäschetrockner selbst nach den Leitideen technischen Eco-Designs konstruiert worden ist. Sein Vorhandensein erschwert die Entscheidung für das (eigentlich nur geringfügig mühsamere) Aufhängen der Wäsche und begünstigt die Entscheidung für das Trocknen mit Hilfe von elektrischer Energie. Ähnlich steht es mit der Existenz von Rolltreppen, Aufzügen und Fussgängertransportbändern oder der Verfügbarkeit von Autos: Allein ihre Existenz oder Verfügbarkeit fordert zur Benutzung auf, auch wenn die entsprechenden Funktionen von den meisten Menschen mit zumutbarer körperlicher Anstrengung realisiert werden könnten. Eine «ökologische Bedarfsprüfung» in diesem Sinne ist erst vereinzelt gefordert worden (z. B. von Jasch, 1994).

Neben der Verfügbarkeit von Produkten kann auch die Verfügbarkeit von Funktionen oder die Art ihrer Installation problematisch sein. Geräte wie z. B. Waschmaschinen und Geschirrspüler verfügen oft über vordefinierte Funktionsprogramme, die mit Bezeichnungen wie

«Normal», «Spar», «Oeko», «Intensiv» u. ä. versehen sind. In der Regel ist das als Standard installierte und am einfachsten zu bedienende Programm nicht dasjenige, das mit dem gering-sten Energie- und Wasserverbrauch verbunden ist. Es bedarf also *zusätzlicher* Überlegungen und Entscheidungen, um *weniger* Ressourcen zu verbrauchen. Dadurch wird der weniger um-weltfreundliche Gebrauch des Gerätes begünstigt: Im «Normalfall» (d. h. fast immer) wird das als solches bezeichnete «Normalprogramm» benutzt werden (vgl. hierzu das Design-Prinzip des *Mapping* bei Norman, 1989).

Solche wahrnehmungs- und handlungspsychologischen Überlegungen haben noch wenig Anwendung im Bereich des ökologischen Designs von Produkten gefunden. Der Transfer von entsprechenden theoretischen Konzepten und empirischen Befunden aus der Psychologie in die traditionell technisch dominierten Gebiete des Produkte-Designs ist noch zu leisten. Im folgen-den stellen wir ein mögliches theoretisches Fundament – die ökologische Theorie des Wahr-nehmens und Handelns von J. J. Gibson (1986) – dar und zeigen auf, wie dieser Ansatz für das ökologische Design von Produkten und baulichen Infrastrukturen fruchtbar gemacht werden könnte.

Die ökologische Wahrnehmungstheorie von J. J. Gibson

Der Ansatz und seine Grundbegriffe

James Gibson war ein amerikanischer Psychologe, der sich seit ungefähr 1930 mit der Erfor-schung der menschlichen Wahrnehmung, hauptsächlich im visuellen Bereich, befasst hatte. Er formulierte bereits in den 1960er Jahren ansatzweise, deutlich aber erst 1979 in einer seiner letzten Publikationen einen radikal neuen Zugang für das Verständnis der Sinneswahrnehmung und ihrer Einbettung in Handlungszusammenhänge (Gibson, 1973, 1986). Was er als «ökologische Herangehensweise» bezeichnete, kommt einem Paradigmawechsel gegenüber der in der Wahrnehmungspsychologie vorherrschenden Sichtweise gleich und hat erkenntnis-theoretische Implikationen, die weit über diese Subdisziplin hinausreichen (vgl. Lombardo, 1987). Der Ansatz überwindet in gewisser Weise die fundamentalen Dualismen von Subjekt und Objekt und von Geist und Materie, die das westliche Weltbild und ganz besonders das neuzeitliche wissenschaftliche Denken prägen.

Was kennzeichnet Gibsons «ökologische Sicht» der Wahrnehmung? Sie beginnt mit einer *ökologischen Beschreibung der Umwelt von wahrnehmenden Lebewesen*. Diese unterscheidet sich beträchtlich von der physikalisch-chemischen Beschreibung der Welt, indem sie das be-schreibt, was Lebewesen wahrnehmen müssen, um in der Welt zu überleben. Nach dieser Be-schreibung besteht die Umwelt eines Lebewesens aus einem *Medium*, aus *Substanzen* und aus *Oberflächen*. Das Medium ist für terrestrische Lebewesen (also auch den Menschen) die Luft, für aquatische Lebewesen das Wasser; Substanzen sind Stoffe in festem oder flüssigem Zu-stand; Oberflächen entstehen an den Grenzen zwischen Medium und Substanzen.

Das *Medium* zeichnet sich durch folgende Merkmale aus: Es bietet der Fortbewegung eines Lebewesens wenig Widerstand, ist lichtdurchlässig, leitet Schallwellen, erlaubt chemische Dif-fusion, enthält Sauerstoff und hat infolge der Wirkung der Schwerkraft und der Richtung des Lichteinfalls eine absolute Bezugsachse, d. h. ein Oben und ein Unten.

Die *Substanzen* bieten der Fortbewegung grösseren Widerstand oder sind gänzlich un-durchdringlich; sie bieten auch Widerstand gegenüber Verformung, sind meistens lichtundurch-lässig und infolge ihrer unterschiedlichen stofflichen Zusammensetzungen von unterschiedlicher Härte, Dichte, Festigkeit, Elastizität und Plastizität; sie können ausserdem essbar oder nicht essbar sein.

Die *Oberflächen* schliesslich reflektieren und absorbieren Licht, enthalten Information über die verschiedenen Eigenschaften von Substanzen und sind in bestimmter Weise zueinander angeordnet. Dadurch ergibt sich die räumliche *Flächenanordnung* («surface layout»), einer der zentralen Begriffe der ökologischen Wahrnehmungstheorie. Der senkrecht zur Schwerkraft stehende (*Erd-)Boden*, stellt dabei die Bezugsfläche für alle anderen Flächen dar; er hat typi-scherweise eine Topographie mit Konvexitäten (Buckeln, Kanten), bei denen eine gekrümmte Oberfläche die Substanz umschliesst, und Konkavitäten (Mulden, Höhlen, einspringende Ek-ken), bei denen eine gekrümmte Oberfläche das Medium umschliesst. Ebenfalls durch die Flä-chenanordnung spezifiziert sind die *Objekte*, die entweder fest mit dem Boden verbunden

(z. B. Gebäude, Bäume, usw.) oder beweglich sein können. Auch Tiere und Menschen werden in dieser Beschreibung zu den Objekten gezählt; sie unterscheiden sich insbesondere dadurch von unbelebten Objekten, dass sie sich ohne äussere Einwirkung von sich aus bewegen.

Für das Verständnis des Wahrnehmungsvorgangs ist es vor allem wichtig zu verstehen, wie Lebewesen ihrer Umwelt die für sie bedeutsame Information entnehmen. Die herkömmliche wissenschaftliche Art, an diese Kernfrage der Wahrnehmungspsychologie heranzugehen, ist bestimmt durch eine Art «Maschinensicht», die man sich vom wahrnehmenden Lebewesen macht. Menschen werden gewissermassen als informationsverarbeitende Maschinen betrachtet, als Computer, denen an den Sinnesorganen Daten eingegeben werden. Gemäss dieser methodischen Metapher verarbeitet das Subjekt mit Hilfe des Nervensystems die zunächst bedeutungslosen Sinneseindrücke und versieht sie mit Bedeutung. Wir haben mit Hilfe dieser in der neuzeitlichen Wissenschaft dominierenden Metapher ohne Zweifel viel gelernt über Teilaspekte der Wahrnehmung. Der Ansatz ist aber mit dem grossen Problem verbunden, dass erklärt werden muss, wie die gültige Zuordnung zwischen den verarbeiteten Sinnesempfindungen und den Merkmalen der äusseren Welt zustandekommt. Woher weiss das Subjekt beispielsweise, dass ein bestimmtes Muster von Licht heisst, dass eine Türe offen oder geschlossen ist?

Die ökologische Wahrnehmungstheorie geht von einer fundamental anderen Sichtweise aus. Sie macht drei wichtige Aussagen:

1. Sinnessysteme bestehen nicht nur aus Sinnesorganen und sensorischen Nervenbahnen, sondern sind integriert in die Handlungssysteme eines Organismus. Lebewesen setzen ihre Sinnessysteme *aktiv handelnd* stets so ein, dass sie die für ihre jeweilige Situation wichtige Information in der Umwelt finden.

2. Die Sinnessysteme aller Lebewesen haben sich im Verlaufe der Evolution in Interaktion mit der belebten und der unbelebten Umwelt als integrierte Teile des Körpers und der Handlungsmöglichkeiten der Lebewesen herausgebildet. Es besteht deshalb ein gegenseitiges Aufeinander-Bezogensein von Umwelt und Lebewesen (*Reziprozität*).

3. Diese gegenseitige Bezogenheit bedeutet, dass nicht bloss Eigenschaften von Substanzen, Formen von Objekten usw. wahrgenommen werden. Das Lebewesen nimmt vielmehr die in der Umwelt vorhandenen *Gelegenheiten zum Handeln* wahr. Gibson hat hierfür den Begriff

der *Affordance* eingeführt.[3] Mit Hilfe ihrer Sinnessysteme entnehmen Lebewesen der Umwelt Information darüber, welche Gelegenheiten zum Handeln sich bieten, welche Handlungen möglich sind, welche *Angebote* die Umwelt ihnen macht.[4]

Eine ungefähr horizontale und einigermassen glatte Oberfläche von genügender Ausdehnung und von ausreichender Festigkeit ist ein *Boden* und bietet *support* an: er erlaubt einem Menschen z. B. darauf zu stehen und sich aufrecht darauf fortzubewegen. Die vier genannten Eigenschaften eines Bodens – horizontal, glatt, ausgedehnt und fest – könnten in physikalischen Begriffen und Einheiten beschrieben und gemessen werden. Als *affordance of support* müssen sie aber relativ zu den körperlichen Merkmalen und den Handlungsmöglichkeiten eines Organismus beschrieben und gemessen werden (*body scaled*). *Ungefähr horizontal, ziemlich glatt, genügende Ausdehnung* und *ausreichende Festigkeit* sind nur relativ zur Körpergrösse, zum Körpergewicht und zur Gehfähigkeit eines Menschen bestimmbar.

Wenn sich eine Fläche mit den genannten vier Eigenschaften etwa kniehoch über dem Boden befindet, bietet sie *Sitzen* an, handle es sich nun um eine Bank, einen Stuhl, einen Sessel oder einen Felsblock. *Kniehoch* ist aber für ein kleines Kind nicht dasselbe wie *kniehoch* für einen erwachsenen Menschen: ein Trottoirrand stellt für ein kleines Kind, nicht aber für einen Erwachsenen eine bequeme Sitzmöglichkeit dar. Abbildung 2 illustriert das Konzept der *Affordance* an zwei weiteren Beispielen.

Der Begriff der *Affordance* beinhaltet etwas grundlegend anderes als die herkömmliche empiristische Vorstellung, dass den primär bedeutungslosen Sinnesempfindungen durch das wahrnehmende Subjekt eine «Bedeutung» angeheftet wird. Krampen (1990) hat Gibsons *Affordance*-Theorie als «ökologische Semiotik» bezeichnet und darauf hingewiesen, dass Jakob von Uexküll (1913) seinem Begriff der "Gegenleistung" verwandte Überlegungen wie Gibson

---

[3] Das Wort stellt eine sprachliche Neuschöpfung Gibsons dar. Es ist abgeleitet vom Verb «to afford», das u.a. die Bedeutung «liefern», «anbieten», «zur Verfügung stellen» hat. «The verb *to afford* is found in the dictionary, the noun *affordance* is not. I have made it up. I mean by it something that refers to both the environment and the animal in a way that no existing term does. It implies the complementarity of the animal and the environment» (Gibson, 1986: 127).

[4] Das deutsche Wort «wahrnehmen» hat eine in diesem Zusammenhang sehr interessante Doppelbedeutung: «wahrnehmen» heisst nicht bloss sehen, riechen, hören, usw., sondern auch: «eine Gelegenheit wahrnehmen», also genau das, was Gibson mit «affordance» ausdrücken wollte: ein Angebot oder eine Gelegenheit entdecken und entsprechend handeln.

zugrundegelegt hatte.[5] Der Begriff ist ebenfalls verwandt mit den älteren Begriffen "Aufforderungscharakter" und "Valenz", die von den Gestaltpsychologen eingeführt wurden (Koffka 1935, Lewin 1936), geht aber in seinen Implikationen darüber hinaus. Das Konzept der *Affordance* überwindet ansatzweise die Dualität Subjekt-Objekt wie auch die Dualität materiell-immateriell bzw. Körper-Geist. Denn die Angebote der Umwelt, die *Affordances*, haben einerseits einen materiellen Charakter, der durch die physikalische und chemische Struktur der Welt bestimmt ist. Andererseits sind sie für das wahrnehmende Lebewesen in einem immateriellen Sinne bedeutungsvoll. Die Bedeutung wird der Materie jedoch nicht beliebig oder willkürlich zugeschrieben durch ein immaterielles Subjekt, einen erkennenden Geist (wir können beispielsweise einem Hindernis nicht willkürlich die Bedeutung eines Durchgangs zuschreiben, der Wasseroberfläche nicht die Bedeutung einer tragenden Fläche; wenn wir solches tun würden, hätten wir wohl keine grossen Überlebenschancen). Angebote sind vielmehr "objektiv" in dem Sinne, indem ihr Vorhandensein nicht abhängig von einem Subjekt ist. Sie stehen allen Bewohnern dieser Erde gleichermassen zur Verfügung. Gleichzeitig sind sie aber "subjektiv", denn nicht alle Lebewesen nehmen dieselben Angebote in der Umwelt wahr, da sie sich in ihren psychophysischen Merkmalen und in ihren Handlungsmöglichkeiten voneinander unterscheiden. Infolge des gegenseitigen Aufeinander-Bezogenseins von Umwelt und wahrnehmendem Lebewesen hängt die Wahrnehmung von Angeboten von den Handlungsmöglichkeiten eines Lebewesens ab.[6]

---

[5] «Es ist nicht ohne Interesse, einen Gang durch die Stadt anzutreten, wenn man sich bei Betrachtung der Dinge, die einem begegnen werden, einer bestimmten Fragestellung dauernd bewusst bleibt. So wollen wir fragen, welche Bedeutung haben die Gegenstände, die uns in die Augen fallen und für wen haben sie Bedeutung? (...) Wir finden überall eine Leistung des Menschen, die der Gegenstand durch seine Gegenleistung unterstützt. Dem Sitzen dient der Stuhl, dem Steigen die Treppe, dem Fahren der Wagen usw. Wir können von einem Stuhlsein, Treppesein, Wagensein sprechen, ohne missverstanden zu werden, denn die Gegenleistung der menschlichen Erzeugnisse ist es, die wir mit dem Wort, das die Gegenstände bezeichnet, eigentlich meinen. Nicht die Form des Stuhles, des Wagens, des Hauses ist es, die das Wort bezeichnet, sondern seine Gegenleistung. In der Gegenleistung liegt die Bedeutung des Gegenstandes für unser Dasein. (...) Alles, was uns hier in der Stadt umgibt, hat nur durch seine Beziehung auf uns Menschen Sinn und Bedeutung» (von Uexküll, 1913: 77-78).

[6] Gibson expliziert diesen Zusammenhang wie folgt: «An important fact about the affordances of the environment is that they are in a sense objective, real and physical, unlike values and meanings, which are often supposed to be subjective, phenomenal and mental. But, actually, an affordance is neither an objective property nor a subjective property; or it is both if you like. An affordance cuts across the dichotomy of subjective-objective and helps us to understand its inadequacy. It is equally a fact of environment and a fact of behavior. It is both physical and psychical, yet neither. An affordance points both ways, to the environment and the observer» (Gibson, 1986: 129). Auch scheint ihm die psychophysische Differenz im Begriff der Affordanz aufgehoben zu sein: «There has been endless debate among philosophers and psychologists as to

Abbildung 2. Illustration des Konzepts der *Affordance* an zwei Beispielen. (a) Das Loch in der Wand bietet der Maus, nicht aber der Katze, die Möglichkeit des Durchschlupfs. (b) Die gefrorene Pfütze macht nur dem Mädchen das Angebot darüber zu schlittern, nicht aber dem Grossvater und dem Baby.

---

whether values are physical or phenomenal, in the world of matter or only in the world of mind. For affordances as distinghished from values, the debate does not apply. Affordances are neither in the one world or the other inasmuch as the theory of two worlds is rejected» (Gibson, 1986: 138).

Das «Design-Potential» des Ansatzes

Die Anwendungsmöglichkeiten des Gibson'schen Ansatzes für die Gestaltung von Gebrauchsgegenständen, von Strassenräumen, Gebäuden und Innenräumen sind teilweise erkannt worden
(Smets, 1994; Tiefbauamt des Kantons Bern, 1995*)*. Denn wenn es zutrifft, dass Wahrnehmung der Umwelt ganz wesentlich das Entdecken von Handlungsgelegenheiten beinhaltet, so
kommt den physischen Umgebungsmerkmalen eine *vorreflexiv handlungslenkende Funktion*
zu, die hauptsächlich bei wenig reflektierten Alltags- und Routinehandlungen von Bedeutung
ist. Zwei Beispiele mögen dies veranschaulichen.

1. Um die Verkehrssicherheit zu erhöhen, ist im Strassenbau lange Zeit nach der Devise ge-
   handelt worden: Je breiter, gerader und übersichtlicher eine Strasse ist, umso höhere Sicherheit gewährleistet sie, da andere Verkehrsteilnehmerinnen und -teilnehmer und Hindernisse aller Art von den Fahrzeuglenkenden frühzeitig erkannt werden und diese ihr Fahrverhalten entsprechend anpassen können. Diese Überlegung ist sicher nicht falsch, sie lässt jedoch ausser acht, dass eine gerade, übersichtliche Strasse für Autofahrerinnen und Autofahrer auch ein Angebot für schnelles Fahren ist, wodurch insgesamt das Unfallrisiko wiederum
   ansteigt (u. a. infolge des mit höherer Geschwindigkeit überproportional zunehmenden
   Bremswegs). Moderne verkehrsberuhigende Massnahmen setzen denn auch gezielt physische und optische Gestaltungselemente ein, die zu einer – den Fahrzeuglenkerinnen und
   -lenkern oft nicht einmal bewussten – Verlangsamung der Fahrgeschwindigkeiten unter
   Verzicht auf Geschwindigkeitsvorschriften führen. In jüngster Zeit wird auch aus Gründen
   der Luftreinhaltung eine «Verstetigung» des Verkehrs gefordert und nach Möglichkeiten
   gesucht, diese durch die bauliche Gestaltung des Strassenraumes zu erreichen (Tiefbauamt
   des Kantons Bern, 1994). Die Abbildungen 3 und 4 zeigen Beispiele solcher Gestaltungen.
2. Ein besonders illustratives Beispiel gibt Smets (1994). In einigen Herrentoiletten des Am-
   sterdamer Flughafens Schiphol ist an einer bestimmten Stelle der Toilettenschüssel das Bild
   einer Fliege in die Porzellanglasur eingegossen. Diese wird als «Zielmarke» wahrgenommen
   und lenkt das Verhalten entsprechend. Das beabsichtigte Resultat wird so wahrscheinlich
   zuverlässiger erreicht als durch entsprechende schriftliche Aufforderungen.

A

B

Abbildung 3. Zwei vergleichbare Strassenabschnitte, deren Handlungswirksamkeit durch die bauliche Gestaltung unmittelbar evident ist: Gestaltung (a) lädt zum «Durchrasen» ein, Gestaltung (b) erfordert aufmerksames, vorausschauendes Fahren. Die Handlungslenkung wird hier primär durch physische Hindernisse erreicht, sekundär durch die aufgemalte Mittellinie, welche den Kurvenverlauf hervorhebt. (Quelle: Machu & Lernoult, 1989: 61 und 63).

Die Beispiele machen deutlich, dass mit der Anwendung des ökologischen Ansatzes für gestalterische Aufgaben immer *normative Fragen* ins Spiel kommen. Denn durch die Gestaltung eines Objektes oder eines Raumes werden bestimmte Handlungsangebote gemacht, die entsprechenden Handlungen werden also begünstigt, während andere (physisch unter Umständen ebenfalls mögliche) Handlungen gehemmt werden. Der Designer trifft also normative Entscheidungen darüber, welche Handlungen *erwünscht* sind und daher durch das Design begünstigt werden sollen, und welche *unerwünscht* sind und durch das Design gehemmt werden sollen. Im obigen Beispiel der Toilettenschüssel ist der normative Aspekt unproblematisch: Unerwünscht ist die Verunreinigung des Randes und der Umgebung der Toilettenschüssel. Im Strassenbeispiel ist stetiges, eher langsames und aufmerksam vorausschauendes Fahren erwünscht, schnelles Fahren mit abrupten Beschleunigungen und Stops unerwünscht. Dies ist eine schon weniger unproblematische normative Vorgabe, denn nicht alle Verkehrsteilnehmerinnen und -teilnehmer teilen diese Wertung. Dass auch eine andere Wertung möglich und verbreitet ist, findet seinen Ausdruck z. B. in positiv konnotierten Vokabeln, mit denen ein aus ökologischer Sicht unerwünschtes Fahrverhalten bezeichnet wird («rassiger Fahrstil», «Kavalierstart», u. ä.). Hier treffen offensichtlich unterschiedliche Werthaltungen aufeinander, deren relative Legitimierbarkeit zu prüfen wäre. Wir setzen die Lösbarkeit solcher Kontroversen voraus und wollen im folgenden Kapitel versuchen, das Design-Potential des *Affordance*-Ansatzes im Hinblick auf ökologische Zielsetzungen und Kriterien auszuloten.

Design als ökologisches Lenkungsinstrument

Im Zusammenhang mit den Auswirkungen von menschlichen Handlungen auf die natürliche Umwelt spielen normative Aspekte eine wichtige Rolle. Bei vielen Alltagshandlungen besteht Unsicherheit darüber, welche von mehreren Handlungsalternativen geringere unerwünschte ökologische Folgen erzeugt: ist es bspw. «umweltfreundlicher», von Hand abzuwaschen oder mit der Abwaschmaschine, Milch im Kartonbeutel oder im Schlauchbeutel zu kaufen? Es besteht jedoch Einigkeit darüber, dass die Lebensweise, die die meisten Menschen in der indu-

A

B

Abbildung 4. Dieselbe Kreuzung vor und nach einer Umgestaltung. Gestaltung (a) lädt zur freien Durchfahrt ein, während in Gestaltung (b) hauptsächlich durch optische Mittel und durch ein Zeichen («kein Vortritt») auf mögliche Störungen hingewiesen wird. Das physische Hindernis (geringfügige Erhebung im Zentrum) ist als solches vernachlässigbar. (Quelle: Machu & Lernoult, 1989: 67).

strialisierten Welt pflegen, mit zu viel Energie- und Materialverbrauch verbunden ist und zu viele Abfälle und Emissionen verursacht. Unerwünscht sind also Handlungen und Verhaltensweisen, die ineffizient bezüglich Energie- und Materialverbrauch sind und mit entsprechend vielen und problematischen Emissionen und Abfällen einhergehen; erwünscht sind dagegen Handlungsweisen, die den Energie- und Materialverbrauch minimieren und Emissionen und Abfälle möglichst vermeiden. Wir können deshalb die folgende Frage stellen: *Welche Handlungen und Verhaltensweisen mit welchen ökologischen Folgen werden durch bestimmte Gestaltungen der Umgebung und durch das Design von Gebrauchsgegenständen begünstigt, welche gehemmt?*

Wir vertreten hier die These, dass v*iele Gegenstände des täglichen Gebrauchs und viele Merkmale unserer gebauten und gestalteten Alltagsumgebung verschwenderisches und wenig umweltverantwortliches Handeln begünstigen und schonendes Umgehen mit Energie und Ressourcen hemmen.* Dies geschieht hauptsächlich auf zwei Arten: (1) indem die ökologischen Handlungsfolgen (Verbrauch von Material, Energie und Raum, Produktion von Emissionen und Abfällen) durch Merkmale der gestalteten Umgebung verborgen, d. h. der direkten Wahrnehmung entzogen werden, (2) indem die durch Produkte und Infrastrukturen geschaffenen *Affordances* in vielen Handlungszusammenhängen die weniger umweltverantwortlichen Handlungsalternativen systematisch begünstigen. Diese Feststellungen werden im folgenden an Beispielen kurz illustriert und begründet.

Verborgenheit der ökologischen Handlungsfolgen durch die Gestaltung

Viele technische Errungenschaften der Neuzeit haben zu Erleichterungen des täglichen Lebens geführt und insbesondere von schwerer körperlicher Arbeit befreit. Unter ökologischer Perspektive haben manche dieser Annehmlichkeiten jedoch u. a. folgenden unerwünschten Nebeneffekt: Sie verbergen den mit den Alltagshandlungen verbundenen Ressourcenverbrauch und entziehen uns dadurch die unmittelbare Kontrolle darüber (vgl. die Prinzipien der *Sichtbarkeit* und des *Feedback* nach Norman, 1989). Die folgenden Beispiele illustrieren den Gedankengang:

- Die Installation von Wasserleitungen in jedem Haus mit fliessendem Wasser in mehreren Räumen befreite vom mühseligen Herantragen von Wasser. Sie schafft aber auch die Illusion, dass das Wasser wie in einem Bach ständig vorbeifliesst. Durch den leichten Zugriff entfällt die Information darüber, welcher Energie- und Materialaufwand für die Aufbereitung und den Transport zum Ort des Verbrauchs nötig ist. Ausserdem ist die zu erbringende Anstrengung vollkommen unabhängig von der Verbrauchsmenge.

- Der Bau von Kanalisationen befreite von unappetitlichen und gesundheitsgefährdenden offenen Gossen und Stadtbächen. Die Selbstverständlichkeit von Toilettenspülungen und Küchenabläufen lässt aber leicht vergessen, dass die Abwässer mit grossem Aufwand wieder gereinigt werden müssen.

- Die durch Knopfdruck einzuschaltende und automatisch gesteuerte Zentralheizung enthebt uns der Notwendigkeit des Holzspaltens, Kohleschleppens, Feuermachens und Ofenputzens. Die Energieträger für die Heizung (z. B. Öl oder Erdgas) sind jedoch der direkten Wahrnehmung entzogen (unsere Vorfahren hatten noch die abnehmende Holzbeige oder den im Verlaufe des Winters kleiner werdenden Kohlehaufen vor Augen!). Wenn viel Wärme benötigt wird, ist keine grössere Anstrengung zu leisten als wenn man sich mit wenig begnügt, im Gegenteil: In der Regel ist mehr bewusste Planung und Entscheidung nötig, wenn die Heizung in einigen Räumen oder vorübergehend reduziert werden soll als wenn ein ganzes Haus ständig voll beheizt wird.

- Bequeme Verkehrsmittel erlauben das Überwinden grosser Distanzen in kurzer Zeit und ohne körperliche Anstrengung. Wer in einem Auto fährt, hört den Lärm des Motors kaum, fühlt dank der Servolenkung das Gewicht des Wagens nicht und riecht die Abgase nicht. Autos sind so gestaltet, dass diese unangenehmen materiellen Aspekte den Sinnen verborgen bleiben. Die Rückmeldungen über die Emissionen werden von den Verursachenden - die sie ja durch ihr Verhalten regulieren könnten – ferngehalten, während die Belästigung oder Schädigung der Nicht-Verursachenden – die keine Einflussmöglichkeit auf die Erzeugung dieser Emissionen haben – in Kauf genommen wird.

Begünstigung wenig umweltfreundlicher Handlungsalternativen durch das Design

Bei Alltagsgeräten sind instrumentelle Funktionen oft so installiert, dass ökologisch unerwünschter Mehrverbrauch begünstigt oder gar erzwungen, Minderverbrauch gehemmt oder verunmöglicht wird. Die folgenden Beispiele illustrieren die Aussage.

- *Toilettenspülungen* sind noch immer mehrheitlich so konstruiert, dass die einmalige Betätigung eines Hebels das ganze Reservoir entleert. Bei neueren Produkten besteht freilich die Möglichkeit, die Entleerung vorzeitig zu unterbrechen, was aber eine bewusste Entscheidung und eine zusätzliche Handlung erfordert. In der Regel fehlen aber Gestaltungselemente, die Benutzerinnen und Benutzer «auffordern» würden, entsprechend zu handeln. Die Apparate müssten umgekehrt konstruiert werden: eine kurze, einmalige Handlung müsste wenig Wasser freigeben (Normaleinstellung), durch zusätzliche Handlungen wäre bei Bedarf mehr Wasser erhältlich (vgl. auch hier das Prinzip des *Mapping* von Norman, 1989).

- Das gesamte Wasser- und Abwasser-Leitungssystem erzwingt die Verschwendung von Trinkwasser für Toilettenspülungen und ähnliche Funktionen. Veränderungen sind für Haushalte, aber auch für Gemeinden mit prohibitiv hohem Aufwand und immensen Kosten verbunden.

- Es existieren Zwangskoppelungen verschiedener eigentlich getrennter Funktionen. Das Auto verdankt seine noch immer überragende Bedeutung in unserer Gesellschaft nicht zuletzt der Tatsache, dass sein Design zusätzlich zur primären Funktion als Transportmittel eine Vielzahl von Sekundärfunktionen als Erlebnis- und Ausdrucksoptionen anbietet: Statusdemonstration, Musikgenuss, Erleben von Geborgenheit und Privatheit, Macht und Überlegenheit, Freiheit und Unabhängigkeit, Geschwindigkeitsrausch, usw. Die perzeptive Dominanz solcher Sekundärfunktionen kann die Verkehrsmittelwahl entscheidend beeinflussen.

Schlussfolgerungen für ein umfassendes «Eco-Design»

Wir haben aufzuzeigen versucht, auf welche Weise Merkmale der Gestaltung von Produkten des täglichen Gebrauchs und von räumlichen Infrastrukturen ihre Handhabung bzw. ihre Nutzung beeinflussen. Diese Aspekte müssten – so unsere Schlussfolgerung – Eingang in ein umfassendes Konzept ökologisch orientierten Designs finden. Dies würde die Erweiterung oder Neufassung des Begriffs der Funktionalität oder Gebrauchstauglichkeit bedeuten, die sich herkömmlicherweise ausschliesslich an den Funktionsinteressen der Benutzenden und den entsprechenden Gestaltungskompetenzen der Designer orientiert. Norman (1989) hat eine detaillierte Analyse des Funktionalitätsbegriffs vorgelegt, ist aber im Rahmen der herkömmlichen Gebrauchsimmanenz verblieben. Externe Kriterien wie die Wünschbarkeit von Produkten unter ökologischer Perspektive oder die Unterstützung ihrer umweltfreundlichen Handhabung durch das Design werden von ihm nicht in den Blick genommen.

Diese Aufgabe ist eine gemeinsame Herausforderung an Psychologie und Design. Die von Gibson begründete ökologische Theorie von Wahrnehmung und Handeln könnte dabei als Grundlage dienen. Folgende Zielvorstellung liesse sich formulieren: physische, optische und symbolische Gestaltungsmittel sollten bewusst, gezielt und konsistent eingesetzt werden, nicht nur um Benutzerfreundlichkeit und Gebrauchstauglichkeit im herkömmlichen Sinn zu erreichen, sondern auch um umweltverantwortliches Handeln zu begünstigen. Als problematisch sollten dabei Gestaltungen betrachtet werden, bei denen ein Widerspruch zwischen physischer Gestaltung und symbolischen Hinweisen besteht: eine Tafel «Baden verboten» an einem zum Baden «einladenden» Seeufer oder ein tiefe signalisierte Höchstgeschwindigkeit auf einem übersichtlichen, hindernisfreien Strassenstück wird in erster Linie als Einschränkung einer wahrgenommenen Freiheit verstanden werden, dementsprechend Ärger und Widerstand auslösen und tendenziell nicht beachtet werden (vgl. die hierfür relevanten psychologischen Reaktanz-Theorien, z. B. Dickenbacher et al., 1993).

Die besprochenen *Affordances* des Alltagsdesigns sind das materielle und strukturelle Äquivalent von Wertentscheidungen, die explizit getroffen worden sind oder sich im Verlauf der zivilisatorischen Entwicklung unmerklich eingeschliffen haben. Ihre Veränderung setzt einen

Wertewandel voraus, der sich bereits anbahnt, aber noch nicht breit durchgesetzt hat.[7] Die Geschichte des Designs von Alltagsgegenständen zeigt, dass grundsätzliche Veränderungsschübe immer aus Krisen der Funktionalität als Krisen grundlegender Wertordnungen entstehen (Petroski, 1994). Das Veränderungspotential des Designs zugunsten umweltverantwortlichen Handelns ist riesig – aber ebenso die Veränderungshindernisse in Form von Partikularinteressen, von Kosten der Korrektur früherer Entscheidungen und Investitionen und von individueller Bequemlichkeit. Ob und wie rasch sich der umweltorientierte Wertewandel so organisiert, dass er sich in Entscheidungen über die Gestaltung von Produkten und Räumen niederschlägt ist also offen. Immerhin ist es wichtig zu wissen, dass dies im Prinzip möglich ist, und dass attraktive Konsequenzen schon jetzt sichtbar sind.

Literatur

Bundesumweltministerium und Umweltbundesamt (Hrsg.) (1995) Handbuch Umweltcontrolling. Vahlen, München: 179-190.

Dickenbacher, D., Gniech, G. und Grabitz, H.-J. (1993) Die Theorie der psychologischen Reaktanz *In*: Kognitive Theorien (Band 2), Frey, D./Irle, M. (Hrsg.), Huber, Bern.

Etter, A. und Geiselmann, F. (Hrsg.) (1995) Umweltverantwortliches Handeln: Kluft zwischen Umweltbewusstsein und Verhalten. UniPress Nr. 85, Pressestelle der Universität Bern.

Frey, B.S. und Foppa, K. (1986) Human Behavior: Possibilities explain action. *Journal of Economic Psychology, 7:* 137-160.

Gessner, W. und Kaufmann-Hayoz, R. (1995), Die Kluft zwischen Wollen und Können *In*: Ökologisches Handeln als sozialer Prozess, Fuhrer, U. (Hrsg.), Birkhäuser, Basel, Boston, Berlin.

Gibson, J.J. (1973) Die Sinne und der Prozess der Wahrnehmung. Huber, Bern; *Amerikanische Originalausgabe 1966.*

Gibson, J.J. (1986) The ecological approach to visual perception. Erlbaum, Hillsdale (New Jersey), London. *Erstausgabe 1979.*

Hirsch, G. (1993) Wieso ist ökologisches Handeln mehr als eine Anwendung ökologischen Wissens? *Gaia, 2(3),* 141-151.

Horx, M. (1995) Trendmarken – Markentrends *In*: Markenkult: Wie Waren zu Ikonen werden, Horx, M./Wippermann, P. (Hrsg.), Econ, Düsseldorf.

Jasch, C. (1994) Ökologische Produktgestaltung. Tagungsband «Ökologisch Produzieren», UTECH '94 – Umwelttechnologieforum, Berlin.

Koffka, K. (1935) Principles of gestalt psychology. Harcourt, Brace & World, New York.

Krampen, M. (1990) The semiotics and aesthetics of surfaces and surface layouts *In*: Ecological perception research, visual communication, and aesthetics, Landwehr, K. (Hrsg.), Springer, Berlin.

---

[7] Die jüngsten Diagnosen der Trendforschung vermögen allerdings zuversichtlich zu stimmen: «Die grossen Mythen der Jahrtausendwende sind Mythen des Weniger, des Wesentlichen, des Essentiellen, des Ewigen» (Horx, 1995: 100).

Kreibich, R. (1994) Ökologisch produzieren – Grundlage einer zukunftsfähigen Wirtschaft. Tagungsband «Ökologisch Produzieren», UTECH '94 – Umwelttechnologieforum, Berlin.

Lewin, K. (1936) Principles of topological psychology. McGraw-Hill, New York.

Lombardo, T.J. (1987) The reciprocity of perceiver and environment. The evolution of James J. Gibson's ecological psychology. Erlbaum, Hillsdale (New Jersey), London.

Machu, C. und Lernoult, K. (1989) Réduire la vitessse en agglomeration. Centre d'Etudes des Transports Urbains, Bagneux.

Norman, D.A. (1989) Dinge des Alltags: Gutes Design und Psychologie für Gebrauchsgegenstände. Campus, Frankfurt a. M., New York; *Amerikanische Originalausgabe 1988.*

Petroski, H. (1994) Messer, Gabel, Reissverschluss. Die Evolution der Gebrauchsgegenstände. Birkhäuser, Basel, Boston, Berlin; *Amerikanische Originalausgabe 1992.*

Rubik, F./Teichert, V. (1993) Ökologische Produktpolitik. Anforderungen, Instrumente, Akteure. Informationsdienst IÖW, Berlin.

Schäfer, H. B. (1994) Ökologische Produktpolitik – Kernstück moderner Umweltpolitik *In*: Produkt und Umwelt. Anforderungen, Instrumente und Ziele einer ökologischen Produktpolitik, Hellenbrandt, S./Rubik, F. (Hrsg.), Metropolis, Marburg.

Smets, G. (1994) Industrial design engineering and the theory of direct perception and action *In*: Proceedings of the Third European Workshop on Ecological Psychology, Guski, R./Heine, W. D. (Hrsg.), Ruhr-Universität, Bochum.

Tiefbauamt des Kantons Bern (Hrsg.) (1994) Verstetigung des Verkehrs durch bauliche und organisatorische Massnahmen.

Tiefbauamt des Kantons Bern (Hrsg.) (1995) Luftreinhaltung und Verkehr. Angebotsorientierte Verkehrsplanung als Beitrag zum Vollzug des Umweltschutzgesetzes.

Tanner, C. & Foppa, K. (1995) Wahrnehmung von Umweltproblemen *In*: Kooperatives Umwelthandeln, Diekmann, A./Franzen, A., Rüegger, Chur, Zürich.

Uexküll, J. von (1913) Tierwelt oder Tierseele *In*: Bausteine zu einer biologischen Weltanschauung, Gross, F. (Hrsg.), Bruckmann, München.

Weenen, H. van (1994) Öko-Design *In*: Produkt und Umwelt. Anforderungen, Instrumente und Ziele einer ökologischen Produktpolitik, Hellenbrandt, S./Rubik, F. (Hrsg.), Metropolis, Marburg.

Was das ökologische Auge sieht

David J. Krieger

Die Ökologie ist eine neue Disziplin, deren wissenschaftstheoretischer Status noch nicht geklärt ist. Es steht z. B. bis heute nicht fest, und mit wachsenden Problembewusstsein wird es zunehmend fragwürdig, ob die Ökologie eine deskriptive oder normative Wissenschaft ist, d. h. ob sie wertneutrale Beschreibungen natürlicher Abläufe und Prozesse liefert oder ob sie nicht nur sagt, wie Interaktionszusammenhänge und Kreisläufe ablaufen, sondern auch, wie sie ablaufen *sollten*. Auch ist bis heute der eigentliche Gegenstandsbereich ökologischer Forschung ungewiss. Haben wir es nur mit der Natur – d. h. mit der Natur pur, die gleichsam ausserhalb der Stadtmauern beginnt zu tun – oder haben wir es auch mit Kultur zu tun, d. h. der Art und Weise, wie Menschen mit Natur umgehen? Oder haben wir es in der Ökologie mit den Interaktionen zwischen Natur und Kultur in einem noch umfassenderen Bereich zu tun, wie z. B. mit dem ganzen Universum in allen seinen physischen, biologischen, sozialen und geistigen Dimensionen?

Wenn nun eine Wissenschaft in ihren Methoden und ihrem Selbstverständnis weitgehend durch ihren Gegenstandsbereich definiert ist, so z. B. die Naturwissenschaften durch ein bestimmtes Verständnis von Natur, die Sozialwissenschaften durch ein bestimmtes Verständnis von Gesellschaft, dann lässt sich fragen: Was ist der Gegenstand der Ökologie, d. h. was ist *das* ökologische Problem? Mit was hat Ökologie eigentlich zu tun?

Ist es die Verschmutzung von Boden, Luft und Wasser, die Reduktion der Artenvielfalt, die Klimaänderung und ihre Auswirkungen auf Fauna und Flora? Dies ist zweifellos ein wichtiges Problemgebiet, mit dem sich eine naturwissenschaftliche, vor allem biologische Ökologie befasst. Aber ist dies alles? Liegt das ökologische Problem nur in der Natur? Oder ist es nicht viel eher ein kulturelles Problem? Sind nicht die Störungen in natürlichen Prozessen und Kreisläufen auf Störungen in den Strukturen, Produktionsweisen, Institutionen und Lebensformen bestimmter menschlicher Gesellschaften zurückzuführen? Muss die Ökologie nicht deswegen viel eher eine Sozialwissenschaft sein als eine Naturwissenschaft? In der Tat haben die Ansätze einer Humanökologie oder Kulturökologie in letzter Zeit zugenommen, was dafür spricht, dass die üblichen naturwissenschaftlichen Problemstellungen zu kurz greifen.[1]

Aber müssen wir nicht sogar noch weiter gehen und fragen, ob das eigentliche ökologische Problem nicht viel eher in den weltanschaulichen und spirituellen Grundhaltungen der Menschen liegt, d. h. ob der Grund, warum die Strukturen, Produktionsweisen und Institutionen bestimmter Gesellschaften *unökologisch* sind, darin liegt, dass der Mensch in seinem Verhalten sich selbst und dem Transzendenten, dem Sinngebenden, dem Heiligen gegenüber grundsätzlich gestört ist? Das ökologische Problem wäre demnach weder ein natürliches noch ein soziales, sondern ein religiöses Problem; ein Problem weder für die Naturwissenschaften, noch für die Sozialwissenschaften, sondern für die Theologie.

Diese Reihenfolge ökologischer Problemstellungen hat nicht nur systematische Gründe – worauf ich gleich zurück kommen werde –, sondern auch historische. Denn das Problembewusstsein der Ökologie hat sich entwickelt aus den ersten Feststellungen gestörter natürlicher Prozesse über die Frage nach der Ursache dieser Störungen in gestörten sozialen, wirtschaftlichen und politischen Prozessen bis hin zur Frage nach der Ursache dieser sozialen Pro-

---

[1] Vgl. Glaeser (1992: 61): «Im Gegensatz zur Ökologie, die sich als Naturwissenschaft mit den Beziehungen der Organismen zur belebten und unbelebten Umwelt befasst, bezieht Kulturökologie den Menschen ein und betrachtet die besondere Ausgestaltung der Mensch-Natur-Beziehungen als Folge kultureller Leistungen. Natur wird demnach thematisiert, doch nicht die vom Menschen unberührte, die ‹intakte› Natur, sondern die vom Menschen gestaltete, veränderte, kurz: die ‹kulturierte› Natur. Das Thema ist Einheit von Natur und Kultur, und zwar in der Kultur.»

bleme in gestörten psycho-spirituellen «Prozessen», wie dies z. B. in der Deep-Ecology-Bewegung und in verschiedenen «holistischen» Ansätzen thematisiert wird.[2]

Darin liegt nicht nur eine inhaltliche Erweiterung des Gegenstandsbereichs der Ökologie von Natur auf Kultur und von Kultur auf «Geist», sondern – und dies liegt nun in der inneren Logik oder man könnte fast sagen «Dialektik» der ökologischen Fragestellung überhaupt – es liegt darin eine strukturelle «Unentschiedenheit» oder «Indifferenz» in bezug auf den Gegenstand ökologischer Forschung. Denn die Ökologie befasst sich mit *grossen Zusammenhängen*, mit *Gesamtsystemen*. Um das Ganze in den Blick zu bekommen, muss man von den Unterschieden absehen. Diese Indifferenz, möchte ich vorschlagen, ist *das eigentliche Problem* der Ökologie. Sie ist nicht nur der Grund, warum die Ökologie die traditionelle Strukturierung wissenschaftlicher Disziplinen in Natur- und Geisteswissenschaften und in deskriptive und normative Wissenschaften unterläuft, sondern auch der Grund dafür, warum sie uns vor die Aufgabe stellt, anders zu denken und zu handeln.

Um nun diese Idee plausibel zu machen, möchte ich an die ursprüngliche Intention der Ökologie erinnern. Nach der grundlegenden Definition von Ernst Haeckel untersucht Ökologie die Gesamtheit der Beziehungen eines Organismus zu seiner organischen und anorganischen Umwelt (Bayertz, 1988). Gegenstand der Untersuchung ist also *die Einheit einer Unterscheidung*, nämlich die Einheit der Unterscheidung zwischen System und Umwelt. Weder das System noch die Umwelt allein werden untersucht, sondern ihre Interaktionen und Interdependenzen werden als Gesamtsystem betrachtet.

Da nun jedes System eine Umwelt braucht, wogegen es sich abgrenzt – auch das Ökosystem, sofern es überhaupt ein System ist, hat seine Umwelt –, erweitert sich der ökologische Blick unaufhaltsam auf immer grössere Zusammenhänge. Wenn wir z. B. von dem kleinen Biotop im Hinterhof reden, dann bildet dies ein Ökosystem in Abgrenzung gegen die sie umgebende Fauna und Flora im Quartier, die als Umwelt des Biotops funktionieren. Wird das Biotop *und* die umgebende Fauna und Flora als Ökosystem betrachtet, dann bildet sich *dieses* System in Abgrenzung gegen eine noch umfassendere Umwelt, die schliesslich den ganzen Planeten Erde – wie die Gaia-Hypothese behauptet – enthält. Man könnte versuchen, und eigentlich müsste man es nach der inneren Dialektik der ökologische Fragestellung tun, sogar noch

---

[2] Vgl. Devall / Sessions (1985) für einen Überblick über die Deep-Ecology-Bewegung.

weiter zu gehen und unser Sonnensystem oder das ganze Universum in den ökologischen Blick zu fassen.

Wie die Systemtheorie uns lehrt, gibt es Systeme nur im *Unterschied* zu Umwelten.[3] Für jedes System ist die System-Umwelt-Differenz konstitutiv, d. h. am Anfang steht die Unterscheidung. Differenztheoretisch betrachtet können wir nicht hinter diese anfänglichen Unterscheidungen zurückgehen, denn die Einheit einer Unterscheidung ist nur über eine weitere Unterscheidung zugänglich und wahrnehmbar. Dies nennt man in der Systemtheorie das Beobachterproblem (Krieger, 1996). Um etwas beobachten, identifizieren und wahrnehmen zu können, muss man es von allem, was es *nicht* ist, unterscheiden.

Treibt uns die ökologische Fragestellung vom kleinen Biotop im Hinterhof bis zum ganzen Universum, dann kommt das Universum selbst als Ökosystem nur in den Blick aufgrund einer noch grundlegenderen Unterscheidung, z. B. aufgrund der Unterscheidung zwischen Natur und Kultur. Die Natur oder der ganze Kosmos wird *als* Ganzes, *als* System sichtbar und somit zugänglich für eine Naturwissenschaft in dem Moment, wo sie von Kultur unterschieden werden. Erst nachdem die Natur entpersonalisiert und die Kräfte des Windes, des Wassers und der verschiedenen Pflanzen und Tiere aus der Gemeinschaft der Geister verbannt wurden, konnte eine eigenständige, nicht mehr mit Magie vermischte Naturwissenschaft entstehen.

Umgekehrt lässt sich Kultur nur im Unterschied zur Natur als System begreifen. In der philosophischen Tradition des Westens wurde diese grundlegende Unterscheidung mit dem Hinweis auf Urheberschaft markiert. Kultur ist das von Menschen Hervorgebrachte; *physis* das, was aus sich selbst entsteht. Wenn die Menschen, wie Vico sagte, nur das erkennen können, was sie selber gemacht haben, dann wird Wissenschaft zur Geisteswissenschaft.

Fragen wir nun *ökologisch* nach der Einheit der Unterscheidung zwischen Natur und Kultur, dann müssen wir feststellen, dass sie weder etwas Natürliches noch etwas Kulturelles ist. Sie ist der «blinde Fleck» im Beobachten von Natur *und* Kultur. Nennen wir sie «Welt». Die Welt ist nicht das Universum der Astrophysik und Kosmologie. Denn die Welt enthält auch kulturelle Dinge, wie Werte und Gefühle, Fantasien und Kunst. Ist die Welt etwas Natürliches oder

---

3 So z. B. Luhmann (1984: 35): «Als Ausgangspunkt jeder systemtheoretischen Analyse hat, darüber besteht heute wohl fachlicher Konsens, die *Differenz von System und Umwelt* zu dienen. Systeme sind nicht nur gelegentlich und nicht nur adaptiv, sie sind strukturell an ihrer Umwelt orientiert und könnten ohne Umwelt nicht bestehen. Sie konstituieren und sie erhalten sich durch Erzeugung und Erhaltung einer Differenz zur Umwelt, und sie benutzen ihre Grenzen zur Regulierung dieser Differenz.»

etwas Kulturelles? Auf der einen Seite der Unterscheidung haben wir den Materialismus, der behauptet, dass alles aus der Materie evolviert worden ist – heute spricht man von Selbstorganisation und Emergenz (Maturana/Varela, 1987; Krohn/Küppers, 1992) – und auf der anderen Seite steht der Idealismus, der behauptet, dass alles aus dem Geist entstanden ist. Jede dieser Positionen beansprucht, *alles* erklären zu können, und ist blind für die Argumente und Einsichten der anderen.

Jedes Beobachten produziert also nicht nur Wissen, sondern auch Unwissen, d. h. einen blinden Fleck, der nur von einem anderen Beobachter, der andere Unterscheidungen anwendet, beobachtet werden kann. Die «Welt» ist der blinde Fleck der Unterscheidung zwischen Natur und Kultur. Sie ist weder aus der Sicht des Materialismus noch aus der Sicht des Idealismus wahrnehmbar. Sie lässt sich nur unter Anwendung einer anderen grundlegenden Unterscheidung beobachten.

Fragt man nun *ökologisch* nach der Einheit der Unterscheidung zwischen Natur und Kultur, nach dem umfassenden System, innerhalb dessen sie miteinander zusammenhängen und einander gegenseitig bedingen, d. h. fragt man nach der Welt als Ganzer, dann wird man vermutlich nach etwas suchen müssen, das *weder* vom Menschen gemacht worden ist *noch* aus sich selbst entsteht. Was ist dies? Die traditionelle Antwort lautet: das, was von Gott hervorgebracht wurde. Die Welt als Ganze kriegen wir in der westlichen christlichen Tradition in den Blick über die Unterscheidung zwischen Schöpfer und Schöpfung. Die Welt ist *ens creatum* im Unterschied zum *ens increatum*, d. h. zu Gott. Mit dieser Unterscheidung ändert sich auch der Standpunkt des Beobachters. Er wird theologisch.

Der theologische Beobachter, der die Unterscheidung zwischen Gott und Welt anwendet, produziert auch einen blinden Fleck. Denn wenn man ökologisch nach der Einheit der Unterscheidung zwischen Gott und Welt fragt, nach dem umfassenden System, in dem sie miteinander zusammenhängen und einander gegenseitig bedingen, dann ist die Antwort, schlage ich vor, der Mensch, d. h. etwas, das nicht im Blickfeld des theologischen Beobachters steht. Denn der Mensch ist zugleich göttlich und weltlich, aber zugleich auch weder Engel noch Tier. Der Mensch ist, meine ich, der blinde Fleck in der Wahrnehmung des theologischen Auges. Deswegen konnte der Mensch erst richtig in den Blick kommen, als die Theologie verdrängt wurde, d. h. mit der Erschliessung eines von der Theologie unabhängigen Beobachterstandpunktes zu Beginn der europäischen Neuzeit. Dies war der Humanismus.

Der humanistische Beobachter bekommt den Menschen dadurch in den Blick, dass der Mensch von der Welt unterschieden wird. Der Mensch ist nicht ein blosses Tier. Der Mensch steht über der Natur. Er verfügt über sie als Rohstoff zur Verwirklichung seiner autonomen Selbstbestimmung. An die Stelle Gottes tritt somit der Mensch. Dies weist darauf hin, dass der blinde Fleck des Humanismus Gott ist. D. h. für den Humanismus ist die Einheit der Unterscheidung zwischen Mensch und Welt Gott, der ja eben nicht mehr wahrnehmbar wird, wie dies die Rede von der Flucht der Götter, dem Schweigen Gottes und des Verschwindens der Religion in modernen säkularen Gesellschaften beweist.

Was hat dies alles mit Ökologie zu tun? Die Ökologie – so mein Vorschlag – ist jene Art von Denken, das ständig nach der Einheit der Differenz fragt und somit über jede Grenze hinaus getrieben wird. Wenn das ökologische Problem die Einheit der Differenz ist, dann kann das ökologische Denken sich nicht mit dem einen oder anderen der verschiedenen Standpunkte zufrieden geben, d. h. innerhalb einer binär codierten Struktur oder innerhalb dessen, was der Strukturalismus eine «symbolische Ordnung» nennt. Was das ökologische Auge sieht, was der eigentliche Gegenstand ökologischer Forschung ist, das ist weder etwas natürliches, noch etwas kulturelles noch etwas geistiges, sondern das eigentliche Problem der Ökologie ist die Einheit der Differenz zwischen Natur, Kultur und Geist.

Da jede Unterscheidung einen «blinden Fleck» erzeugt, der verhindert, dass das Ganze als System wahrgenommen werden kann, bleiben die umfassenden Zusammenhänge verborgen und unzugänglich. Wo immer wir ansetzen, um das Problem in Griff zu bekommen, ob bei der Natur, z. B. bei naturwissenschaftlichen Umweltverträglichkeitsanalysen, oder beim Menschen, z. B. bei den politischen und rechtlichen Bedingungen solcher Analysen und deren wirtschaftlichen Folgen, oder beim Geistigen, z. B. bei kulturgeschichtlichen Analysen der religiösen, ideologischen und weltanschaulichen Hintergründe der Umweltkrise, verfehlen wir das Ziel einer ganzheitlichen Erkenntnis.

Bedeutet dies, dass Erkenntnis – wenigstens menschliche Erkenntnis – grundsätzlich *unökologisch* ist? Dass die Ökologie eine Chiffre für die Unmöglichkeit vollkommener Ordnung und endgültiger Wahrheit ist? Heisst dies, dass das ökologische Problem nicht gelöst werden kann, und dass wir damit leben lernen müssen?

Gibt man die Ökologie nicht auf und versucht man trotz des Beobachterproblems das Ganze zu denken, d. h. Gott, Welt oder Mensch unabhängig von ihren Gegensätzen absolut zu denken, dann produzieren wir nur Paradoxien. Absolute Symbole können nicht durch ihre Gegensätze definiert werden, da sie diese in sich haben.[4] Denkt man z. B. *Gott* absolut, dann ist er zugleich göttlich und weltlich, transzendent und immanent, zugleich gut und böse – wie dies das Theodizeeproblem zeigt: Wie kann ein allmächtiger und allgütiger Gott das Böse in der Welt erlauben? Entweder ist Gott allmächtig und dann auch selbst böse und somit nicht wirklich Gott, oder er ist zwar gut, aber dafür nicht allmächtig, und somit ebenfalls auch nicht wirklich Gott.

Denkt man nun *Welt* absolut, z. B. als das Sein, dann muss das Sein auch das Nichts in sich haben, denn auch das Nichts «ist» irgendwie, was sich an seiner negativen Wirkungen, wie Vergänglichkeit, Unwissenheit, Wahnsinn und Tod zeigt.

Denkt man den *Menschen* absolut, dann befinden wir uns in den bekannten Aporien des Humanismus: Der Mensch ist zugleich frei und unfrei, zugleich vernünftig und irrational, zugleich Schöpfer und Geschöpf.

Absolute Symbole sind wesentlich paradox und in sich widersprechend. Man erkennt ein absolutes Symbol gerade daran, dass es selbstwidersprechend ist und somit das Weiterdenken blockiert, d. h. das Denken wird auf sich selbst zurückgeworfen und muss seine eigene Kontingenz denken, nämlich, dass das Denken vielleicht aufhört und in den Wahnsinn verschwindet. Absolute Symbole sind Grenzen, die wir nicht überqueren können, da sie keine andere Seite, keinen Gegensatz haben. Vor solchen Grenzen kommen Denken und Handeln zu einem Halt, denn alles weitere wäre nicht mehr ein Teil der Welt, die durch diese Grenze erschlossen wird. Damit wir dennoch weiterdenken können, werden absolute Symbole in binäre Gegensätze unterschieden oder *entparadoxiert*. Wenn wir das absolute Symbol «Welt» entparadoxieren und in Natur und Kultur aufteilen, dann können wir uns von einer Seite zur anderen bewegen; Kultur ist an Natur anschliessbar, und umgekehrt wird das vom Menschen Hervorgebrachte auf das, was aus sich selbst entsteht, bezogen. Die Welt selbst aber können wir nicht erreichen, denn wir sind schon immer in ihr, gleich auf welcher Seite wir stehen. Wie Wittgenstein sagte, müssten wir, um die Welt in den Blick zu bekommen, ausserhalb der Welt stehen, was unmöglich ist: die Grenzen meiner Sprache sind die Grenzen meiner Welt.

---

[4] Vgl. Krieger (1996) für eine ausführliche Diskussion der Semantik der Entparadoxierung.

Wie kommen wir weiter? Vielleicht können wir aus dem Nachteil einen Vorteil machen. Der Beobachter*relativismus* – denn jede grundlegende Unterscheidung ist so gut wie jede andere – gibt den Blick frei für die *gemeinsamen Strukturen* solcher Grenzen. Wir können fragen: *Was sind die allgemeinen Bedingungen welterschliessender Grenzsetzungen? Woher kommen sie und wie lassen sie sich transformieren?* Dies wäre selber eine kreative Transformation der ökologischen Fragestellung. Anstatt nach der Einheit der Differenz zu fragen, könnte die Ökologie die allgemeinen Bedingungen des Unterscheidens und Beobachtens, d. h. der Handhabung von Unterscheidungen überhaupt untersuchen. Dies wäre zwar nicht das, was wir normalerweise unter «Ökologie» verstehen. Es würde nicht wie Ökologie aussehen. Aber es wäre vielleicht der ursprünglichen Intention ökologischer Forschung und zugleich der Aufgabe eines ganzheitlichen Denkens in der heutigen globalen Gesellschaft angemessener.

Gehen wir davon aus, dass das Organisationsprinzip aller Systeme, ob anorganischer, biologischer oder psycho-sozialer Systeme, ein Code ist. Der Code zieht durch Selektion, Relationierung und Steuerung von Systemelementen und Prozessen die System-Umwelt-Grenze.[5] Welche Elemente zum System gehören, wie sie miteinander zusammenhängen und aufeinander wirken und was vom System ausgeschlossen wird, d. h. was zur Umwelt gehört, dies alls wird vom Code geregelt. Nennen wir nun denjenigen Code, der eine ganze Welt erschliesst, einen *primären Code*. Da es bei der Erschliessung einer Welt immer und notwendigerweise um die Konstitution von *Sinn* geht – denn was wäre eine sinnlose Welt? –, wird der primäre Code ein semiotischer Code sein müssen. Im Gegensatz zu einem mechanischen oder genetischen Code konstituiert ein semiotischer Code ein Sinnsystem. Sinn aber ist immer kommunikativer Sinn.[6] Ein Sinnsystem ist ein *Kommunikationssystem*. Jeder primäre Code erschliesst somit ein Kommunikationssystem.

Das ökologische Problem stellt sich nun als die Frage nach *ökologischer Kommunikation*, wie es z. B. im Titel des Buches von Luhmann (1986) erscheint. Nach Luhmann ist die moderne – oder besser – postmoderne Gesellschaft wesentlich «polykontextuell». D. h. aufgrund der Ausdifferenzierung in funktionale Subsysteme wie Wirtschaft, Recht, Politik, Erziehung, Wissenschaft und Religion, die je ihre eigenen Codes verwenden und somit autopoietische,

---

[5] Vgl. Krieger (1996) für eine ausführliche Begründung dieses auf eine allgemeine Systemtheorie hin entworfenen Codebegriffes.

[6] Dies folgt aus Wittgensteins berühmten Privatsprache-Argument (vgl. Wittgenstein 1984: 356ff.), wo gezeigt wird, dass Sinn auf intersubjektive Korrigierbarkeit und somit auf Kommunikation angewiesen ist.

operationell geschlossene, selbstreferentielle Systeme bilden, gibt es keine gesamtsystemische Kommunikation mehr. Dies war in den alten Kulturen noch möglich, wo Religion alle Lebensbereiche bestimmte. In den modernen Gesellschaften, so Luhmann, ist Religion nicht mehr für das Ganze zuständig, da alle Subsysteme ihre Codes verabsolutiert haben.

Aus der Sicht des Wirtschaftssystems z. B., das den Code des Zahlens und Nicht-Zahlens anwendet, hat *alles* seinen Preis, auch Glaube, Liebe, Recht und Macht. Aus der Sicht des Rechtssystems, das den Code Recht/Unrecht anwendet, ist alles rechtlich geregelt, auch Wirtschaft, Religion und Politik. Jedes System spricht sozusagen seine eigene «Sprache» und dies macht es unmöglich, gesamtgesellschaftlich, d. h. *ökologisch*, zu kommunizieren. Wir wissen ja, wie schwierig es ist, religiös-ethische Werteinstellungen in Wissenschaft und Wirtschaft einzubringen, sei es in der Diskussion über Freiheit der Forschung in bezug auf die Gentechnik, sei es in bezug auf Ethik im Management oder sei es in bezug auf die Politik des Umweltschutzes.

Die Vervielfältigung der primären Codes und die dadurch entstandene babylonische Sprachverwirrung lässt die gesamtsystemische Komplexität derart ins Unübersehbare wachsen, dass das Gesamtsystem daran zu Grunde zu gehen droht. In verschiedenen Formen und aus verschiedenen Perspektiven nennen wir dies die Umweltkrise. Die Umweltkrise ist nur oberflächlich das Aussterben dieser oder jener Art von Lebewesen oder die zunehmende Strahlenbelastung wegen des Ozonloches oder ähnliches; die Umweltkrise ist vor allem die *ökologische* Krise einer gesamten Lebensform, unserer gesamten Welt, wobei es klar sein dürfte, dass die Welt bei dieser Problemanalyse als Kommunikationssystem und nicht als Natur gedacht wird. Denn es gibt keine uncodierte Natur, keine Natur pur, sondern Natur wird durch den jeweilig geltenden primären Code erschlossen und in dieser oder jener Art und Weise codiert. Für die Politik z. B. ist Natur ein Verfügungsgebiet, für die Wirtschaft dagegen ist sie Rohstoff. Jedes autonome Subsystem codiert Natur anders und daraus entsteht eben das «Übersetzungsproblem» bei ökologischer Kommunikation.

Als Krise eines Kommunikationssystems lässt sich das ökologische Problem nur durch Kommunikation lösen. Wenn wir überall an die Grenzen der verschiedenen primären Codes stossen, deren Semantik der Entparadoxierung uns unausweichlich zurückwirft in die binär strukturierten symbolischen Ordnungen der Subsysteme, dann könnte uns vielleicht eine tiefergreifende Analyse der Bedingungen von Kommunikation weiter helfen. Auf der Ebene der

Artikulation eines primären Codes wäre es nötig, nicht nur dessen Semantik zu untersuchen, sondern vor allem die *Pragmatik* grenzsetzender Kommunikation.

Absolute Symbole und die grundlegenden binären Unterschiede, in denen sie entparadoxiert werden, bilden den *semantischen* Inhalt eines *primären Codes. Pragmatisch* gesehen artikuliert der Grenzdiskurs den primären Code eines Kommunikationssystems durch die *Verkündigung* solcher absoluten Symbole, die *mythologische Wiederholung* deren semantische Entparadoxierung in die binären Gegensätze des Möglichen und des Ausgeschlossenen und die Durchsetzung einer einschliessenden/ausschliessenden Struktur.[7] Gott wird gut, das Böse wird ausgeschlossen; das Sein wird möglich, das Nichts wird ausgeschlossen; Kultur entsteht, die Natur wird ausgeschlossen; Männer sind die wahren Menschen, Frauen werden ausgeschlossen; usw... Die Geschichte dieser Unterscheidungen ist *Mythologie.* Jedes Kommunikationssystem hat seine Mythologie, d. h. seine Erzählungen und «Metaerzählungen» (Lyotard 1986) über diejenige Dinge, die zur Welt gehören und diejenigen Dinge, die nicht zur Welt gehören, die, wie Julia Kristeva (1980) sagt, «abjekt» geworden sind. Ohne die Pragmatik der Verkündigung, der mythischen Wiederholung und der Einschliessung/Ausschliessung wäre keine Kommunikation möglich, da es keine nichthintergehbaren Regeln, Kriterien, Rahmen und Horizonte gäbe, innerhalb deren Sinn von Unsinn unterschieden werden und abweichendes Verhalten korrigiert werden könnte.

Nun gehört es aber zu den Bedingung des Grenzdiskurses, dass er kommuniziert und verstanden werden muss, dass er in seiner Funktion ebenso von den allgemeinen pragmatischen Bedingungen von Kommunikation abhängt wie alle die Kommunikationen, die er ermöglicht. Die Handhabung von Unterschieden auf der Ebene eines primären Codes, d. h. sprachpragmatisch betrachtet, die Verkündigung absoluter Symbole, die mythologische Entparadoxierung dieser Symbole und die Durchsetzung dualistischer Strukturen können als Kommunikationsgemeinschaft stiftende Sprechhandlungen nur vollzogen werden, wenn die Offenheit, Korrigierbarkeit und Transformierbarkeit der Grenzen gewährleistet wird. Wäre dies *nicht* der Fall, d. h. wäre die Grenzen einer Kommunikationsgemeinschaft *nicht* korrigierbar, dann wäre immer das, was wir, d. h. unsere Gruppe, unser Volk, unsere Kultur für richtig, recht, gut und wahr hielten, richtig, recht, gut und wahr. Das würde bedeuten, dass es, wie Wittgenstein sagte

---

[7] Ausführliche Analysen der pragmatischen Bedingungen von Kommunikation befinden sich in Krieger (1991a, 1991b, 1993).

(1984: 361), keine Richtigkeit und keine Wahrheit mehr gäbe, da gerade das Richtige und das Wahre nicht das sind, von dem man beliebig sagen kann, das sie sind.

Aus systemtheoretischer Sicht hätten wir es im Fall eines verabsolutierten Grenzdiskurses mit einem *entropischen* System zu tun. D. h. das System reduziert nicht mehr Komplexität, sondern lässt Komplexität derart zu, dass alles möglich wird. Ein Zustand, in dem alles gleich-wahrscheinlich wird, ist entropisch oder mit anderen Worten Chaos. Chaos ist gerade das Gegenteil von Systembildung, denn ein System bildet sich *negentropisch*, d. h. als Reduktion von Komplexität. Dies bringt uns zurück zum *ökologischen* Problem des Gesamtsystems. Gibt es ein Beobachten des Ganzen? Gibt es ökologische Kommunikation, d. h. eine Kommunikation zwischen den verschiedenen sich gegenseitig ausschliessenden Systemen, eine Kommunikation über die Grenzen der jeweiligen Strukturen hinaus und demnach eine Kommunikation, die diese Strukturgrenzen ständig verschiebt, korrigiert, erweitert, transformiert und somit «anpasst»?

Wir können diese Frage zunächst dahingehend negativ beantworten, dass wenn es solche ökologische Kommunikation nicht gibt, es überhaupt keine Kommunikation geben kann und alles, was wir tun, nur Unsinn und Selbstzerstörung wäre. In diesem Fall ist das, was das ökologische Auge sieht, ein düsteres Bild. Auf der positiven Seite lässt sich die Möglichkeit ökologischer Kommunikation darin erkennen, dass Paradoxien nicht nur Grenzen des Denkens sind. D. h. dass Paradoxien nicht nur eine Markierung des Nicht-Kommunizierbaren oder der Kontingenz des Systems darstellen, sondern dass Paradoxien einen Diskurs für sich bilden: nämlich Weisheit, die in fast allen Religionen und Kulturen bezeugt wird und welche oft einen Sonderstatus als Quasi-Offenbarung geniesst.

Als Weisheit gelten solche Sprüche wie «Der Tao, der gesagt werden kann, ist nicht der wahre Tao», «Wer sein Leben retten will, muss es verlieren» und ähnliches. Es handelt sich um paradoxe Kommunikation, um Kommunikation an der Schwelle der Unterscheidungen, um Kommunikation, die noch nicht entschieden hat. Wir können also eine über dem Grenzdiskurs liegende, höhere Ebene von Kommunikation postulieren. Nennen wir sie *Erschliessungsdiskurs*. Im Gegensatz zum Grenzdiskurs wird auf dieser Ebene der Artikulation eines primären Codes das Denken nicht sofort von der Grenze zurückgeworfen, sondern es wird aufgehalten und es wird ihm damit ermöglicht, die Spannung der *Unentschiedenheit* und *Indifferenz* auszuhalten.[8] In dieser Hinsicht der Weisheit ähnlich sind Mystik und Kunst. Es handelt sich auch bei Mystik und Kunst um multireferentielle Kommunikationsformen, d. h. um Sprechhandlungen, die ständig offen und ständig transformierbar sind. *Weisheit, Mystik und Kunst verkörpern somit ökologische Kommunikation,* da sie der Tendenz der Schliessung entgegenwirken, die jeder Systembildung inhärent vorhanden ist. Sie lassen das Chaos derart in das System einflies-sen, dass es erneuernd und nicht zerstörend wirkt. In Beantwortung der Eingangs gestellten Frage über den Gegenstandsbereich der Ökologie und der Möglichkeit ökologischer Kommunikation lässt sich am Ende vielleicht wenig *Wissenschaftliches* sagen. Oder als Antwort stellt sich vielleicht nur noch eine weitere Frage: nämlich ob die Ökologie unsere bisherige Naturwissenschaften, Sozialwissenschaften und Theologien dazu herausfordert, sich mehr mit Weisheit, Mystik und Kunst zu beschäftigen, wenn sie das ökologische Problem lösen wollen.

Literatur

Bayertz, K. (1988) Ökologie als Medizin der Umwelt? *In*: Ökologische Ethik, Bayertz, K. (Hrsg.), Schnell & Steiner, München.

Devall, B./Sessions, G. (1985) Deep Ecology. Living as if Nature Mattered. Gibbs Smith, Salt Lake City.

Krieger, D. J. (1991a) The New Universalism. Foundations for a Global Theology. Orbis Mary Knoll, New York.

Krieger, D. J. (1991b) Fundamentalismus – Prämodern oder Postmodern? Fundamentale Überlegungen zur religiösen Erneuerung *In*: Fundamentalismus. Ein Phänomen der Gegenwart, Jäggi, Ch./Krieger, D. J. (Hrsg.), Orell Füssli, Zürich.

Krieger, D. J. (1993) Methodologie. Arbeitspapiere zur interreligösen Umweltethik Nr. 1 des Institutes für Kommunikationsforschung. inter-edition, Meggen.

Krieger, D. J. (1996) Einführung in die allgemeine Systemtheorie. System, Kommunikation, Konstruktivismus. Fink (UTB), München; *im Druck.*

Kristeva, J. (1980) Pouvoirs de l'horreur. Essai sur l'abjection. Seuil, Paris.

Krohn, W./Küppers, G. (1992) Emergenz: Die Entstehung von Ordnung, Organisation und Bedeutung. Suhrkamp, Frankfurt a.M.

Luhmann, N. (1984) Soziale System. Grundriss einer allgemeinen Theorie. Suhrkamp, Frankfurt a. M.

ders. (1986) Ökologische Kommunikation. Westdeutscher Verlag, Opladen.

Lyotard, J.-F. (1986) Das postmoderne Wissen. Edition Passagen, Wien.

Maturana, H./Varela, F. J. (1987) Der Baum der Erkenntnis. Scherz Verlag, Bern.

Wittgenstein, L. (1984) Philosophische Untersuchungen. Suhrkamp, Frankfurt a. M.

---

[8] Vgl. in diesem Zusammenhang die interessanten Bemerkungen Luhmanns (1984: 488ff.) zur Funktion von Widersprüchen in sozialer Kommunikation.

Bilder der Schöpfungstheologie

Uwe Gerber

Wer wie ich öfter in Frankfurt a. M. zu tun und deswegen zu gehen und mit der S- und U-Bahn zu fahren hat, den oder die wird mitten in Abgasluft, Lärm, Autoschlangen, Hochhäuser-schluchten, hetzenden Menschen eine Anti-Vision ergreifen, körperlich von der Haut, der Zunge, den Ohren, Augen her, von gestressten, vereinsamten Gefühlen her, von tief sitzenden Ängsten, Aggressionen, Wünschen nach Heilem her, manchmal auch einfach von der Einsicht im Kopf her: eine Wiedergeburt der Natur vereint mit unserer eigenen Wiedergeburt.

Wie soll und kann eine solche ins Apokalyptische geratende Neuwerdung der Welt aussehen nach dem Ende der grossen Entwürfe? Wer sind die Neuschöpferinnen und Neuschöpfer der Zerstörerinnen und Zerstörer in unserer fortschreitend zerstörerischen und zerstörten Welt am Ende der Metaphysik und klassisch-theistischen christlichen Religion? Mit welchen Bildern haben Judentum und Christentum solche vergehenden und aufblühenden Welten, Schöpfungen, Kosmen, Nauturereignisse gewünscht, verneint, festgeschrieben, verändert?

Kehren wir zurück zu unserer Vision. Zunächst müssen wir eingestehen, dass der Weg dieser Vision mit vielen Steinen und Disteln gepflastert und mit kleinen Erfolgserlebnissen gekrönt ist. Es gibt viele Beschreibungen dieses Weges. Ich möchte einige dieser Wegbeschreibungen näher betrachten und biblische, jüdische und christliche Hintergründe erfragen. Dies soll in vier Szenarien-Bildern geschehen:

- *Die Verheissung und die Anstrengung einer Revolution unserer bisherigen Einstellung des Herrschens, Ausbeutens, Tötens,* im Anschluss an Visionen und Auditionen israelitischer Propheten. Das «bewohnte Haus» (= oikos) soll umkehren, Gerechtigkeit gegen Menschen, Tiere, Erdboden üben in gegenseitiger Verbundenheit: eine Ethik der einsichtigen Umkehr aufgrund der Verheissung, dass ein ökologisches Leben in Freundschaft, Vertrauen, Gegenseitigkeit geschieht, freilich in der ständigen Gefahr des Scheiterns. Es ist eine ökologische Ethik im Vollzug und nicht eine vorweg normative Ethik. Dies gilt es dann weiter zu erklären.

- *Die resignative Einstellung, dass wir ohnehin nichts machen können –* weil Politiker, Wirtschaftsbosse, Autofahrer ... übermächtig und wir diesen gegenüber ohnmächtig sind: Die Mühsal mit dem Leben, dem eigenen, dem anderer Menschen, dem der Natur geht weiter, wie schon in Genesis 3 «erhaltungstheologisch» vorgesehen. Ökologische Ethik wird hier «naturalistisch» lahmgelegt in Schöpfungs-Erhaltungsordnungen, als ob es eine gute Natur, eine Natur «an sich» hinter unserer Natur gäbe. Der Kontext: Die in Kanaan eingewanderten und einwandernden Israeliten wechseln vom Nomadendasein zum Kleinbauerndasein und müssen sich nun mit dem «Feld» (Ackerboden) auseinandersetzen. Mir fällt das Bild vom Waffenstillstand ein, der für beide Parteien schmerzhafte Einschnitte festschreibt bis zur endgültigen gegenseitigen Vernichtung oder bis zu einem neuen Verständigungsprozess in Frieden, nämlich die schmerzhaften Einschnitte des schmerzhaften Gebärens und mühsamen Ackerbaus auf Seiten der Menschen und der durch Steine und Disteln eingeschränkten Ertragsfähigkeit auf Seiten der Natur. Wie in der griechischen Lebenswelt und Philosophie wird Natur als Schicksal der Materialität hingenommen (wobei das Schicksal der Moiren und die materia-lität = Mütterlichkeit ursprünglich einfach soviel wie konkretes Leben als Gabe und Aufgabe meinten); Natur wird lebensbedrohlich und beängstigend erfahren; religiöser Mythos und Ritus müssen helfen, eine über den Augenblick hinaus stabilisierende Ordnung herauszufinden – freilich auf Kosten der Erfahrung, dass wir in den Resonanzräumen unseres Körpers und der Natur wandern, uns verändern, vergehende Ordnungen verabschieden, neue Ordnungen ausprobieren, dass sich unser Körper- und Natur-Verhältnis ständig verändert und dass wir uns wehren können gerade gegen die Vereindeutigung, Funktionalisierung, Instrumentalisierung von Leib und Natur zwecks reibungsloser Erbringung von Leistungen in Beruf, Reproduktion, Sport im vorgegebenen Ordnungs-Rahmen. Erinnerungsarbeit muss nicht nur fest-stellen, etwa in Erhaltungs-Ordnungen von Genesis 3; Erinnerungsarbeit kann Befreiungsarbeit sein, wenn wir die Kräfte und Resonanzräume der Erinnerung in unserem Leben gleichsam weitersprechen, weiterlaufen, weiterwirken lassen, ohne uns selbst oder die erzählte Erfahrung von Genesis 3 zur überväterlichen Instanz zu machen.

– Ein anderes Bild ist *die Vorstellung vom Kosmos, den Gott in sieben Tagen aus der Urflut heraus erschaffen und wohl geordnet hat.* Das Bild von der Welt ist der gesicherte rhythmische Wechsel von befruchtender Überflutung des Erdbodens mit Wasser und Schlamm, des Aufwachsens der Saat und der Ernte und des Vergehens, Vertrocknens, Überwinterns – ablesbar während eines Jahreslaufes an den Flussgebieten z. B. von Nil, Euphrat, Tigris. Da in den damaligen Zeiten zwischen Mythos und Wissenschaft nicht unterschieden wurde, wie wir es in typisch westlichen Gesellschaften seit etwa vierhundert Jahren machen, war diese Vision als Erklärungsgeschichte für die Entstehung und das Fortbestehen des (überschaubaren) Kosmos gemeint. Dem Menschen ist dabei eine starke Stellung zugedacht; er soll herrschen. Herrschen heisst (in dieser nachträglich in die Erzählung von der Weltschöpfung aufgenommene Menschenschöpfungserzählung) zunächst: schöpferisch tätig sein, und dann genauer: wie ein König herrschen, wenn wir Psalm 8 mitheranziehen, also als Segensträger und Segensmittler für die Erde wirken. Und die Wirkungsgeschichte dieser Beauftragung in Genesis 1,28 hat – besonders im protestantischen Ethos lutherischer wie calvinischer, puritanischer Provenienz – bis in die letzten Jahre hinein dieses verantwortliche Herrschen kräftig als Beherrschen ausgelegt und praktiziert. Insofern sind das Judentum und das beerbende und neue Akzente setzende Christentum mit schuldig an unserer ökologischen Krise. Weltlos sind wir geworden; weltabgewandt leben wir, wie P. Sloterdijk beschreibt; fernab von der Welten-Bühne entwirft der Menschen-Geist ein grandioses Welt-Theater – und verfehlt sich und die Welt, seine Mitmenschen und die kosmischen Prozesse. So lange wir in unserer Herr-Schaft panische Angst vor Selbst-Erfahrung haben und deswegen vor der Verantwortung, die vom anderen, von Menschen, Tieren, Pflanzen herkäme, uns Selbst-Erfahrung rächte, fliehen, so lange möchten und können wir auch nicht der Natur zwecklos, ohne Gewalt und Zerstörung, ohne Durchsetzung unserer weltabgewandten Herrschaftsinteressen begegnen. Mensch-Werdung und Natur-Werdung lassen sich nicht herstellen; vielleicht haben deswegen die priesterlichen Erzähler des Schöpfungsmythos am Anfang der hebräischen Bibel dem Segensträger Mensch die Sabbat-Feier mitgegeben. Die Welt als kosmische Feier, als kosmischer Tanz, in Rhythmen und Gewalten des Weltaufgangs und des Weltuntergangs: Arbeit und Ruhe, gehen und bleiben, verändern und lassen, die Natur und wir Menschen, die anderen und ich, Ich und ich halten sich auf Distanz und wollen ineinander aufgehen, bekämpfen und zerstören sich gegenseitig und können nur leben auf Gegenseitigkeit.

– Ein weiteres Bild für Schöpfungs-Erfahrung war für die Israelitinnen und Israeliten *das Leben in der Oase*. In der Oase wird die Lebenssymbiose von Mensch, Tier, Pflanze, Boden, Wasser, Luft, Temperatur intensiv erfahren. Und dieses empfindliche Biotop lässt sich nur dann aufrecht erhalten, wenn keines der «Bausteinchen» die Überhand über die anderen gewinnt und zerstörerisch wird. Schöpferin und Schöpfer sein heisst in diesem Fall pflegen: Wer andere Menschen, sich selbst, die Natur pflegt, der und die begibt sich in engagierte Abhängigkeit von anderen, mit anderen zusammen. Uns fällt es schwer, Abhängigkeit positiv zu verstehen als «angewiesensein auf ...» im Oasen-Biotop, als «Leben erhalten von ...» Eltern, anderen Menschen, von der Natur durch Nahrung, als «zum Leben erweckt werden durch ...» andere Menschen, durch Nahrung. Während im Bild vom «Feld» (Genesis 3) eine kreisförmige Auswegslosigkeit herrscht und ökologische Einsicht auf einen erhaltenden «Waffenstillstand» eingeschränkt bleibt, während im Schöpfungsbild der kosmischen Pyramide (mit dem Sabbat Gottes und nicht dem Menschen an der Spitze) die Welt in hierarchischen Ordnungen gesehen wird, die es ökologisch, nämlich als Hausordnung beizubehalten gilt, schimmert im Bild von der Oase die Vorstellung von einer Vernetzung durch, die Menschen zu der Phantasie angeregt hat, in der Oase Eden den Paradieses-Garten zu erkennen. In der Erinnerung an die Entstehung und das Vegetieren der Oase geschieht befreiende Erfahrung, das der Mensch mit sich selbst, mit anderen Menschen, mit der Natur in Nähe und Distanz lebt, dass der Mensch in einer bis zur Identifikation, Identität zur «subjektiven» inneren Aufhebung führenden Nähe und in einer bis zur Beherrschung, zur «objektiven» äusseren Aufhebung führenden Distanz existiert. (Dabei möchte ich dafür plädieren, dass wir das Bild vom Vegetieren dem Geist-Materie-Dualismus sinnlich-visionär entwinden und gleichsam ins Offene der gezeigten Ambivalenz von Nähe und Distanz hineingeben, hineintauchen, hineintaufen.)

Visionen-Szenarium (I): Es soll anders werden ...

Wir möchten einfacher leben, nicht zerlegt in viele Bereiche, Funktionen und Anforderungen, eine eigene und nicht aufgesetzte Biographie haben und ausprobieren können und uns über Gelungenes freuen und Gescheitertes betrauern können. Unsere Lebensrhythmen gehen verloren durch lebensabstrakte Chrono-Meter; lebensaufbauende Beziehungen drohen immer mehr zu verschwinden durch Funktionalisierung und Instrumentalisierung fast aller Lebensbereiche. Die vielfältigen Bilder von uns, unseren Beziehungen zu anderen Menschen und zur Mitwelt werden monokausaler und verlieren ihre anstiftende Kraft ... Es soll anders werden!

Aus der hebräischen Bibel kennen wir solche Revolutionen. Der Prophet Jesaja spricht im Namen Gottes nahezu beschwörend vom Knecht Gottes – mit dem wahrscheinlich eine individuelle Gestalt und zugleich das auserwählte Volk Israel gemeint ist: «So spricht Gott, der Herr, der die Himmel geschaffen und ausgespannt, der die Erde befestigt samt ihrem Gespross, der Odem gibt dem Menschengeschlecht auf ihr und Lebenshauch denen, die über sie hinwandeln». Und aus dieser Selbstdarstellung des Schöpfers durch den Mund des Propheten folgt für Israel: «Ich habe dich in Treuen berufen und bei der Hand gefasst, ich habe dich gebildet und zum Bundesmittler für das Menschengeschlecht, zum Lichte der Völker gemacht, blinde Augen aufzutun, Gebundene herauszuführen aus dem Gefängnis und die in der Finsternis sitzen, aus dem Kerker» (Jesaja 42,5-7). Die Aufgaben sind verteilt: Der Schöpfer, der die Menschen und sein auserwähltes Volk Israel und die ganze Welt erschaffen und Israel zum Licht der Welt gemacht hat, beauftragt die Adressaten und Adressatinnen (wobei letztere auch bei den Propheten zuungunsten der freien israelitischen Männer vergessen werden), gute Schöpfung zu vollziehen: blinde Menschen sehend machen, kranken und behinderten Menschen genesen helfen, eingesperrte Menschen befreien, solche, die sich verrannt haben, auf- und mitnehmen. Und zu diesen Prozessen einer sozialen Neuschöpfung singen die Israelitinnen und Israeliten ein Schöpfungslied, zum Wohl für den Schöpfer, zugleich zur eigenen Ermutigung, zugleich zum Wahrnehmen einer sich wandelnden Schöpfung. «Singet dem Herrn ein neues Lied, preiset ihn bis ans Ende der Erde! Es brause das Meer und was darin ist, die Inseln und die sie bewohnen! Es juble die Wüste und die sie durchziehen, die Gehöfte, die Kedar bewohnt; es sollen frohlokken die Felsenbewohner und von der Höhe der Berge her jauchzen. Dem Herrn sollen sie Ehre geben und seinen Ruhm auf den Inseln verkünden» (Jesaja 42,10-12).

Diese gewaltigen Bilder vom Schöpfer-Gott, vom Geschöpf-Menschen und von der geschaffenen Welt und ihren Verwandlungen tragen insofern keine Moral «in sich», als es um selbst auferlegte Normen, Grundwerte, Gebote geht. Die Anforderung kommt vom andern: den blinden, kranken, gefangenen Menschen und der Erde her. Einem naturalistisch-biologistischen Missverständnis der Ableitung von Moral aus einer Schöpfungsnatur (mancher Fruchtbarkeitsriten, aber auch mancher New-Age-Bewegter) begegnete Israel mit seinem Glauben an Gott-Jahwe: Die Israelitin und der Israelit nehmen sich selbst, ihre Mitmenschen und die gesamte Schöpfung im Bild des Bundes, in den lebendigen Beziehungen zwischen Gott und den Menschen und deren Mitwelt wahr. Das vom Gott Jahwe intendierte moralische Verhalten Israels gegenüber ihm selbst, gegenüber Menschen und der Erde kann von den Israelitinnen und Israeliten nur selbst, in der Freiheit des Bundes wahrgenommen werden, verwirklicht, anderen sichtbar in Szene gesetzt werden. Israel vertritt die Schöpfung Gottes, führt sie weiter, wenn dies im Rahmen des Bundes mit dem Schöpfer geschieht; verlässt der Mensch den Bund, dann handelt er selbstherrlich, macht sich selbst zum alleinigen «Kriterium» und schwingt sich zum Herrscher der Schöpfung auf; die Schöpfung verliert ihr wahres Gesicht als Mutter Erde, die dem Menschen zugetan ist, ihm Nahrung gibt, Ordnungen durch Rhythmen angibt und dadurch Angst nimmt, ihm Freude macht und Staunen abverlangt und die zugleich ihn bedroht, ihm Angst einflösst, Zerstörungen anrichtet, den Menschen nach dessen Leben in sich aufnimmt. Wo diese Ambivalenz verloren geht, greifen trennendes Beherrschen oder harmonistische Vereinnahmung der Mutter Erde Platz. Es ist dies die Ambivalenz unseres eigenen geschöpflichen Lebens, das ständig auf der Kippe bleibt, als Gratwanderung geschieht zwischen Ordnung und Chaos, zwischen Überschaubarkeit und Offenheit; es ist die Ambivalenz, dass wir der Natur gegenübertreten und zugleich selbst Natur sind. Als Leib sind wir Natur; und als leibliche Menschen treten wir zugleich der Natur gegenüber.

Ich möchte diesen letzten Gedanken der ambivalenten Leib-Erfahrung an einem Beispiel aus der christlichen Bibel verdeutlichen. Ich wähle die Geschichte von der Heilung eines gelähmten Mannes (Markus 2,1-12), weil hier die Leib-Erfahrung als Natur-Erfahrung deutlich wird. Es wird dort erzählt, dass einige Freunde ihren von Geburt an gelähmten Freund zu Jesus bringen, weil sie von diesem als einem Wundermann gehört haben. Jesus antwortet ihnen: «Dir, Gelähmter, sind Deine Sünden vergeben» (also: Du musst weder nach einem Sünden-Grund noch nach einem Sünden-Bock für Deine Behinderung suchen, noch nach einer mirakulösen Aufhebung); «Du hast Freunde und kannst ruhig nach Hause gehen, und Ihr könnt zusammen leben in gegenseitiger Vergebung, Tröstung, Freundschaft». Hier kann sich im Gespräch mit Jesus ein von Geburt an gelähmter Mensch mit sich selbst in seiner Leiblichkeit versöhnen, indem er zugleich mit dem Leiberlebnis des Leidens, das immer eine Anfechtung bleibt, das Leiberlebnis der Befreiung von Schuldgefühlen, der Freude, des Zusammenlebens mit Freunden erfährt, praktiziert, als gute Hoffnung sieht. Aber diese Geschichte geht weiter, sie hat einen zweiten Gipfel: Einige Zuschauer halten diese Haltung Jesu, wenn er der Sohn Gottes sein soll, für zu wenig beweiskräftig; und Jesus geht darauf ein, sagt zum Gelähmten: «Steh auf, nimm Deine Tragbahre und geh nach Hause!»; und der Gelähmte geht tatsächlich. Er hat auf mirakulöse Weise eine neue Natur bekommen, einen neuen Körper, eine neue Leiblichkeit.

Ich bezweifle nicht, dass solche Heilungen jederzeit passieren können, aber sie werden als Mirakel, als Einbruch einer göttlich-jenseitigen Natur und Aufhebung der irdischen Natur missverstanden, wenn sie als eigentlich göttliche Überbietung unseres menschlichen Vermögens der gegenseitigen Sündenvergebung mit Erfahrungen von Heilung und also zum Beweis für eine höhere Natur, für eine göttliche «Natur» des Menschen Jesus von Nazareth genommen werden. Nur wenn die göttliche und menschliche «Natur» sowohl in dem Menschen Jesus von Nazareth als auch in dem Gelähmten, in seinen Freunden, in uns heute in der Erfahrung der je eigenen Leiblichkeit zusammenfallen und zugleich sich gegenüberstehen in einem offenen, lebensgefährlichen, auf der Kippe stehenden Prozess, entgehen wir dem traditionell christlichen, in letzter Konsequenz gnostisch-marcionitischen Dualismus von kranker menschlicher, irdischer Natur und göttlich-heiler, jenseitiger Natur, in die wir Menschen bei der dereinstigen

Auferweckung aller am Ende der Zeiten (nach christlicher Lehre) hoffentlich verwandelt werden und so die Erde-Natur aufhören wird. Neutestamentliche Heilungsgeschichten Jesu, wie die gekürzt erzählte von dem Gelähmten, der zum einen mit seiner Behinderung zusammen mit seinen Freunden zu leben gelernt und so etwas wie Leidenskunst zu entwickeln beginnen konnte und zum anderen durch einen Deus ex machina gesund gemacht worden ist, sind insofern ökologische Geschichten, als solche Menschen in ihrer Leiblichkeit zu leben lernen, ohne auf eine «heile Natur» aus einem Jenseits zu warten. Die Sehnsucht nach einer heilen Natur «an sich» ist die alte Vereinigungssehnsucht mit der Grossen Muttergöttin Erde; die Vision einer leidensfreien Leiblichkeit halten schlechte Theologie und Medizin gleichermassen in Bann.

Ich möchte noch ein anderes Beispiel anführen, nämlich das Sakrament des Abendmahls: Mit Brot und Wein, den damaligen Grundnahrungsmitteln, Produkten der Schöpfung Gottes, feiern Christinnen und Christen in eins mit der Erinnerung an das letzte Abendessen Jesu von Nazareth die gegenseitige Vergebung von Sünden. Gegenseitige Vergebung geschieht mit dem gegenseitigen Reichen von Essen und Getränken. Vergeben geschieht im Vollzug gegenseitiger Ernährung. Von hier aus können wir unsere geläufige christliche Abendmahlspraxis verleiblichen, ökologisieren, öffnen auf Leib-Erfahrungen hin im Umgang miteinander, indem wir Brot und Wein gegenseitig zur Stärkung als Geschenke der Natur reichen und uns zugleich in Distanz zur Natur begeben bzw. befinden, indem wir «Sünden» als zerstörende Leib-Erfahrungen im Blick auf uns selbst, auf andere Menschen, auf die aussermenschliche Natur wahrnehmen und in gegenseitiger Vergebung zu überwinden versuchen. Abendmahl ist so etwas wie ein ökologisches Sakrament (so wie die Wasser-Taufe als Initiationsritus ebenfalls ein ökologisches Sakrament ist).

Von hier aus wird die Ambivalenz unserer Natur-Erfahrungen noch deutlicher. So kennt optisches Wahrnehmen der Natur und Umgehen mit der Natur keine zeitlosen Ordnungen und Seinsaussagen, lebt in der prozessualen Ambivalenz von Offenheit und Abgeschlossenheit, von ständigem Aufbrechen (Wandern, Erinnern, Träumen, …) und Haltmachen (Beenden, ganz identisch in der Gegenwart sein wollen, auf Handfestes pochen …). Wir können weder uns selbst noch Natur «an sich» wahrnehmen; dies ist die Berechtigung des sogenannten Anthropozentrismus. Wir konstituieren die Bedeutung von Natur in unserem Wahrnehmen; dies ist umgekehrt die Begrenzung des Anthropozentrismus, sofern wir Natur nicht als solche wahrnehmen können, weil es dieses «an sich» niemals gibt. Und in diesem Wahrnehmen, in dieser Aisthesis liegt auch eine prophetische Ethik, die aus der Erfahrung der Verwundbarkeit und Endlichkeit der eigenen körperlichen Person entspringt und sich gegen normativ-zeitlose Festschreibungen, auch gegen «Grundwerte», wehrt (weil sich weder Menschsein noch Natursein über etwas Objektives, Ethisches definieren lassen). Prophetisches Wahrnehmen von Natur verzichtet auf die Macht des Faktischen und dessen Durchsetzungsansprüche anderer Menschen und der aussermenschlichen Natur (und sich selbst) gegenüber und nimmt sich zurück auf die in der Wahrnehmung selbst freiwerdenden Kräfte. Es sind dies, so sagen Prophetinnen und Propheten, die Kräfte Gottes, die in der sehenden und hörenden Wahrnehmung (Vision und Audition) zugleich ihre eigenen Kräfte, die Kräfte aller Menschen sind; und zugleich sagt der Prophet: Ich bin der andere: nämlich Gott, die anderen Menschen, die Natur, ohne dass ich und Gott und andere Menschen und die Natur klassisch pantheistisch eins werden «im Geiste». Die prophetisch-israelitische Erfahrung und Gestaltung von Welt hatte keinen bewusstseinsphilosophisch angesetzten «roten Faden», sondern war Erfahrung in offener Begegnung des Anderen. So ist Schöpfungs-Lehre die Lehre von der Wahrnehmung der Welt durch uns Menschen und Selbst-Wahrnehmung.

Ausser diesem prophetischen Umgang zwischen dem Schöpfer und seiner Schöpfung, der Schöpfung als soziales Geschehen von «Frieden, Gerechtigkeit und Bewahrung der Schöpfung» (Konziliarer Prozess) wahrnimmt und deswegen keine eigenständigen Schöpfungs-Theologien entwirft, konnten wir exemplarisch drei andere Einstellungen der Israelitinnen und Israeliten zu Gott, Mensch und Welt herausfinden. Im folgenden sollen die Schöpfungs-Bilder vom Feld, vom Kosmos und vom Garten Eden als ökologische Wahrnehmungsweisen weiter vorgestellt werden.

Visionen-Szenarium (II): Es ist nun einmal so ...

In Genesis 3 wird ein ätiologischer Mythos vom Sünden-Fall des Menschen erzählt, der ihm als Mann die mühsame Arbeits- und als Frau die schmerzhafte Gebärsituation klarmacht und ihm zu verstehen gibt, dass der Erdboden um seinetwillen verflucht ist, also nicht mehr im ursprünglichen Zustand ist. In diesem Mythos wird das Wissen um das unaufhebbare mühsame Ringen des Menschen mit dem Erdboden überliefert. Der Mensch geht sein Leben lang mit der Natur in Mühsal um – bis er selbst Natur (Erde) wird, aus der er kommt. Natur wird in harter Arbeit wahrgenommen, im sisyphusgleichen Abringen der täglichen Nahrung. Umgang mit der Schöpfung macht keinen Spass; eher erfahren wir sie als Fluch und antworten darauf mit resignativer Pflichtübung ohne Ende bzw. bis ans eigene Ende.

Wirkungsgeschichtlich hat sich diese Erfahrung von Schöpfung in dem theologischen Wahrnehmungsmuster der «Erhaltungsordnungen» niedergeschlagen: Die verfluchte Schöpfung und der mühselig arbeitende Umgang des Menschen mit ihr in Gestalt des Erdbodens sind Gegenmittel gegen Müssiggang und die irdischen Mittel, dass der gefallene Mensch wieder zu Gott findet. Der mühselige Weg durch die Schöpfung und der erlösende Weg aus der Schöpfung sind Vorstufen des jenseitigen Heilsstandes. (Eine theologische Anmerkung: Die drei Schöpfungs-Bilderbogen von Genesis 1-3 sind nachträglich heilsgeschichtlich aneinandergereiht worden: die protologische Schöpfung mit ihren Ordnungen im Stile babylonischer und anderer Weltentstehungsmythologien; die fast zeitlos vorgestellte Pflege durch die Zeiten hindurch nach dem Bild der Oase; schliesslich die mühsame Bearbeitung des Ackerbodens des «verheissenen Landes» Kanaan, sicherlich durchwoben mit der eschatologischen Hoffnung auf ein «gutes Ende». Wir kommen auf die ersten beiden Erzählungen weiter unten zurück.)

Das hier angesprochene Schöpfungskonzept aus Genesis 3 grenzt nahe an Marcions Zertrennung von gefallener Materie-Welt und erlösend-erlöster «Jenseits-Welt», an die Zertrennung von Materie und Geist bis hin zu der Erfahrung, dass Natur = Körperlichkeit = Sexualität der Inbegriff des Satanischen ist. Unzulänglich und fruchtlos sind unser Umgang mit der Schöpfung und die Schöpfung selbst – eine Trauerwelt aus Steinen und Disteln, aus überdüngten Äckern und erodierten Berghängen, aus versiegelten Flächen und zerschneidenden Betonpisten. Und die Ordnungs-Theologie macht sich daran, diesen verfluchten Zustand doch noch einmal überschaubar zu machen: eingespannt zwischen die «an sich» gute Schöpfung (protologisch vor dem Sündenfall und vor der Verfluchung des Erdbodens), die der transzendente Schöpfer einst geschaffen hat und mit der er selbst nur noch über die Erhaltungsordnungen zu tun hat – und die jenseitige, zukünftige, eschatologische Welt, die Gott am Ende der Zeiten heraufführen wird. Dazwischen fungieren Erdboden und Mensch als Notbehelf, als Antipoden, als Zwischenetappe, als Trauerspiel. Solche heilsgeschichtliche Eschatologie steht stets in der Gefahr, die miserable Gegenwart fest- und damit abzuschreiben zugunsten eines besseren «Jenseits»; der innere Zwiespalt zwischen gut (= göttliche Natur) und böse (= menschliche Natur) spiegelt sich mit und seit dem Sündenfall im verdammt gefährlichen Umgang mit den Tieren, vorab der Schlange, im mühsamen Umgang mit der irdischen Natur und ebenso in der verdammt steinigen aussermenschlichen Natur, die laut Paulus gemäss Römer 8,18ff. – wie wir Menschen – seufzt und auf ihre Erlösung harrt; diese «Hausordnung» des mühsam-schmerzhaften Waffenstillstandes auf Erden gilt bis an das von Gott herbeizuführende Ende; es gibt kein Verändern, keine Wanderung, kein Hinzulernen; die bereits genannte prophetische Kritik hingegen war und ist auf Veränderung der bestehenden «Hausordnung» aus.

Diese erhaltungstheologische Wahrnehmung der Schöpfung kam und kommt den strukturkonservativen Vorstellungen von intensiver Bearbeitung des Erdbodens (und seiner Bodenschätze) entgegen. Hier fallen die letztlich liberalistisch-neokonservative Devise, man müsse doch die Natur ordnungsgemäss in Schach halten und sie für die Lebensinteressen der Menschen verwenden, und die ordnungstheologische Verpflichtung auf den ausschliesslich dem menschlichen Leben dienenden mühseligen Arbeitsumgang mit der Schöpfung zusammen. So lässt sich die von immer mehr Menschen als destruktiv erfahrene Dominanz der Ökonomie, die Ökonomisierung unserer Beziehungen zu uns selbst, zu anderen Menschen und zur aussermenschlichen Natur ordnungstheologisch beibehalten. Schöpfung als Fluch und Trauerspiel?

Die Zukunft als Folge unserer Gegenwart kommt nur heilsgeschichtlich verobjektiviert zum Vorschein als Ablösung unserer fatalen Situation. Die aussermenschliche Schöpfung kommt nur objektiviert als Nahrungsquelle ins Bild; ökologische Aspekte sind auf die Besorgung von Nahrung eingeengt; Natur fungiert als Gegen-Stand. In unserem Schaffen ist die Ambivalenz von Freude mit und in der (aussermenschlichen) Natur und Bedrohung durch die mühsam zu beherrschende Natur auf ewige Zwietracht festgestellt; die Ambivalenz von Freude am Weiter

geben von Leben und schmerzhaften Erfahrungen mit Kindern von ihrer Entstehung im Mutter-
leib an wird auf letzteres verkürzt. Die Ambivalenz von spielerischer Erotik und gegenseitigem
Bemächtigen wird in ein patriarchalisches Besitzverhältnis überführt und verliert den Charakter
des Schöpferischen. Schöpfung hat aufgehört, ein lebendiges Zusammenspielen auf dem Grat
der Ambivalenz von Bedrohung und Bereicherung, von Mühsal und Freude, von Ordnung und
Chaos, von Scheitern und Gelingen, von Bemächtigen und Lieben zu sein. Mensch und Natur
laufen «erhaltungsordentlich» ab; und die ökologische Aufgabe von uns Menschen besteht
darin, den eigenen Ort (wie Sisyphos) zu behaupten und die eigentlichen Zusammenhänge von
«gut und böse» Gott zu überlassen. Solcher Fatalismus war und bleibt stets gefährlich gepaart
mit Ausbeutung und Zerstörung der Natur, mit Gewalt gegen andere Menschen, mit angstbe-
setztem ordnungchristlichem Fundamentalismus in Lehren und Handeln nach dem Motto:
Mensch und Natur sind eben so! Es geht nicht besser.

Gott und Mensch haben als lebendige Schöpfer abgedankt; die Heiligkeit von Natur und
Mensch sind verschwunden; sie ist einer halb animistischen, halb ordnungtheologisch-
mechanistischen Einstellung der Natur gegenüber gewichen. Wenn der damalige Mythos des
bestraften Menschen und der lädierten Natur seine Zweideutigkeit von Ätiologie und Transpa-
renz auf eigenes Erzählen und Handeln hin einbüsst und zur heilsgeschichtlich vorgegebenen
zeitlosen Definition wird, dann wird zugunsten resignativen Feststellens auf Wahrnehmen,
Verändern, auf Lernen, auf das Andere des Gegebenen verzichtet. Die andere, sogenannte
echte Natur wird zum überschaubaren Reservat gemacht, zum exotischen Tourismusziel in
Gestalt angeblich unberührbarer Strände, Regenwälder, Taucherreviere, Tiefschneehänge, In-
dianerreservate gestylt und vermarktet. In beiden Fällen: dem resignativ-ausbeuterischen All-
tagsumgang mit Natur und dem urlaubs-exotischen Umgang mit der Reservat-Natur, ist Natur
nur Mittel in einem individualistisch missratenen Anthropozentrismus und nicht zugleich auch
Zweck, Selbstzweck. Ehrfurcht vor der Natur ist zur herstellbaren Reservat-Erfahrung geworden; für die Entdeckung unserer eigenen Natürlichkeit, Kreatürlichkeit, Vergänglichkeit stehen
bereits Hobby-Rezepte und ganze Modezweige parat, wenn es zum Jogging, auf eine Schön-
heitsfarm, zum Überlebenstraining geht – alles sicherlich weiterbringende sinnlich-leibliche
Selbst-Erfahrungen, sofern sie eben nicht nur als privatistische Kompensate für unsere alltägliche Verdrängung, Zerstörung, Ausbeutung, Beherrschung von Natur in unserer eigenen Person, anderer Menschen, der Umwelt dienen.

Visionen-Szenarium (III): Schon die Bibel will das Herrschen ...

Ein anderes, weit optimistischer gemaltes Bild finden wir in Genesis 1 bzw. in dessen Wirkungsgeschichte: Der Mensch ist zum Herrscher über die aussermenschliche Natur berufen (sogenanntes dominium terrae in Genesis 1,28). Dieser Berufung voraus geht die Gliederung des Kosmos in einem mythisch erzählenden Überblick – das zielt auf Herrschaft des Menschen ab, die in Genesis 1,28 festgeschrieben wird. (Mir ist klar, dass die Bedeutung des Wortes «herrschen» umstritten ist; mir geht es hier eher um die Wirkungsgeschichte bis heute. Und ebenso gehe ich davon aus, dass das Verhältnis von Mann und Frau in Genesis 1 bereits patriarchalisch «geordnet» ist, während Genesis 3 dieses Herrschaftsverhältnis erst noch legitimieren muss.)

Die (aussermenschliche) Natur ist zum Herrschaftsobjekt geworden, wobei sich der abstrakt gewordene Wissenschafts- und Verwertungsgeist gegen seine eigene Körperlichkeit wendet und die Endlichkeit und Verletzlichkeit als eigene Körper-Erfahrung abzuschaffen gewillt ist. Die Moderne setzt auf die Auslöschung der Sterblichkeit zugunsten der Unsterblichkeit; viele Sensibilisierte wie etwa postmoderne Dekonstruktivisten setzen auf die Auslöschung der Unsterblichkeit zugunsten der Sterblichkeit. Wirkungsgeschichtlich hat hier das Christentum mit beigetragen, dass Ökologie zur rationellen Verwertung von Natur geworden ist, dass das «bewohnte Haus» zum Steinbruch geworden ist, das mit dem gesellschaftlichen Versuch der Auslöschung des Todes durch Verdrängen aus dem Alltag in Krankenhäuser hinein, durch Wissenschaft, durch religiöse Vertröstungen unsere Gesellschaft nekrophil wird, indem sie den Tod nicht als Sterben von Lebenden und Natur-Katastrophen nicht als zerstörende Geschehnissen lebendiger Natur wahrnimmt. Entsprechend lässt sich Tradition herbeizitieren: Die Bedrohung des Menschen durch die chaotische Natur kann seit der Bändigung des Chaos durch den Schöpfergott nicht mehr lebensbedrohend sein – wenn man Genesis 1 «für sich» nimmt und nicht z. B. die Geschichte von der Sintflut-Katastrophe hinzuliest. Wo die Erde, die Natur und somit unsere eigene menschliche Natur ihre Ambivalenz verlieren und zu klaren Ordnungen, Mandaten, Herrschaftsstrukturen, Hierarchien im Gefälle Gott-Mann-Frau-Kind-Natur ... normiert werden, da greifen blinder Animismus oder/und pure Ausbeutung Platz. In beiden Fällen spalten wir jeweils einen Teil von uns selbst und von der (aussermenschlichen) Natur ab und geben ihn entweder gedankenloser Emotionalität oder gefühlloser Rationalität preis. Ästhetik der Natur: Wahrnehmung der ambivalenten Natur als Prozess unserer eigenen Person, anderer Menschen, der aussermenschlichen Natur. Eine Ethik lässt sich hieraus nicht anthropo-biologistisch ableiten (aus Genesis 1,28); ökologisches Handeln geschieht in meinem Wahr-nehmen meines eigenen Lebens als eines Experimentes in Kommunikation mit anderen/m, der (die oder das) fordernd und einladend auf mich zukommt und mich mitkonstituiert, mitschafft, mitgestaltet. Erst wenn ich ganz beim anderen bin – nicht in verordneter Mühsal oder Beherr-schung –, dann bin ich bei mir selbst; indem ich auf den anderen (das andere) antworte, lebe ich meine Antwort. Ökologie ist weder blosse Folge der Wahrnehmung, noch die Vorausdefinition meines Wahrnehmens, sondern Ökologie ist selbst eine bestimmte Wahr-Nehmungs-Weise in der Ambivalenz von Ordnen und Öffnen, von Experiment und Vorgabe, von Konsens und Norm.

Visionen-Szenarium (IV): Ohne uns selbst geht es nicht ...

Es gibt keine Schöpfung «an sich», wie es Genesis 3 und Genesis 1 bzw. in deren Wirkungs-geschichte angedeutet zu sein scheint. Schöpfung erfahren wir Menschen als Befreiungs- oder Unterdrückungsprozess für beide; als Mitschöpferinnen und Mitschöpfer Gottes setzen wir uns für die Befreiung von uns selbst, von Menschen, von Tieren, von Natur aus Unterdrückung und Ausbeutung ein. Es ist unser Heraustreten aus dem begradigenden Wahrnehmen von al-lem, ohne das andere jeweils auch zu sehne; es ist das Heraustreten aus den beherrschenden Umgehen mit uns selbst, mit anderen Menschen, mit der Natur hinein in einen offenen Dialog mit uns selbst, mit anderen Menschen, mit der Natur. Unser Schöpfersein erschöpft sich nicht im Regeln – dies ist unter bestimmten Hinsichten freilich auch notwendig, etwa im Gartenbau oder mittels Medikamenten bei einer Krankheit –; wir haben aber wesentlich mehr Möglichkei-ten, wenn wir eben nicht nur aus Angst regeln und aus Scheu vor Neuem nur absichern, son-dern wenn wir aufschliessen, geschehen lassen, das Fremde, Überraschende in den Begegnun-gen zulassen, uns auf Experimente einlassen (ohne sofort z. B. mittels Gentechnologie schon wieder kontrolliert Neues herstellen zu wollen) und so unsere Wahrnehmung erweitern. «Der

Mensch bleibt nach der Unterwerfung der Natur oder schon im Verfolgung ihrer Unterwerfung schwer geschädigt zurück. Indem er ihre Eigenmächtigkeit entmachtet, entzieht sie ihm ihre Bekömmlichkeit. Indem er ihren Eigensinn hinbiegt, schwindet ihm der Sinn. Indem er ihren Eigennutz umlenkt, schwindet ihm ihr Segen. Und indem er ihre Eigenart umformt, schwinden ihm die Sinne» (Gronemeyer, 1993). Auf der individuellen Ebene mit allen unseren Sinnen wahrnehmen, in diesen Begegnungen das Andere von dem um Bekannten und Geordneten wahrnehmen, die Eigenart der Natur wahrnehmen und uns dadurch von einer ausschliesslich begradigenden, reduzierenden, uniformierenden Über- und Verformung der Natur und unserer eigenen Sinne, unseres Lebens befreien, dies alles meint – wirkungsgeschichtlich – das Pflegen des Gartens oder der Oase Eden in Genesis 2. Gegen den anthropologischen Pessimismus des «ewigen Sünders» wie gegen die Selbstüberschätzung des homo oeconomicus gibt es kein (ethisches) Programm. Es gibt die Einladung in die Solidargemeinschaft derjenigen Menschen, die anderen Menschen deren Lebensexperiment nicht vorweg beurteilen und die die Natur umgestalten im Sinne von Wahrnehmen von Natur als eines vernetzten und vernetzenden Prozesses.

Die geläufige Art und Weise, wie wir Natur (auch als uns selbst) wahrnehmen, ist durch die gesellschaftlich dominierende Kommunikation der «Produktion» geprägt: Produktion als Verwerten von menschlicher Arbeitskraft und Natur-Ressourcen für Produkte, die «an sich» existieren als Waren zur Gewinnung von weiterem Kapital und nebenbei zur Versorgung von Menschen, Tieren, Pflanzen; gezielte Verteilung der Produkte zwecks gesteigerten Absatzes zur weiteren Gewinnmaximierung unter Verwendung von Werbung, die am Absatz und nicht an menschlichen Bedürfnissen orientiert ist; Konsum der verteilten Produkte, der angebotenen Waren auf der Ebene der umsatzsteigernden Konkurrenz der Konsumenten, die um der Hierarchien setzenden Quantität der Verbrauchsgüter willen möglichst für alles offen und zu haben sind. Dieser Kreislauf beherrscht uns, er ist zu unserer «Natur» geworden; und die Natur wird nur noch konsumistisch wahrnehmbar als auszubeutendes Objekt der öffentlich dominierenden Produktion und zugleich als solches Objekt, das privatistisch als Oase der Erholung, als Palmenstrand und Jogging-Wald, als paradiesischer Gegenpol zur harten Arbeitswelt und als mit harmonistischen Sehnsüchten besetzte heile Welt inszeniert wird. Nur merken die meisten von uns nicht, dass diese natürliche Natur lediglich die zu Freizeitzwecken kontrollierte Getto-

Natur oder Gegen-Natur zu der durch Arbeit kontrollierten Natur ist. Also nur die Art und Weise der kontrollierenden Bereitstellung und Konsumierung von Natur unterscheidet sich, nicht aber kann ein dazu alternatives Wahrnehmen platzfinden von Menschen, die sich und ihren Lebensstil im Umgang (mit anderen Menschen) mit der Natur auf's Spiel setzen (aber gerade nicht wie der survival-Held Messner).

Es geht nicht darum, dass Natur von uns nicht geprägt, gestaltet, verändert wird. So etwas wie unberührte Natur gibt es für uns auf unserer Erde nicht (mehr); aber es gibt Erfahrungen der Natur, die uns berühren, in denen wir Vorgegebenes antreffen zu unserer Freude, Sättigung, Heilung und zugleich Zerstörendes, Krankmachendes, unser Leben Beendendes. Bei der Wahrnehmung dieses Natürlichen kommt es auf das Sehen an, etwa als monokausales Blicken des beherrschenden Ausbeuters ohne Blick zwischen die Zeilen (wissenschaftlicher Umgang), als der normative Blick des pflichtbewussten Altruisten ohne Alternativen des Lebensalltages (ethischer Umgang), als das schöpferische verletzbare Blicken auf das andere Gesicht der Menschen, Tiere, Pflanzen, um mit dem Sichtbaren das Unsichtbare sehen zu lernen (ästhetischer Umgang). Diese «drei Augen der Erkenntnis» nehmen Natur verschieden wahr: feststellend – verpflichtend – liebend. Feststellend machen wir Natur zum Gegenstand und Instrument wissenschaftlich technischer Beherrschung und Normierung; uns und andere moralisch zu ökologischem Handeln verpflichtend machen wir Natur zum Gegenstand ethischer Direktiven, in denen Natur noch(mals) als Orientierungsrahmen vorausgesetzt wird; das Antlitz der anderen und der Natur in ihrer Vertrautheit und Fremdheit wahrnehmend kann ich in diesen ambivalenten Beziehungen mein Leben entwerfen und gestalten und zugleich von anderen und der Natur erhalten. (Theologisch wird dieser Prozess Schöpfung genannt.)

Ich möchte hier zunächst einen kurzen Hinweis darüber einschieben, dass und wie (protestantische) Theologie im Zuge von Kant im 19. Jahrhundert die Natur als Schöpfung preisgab bzw. auf menschliches Selbstverständnis reduzierte. Als sich Naturwissenschaft, Technik, kapitalistische Produktionsweise, bürgerliches Herrschaftsdenken verbanden, antwortete protestantische Theologie zuerst vermittelnd affirmativ (etwa Schleiermacher), dann eher kompensatorisch (z. B. Ritschl) und schliesslich entwertend-negativ (etwa Herrmann, mit entsprechender Wirkung auf Barth einerseits und Bultmann andererseits) auf die Erfahrung menschlicher Naturabhängigkeit (Hasler, 1982). Dieser Trend endete – unterstützt durch eine entsprechend interpretierte lutherische Zwei-Reiche-Lehre – in einer Theologie der Naturlosigkeit Gottes und der Gottlosigkeit der Natur. Aus Geschöpf-Sein wird die existentielle Erfahrung der Geschöpflich-keit; sakramentale Verwendungen von Brot, Wasser, Wein etwa im Johannes-Evangelium werden als redaktionell abgewertet; aus dem Seufzen der Kreatur (Römer 8,18ff.) wird ein un-verständlicher Natur-Mythos; aus Glauben wird ein neues Selbst-Verständnis. Ich könnte noch andere entnaturalisierende, existentialisierende Theologumena bei Gogarten, Bultmann, in der gesamten Dialektischen Theologie aufzählen. Noch heute tut sich protestantische Theologie schwer, eine Theologie der Natur so zu entwerfen, dass sie weder zwischen Schöpfung und Natur wie zwischen zwei Sphären nahezu trennt (etwa bei Link, 1991, und in extremen lutherischen Zwei-Reiche-Vorstellungen) noch Natur trinitätstheologisch und eschatologisch unterläuft in einem panentheistischen pneumatologischen Zugriff (Moltmann, 1986). Im katholisch-traditionellen Schema von «gratia perfecit naturam» wird Natur in einer «von unten» naturrechtlich und «von oben» offenbarungstheologisch garantierten Analogie in der Weise gesehen, dass sich in der materialisierten, vergänglichen Natur der geistigen Form nach die unvergängliche himmlische Gnadenwelt abbildet. Gegenüber der protestantischen Aufspaltung beider Sphären und deren ständig auf der Kippe stehenden Vermittlung «sola gratia» und darauffolgend im aktiven Gehorsam (was sich im protestantisch-rigorosen Ethos niederschlug) bietet dieses Modell eine eher harmonisch-beruhigende Zusammenschau und Aufstiegschance «nach oben». Freilich gerät dieses Stufenmodell in immer grössere Plausibilitätsschwierigkeiten, je mehr ein vernünftiger Plan in einer vernünftigen Natur entschwindet.

Neuerdings haben Theologinnen und Theologen die kosmische Dimension unserer Natur-Wahrnehmung herausgestellt, sei es über die Bilder von der Welt als eines offenen, irreversiblen, einzigartigen, sich selbst organisierenden Evolutionsprozesses (Altner, 1991), sei es über die Vorstellung vom Geist Gottes, der ruah, der oder die alles erschafft, zusammenhält, vorwärtstreibt. Folgen wir solchen Bildern weiter, dann geben wir die bislang im Rahmen metaphysischen Umgehens verständlichen Unterscheidungen etwa von ungeschichtlicher Schöpfung und Heilsgeschichte, von weltlicher Immanenz und göttlicher Transzendenz, von Endlich-Materiell-Irdischem und Unendlich-Geistig-Jenseitigem ebenso auf wie trinitätstheologische Absicherungen gegen Pantheismus-Verdacht (so etwa bei Moltmann). «Wäre es nicht denkbar, dass die Theorie von der Selbsttranszendenz der offenen Systeme eines Tages in ihrer Totalität so ernst genommen und im Weltvollzug selber so zur Realität geworden wäre, dass jeder darüber hinausgehende Verweis auf den als überzeitlich gedachten Schöpfer zwar als historisch berechtigt, aber nicht mehr als aktuell ernst genommen zu werden bräuchte?» (Altner, 1991). Es lässt sich nicht mehr zwischen «säkularer» Natur und «theologischer» Schöpfung unterscheiden, sondern die Schöpfungs-Natur oder Natur-Schöpfung ist selbst der ambivalentoffene, sich selbst organisierende Prozess der werdend-vergehenden Natur, der evolutive Prozess von werdendem und vergehendem Leben.

Wir sind in der theologischen Reflexion hier an einen Punkt gelangt, wo sich Konturen eines nachtheistischen Pantheismus auftun, der nicht mehr an einen objektivistischen Übervater-Gott festgemacht ist oder korrelativ-subjektivistisch hierzu unserem harmoniebegierlichen und konfliktscheuen Narzissmus dient. Wenn wir Natur und uns selbst dem von der Ökonomie dominierten Regelkreis, Normen, Leistungs-, Anerkennungs- und Konsum-Mythen weiter opfern, hört der Kreislauf der Gewalt unter Aufbietung unumgänglicher Interessen und Eigengesetzlichkeiten nicht auf. Wenn wir uns auf die Seite der Opfer, also auf die Seite der geopferten Natur und der «Teile» von uns selbst, die wir ständig opfern, auf die Seite der anderen stellen, dann durchschauen wir den Kreislauf der Gewalt, lehnen uns gegen ihn auf und lassen alles Andere zum Leben und zu seinem Recht kommen. Feministische Entwürfe zum Verständnis von Schöpfung und Natur setzen in dieser Richtung bei grundlegenden Erfahrungen an: nicht grosse Entwürfe, sondern Begriffe wie Leiblichkeit und Begrenztheit führen weiter. Indem wir Leiblichkeit bei uns Menschen und ebenso bei Gott anerkennen, ziehen wir in unserem Umgang mit dem Geschaffenen Grenzen überall dort, wo die «Leiblichkeit» Gottes gestört oder gar zerstört wird. «Beschreibe ich das Geschaffene/die Natur für mich und uns als «Antlitz Gottes» (womit nicht die Welt erklärt werden soll), so hält mich vielleicht die Ehrfurcht ab von unumkehrbaren Veränderungen dieses Antlitzes» (Grossmann, 1993). Weder wird uns Schöpfersein abgesprochen, noch werden wir zu selbstherrlichen Schöpferinnen und Schöpfern. Mit-Schaffen ist als unser elementarer Umgang, als unser Leben in Beziehungen gemeint. Unsere Würde liegt nicht primär im Person-Sein im Sinne des westlichen (vernünftigen) Individuums, auch nicht in unser Vernünftigkeit, sondern eher in unserer Leiblichkeit (Böhme, 1989; 1992). Dann kommt in uns und durch uns zu unserer Distanz, wie sie in Genesis 3 als Fall des Menschen und Verfluchung der Natur beschrieben ist, die Nähe hinzu; dann steigen wir von unserem König-Sein über die fertige Schöpfung, wie es in Genesis 1 erzählt wird, herab und solidarisieren uns mit unserem anderen Lebensanteil, mit anderen Menschen, mit der Natur; dann gehen wir mit der Natur, mit anderen Menschen, mit uns selbst dialogisch um, wie es das Pflegen in Genesis 2 meint. Und wir sind wieder bei der eingangs erzählten Antivision. In und mit unseren Sinnen protestieren wir für Erfahrungen, die uns angemessener, angenehmer, zuträglicher, kommunikativer, kreativer, lebenliebend sind.

Literatur

Altner, G. (Hrsg.) (1989) Ökologische Theologie. Perspektiven zur Orientierung. Kreuz, Stuttgart.

Altner, G. (1991) Naturvergessenheit. Grundlagen einer umfassenden Bioethik. Wissenschaftliche Buchgesellschaft, Darmstadt.

Altner, G. (1994) Christentum und Natur – Probleme eines vernachlässigten Verhältnisses *In*: Natur in der Krise. Philosophische Essays zur Naturtheorie und Bioethik, Löw R., Schenk, R. (Hrsg.), Bernwad-Morus, Hildesheim.

Bellut, C./Müller-Schöll, U. (Hrsg.) (1989) Mensch und Moderne. Beiträge zur philosophischen Anthropologie und Gesellschaftskritik. Königshausen/Neumann, Würzburg.

Bien, G./Gil T./Wilke, J. (Hrsg.) (1994) «Natur» im Umbruch. Zur Diskussion des Naturbegriffs in Philosophie, Naturwissenschaft und Kunsttheorie. fromann/holzboog, Stuttgart, Bad Cannstatt.

Birk, G./Gerber, U. (Hrsg.) (1993) Religionsunterricht und Ökologie. Eine Herausforderung an den BRU in Europa. Leuchtturm, Alsbach, Bergstrasse.

Boff, L. (1994) Von der Würde der Erde. Ökologie – Politik – Mystik. Patmos, Düsseldorf.

Böhme, G. (1989) Für eine ökologische Naturästhetik. Suhrkamp, Frankfurt a.M.

Böhme, G. (1992) Natürlich Natur. Über Natur im Zeitalter ihrer technischen Reproduzierbarkeit. Suhrkamp, Frankfurt.

Böhme, G. (Hrsg.) (1989) Klassiker der Naturphilosophie. Von den Vorsokratikern bis zur Kopenhagener Schule. Beck, München.

Böhme, R./Meschkowski, K. (Hrsg.) (1986) Lust an der Natur. Ein Lesebuch aus Literatur und Wissenschaft. Piper, München, Zürich.

Dürr, H.-P./Zimmerli, W. Ch. (Hrsg.) (1991) Geist und Natur. Über den Widerspruch zwischen naturwissenschaftlicher Erkenntnis und philosophischer Welterfahrung. Scherz, Bern, München, Wien.

Dürr, H.-P. (1994) Respekt vor der Natur – Verantwortung für die Natur. Gespräche mit Michael Haller. Piper, München.

Ethik und Unterricht (1991) Natur und Mensch. *Ethik und Unterricht 2/91.*

Fischer, H.R./Retzer, A./Schweitzer, J. (Hrsg.) (1992) Das Ende der grossen Entwürfe. Suhrkamp, Frankfurt a.M.

Fox, M. (1993) Schöpfungsspiritualität: Heilung und Befreiung für die Erste Welt. Kreuz, Stuttgart.

Fromm, E. (1979) Haben oder Sein. Die seelischen Grundlagen einer neuen Gesellschaft. dtv, München.

Gerber, U. (1991) Glück haben – Glück machen? Entwürfe für sinnerfülltes Leben. Quell, Stuttgart.

Gerber, U. (1990) Die Natur-Technik-Symbiose. *Radius, 35* : 16-19.

Girard, R. (1988) Der Sündenbock. Benzinger, Zürich.

Gloy, K. (1995) Das Verständnis der Natur. Erster Band: Die Geschichte des wissenschaftlichen Denkens. Beck, München.

Gossmann, K./Schreiner, P. (Hrsg.) (1993) Religionsunterricht und Ökologie. Der Beitrag der Weltreligionen zur Umwelterziehung in der Schule, Münster.

Gronemeyer, M. (1993) Das Leben als letzte Gelegenheit. Sicherheitsbedürfnisse uns Zeitknappheit, Wissenschaftliche Buchgesellschaft, Darmstadt.

Halkes, C.J.M. (1989) Unser Gott ist ein Beziehungswesen *In*: Befreit zu Rede und Tanz. Frauen umschreiben ihr Gottesbild, Schmidt-Biesalski, A. (Hrsg.), Kreuz, Stuttgart.

Hasler, U. (1982) Beherrschte Natur. Die Anpassung der Theologie an die bürgerliche Naturauffassung im 19. Jahrhundert. Lang, Bern, Frankfurt a. M.

Heyward, C. (1986) Und sie rührte sein Kleid an. Eine feministische Theologie der Beziehung. Kreuz, Stuttgart.

Kessler, H. (1990) Das Stöhnen der Natur. Plädoyer für eine Schöpfungsspiritualität und Schöpfungsethik. Patmos, Düsseldorf.

Lesch, W. (Hrsg.) (1994) Theologie und ästhetische Erfahrung. Beiträge zur Begegnung von Religion und Kunst. Wissenschaftliche Buchgesellschaft, Darmstadt.

Link, Chr. (1991) Schöpfung. Schöpfungstheologie angesichts der Herausforderungen des 20. Jahrhunderts. Mohn, Gütersloh.

Merchant, C. (1987) Der Tod der Natur. Ökologie, Frauen und neuzeitliche Naturwissenschaft. Beck, München.

Milz, H. (1992) Der wiederentdeckte Körper. Vom schöpferischen Umgang mit sich selbst. Artemis/Winkler, München, Zürich.

Moltmann, J. (Hrsg.) (1986) Versöhnung mit der Natur? Kaiser, München.

Petri, H. (1994) Umweltzerstörung und die seelische Entwicklung unserer Kinder. Kreuz, Zürich.

Radford Ruether, R. (1994) Gaia und Gott. Eine ökofeministische Theologie der Heilung der Erde. Exodus, Luzern.

Radtke, G. (1995) Gedanken rückwärts, aber vorwärts auch. Erinnerungen als Gegenwehr. *Das Plato 6 (28)*: 4-12.

Roszak, Th. (1994) Ökopsychologie. Der entwurzelte Mensch und der Ruf der Erde. Kreuz, Stuttgart.

Sauer, W. (Hrsg.) (1992) Verlassene Wege zur Natur. Impulse für eine Neubesinnung. Witzenhausen.

Schäfer, L. (1993) Das Bacon-Projekt. Von der Erkenntnis, Nutzung und Schonung der Natur. Suhrkamp, Frankfurt a.M.

Seel, M. (1991) Eine Ästhetik der Natur. Suhrkamp, Frankfurt a.M.

Schobert, W./Leiner, H./Tanner, K./Graf, F.W. (1993) Natur = Schöpfung? Theologische Annäherungen und Fragen In: Zukunft aktuell 3/1991, Ratz, E. (Hrsg.), Evangelischer Presseverband für Bayern, München.

Sölle, D. (1985) Lieben und arbeiten. Eine Theologie der Schöpfung, Kreuz, Stuttgart.

Wilber, K. (1988) Die drei Augen der Erkenntnis, Kösel, München.

Wilke, J. (Hrsg.) (1994) Zum Naturbegriff der Gegenwart. Kongressdokumentation zum Projekt «Natur im Kopf», Stuttgart, 21.-26. Juni 1993 (Band 1+2). fromann/holzboog, Stuttgart, Bad Cannstatt.

Wulf, Ch./Kamper, D./Gumbrecht, H.U. (Hrsg.) (1994) Ethik der Ästhetik. Akademie-Verlag, Berlin.

Wyss, B. (Hrsg.) (1993) Mythologie der Aufklärung. Geheimlehren der Moderne. Schreiber, München.

Die Schönheit der Natur aus der Sicht eines Biologen

Andreas Erhardt

> *«Denn das Schöne ist nichts*
> *als des Schrecklichen Anfang, den wir noch grade ertragen,*
> *und wir bewundern es so, weil es gelassen verschmäht,*
> *uns zu zerstören.»*
>
> *(Rainer Maria Rilke, I. Duineser Elegie)*

I. Prolog

Ich blicke aus dem Fenster, vor mir, einen Sportplatz umgebend, Weissbuchen, welche gerade ihre Blätter im ersten zarten Grün treiben. Davor ein Birnbaum, in voller Blüte. Ein durchaus alltäglicher Anblick zu dieser Jahreszeit und doch ergreifend beim verweilenden, absichtslosen Anschauen.

Als Biologe zum Thema Naturschönheit befragt, kann ich wohl einiges ansprechen, Fragen aufwerfen. Es ist mir allerdings nicht möglich, das Thema Naturschönheit im Rahmen einer allgemeinen Ästhetik philosophisch fundiert anzugehen und aus diesem Blickwinkel aufzurollen. Es ist vielmehr das Ziel dieses Aufsatzes, eine persönliche Stellungnahme zu diesem Thema zu geben, es mit einigen Beispielen zu illustrieren und es in bescheidenem Masse in der mir vertrauten Literatur zu verankern. Dabei besteht allerdings die Gefahr von Schwärmerei oder die Gefahr einer Reduktion auf persönliches, für den Leser nicht nachempfindbares Erleben. Beides hoffe ich zu vermeiden.

Dieser Aufsatz ist also weitgehend ein subjektives Statement. Hier ist allerdings anzumerken, dass Schönheit eine Wertung und damit zwangsläufig auch eine subjektive Komponente enthält. Subjektivität hat aber durchaus ihre Berechtigung (Naess, 1986). Die sogenannte Objektivität in den Naturwissenschaften ist ja bei all ihren Errungenschaften keinesfalls frei von Subjektivität und muss deshalb auch als begrenzt angesehen und in Frage gestellt werden. Man denke nur an die vielen Betrügereien in der Wissenschaft (Broad & Wade, 1984), an die Wahl des Experiments und des Untersuchungsobjekts durch den Experimentator oder an eine mögliche, feinstoffliche Beeinflussung von Experimenten durch die Erwartungshaltung oder das Energiefeld des Experimentators (Sheldrake, 1994).

Wissenschaft zu betreiben ist ein analytischer Prozess, der sich in unserem Hirn vor allem in den Grosshirnhemisphären, im sogenannten Neocortex abspielt. Die Natur zu lieben betrifft eine andere Region im Gehirn, das sogenannte «Limbische System» (Soulé, 1988), vor allem aber das Herz. Es scheint ein essentielles Problem der heutigen Naturwissenschaft zu sein, dass diese beiden Bereiche nicht integriert sind, sondern getrennt nebeneinander herlaufen und jeder aus der Sphäre des andern verbannt ist. Vielleicht könnte bewusst empfundene Naturschönheit dazu beitragen, diese Bereiche zu integrieren, diese Lücke zu überbrücken.

Eine wichtige, wenn auch nicht ausschliessliche Voraussetzung für die Wahrnehmung von Naturschönheit ist eine kontemplative Grundhaltung, in der die Natur mit offenen Sinnen absichtslos wahrgenommen wird. Allerdings kann sich die Schönheit der Natur zuweilen so überwältigend offenbaren, dass sie einen Menschen auch zu ergreifen vermag, wenn er sich ihr zunächst gar nicht geöffnet hat, ihn also in eine betrachtende, kontemplative Haltung erst hineinzieht.

Naturschönheit muss sicher Teil einer allgemeinen Ästhetik sein (Seel, 1991). Ästhetik leitet sich vom griechischen Wort «aisthesis» her, was grundsätzlich Wahrnehmung, Sinneseindruck, aber auch Gefühl, Verständnis und Erkenntnis bedeutet. Wahrnehmung von Naturschönheit wäre also nichts weniger als ein Weg zur Erkenntnis. Man muss sich in diesem Zusammenhang allerdings fragen, ob nicht bei einem grossen Teil der Erdbevölkerung die Wahrnehmung gestört ist, wenn man die heutige Weltsituation vor Augen hat.

II. Aspekte des Naturschönen

Naturschönheit hat viele Facetten. Zunächst begegnet sie uns sicher in der anorganischen, unbelebten Natur, so zum Beispiel in der starren Form von Kristallen, Edelsteinen oder an einem klaren Tag im Anblick der Alpenkette mit ihren unverwechselbaren, einmaligen Gestalten der Berge, von einer Jurahöhe oder vom Zürichberg aus, oder alltäglicher, doch nicht minder eindrücklich, im Anblick des Regenbogens oder in den vielfältigen Formen von Schneeflocken.

In besonders vielfältiger Weise aber äussert sich Naturschönheit in der belebten Natur, in der Individualität jedes Lebewesens, jedes Blattes eines Baumes, in der Variabilität jeder Art, in der vielfältigsten Abwandlung von Bauplänen von Tier- und Pflanzenklassen, oder in der Abweichung von starren Gesetzen. So sind zum Beispiel die Kronblätter einer Nelkenblüte zwar radiärsymmetrisch fünfzählig angeordnet, in ihren realisierten Positionen können sie aber ganz beträchtlich von den 1/5 Positionen des Kreisbogens abweichen (Zoller, 1995). Zoller (1977) hat schon darauf hingewiesen, dass gerade in der Spannung zwischen offensichtlicher Gesetzmässigkeit und durchbrochenem Gesetz der ästhetische und gegenüber der unbelebten Natur neuartige Reiz liegt.

Ein weiteres, oft zitiertes Beispiel ist die Anordnung der Einzelblüten im Blütenstand der Sonnenblume, die besonders deutlich im Knospenzustand oder im Zustand der Reife der Samen, der Sonnenblumenkerne, zu beobachten ist. Der Winkel, welcher zwei aufeinanderfolgende Blüten voneinander trennt, entspricht annäherungsweise dem Grenzwert der Fibonacci-Reihe (137° 30'), welcher den Kreisbogen im Verhältnis des «Goldenen Schnittes» teilt. Doch auch in diesem Beispiel wird das mathematische Gesetz in der Natur nur annäherungsweise realisiert; es bleibt die für das Lebendige charakteristische, ästhetische Spannung der Abweichung (Zoller, 1995).

Allerdings möchte ich hier einräumen, dass auch die abstrakte, mathematische Erfassung eines Naturgesetzes selbst durchaus ihre eigene Ästhetik haben kann. Für einen Biologen besonders faszinierend scheint mir die mathematisch verhältnismässig einfache Formulierung von Fraktalen, welche so komplexen Gestalten wie beispielsweise einem Farnblatt zu Grunde liegen.

Ein ästhetisch besonders wirksames Charakteristikum der belebten Natur ist sicher ihre Artenvielfalt, oder heute üblicher, die Biodiversität. Es wurde immer wieder argumentiert, dass die für jeden Ort typische Artenvielfalt ein System darstellt, bei welchem jede Art ihre ganz spezifische Funktion innehat und ein Ausfall einer einzigen Art das System zum Zusammenbruch führen könnte. Es scheint jedoch vielmehr so zu sein, dass die Arten in einem Ökosystem unterschiedliche Wichtigkeit haben, dass eine gewisse Redundanz im Hinblick auf das blosse Funktionieren eines Ökosystems besteht. Das Aussterben einzelner Arten muss also durchaus noch nicht zum Zusammenbruch eines Ökosystems führen und hat möglicherweise kaum einen feststellbaren Einfluss auf die Mechanik der Stoffumsetzung eines Ökosystems. Bei anderen Arten, sogenannten «Key-Stone-Arten» oder Schlüsselarten, ist dies allerdings sehr wohl der Fall. Solche Arten spielen eine lebenswichtige Rolle als Nahrungsgrundlage für eine ganze Anzahl von anderen Arten. So sind zum Beispiel Feigenbäume in den Tropen für eine grössere Anzahl von früchtefressenden Tieren während bestimmten Zeiten die einzige Nahrungsquelle. In unseren Breiten spielen bestimmte Blumenarten für Insekten ein ähnliche Rolle.

Tatsache bleibt, dass die Natur offenbar dazu tendiert, jeden Ort mit der grösstmöglichen Gestaltfülle zu beleben. Diese Vielfalt von Gestalten ist aber für die die jeweiligen Standortbedingungen charakteristisch, wie das Alexander von Humboldt als erster für die Pflanzendecke gezeigt hat, und unterliegt auch allgemeinen Gesetzmässigkeiten, die durch die abiotischen Standortbedingungen gegeben sind. Gerade diese für jeden Standort typische Fülle von Lebewesen, von ihren Lebensäusserungen und Erscheinungen, scheint mir ein wesentlicher Aspekt der Naturschönheit zu sein.

Bemerkenswerterweise ist die grösstmögliche Vielfalt an Pflanzen und Tieren in Europa erst unter menschlichem Einfluss in einer Extensivkulturlandschaft entstanden. Der Höhepunkt dieser Entwicklung dürfte etwa auf die Mitte des letzten Jahrhunderts fallen. Seit dem Zweiten Weltkrieg hat aber vor allem die Industrialisierung in Land- und Forstwirtschaft bewirkt, dass über weite Gebiete die Diversität weit unter diejenige einer natürlichen, vom Menschen nicht beeinflussten Urlandschaft gesunken ist.

Es ist, wie ich meine, nicht nur für den Biologen beeindruckend, wie noch die extremsten Lebensräume von Leben besiedelt werden. Man braucht dazu nicht einmal an die Antarktis oder an die Tiefsee zu denken, so eindrücklich sich das Leben gerade in diesen Extremsituationen äussert, man muss zum Beispiel nur die Ritzen zwischen Pflastersteinen oder Steinplatten inmitten einer Millionenstadt beachten (Abbildung 1). Noch immer spriesst da ein Gräslein und blüht, bildet ein Moospölsterchen seine Sporenkapseln. Auch diese so unscheinbaren Gestalten können für den Menschen ihre ganz eigene Faszination haben, haben bei unvoreingenomme-

Abbildung 1. Lebenskampf in Extremsituationen: Beispiel Stadt.

nem Betrachten – vielleicht mit der Lupe oder unter dem Mikroskop – ihre oft einzigartige Schönheit, so fern denn ein Betrachter da ist, der gewillt ist, sich auf diese Organismen einzulassen. Was für eine besondere Bedeutung auch eine so alltägliche Pflanze wie der Löwenzahn haben kann, hat der Dichter Wolfgang Borchert in seiner Erzählung «Die Hundeblume» besonders schön geschildert. Es scheint mir fast, als sei trotz aller Gedankenlosigkeit und Zerstörung durch den Menschen die Schönheit der Natur nicht auszurotten, auch wenn wir Menschen uns wie in geistiger Umnachtung oft so gebärden als wollten wir dies.

Abbildung 2. Artenvielfalt auf einer Naturwiese.

Wenn auch Schönheit und Vielfalt der Lebewesen sich unter extremsten Bedingungen noch behaupten und äussern, selbst wenn – meines Erachtens – auch eine artenarme, überdüngte Fettwiese durchaus ihren ästhetischen Reiz zum Beispiel zur Blütezeit des Löwenzahns hat, wieviel mächtiger ist doch die Schönheit einer Naturwiese, in der ein Vielfaches an Arten und Farben auf engstem Raum vor dem Hintergrund verschiedenster Grüntöne sich treffen (Abbildung 2). Am eindrücklichsten ist wohl die Vielfalt an Lebewesen in einem tropischen Regenwald oder im Meer in einem Korallenriff.

Für die Wahrnehmung von Schönheit in der Natur hat der optische Sinn beim Menschen zweifellos eine Vorrangstellung. Naturschönheit darf aber keinesfalls auf optische Aspekte beschränkt werden, sondern umfasst auch alle anderen Sinne. Man denke nur an das Vogelkonzert an einem Frühsommermorgen, an den Gesang einer Nachtigall, an den Duft einer Blüte (es muss nicht unbedingt eine Rose sein...), an die mit den Fingern ertastbare Struktur einer Rinde oder an die Empfindung der Füsse beim Gehen auf einem belaubten Waldweg – im Kontrast zu einer asphaltierten Strasse. Dass der Geschmackssinn von einer wahren ästhetischen Empfindung ausgeschlossen sein soll, weil er zwangsläufig wertet und nicht unwertend wahrnehmen kann (können wir das denn mit den anderen Sinnen?), wie von naturphilosophischer Seite eingewendet wird (Seel, 1991), ist aus biologischer Sicht bei der grundsätzlich gleich strukturierten Verarbeitung von Sinnesreizen im Nervensystem nicht plausibel.

Rätselhafter als die unmittelbar wahrnehmbaren muten, wie schon angedeutet, Erscheinungen an, die wir ohne (z. B. optische) technische Hilfsmittel gar nicht wahrnehmen können, die aber in ihrer Ästhetik nicht weniger beeindrucken als das ohne bewaffnete Sinne Wahrnehmbare. Ich denke einerseits an Strukturen, die erst durch das Lichtmikroskop oder seit den letzten paar Jahrzehnten durch das Elektronenmikroskop für den Menschen überhaupt wahrnehmbar wurden, so zum Beispiel an Radiolarien, kleine marine Einzeller mit vielfältigsten Gestalten ihrer Kieselsäureskelette oder an die erst im Elektronenmikroskop sichtbaren Musterungen der Wachsoberflächen von Blättern. Im Gegensatz dazu steht die Ästhetik der Gestirne am Himmel – auch sie wird erst durch optische Hilfsmittel genauer wahrnehmbar.

Besonders irritierend aber muten ästhetische Aspekte an, welche von den Lebewesen selbst gar nicht wahrgenommen werden können, wie zum Beispiel Formen und Farben von Tiefseeorganismen, die im Dunkel der Tiefsee gar nicht gesehen werden können oder – etwas naheliegender – der regenbogenfarbige Perlmutterglanz im Innern der Schale des Seeohrs

(*Haliotis*), der zeitlebens vom lebendigen Tier verdeckt ist und erst nach seinem Tod sichtbar wird, oder noch viel vertrauter, die Perle im Innern einer Muschel. Diese Aspekte leiten über zur Frage, was und ob das vom Menschen als an der Natur schön Empfundene nicht einfach Zufallsprodukt, Nebenerscheinung ist, ob diese Phänomene letztlich nicht alle funktionsgebunden sind oder ob es in der Natur einen Freiraum der Gestaltung gibt.

III. Funktionalität und Freiraum von Lebensäusserungen

Es steht ausser Zweifel, dass vieles von dem, was wir an den lebendigen Naturwesen als schön empfinden, sich durch seine Funktion erklären lässt. Die elegante Stromlinienform einer Forelle oder eines Delphins lässt sich so verstehen wie die vollendete Gestalt eines Adlers mit seinen Schwingen oder eines Albatros' mit seinen langen, schmalen Segelflügeln. Auch der graziöse Schwung der Schnäbel bestimmter hawaiischer Kleidervögel lässt sich mit ihrer Funktion erklären, Nektar aus den gekrümmten Blüten von Lobelien zu saugen (Abbildung 3). Ich möchte die Frage nach Freiraum und Funktion der gestaltlichen Äusserung am mir nahe stehenden Beispiel der Flügel von Schmetterlingen diskutieren. Eine Vielzahl von Funktionen wirkt auf Färbung und Gestalt der Flügel von Schmetterlingen, Tag- ebenso wie Nachtfaltern, ein. Denken wir dazu an ein Tagpfauenauge. Ist das Wetter bedeckt und kühl, sitzt der Falter mit geschlossenen Flügeln irgendwo in der Vegetation oder an einem Baumstamm. Die schwarz marmorierte Färbung der Flügelunterseite macht den Falter fast unsichtbar, er ist ausgesprochen gut getarnt. Wird er gestört, so öffnet er ruckartig seine Flügel und plötzlich sind die vier grossen, starr blickenden Augen sichtbar (Abbildung 4). Für einen Fressfeind – in erster Linie Vögel – ist dies ein wirksamer Überraschungs- und Schreckeffekt. Ein Vogel wird, wenn er nicht vor Schreck den Falter in Ruhe lässt, in die grossen Augenflecken picken. Dies mag dem Falter wohl eine geringfügige Verletzung seiner Flügel eintragen, schädigt ihn aber nicht ernsthaft und beeinträchtigt nicht einmal gross seine Flugfähigkeit. Die Irritation des Vogels gibt ihm zusätzlich Zeit, sich an den Boden fallenzulassen oder davonzufliegen, sich an einem an-

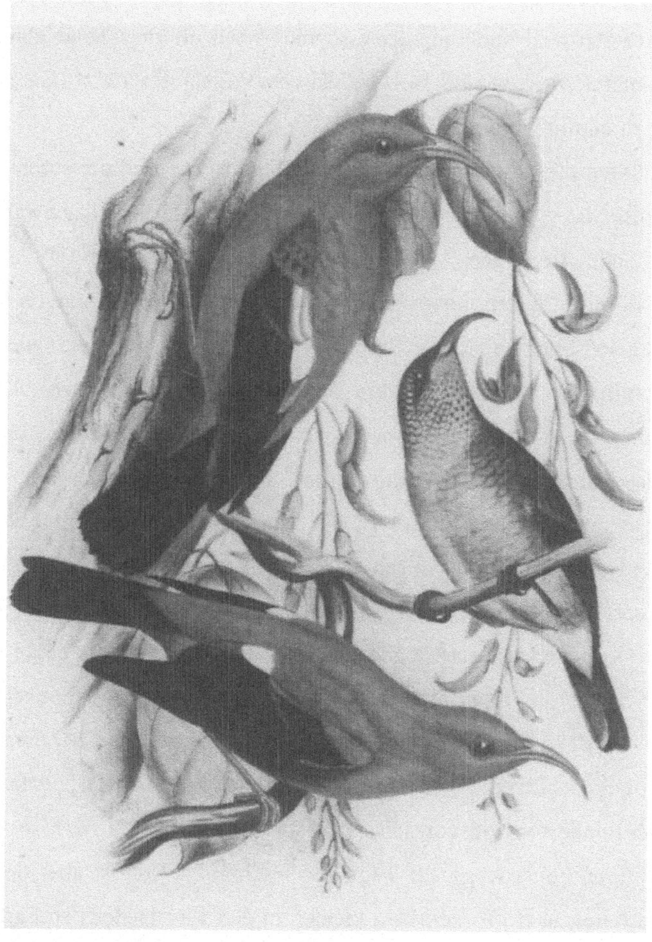

Abbildung 3. Die eleganten Schnäbel bestimmter Kleidervögel auf Hawaii ist eine perfekte Anpassung an die gekrümmte Form der Lobelienblüten.

dern Ort zu setzen und wieder mit geschlossenen Flügeln «unsichtbar» zu werden. Wir haben es hier also mit einer Kombination von Tarnung und Schreckfärbung zu tun. Färbung spielt auch bei der Balz der Männchen ein wichtige Rolle und erklärt wohl, warum die Männchen tendentiell auffälliger gefärbt sind als die Weibchen. Wussten Sie, dass die gelben Zitronenfalter, die Sie als erste Frühlingsboten durch die noch kahlen Wälder fliegen sehen, alles Männchen sind? Die Weibchen sind weiss gefärbt und unter den vielen andern Weisslingen viel weniger auffällig. Flügelfärbung und Gestalt spielen aber nicht nur für das Zusammenfinden der eine ungeniessbare Art von anderen, geniessbaren Arten oft täuschend ähnlich nachgeahmt wird. Die nachahmenden Arten sind so ebenfalls von Vögeln geschützt (Bates'sche Mimikry), solange sie nicht zu häufig werden.

Schliesslich müssen die Flügel ja auch noch als Flugorgane funktionstüchtig sein. Dies äussert sich am deutlichsten in den schnittigen Flügelformen der Nachtschwärmer, der besten Flieger unter den Schmetterlingen.

Erklären nun all diese Funktionen die fantastische Vielfalt der Färbungen und Formen von Schmetterlingsflügeln? Sind sie blosses Produkt von blinden evolutiven Selektions- und Mutationsvorgängen und unser Staunen über ihre Schönheit ein Bewundern von funktioneller Vielfalt und Vollendung, und ist gar unsere menschliche Reaktion des Staunens selbst ebenfalls ein evolutives Zufallsprodukt oder rein funktionell eine Reaktion im Dienst der Erhaltung unserer Umwelt und damit unserer selbst? Oder ist die Schönheit eines schillernden Bläulings, eines Admirals oder Schwalbenschwanzes durch die Funktionen der Färbung entzaubert?

Als Biologe kann ich nur sagen, dass es bei all den vielen funktionellen Aspekten einen weit grösseren Bereich von Lebensäusserungen und Gestalten gibt, der bis heute funktionell nicht erklärt ist. Nehmen wir das oben angesprochene Beispiel von Augenflecken auf Schmetterlingsflügeln. Es ist vielfach nachgewiesen worden, dass Augenflecke Schmetterlinge vor dem Zupicken von Vögeln schützen. Allein in der einheimischen Schmetterlingsfauna tritt das Augenfleckmotiv bei mindestens 68 von insgesamt 169 Tagfalterarten (d. h. > 40% der Arten!) auf und ist im übrigen keineswegs auf Tagfalter beschränkt. Nun ist aber der Augenfleck jedesmal anders gestaltet, bald grösser, bald kleiner, in den verschiedensten Farben und Ausprägungen. Eine rein funktionalistische Betrachtungsweise müsste in der Lage sein, alle diese Ausprägungen erschöpfend zu erklären. Ob das je möglich sein wird, scheint mir nicht nur zweifelhaft sondern höchst unwahrscheinlich. Der Basler Zoologe Adolf Portmann hat immer betont, dass es diese Lösung der tierischen Gestalt aus dem Zwang der reinen Funktionalität gibt und hat diese Lebensäusserungen als Selbstdarstellung der Lebewesen gedeutet und betont, dass es die nobelste Aufgabe der Morphologie sei, diesen Raum der Selbstdarstellung der Innerlichkeit von Lebewesen aufzuzeigen (Portmann, 1965, 1983). Er hat sich mit dieser Haltung exponiert und ist oft als unwissenschaftlich angegriffen worden.

Ich kann als Biologe zurückhaltender sein und feststellen, dass diese bisher nicht erklärte, vom Menschen als ästhetisch empfundene Schicht zunächst einmal einfach Tatsache ist, die

Abbildung 4. Tagpfauenauge: Die Zeichnung der geöffneten Flügel lässt mögliche Fressfeinde an zwei grosse Augenpaare glauben.

Geschlechter eine Rolle, sie können noch eine andere innerartliche Funktion haben. Bei einigen Arten verteidigen Schmetterlinge – meist Männchen – ein Revier, sind also territorial und jagen Eindringlinge der gleichen Art und manchmal sogar auch Artfremde davon. Beim einheimischen Waldbrettspiel ist die Territorialität rituell geregelt: Immer der Falter, der zuerst einen günstigen, sonnenbeschienenen Ort an einem Waldrand oder auf einem Waldweg besetzt hat, gewinnt die Auseinandersetzung mit einem späteren Konkurrenten.

Die Färbung auf den Flügeln von Schmetterlingen kann auch reale Warnung für Vögel sein, denn es gibt Arten, die für Vögel ungeniessbar oder gar giftig sind. Hat ein Vogel einmal einen solchen Schmetterling verzehrt, geht es ihm miserabel und er wird diese oder ähnlich gefärbte Schmetterlinge in Zukunft in Ruhe lassen. Zu dieser Kategorie gehören zum Beispiel die einheimischen Widderchen oder Blutströpfchen. Berühmt geworden sind in den Tropen ganze sogenannte Mimikry-Ringe, bei welchen ungeniessbare Arten einander alle ähnlich sehen und so den Effekt der Warnfärbung gegenseitig verstärken (Müller'sche Mimikry) oder bei welchen jeder auf seine eigene Weise deuten mag. Tatsächlich ist hier eine Grenze der wissenschaftlichen Beweisbarkeit erreicht. Hier muss *jede* Haltung den Boden wissenschaftlicher Beweisbarkeit verlassen, handle es sich um die Ansicht, dass letztlich alles in der lebendigen Natur funktionell erklärbar sei, sei es eine agnostische Haltung oder die Haltung, dass es in der Natur einen Raum der freien Gestaltung gibt (Portmann, 1965; 1983), oder sei es eine religiöse Haltung, welche in den Lebensäusserungen den Gestaltungswillen eines transzendenten Schöpfers sieht (Heitler, 1974; Zoller 1986, 1989). Eine agnostische oder rein mechanistisch-funktionalistische Betrachtungsweise schweigt sich allerdings über eine Dimension aus, verdrängt sie oder erklärt sie gar als inexistent, möglicherweise um die Begrenztheit dieser Haltungen und die Begrenztheit unserers Wissens nicht eingestehen zu müssen. Wirklichkeit und Erkenntnis umfassen aber weit mehr Ebenen als die materialistisch-funktionalistische. So hat zum Beispiel Intuition nicht nur in der Kunst, sondern auch in der traditionellen wissenschaftlichen Forschung immer eine wesentliche Rolle gespielt. Es seien in diesem Zusammenhang auch unerklärte, «übersinnliche» Wahrnehmungen, präkognitive Träume, parapsychologische Phänomene oder auch charismatische, singuläre Erfahrungen erwähnt.

IV. Schönes und Schreckliches

Selbstverständlich sind die Manifestationen der belebten und unbelebten Natur nicht nur schön. Ihre Schönheit wäre ohne Gegensatz des Schrecklichen, Wüsten, Abstossenden ja gar nicht erfahrbar. Wie nahe Naturschönheit und Schrecken beieinanderliegen, habe ich vielleicht am eindrücklichsten in der Bergwelt auf dem Jungfraujoch erlebt. Ein selten schöner Tag bot einen einzigartigen Rundblick in die umgebende Bergwelt; als riesige weisse Fläche lag der Konkordiaplatz vor mir. Trotz der Touristen konnte ich mich dem Bann des Anblicks nicht entziehen und zugleich hatte diese Pracht, hatten diese unermesslichen Eismassen auch etwas durchdringend Erschreckendes, Furchterregendes. Man kann ein solches Erlebnis natürlich einfach als Bergkoller abtun – mir wurde dabei aber das Rilke-Wort auf einer seelischen Ebene nachempfindbar. Wird die durch Naturschönheit empfundene, seelische Ergriffenheit durch Überwältigung weiter gesteigert, so kann die seelische Berührung schmerzhaft, wirklich schrecklich werden, einen Menschen vielleicht gar aus dem seelischen Gleichgewicht bringen. Wenn uns in einer Naturkatastrophe die ganze Gewalt und Macht der Natur widerfährt, wird diese furchterregende Dimension real. Doch gerade hier zeigt sich auch die Grenze von Rilkes Wort. Das Schreckliche in der Natur ist immer auch Anfang von Neuem, Schönem, von Leben. Auf den Schrecken eines Vulkanausbruchs folgt die Neubesiedlung des erkaltet fruchtbaren Bodens durch Pionierpflanzen und -tiere; ein Bergsturz schafft ebenfalls neue Besiedlungsflächen, ein über die Ufer getretener Fluss befruchtet den Boden. In den Grenzbereich von Naturschönheit und Schrecken gehört wohl auch ein Gewitter. Wie eindrücklich schön (und auf vielen Fotographien dokumentiert) kann die Gestalt eines Blitzes sein – und wie verheerend seine Wirkung. Auf eindrückliche Weise hat Adalbert Stifter in seiner Erzählung «Bergkristall» die Nähe von Schönheit und Schrecklichem in der Natur geschildert.

Natur ist also keinesfalls nur schön – zumindest nicht aus menschlicher Sicht. Man denke nur an entstellende Krankheiten wie Lepra oder an Parasiten, wie beispielsweise eine Schlupfwespe, die ihre Eier in Schmetterlingsraupen legt. Die Schlupfwespenlarven fressen die Raupen von innen auf und töten ihren Wirt erst nach geraumer Zeit, manchmal schon in einem fortgeschrittenen Raupenstadium, oft aber erst nach der Verpuppung, so dass aus der Schmetterlingspuppe statt eines schönen Schmetterlings eine «hässliche» Schlupfwespe ausschlüpft. Dieses auf den ersten Blick abstossende Phänomen wurde als Einfluss des Teufels in der Natur gesehen (Heitler, 1974), erweist sich aber bei näherer Betrachtung als wichtiges Regulativ zur Kontrolle der Grösse einer Schmetterlingspopulation, zur Verhinderung einer Massenvermehrung einer Schmetterlingsart. Wie schnell würde bei einer solchen Massenvermehrung eine Schmetterlingsart nicht mehr als schön, sondern auf Grund ihrer Wirkung als abstossend empfunden, und handelte es sich um eine so schöne Art wie den Schwalbenschwanz! Umgekehrt sei hier nur nebenbei bemerkt, dass bei unvoreingenommener Betrachtung zum Beispiel die Schädlinge Dörrobstmotte oder Kleidermotte alles andere als hässlich sind.

Ich bin auch überzeugt, wäre der Kohlweissling, der sich sicher erst durch die Agrarwirtschaft des Menschen so stark vermehren konnte, dass er auch heute noch zu den Alltagserscheinungen gehört, und der beim Menschen wegen seiner Raupen, welche sich im geliebten Gemüsegarten am Kohl gütlich tun, alles andere als beliebt ist – wäre dieser Kohlweissling ein seltener Falter, man würde seine rein weissen Flügel als besonders schön preisen, die schwarze Flügelspitze und die schwarzen Punkte auf den Flügeln der Weibchen als besonders apart und die Art würde möglicherweise wegen ihrer Schönheit als besonders schützenswert gelten.

Diese letzten Beispiele sollen deutlich machen, wie sehr der Begriff des Naturschönen auch von der direkten Nutz- oder Schadwirkung der Naturwesen auf den Menschen geprägt ist, auch wie sehr er von der Häufigkeit eines Naturwesens abhängt, wie willkürlich er also oft – oder letztlich? – ist. Wir sollten uns bewusst bleiben, dass die Begriffe und Vorstellungen von «schön» und «hässlich» ganz unserer menschlichen Sicht der Natur angehören. Vielleicht sollten wir als Menschen auch lernen, die Natur als die «ganz Andere» zu sehen und gelten zu lassen, so vertraut sie uns auch vor allem in den Lebensäusserungen der höheren Tiere, speziell auch der Haustiere, auf den ersten Blick zu sein scheint.

V. Naturschönheit und Kunst

Nach Seel (1991) muss eine Lehre von der Schönheit der Natur eingebettet sein in eine allgemeine Ästhetik. Es wäre vermessen, einen solchen Versuch als Biologe ohne fundiertes, philosophisches Studium zu wagen. Das Folgende sei deshalb eher als Ergänzung aus biologischer Sicht zu diesem grossen Thema verstanden.

Die bis heute dokumentierten, ersten künstlerischen Darstellungen des Menschen zeigen, dass das Abbild der Natur am Ursprung menschlichen künstlerischen Schaffens steht, wenn es nicht gar ihr Ursprung selbst ist (Zoller, 1981). Es ist ferner unbestritten, dass die Natur – einschliesslich der menschlichen – auch heute noch immer Ausgangspunkt für viele künstlerische Darstellungen ist, wenn auch ihre Bedeutung gegenüber der abstrakten Kunst in unserem Jahrhundert zurückgegangen ist. Hier ist allerdings festzuhalten, dass auch für die Entwicklung der abstrakten modernen Kunst die Natur zumindest zum Teil Vorbild war. Dies kommt besonders deutlich in der Abstraktionsfolge der Baumbilder vom holländischen Maler Piet Mondriaan oder in der Malerei von Paul Klee zum Ausdruck.

Ohne Natur und künstlerisches Schaffen des Menschen gegeneinander ausspielen zu wollen, ist es für einen Biologen doch irritierend, wie gering die Schönheit der Natur gegenüber der Schönheit der vom Menschen geschaffenen Kunstwerke bewertet wird. Vergleicht man die Geldbeträge, welche für menschliche Kunstwerke und ihre Restauration aufgewendet werden mit den Mitteln, welche zum Schutz der Natur eingesetzt werden, so muten sie krass disproportioniert an – selbstverständlich ganz zu schweigen von den Mitteln, welche die Militärbudgets verschlingen.

Ich kann nicht anders, als darin eine tiefe, unbewusst abwertende Haltung der Natur gegenüber zu sehen. Noch immer wird alles, was die uns umgebende Natur, unser Planet uns zur Verfügung stellt, als Selbstverständlichkeit genommen, so wie seine Schönheit zweitrangig hinter der menschlich geschaffenen Schönheit von Kunstwerken gilt. Vor dem Hintergrund dieser Abwertung ist die Ansicht spürbar, dass Naturschönheit ja letztlich durch menschliche Kreativität und Kunst ersetzbar sei, eine meines Erachtens unhaltbare, gefährliche und verhängnisvolle Selbstüberschätzung des Menschen.

Von der Geringschätzung der Schönheit der Natur zeugt auch ihre stiefmütterliche Behandlung in der Philosophie (Zoller, 1995), die wohl auf Hegel zurückgeht. Hegel hat in der ästhetischen Naturwahrnehmung die blosse Vorstufe der Begegnung mit den Werken der schönen Kunst gesehen (Seel, 1991). Auch Lesch (1994) gibt den Vorrang der Schönheit menschlich geschaffener Kunst gegenüber der Natur unumwunden zu. Erst seit neuerer Zeit liegt eine umfassendere, philosophische Arbeit zum Naturschönen vor (Seel, 1994). Trotz des unbestrittenen Wertes dieses Essays mutet es für einen Biologen befremdend an, dass auch dieser Philosoph es nicht für nötig erachtet, auch nur *einen* Biologen der neueren Zeit zu zitieren – von den klassischen Biologen ganz zu schweigen – und die Erkenntnisse der Biologen zur Kenntnis zu nehmen. Seel zitiert nicht einmal diejenigen Naturwissenschaftler, die sich unmissverständlich zum Thema der Schönheit der Natur geäussert haben (z. B. Heitler, 1974; Zoller, 1975, 1977), so sehr ist Naturschönheit offenbar noch immer geisteswissenschaftliches Primat. Dafür sind die Naturwissenschaftler allerdings in hohem Masse auch selbst verantwortlich. Zu sehr wurde von ihnen die Natur immer nur auf ihre zu durchschauende Mechanik reduziert oder wurden Biologen, die sich über die Aspekte des rein Funktionalen hinaus Gedanken machten, zuallererst von ihren Fachkollegen als unwissenschaftlich disqualifiziert. Unterschwellig äussert sich hier eine mächtige Anthropozentrik, die meiner Ansicht nach paradoxerweise im ureigensten Interesse des Menschen überwunden werden müsste. Doch dies leitet bereits über zum letzten Thema, zu dem ich mich im Zusammenhang mit Naturschönheit äussern möchte, zum Zusammenhang zwischen Naturschönheit und Ethik.

VI. Naturschönheit und Ethik: Naturschönheit als Schlüssel zur Bewahrung der Natur

Die Verankerung von Naturästhetik in einer allgemeinen Ethik ist eine wichtige Leistung des Philosophen Martin Seel (1991). Seel schreibt wörtlich: «Erst mit der Ethik der Natur ist alles über die Ästhetik der Natur gesagt.» Allerdings bleibt Seels Sicht – wie wohl für Philosophen typisch – anthropozentrisch, Naturschönheit «eine mögliche, in ihrer Eigenart unersetzliche Komponente gelingenden (menschlichen) Lebens» oder erweist sich «der gebotene ‹Respekt vor der Natur› … als Respekt vor einer unersetzlichen Lebensmöglichkeit des Menschen» (Seel, 1991). Es ist offensichtlich schwierig zu denken, dass Lebewesen unabhängig vom Menschen ihr eigenes Existenzrecht, ihren Eigenwert («intrinsic value» bei Naess, 1986) haben. Dabei wären vorbehaltloser Respekt und Ehrfurcht vor der Natur ja letztlich auch – und keineswegs weniger als bei einer anthropozentrischen Haltung – Respekt vor dem eigenen menschlichen Leben.

Die Problematik der Anthropozentrik wird besonders deutlich, wenn es darum geht, was nun an der Natur zu schützen sei. Dass aus biologischer Sicht der Anthropozentrismus, bei dem der Mensch im Zentrum steht, nicht haltbar ist, mag man mir als Biologen verzeihen. Es ist doch gerade die anthropozentrische Haltung, welche uns in die momentane, umweltzerstörerische und ausbeuterische Situation geführt hat. Nach streng anthropozentrischer Auffassung könnte man möglicherweise die gesamte Biodiversität, welche ca. 1,5 beschriebene Millionen Arten und insgesamt 5-30 geschätzte Millionen Arten von Organismen umfasst, auf die grosszügig gerechnet 300-500 Arten von Nutztieren und Nutzpflanzen reduzieren, die der Mensch zum Überleben braucht.

Doch auch in der pathozentrischen Haltung, welche auf die Leidensfähigkeit der Tiere abstellt, bleibt der Mensch und menschliche Leidensfähigkeit Bezugspunkt. Ob der Pathozentrismus *alle* Tiere betrifft, scheint in der Philosophie ein blinder Fleck zu sein (Lesch, pers. Mitteilung). Man gewinnt vielmehr den Eindruck, dass hier vor allem dem Menschen nahe stehende und mit ihm nahe verwandte, höhere Wirbeltiere gemeint sind. Insekten beispielsweise fallen vermutlich eher nicht mehr unter diese Leidensfähigkeit, obschon auch Insekten ein zwar wesentlich anders als bei Wirbeltieren gestaltetes, aber doch ganz klar strukturiertes Nervensystem haben, welches Impulse grundsätzlich auf die gleiche Weise wie bei Wirbeltieren oder dem Menschen übermittelt.

Bleibt der Physiozentrismus, bei dem grundsätzlich alle Lebewesen zu schützen sind. Auch der Physiozentrismus schliesst die unbelebte Natur aus, dies obwohl auch der Schutz von unbelebter Natur gerade wegen ihrer Ästhetik schon lange betrieben wird. So wurde zum Beispiel eine Gruft mit wunderbarsten Kristallen, die beim Bau eines unterirdischen Stollens der Grimselwerke gefunden wurde, sofort durch einen Sonderbeschluss der zuständigen Behörden unter Schutz gestellt. Selbstverständlich ist auch aus biologischer Sicht eine physiozentrische Position nicht unproblematisch, aber «absurd» – wie bei Seel (1991) formuliert – braucht sie deswegen noch keineswegs zu sein. Sie ist im Gegenteil die einzige, welche der existierenden Biodiversität wenigstens gerecht wird – erinnern wir uns nur daran, dass etwa die Hälfte aller Tierarten Insekten sind, die vom Pathozentrismus tendentiell ausgeschlossen werden, und dass die ganze Pflanzenwelt, die ja unter anderem auch unsere eigene Lebensgrundlage bildet, vom Pathozentrismus ebenfalls nicht als besonders schützenswert berücksichtigt wird.

Wir sollten uns meines Erachtens bewusst bleiben, dass wir die Schöpfung nicht selbst gemacht haben, dass es nach bestem heutigen Wissen zur Entwicklung der Lebewesen in ihrer heutigen Vielfalt Hunderte von Jahrmillionen gebraucht hat. Schon dieses Faktum allein sollte uns zu einer respektvollen, bewahrenden Haltung gegenüber der Natur bringen. Dazu müss(t)en wir allerdings unsere Anthropozentrik überwinden. Die Schönheit der Natur scheint nun meines Erachtens eine besonders ausgezeichnete Möglichkeit zu sein, zu einer verantwortungsvollen, ethischen Haltung gegenüber der Natur, unserer Mitwelt zu finden.

Tief erlebte, empfundene Naturschönheit berührt, macht betroffen, kann eine grosse Wirkung auf einen Menschen haben. In solchem Erlebnis kann das Naturwesen vor uns zum echten Gegenüber, zum echten Du werden. Solche Begegnung kann schliesslich auch die Basis für metaphysische, charismatische Erlebnisse und Welterfahrung sein (Zoller, 1995). Diese Betroffenheit wirkt weniger im Intellekt als im Herzen. Wirklich empfunden kann Wahrnehmung der

Schönheit Respekt, Ehrfurcht und eine tiefe Liebe zur Natur, zur Welt bewirken, wie sie zum Beispiel Albert Schweitzer (1974) so beeindruckend formuliert und gelebt hat. Eine ehrfürchtig liebende Haltung gegenüber dem, was wir als Menschen nicht selbst geschaffen haben, was uns unsere Lebensgrundlage bietet und uns Quelle der Freude, Erfüllung und künstlerischer Inspiration sein kann, eine solche Haltung ist unvereinbar mit einer ausbeuterischen. Eine solche Haltung begegnet der Natur als geliebtem Partner – und so unvollkommen jede liebende Haltung ist, sie kann nicht auf Zerstörung des Geliebten, sondern nur auf dessen grösstmögliches Wohlbefinden, Gesundheit zielen. Ist die Natur Partner, so ist sie *nicht* zu knechtender Untertan, wie das aus falschem Verständnis der berühmten Bibelstelle so oft praktiziert wurde und noch immer praktiziert wird.

Dann stellt sich die Frage nach eventuellen Verlusten der Natur aus utilitaristischen Überlegungen gar nicht, hat jedes Lebewesen, jede Art ihre Daseinsberechtigung, ihren Eigenwert und ist schon allein deswegen schützenswert. Eine solche Haltung ist Voraussetzung dafür, dass Mensch und Natur produktiv zusammenleben und nicht der Mensch auf Kosten der Natur, auch wenn er sich von ihr ernährt. Warum auch sollte Nächstenliebe nur bis zum nächsten Menschen gehen und nicht auch für unsere nicht-menschliche Mitwelt gelten?

So bleibt Naturschönheit nicht nur eine Möglichkeit guten, gelingenden Lebens (Seel, 1991), sondern wird zu einer existentiellen Möglichkeit für eine diesseitig ethische Haltung. So könnte wahrgenommene Naturschönheit Anfang eines partnerschaftlichen Verhältnisses des Menschen mit der Natur sein, das Schöne auch in diesem Sinn das Ende des Schrecklichen, Anlass zu Hoffnung.

Ob diese Haltung eingebettet ist in eine transzendente, ob unsere Welt noch in anderen Händen als den unsrigen liegt, das überschreitet den Bereich eines Biologen, darf von ihm aber nicht a priori ausgeschlossen werden.

Während des Zeitraumes, in dem ich diesen Aufsatz geschrieben habe, hat sich der Ausblick aus dem Fenster vielfach geändert. Die Weissbuchen sind vollständig ergrünt, die Blüte des Birnbaumes vergangen, seine Blätter ausgetrieben. Alltägliche Zeichen der Natur in der nächsten Umgebung.

Dank
An erster Stelle möchte ich Herrn Walter Lesch für die Einladung zu diesem Beitrag im Anschluss an das anregende PANORAMA-Interview sehr herzlich danken. Kurt Füglister und David Senn waren mir hilfreiche Gesprächspartner. Mein besonderer Dank geht an Heinrich Zoller, der mir mit seinen Arbeiten und anregenden Gesprächen viel für die vorliegende Arbeit geholfen hat. Dieser Beitrag wurde vom Schweizerischen Nationalfonds (SPP Umwelt, Gesuch 5001-35221 für Andreas Erhardt) unterstützt.

Literatur

Broad, W. & Wade, N. (1984) Betrug und Täuschung in der Wissenschaft. Birkhäuser, Basel.

Heitler, W. (1974) Die Natur und das Göttliche. Klett & Balmer, Zug.

Lesch, W. (1994) Von der ethischen Relevanz ungetrübter Naturerlebnisse, Interview mit Susanne Wenger. *Panorama 3*: 27-38.

Naess, A. (1986) Intrinsic Value: Will the Defenders of Nature Please Rise? *In*: Conservation Biology, the Science of Scarcity and Rarity, M. E. Soulé (Hrsg.), Sinauer Associates, Sunderland, Massachusetts, USA.

Portmann, A. (1965) Die Tiergestalt. Herder, Freiburg.

Portmann, A. (1983) Einführung in die vergleichende Morphologie der Wirbeltiere. Schwabe, Basel; *6. Auflage*.

Schweitzer, A. (1974) Was sollen wir tun? 12 Predigten über ethische Probleme. Lambert Schneider, Heidelberg.

Seel, M. (1991) Eine Ästhetik der Natur. Suhrkamp, Frankfurt a. M.

Sheldrake, R. (1994) Sieben Experimente, die die Welt verändern könnten, Anstiftung zur Revolutionierung des wissenschaftlichen Denkens. Scherz, Bern.

Soulé, M. E. (1988) Mind in the Biosphere – Mind of the Biosphere *In*: Biodiversity, Wilson, E. O. (Hrsg.), National Academy Press, Washingtion D. C.

Zoller, H. (1975) Zum Ästhetischen in der Evolution. *Scheidewege, 5*: 67-88.

Zoller, H. (1977) Meditationen über das Naturschöne. *Scheidewege, 7*: 63-82.

Zoller, H. (1981) Die Natur als Quelle künstlerischer Inspiration. *Scheidewege, 11*: 452-471.

Zoller, H. (1986) Ehrfurcht vor dem Leben – Verantwortung für die Schöpfung. *Via Mundi 35*: 1-37.

Zoller, H. (1989) Wissenschaftliche Erkenntnis und Gottesglaube – zwei komplementäre Erfahrungen des Menschen *In*: Gotteserkenntnis in den modernen Wissenschaften, Imfeld, N. (Hrsg.), Paulusverlag, Freiburg.

Zoller, H. (1995) Zur Erfahrung der Natur in «künstlicher» Umgebung. Aktuelle Probleme der Wahrnehmung *In*: Philosophie der Struktur – «Fahrzeug» der Zukunft?, Stenger, G./Röhrig, M. (Hrsg.), Karl Alber, Freiburg, München.

Ästhetische Naturbilder im Wandel

Regionale Differenzen

Ästhetische Präferenzen im Umgang mit Pflanzen

Christin Kocher Schmid

«Die Blume, das Blatt, die Ranke sind Ordnungswunder und der Mensch ist eine Unordnung, die aus der Ordnung kommt und zur Ordnung verlangt. Diese aus dem Boden wachsende Harmonie ist eine selige Mathematik, der Unselige gewahrt sie darum, weil Er verloren hat, was Sie besitzt» (Borchardt, 1968: 16).

Einleitung

Der Biologe und Psychologe Gregory Bateson offeriert in seinem Buch «Mind and Nature. A Necessary Unity» (1979) eine elegante und umfassende Definition des Ästhetischen. Für ihn ist ästhetisches Empfinden eine Empfänglichkeit für das Muster, das allem Lebenden zugrunde liegt. Er nennt dieses das verbindende Muster («the pattern which connects»), die grundlegende Einheit von Geist und Natur. Folglich zeigen Menschen ästhetische Präferenzen für diejenigen Systeme, in denen sie ähnliche Eigenschaften erkennen wie sie selbst aufweisen. Menschen haben demnach ästhetische Präferenzen für lebende Systeme, die mit ihnen durch das grundlegende Metamuster (ein Muster von Mustern) verbunden sind. Ästhetisches Empfinden und damit auch ästhetisches Handeln, sind somit bedingt durch das Erkennen des Metamusters, das dem Leben zugrunde liegt, und damit stellen ästhetisches Empfinden und Handeln die Grundlage der Kommunikation von Menschen mit ihrer Umwelt dar (Bateson, 1979: 8, 11, 127f.). Ästhetisches Handeln kann also als das Erkennen von Ordnungssystemen in der Natur verstanden werden, das emotionale Befriedigung in den Menschen auslöst. Diese umfassende Sicht von Ästhetik soll als Leitlinie und Ausgangspunkt für die folgenden Ausführungen gelten, die den Umgang von Menschen mit Pflanzen unter dem Blickwinkel der Ästhetik untersuchen.

Dazu müssen wir uns auf die Suche nach Umsetzungen bzw. Visualisierungen von ästhetischen Prinzipien machen, und zwar Umsetzungen, die mit Pflanzen als Darstellungsmittel arbeiten. Hier werden von Menschen zwei grundlegend verschiedene Möglichkeiten wahrgenommen:

1. Die Anlage von Gärten und weiteren künstlichen, mehr oder weniger permanenten Pflanzengemeinschaften, d. h. Darstellungen aus lebenden, wachsenden Pflanzen.
2. Ephemere Zusammenstellungen von aus spontaner oder anthropogener Vegetation entfernten einzelnen Pflanzenteilen (z. B. Sträusse und anderes).

Im folgenden werden Ergebnisse aus zwei Untersuchungen in verschiedenen Regionen und Kulturen als Beispiele präsentiert:

1. Zusammenfassung der Ergebnisse aus einer ethnobotanischen Forschung im Gebiet des Bergregenwaldes Neuguineas. Engeres Untersuchungsgebiet ist das Dorf Nokopo, das zur Sprach- und Kulturgruppe der Yopno gehört, die im Finisterre-Gebirge Nordost-Neuguineas (Staat Papua New Guinea) leben.[1] Die Gärten sind für die Yopno Lebensgrundlage, denn fast alle Artikel des täglichen Bedarfs entstammen deren Pflanzenreich: Nahrung, Konstruktionsmaterialien, Medizin, Schmuck und Werkzeuge. Neben diesen wirtschaftlichen Aspekten, lässt sich zeigen, dass die Gärten von Nokopo auch Umsetzungen sind, die im Bergregenwald geschaute Grundmustern beinhalten.

---

[1] Die Feldforschung 1986/87 in Nokopo wurde durch ein Nachwuchsstipendium der Schweizerischen Akademie der Geistenswissenschaften ermöglicht.

2. Erste Resultate aus dem Projekt «Pflanzenästhetik», das Familiengärten in der Schweiz, im
Raume Lange Erlen bei Basel untersucht.[2] Familiengärten sind für weite Kreise der Bevölkerung im dichtbesiedelten Mitteleuropa wichtiger und oftmals einziger Ort der aktiven
Auseinandersetzung mit der Natur. Durch die Gestaltung der Zierbereiche in den Familiengärten zeigen Menschen, welche Pflanzen und Pflanzenkombinationen sie schön finden und
an welchen Elementen der Natur sie Gefallen finden. Ausgehend von diesen Überlegungen
soll das Projekt «Pflanzenästhetik» die ästhetische Bedeutung und den Wert von Einzelpflanzen, Pflanzengemeinschaften, sowie im weiteren Sinn von biologischer Vielfalt für einen Teil der Bevölkerung der Region Basel herausarbeiten. Die Idee für diese Untersuchung
beruht auf den Erkenntnissen und Erfahrungen, die am Beispiel der relativ isolierten Bevölkerungsgruppe in Neuguinea gewonnen wurden und in der Folge auf die komplexere Situation in der Region Basel angewendet werden.

Zwangsläufig wird der Teil, der sich mit Neuguinea befasst, ausführlicher ausfallen als der Teil
über die Basler Familiengärten, denn einerseits ist eine kurze Einführung in Kultur der Yopno
unabdingbar für das Verständnis, und andererseits ist erst ein Teil der Daten aus dem noch bis
Ende 1995 laufenden Projekt «Pflanzenästhetik» aufbereitet.

Beispiel: Das Dorf Nokopo

Die rund 70 Häuser des Dorfes Nokopo liegen eng beieinander auf rund 2000 m ü. M. auf der
geneigten Talschulter hoch über der tiefen Schlucht des Yupna-Flusses, der sich nordostwärts
in die Bismarck-See ergiesst. Die Region ist abgelegen, vor der Anlage eines Flugfeldes zwei
Wegstunden von Nokopo entfernt, war sie nur durch einen anstrengenden zweitägigen Marsch
von der Küste her erreichbar. Seit rund 60 Jahren (also seit einem Menschenalter) stehen die

---

[2] Das Projekt «Pflanzenästhetik» wird finanziert und koordiniert durch die Stiftung Mensch Gesellschaft
Umwelt der Universität Basel und ist dem Modul 3, «Biodiversität», des Nationalen Schwerpunktpro-
grammes «Umwelt» angeschlossen.

Yopno[3] in Kontakt mit der Aussenwelt – sind «entdeckt» worden – und seit rund 20 Jahren ist dieser Kontakt so intensiv, dass er sichtbare Spuren – auch in den Gärten – hinterlassen hat.

Ursprünglich umfasste die Siedlung Nokopo vier Abstammungsgruppen (Patrilinien), die zwei exogame Klans bilden: je zwei dieser Abstammungsgruppen führen sich auf einen gemeinsamen, mythischen Vorfahren zurück.[4] Heute ist – infolge des Kulturkontaktes – dieses für die Yopno charakteristische Siedlungsmuster gestört: Die Siedlung Nokopo beherbergt nicht mehr nur Mitglieder der zwei ursprünglichen Klane, sondern auch Mitglieder verschiedener anderer Abstammungsgruppen, die ursprünglich aus anderen Siedlungen stammen.

Das Dorfterritorium reicht vom Grund der Yupna-Schlucht (etwa 1300 m) bis weit in den Bereich des Unteren Bergregenwaldes (Paijmans 1975), den «kalten Wald» (*koron kaum*), bis ungefähr 2300 m, umspannt also eine Höhendifferenz von gut 1000 Metern. Dieses Territorium wird von seinen Bewohnern konzeptuell in zwei Teile geteilt. Der «Vater der Wasser»[5], ein Zufluss zum Yupna, halbiert es: eine warme und eine kalte Hälfte liegen sich gegenüber. Die warme Zone, das anthropogene Grasland, wird als *onan* bezeichnet. Hier liegen die Hauptsiedlung und die sorgsam gehegten Gärten, die die rund 250 Menschen und fast 1000 Schweine mit Knollenfrüchten (vor allem Süsskartoffeln), essbaren Rohrarten und einer Fülle einheimischer und exotischer (d. h. vor allem europäischer) Gemüse versorgen. Während der nassen Jahreszeit (November bis April) ist das Dorf das Zentrum des sozialen Lebens, und die Bewohner pendeln täglich zwischen ihren jeweiligen Wohnhäusern und ihren Gärten hin und her.

Die kalte Zone umfasst vor allem Wald und wird deshalb als *koron*, «Wald», bezeichnet. Jeder Haushalt besitzt neben dem Haus im Dorf auch ein Waldhaus, wo sich die Menschen während der trockeneren Jahreszeit (Mai bis Oktober) bevorzugt aufhalten. Diese Waldhäuser liegen verstreut, einige recht nahe am Dorf im Sekundärwald, andere wiederum weiter weg im

---

3   Zur Bezeichnung von geographischen Einheiten verwende ich den auf den Karten üblichen Begriff «Yupna», zur Bezeichnung von kulturellen und linguistischen Gruppen, den von den Betroffenen selbst gebrauchten Begriff «Yopno».

4   Mitglieder von Patrilinien sind miteinander blutsverwandt: sie führen sich auf einen gemeinsamen, männlichen Vorfahren zurück. Die Angehörigen eines Klanes sind nicht tatsächlich blutsverwandt, sondern berufen sich auf eine angenommene gemeinsame Abstammung von einem mythischen Ahnen. Mitglieder exogamer Klane oder Linien heiraten nicht untereinander, sondern immer ausserhalb. Im Falle von Patrilinien oder patrilinearen Klanen verlässt meist die Frau ihre ursprüngliche Abstammungsgruppe und lebt mit der Abstammungsgruppe ihres Ehemannes.

5   Mopetatnyi, eigentlich *wome/dat/nyi*: Wasser/Vater/Genetivindikator.

Primärwald. Sogar in der trockensten Zeit des Jahres, im Juni/Juli, wenn kaum Regen fällt, können in den kleinen Gärten nahe den Waldhäusern noch Knollenfrüchte (wie Taro) und Gemüse geerntet werden. Wildgemüse (besonders Farne) werden gesammelt, und die Jagd auf Beuteltiere und Nager liefert willkommene Zukost.

Diese duale Konzeption des Territoriums stimmt mit den Erkenntnissen von Ökologen überein, darunter Henty (1982: 464), der die klimatischen Eigenheiten der Region beschreibt: Morgens ist der Himmel klar, aber am Nachmittag ziehen von der Küste her Wolken auf, so dass die ostexponierten Hänge mehr Sonneneinstrahlung empfangen als die westexponierten. Diese ostexponierten Hänge sind daher nicht nur wärmer, sondern auch empfindlicher auf menschliche Eingriffe, wie sie die Anlage von Gärten oder die Waldweide der Schweine darstellen, und sind meist entwaldet. Die Graslandzone von Nokopo ist ostexponiert, die Waldzone ist westexponiert.

Diese Zweiteilung erstreckt sich nicht nur auf die natürliche Trennung des Dorfterritoriums in warmes Grasland und kalten Wald, sondern stellt ein grundlegendes Konzept dar. Die meisten Phänomene, seien es Tiere, Pflanzen, Menschen, aber auch Tätigkeiten und Eigenschaften, gehören konzeptuell entweder zum Bereich des Graslandes oder zum Bereich des Waldes. In Stichworten kann diese Zweiteilung wie folgt charakterisiert werden:

- Zum Grasland gehören: die Lebenden, die Gemeinschaft, das Licht, das Männliche, die Anbaufrucht Yams, die rote Erdfarbe und die menschliche Kultur im allgemeinen.
- Zum Wald gehören: die Toten, das Individuum, das Dunkel, das Weibliche, die Anbaufrucht Taro, die schwarze Erdfarbe und die Natur, das heisst das Nichtmenschliche im allgemeinen.

Der Wald, der also als weiblich betrachtet wird, ist aber der Bereich der Männer, während das als männlich konzipierte Grasland in die Aktivitätssphäre der Frauen gehört: Gartenarbeit im Grasland ist primär Sache der Frauen, die Jagd im Wald ist Aufgabe der Männer. Die Männer bringen auch bestimmte Elemente (vor allem Pflanzenteile) aus dem Wald ins Dorf, die charakteristische Träger derjenigen übernatürlichen Kräfte sind, die in Ritualen aktiviert werden. Der Wald ist der Aufenthaltsort der Seelen der verstorbenen Menschen. Hier kann der einsame Jäger auf Buschgeister treffen oder gar von der «Mutter der Jagdtiere»[6] in Gestalt eines be-

---

[6] *kalap/meng*: jagdbare Säugetiere/Mutter.

sonders grossen Beuteltieres mit verstümmelten Pfoten heimgesucht werden. Auch im Traum begeben sich die Männer in den Wald und bringen nach dem Erwachen die Rhythmen und Melodien mit, zu denen sie zu besonderen Anlässen tanzen und die als Geschenke der «Mutter der Jagdtiere» aufgefasst werden.[7]

Zuerst stellt sich die Frage nach dem Schönheitsempfinden der Yopno selbst. In ihrer Sprache gibt es zwei Begriffe, die unserem Begriff «schön» ungefähr entsprechen. Der eine heisst *tai* und wird im Sinne von «guter Form» verwendet. Alles vom Menschen angelegte oder hergestellte kann *tai* sein: Häuser, Gegenstände, eine gelungene Mahlzeit und eben auch ein wohlgestalteter Garten. Der andere Begriff, *galak*, heisst auch «schön», aber im Sinne von begehrenswert, von etwas, das aus einer Auswahl vorgezogen wird, und bezieht sich auf natürliche Vegetation oder Gefundenes. Ein besonders geformter Stein ist ebenso *galak* wie die von den Männern im Wald gesammelten Dekorationsmaterialien, die als Körperschmuck verwendet werden oder zu vergänglichen Schaustücken, «Arrangements», zusammengebaut werden.

Die ästhetischen Kriterien oder Regeln, die von den Yopno angewandt werden, sind am leichtesten in der Gruppe der als *galak* empfundenen Objekte zu erkennen, also in der Gruppe der ephemeren Zusammenstellungen von Pflanzenteilen. Solche Pflanzenteile werden von den Männern, seltener von Frauen, zu verschiedenen Zwecken gesammelt: Häufig als Körperschmuck, bei besonderen Gelegenheiten zum Schmuck für Gebäude und als Bestandteile von traditionellen, heute nur noch selten ausgeführten Schaustücken.

Vor allem Männer benützen Pflanzenteile als Körperschmuck, einerseits im Alltag, wann immer sie Lust dazu haben und Pflanzen finden, die sie als schön, *galak*, empfinden, andererseits, in formellerer Weise, wenn sie an Tänzen teilnehmen, die rituellen Charakter haben. Während eines Jahres habe ich aufgenommen, welche Pflanzenteile von Männern als Körperschmuck benützt wurden, habe in Interviews gefragt, welche Pflanzenteile sie dazu als besonders geeignet empfinden, und habe auch Männer gebeten, von ihren Ausflügen in die Waldzone diejenigen Pflanzenteile mitzubringen, die sie als besonders schön (*galak*) empfinden und als Körperschmuck verwenden würden. Daraus ergab sich eine Liste von 93 verschiedenen Pflanzenteilen, die in die Kategorie *galak*, schön, fallen. Daraus sind die wichtigsten ästhetischen Kriterien, nach denen Körperschmuck ausgewählt wird, zusammenstellbar. Es gibt zwei An-

---

7   Ausführlichere Angaben zu den Yopno von Nokopo finden sich in Kocher Schmid, 1991.

lässe, formellen Körperschmuck aus Pflanzen zu tragen: Die häufig durchgeführten *kaap*-Tanzanlässe, die konzeptuell mit der Graslandzone verbunden sind, und die seltener stattfindenden *kongkaap*-Tänze, die in den konzeptuellen Bereich des Waldes gehören. Die Elemente des Körperschmuckes lassen sich je nach Verwendung für die eine oder andere Tanzkategorie ebenfalls zwei verschiedenen Bündeln von ästhetischen Kriterien zuordnen.

Vergleicht man die Pflanzen und Pflanzenteile, die von den Männern als *galak* empfunden, im Wald gesammelt und als Körperschmuck für die *kongkaap*-Tänze verwendet werden, mit der vorhandenen Auswahl, d. h. dem gesamten Pflanzenangebot des Bergregenwaldes, so fällt auf, dass in bezug auf die Form die Ausnahmen gewählt werden, hingegen in bezug auf die Farbe das vorgefundene Grundmuster beibehalten wird:

Nach Richards (1952: 80-89) sind Grösse und Form von Blättern der Bäume und Sträucher des Regenwaldes einheitlich. Ausnahmen vom normalen Blatttypus unterstreichen eher diese Einheitlichkeit als dass sie sie unterbrechen. Ein typisches Regenwaldblatt ist tief dunkelgrün, von oval-lanzettlicher bis elliptischer Form, läuft in eine deutlich abgesetzte Spitze aus und ist ganzrandig. Die Beschaffenheit ist hart und die Blattoberseite glatt und oft stark glänzend. Die vorherrschende Blattgrösse im Wald jener Höhenlagen, in denen die Männer von Nokopo ihre dekorativen Pflanzenteile sammeln, ist von mesophyllem und mikrophyllem Typ, also weder sehr gross noch sehr klein. Die Männer von Nokopo wählen also die formalen Ausnahmen, wenn sie extrem grosse (Schattenblätter) oder extrem kleine Blätter bevorzugen. Sie wählen auch geteilte oder mehrfach zusammengesetzte Blätter, die aus kleinen oder sehr kleinen Teilblättern bestehen. Diese Charakteristika sind ebenfalls seltene Elemente der Regenwaldbelaubung.

In ihrer Farbwahl folgen die Yopno hingegen dem vorgefundenen Grundmuster des Waldes, wo glänzende und dunkle Töne häufig sind. Im Wald von Nokopo bestehen die auffälligsten Farbunterbrechungen des hell/dunklen Grundmusters in roten Blüten oder Früchten und anderen roten Pflanzenteilen (wie neue Triebe, die charakteristisch für viele Bäume des Regenwaldes sind). Andere Farben, wie gelbe, weisse und blaue Blüten verschmelzen mit dem Grundmuster aus hellen Sonnenflecken und dunklem Schatten. Die Männer von Nokopo wählen zusätzlich zu den dunklen, glänzenden Blättern Pflanzenteile mit auffällig roten Partien. Richards (1952: 177-179) erklärt die Auffälligkeit von roten Farbtönen im Regenwald durch die herrschenden besonderen Lichtverhältnisse: Licht erreicht den Waldboden vor allem durch

Reflektion von den Blättern und nicht gefiltert durch die Blätter (wie z. B. im europäischen Buchenwald). Dadurch ist das Licht im Innern des Regenwaldes verhältnismässig reich an Rotanteilen des Spektrums und die menschliche Farbwahrnehmung im «graugetönten Zwielicht

Tabelle 1: Ästhetische Kriterien bei der Auswahl von Körperschmuck.

Ästhetische Dimension	*kongkaap*-Anlässe (Waldsphäre)	*kaap*-Anlässe (Graslandsphäre)
Farbe	dunkelgrün bis fast schwarz schwarz dunkelrot	hellgrün bis weiss panaschiert leuchtend rot orange rosa
Oberflächenqualität	glatt und glänzend	(glänzend)
Beschaffenheit	hart	weich
Form	gross, ganzrandig klein und dichtgedrängt zusammengesetzt: – einfach und doppelt gefiedert – dreiteilig – handförmig zusammengesetzt	linear mehrfach zusammengesetzt fein strukturiert
Geruch	aromatisch	aromatisch
Berührung	stachelig	weich
Bewegung	schwingend	schwingend

des Bergregenwaldes» ist sicher anders als im vorherrschend grünlichen Licht des europäischen Laubwaldes. In ihren Arrangements setzen die Yopno rot gegen hell oder rot gegen dunkel.

Stacheligkeit ist ein Charakteristikum jener übernatürlichen Kräfte, die von den Männern in ihren Ritualen aktiviert werden. Stachelige oder dornenbewehrte Bäume des Waldes sind auch präferenzieller Aufenthaltsort der Buschgeistwesen.

Aromatischer Geruch ist ein Charakteristikum jener nichtmenschlichen Kräfte, die bei Heilungsritualen für Menschen und Haustiere wie auch zur Erhaltung der Gartenfruchtbarkeit aktiviert werden, dabei werden aromatische Pflanzenteile in genau bestimmten Proportionen verwendet, um ein durch menschliches Fehlverhalten gestörtes Gleichgewicht wieder herzustellen (Kocher Schmid, 1990).

Ein typischer *kongkaap*-Schmuck besteht zumeist aus schwingenden Koniferenzweigen, kombiniert mit einigen grossen, dunkelglänzenden Blättern, einigen gefiederten oder doppelgefiederten Elementen und aromatischen, rotüberlaufenen Ingwerstengeln oder roten jungen Trieben verschiedener Bäume.

Die Pflanzenteile für *kaap*-Dekorationen werden vor allem im Grasland und in den Gärten gesammelt, etliche davon werden speziell für diesen Zweck angebaut. Für die Auswahl von *kaap*-Dekorationen gelten ähnliche Kriterien wie für die Auswahl von *kongkaap*-Dekorationen, allerdings in abgeleiteter, bzw. «abgeschwächter» Form. Die Farbtöne sind heller, Glanz ist erwünscht, aber es werden, wenn erhältlich, fein strukturierte und weiche Pflanzenteile (z. B. Moosfarne, *Selaginella* spp.) vorgezogen. Die Grundstruktur der Zusammenstellungen allerdings ist gleich: Einige überdurchschnittlich grosse Blätter werden mit hängenden und schwingenden, möglichst gefiederten Pflanzenteilen (z. B. junge Palmwedel) und mit roten Blüten kombiniert. So kann man argumentieren, dass ebenso, wie das Grasland als Lebensphäre von den Menschen durch eine Umgestaltung des Waldes geschaffen wurde, die *kaap*-Dekorationen von den *kongkaap*-Dekorationen abgeleitet sind.

Alltäglicher, profaner Körperschmuck wird dem Repertoire für *kaap*-Dekorationen entnommen und besteht typischerweise aus um den Kopf geschlungenen feinstrukturierten, zartgrünen Pflanzenteilen, die mit einzelnen roten oder orangen Blüten kombiniert werden.

Beim *kaap*- wie auch beim alltäglichen Körperschmuck werden im Gegensatz zum *kongkaap*-Schmuck relativ häufig Blüten für die rote Farbkomponente verwendet. Allerdings stammen die verwendeten Blüten alle von exotischen, relativ rezent eingeführten Pflanzen: Von Studentenblumen (*Tagetes* sp.), Nelken (*Dianthus* sp.) oder von Eibisch (*Hibiscus rosa-sinensis*). Traditionellerweise wurden für Rottöne bei den *kaap*-Dekorationen, wie auch immer noch bei den *kongkaap*-Dekorationen, Blätter verwendet. Diese Blätter wurden allerdings nicht der spontanen Vegetation entnommen, sondern stammten von speziell für diesen Zweck kultivierten Pflanzenarten, zum Beispiel von Palmlilien (*Cordyline fruticosa*).

Ephemere Zusammenstellungen aus Pflanzenteilen, die *galak* sind, werden von Männern hergestellt und haben rituelle Bedeutung. Die Gärten hingegen, die – falls wohlgelungen – als *tai* bezeichnet werden, sind vor allem ein Werk der Frauen. Dieselben ästhetischen Kriterien, die bei den Arrangements der Männer sichtbar werden, die Verwendung der Gegensatzpaare gross/klein, hell/rot und dunkel/rot, sind auch in der Anlage der Gärten auffindbar.

Gemischte Nahrungsgärten werden sorgfältig in einem Schachbrettmuster mit verschiedenen Sorten von Süsskartoffeln bepflanzt: Pflanzen mit hell- oder dunkelgrünen Blättern wechseln mit Pflanzen mit rötlichen oder roten Blättern ab. Kontraste zwischen hell- und dunkelgrünen Blattformen werden seltener verwendet, und wenn, dann meist in Kombination mit dem Kontrast zwischen ganzrandigen und geteilten Blättern. Dazwischen sind, ebenfalls in rhythmischen Abständen, Gruppen von zwei bis drei hohen Maisstengeln angeordnet, an denen sich Bohnen emporranken. Solche rhythmische Wiederholungen von formalen Elementen, die Farb- und/oder Formkontraste betonen, sind ein Grundprinzip menschlichen ästhetischen Handelns (Boas, 1955: 45). Nach drei bis vier Monaten sind allerdings Mais und Bohnen abgeerntet, dafür haben sich die Ranken der Süsskartoffeln über die gesamte Fläche ausgebreitet und bilden einen dicken, karierten Teppich. Im gemischten Nahrungsgarten werden also ästhetische Kriterien durch die Anordnung der Nutzpflanzen realisiert. Wie bei den *kongkaap*-Dekorationen der Männer, spielen Blüten eine untergeordnete Rolle: Form- und Farbgestaltungen werden durch die Verwendung verschiedener Blatttypen realisiert.

Der gemischte Nahrungsgarten ist das prominenteste Beispiel für die Darstellung ästhetischer Präferenzen durch Nutzpflanzen: seit dem Kontakt mit der Aussenwelt (sporadisch seit Anfang der 30er Jahre, und intensiv seit 1972) sind jedoch heute andere traditionelle Formen der Gartengestaltung durch Nahrungspflanzen nur noch als Relikte sichtbar. Die Yams- und Tarogärten sind nur mit je einer Anbaufrucht bepflanzt, also entweder mit Taro oder mit Yams. Früher waren solche Gärten mit einer Einfassung aus verschieden hohen und niederen Nutzpflanzen umgeben: Mais und Gurken oder Rohrarten und Bohnen, also wiederum die Verwendung des Gegensatzpaares gross/klein. Auf einer anderen Ebene kann argumentiert werden, dass solche Einfassungspflanzen als «trap crops» für tierische Schädlinge fungieren, also mithelfen, den Befall von zum Beispiel Tarokäfern («taro scarabs») zu kontrollieren (Thistleton, 1984; Gagné, 1982). Einen besonderen Stellenwert bei diesen Einfassungen haben Bohnen. Sie spielen und spielten eine grosse Rolle und viele Frauen sind stolz darauf, eine oder zwei exklusive Bohnensorten zu hegen -Sammlerstücke sozusagen. Diese Einfassungen, die *pi laung*[8] heissen, werden heute selten angelegt. Mit der Einfuhr vieler exotischer, das heisst auch europäischer Zierpflanzen durch die Mission in den fünfziger Jahren, haben sich die Akzente verschoben. Die traditionelle *pi laung* wurde duch die *yoma laung*, «Gehöftumrandung», ersetzt: Viele Häuser im Dorf und auch die Verbindungswege sind mit solchen Einfassungen versehen. Aufgebaut sind diese aus exotischen Zierpflanzen: grossblättrige, weissblütige Engelstrompete (*Brugmansia candida*), rotblühender Eibisch (*Hibiscus rosa-sinensis*), weisse und purpurne Kosmeen (*Cosmos bipinnatus*) mit filigranem Blattwerk, dunkellaubige Canna (*Canna* sp.), orangerote, stark duftende Studentenblumen (*Tagetes* sp.), rote Nelken (*Dianthus* sp.), Feuersalbei (*Salvia splendens*) in Kombination mit traditionellen Zierpflanzen wie rot- und grünblättrigen Palmlilien (*Cordyline fruticosa*), dunkelblättrigen, aromatischen Lippenblütlern (*Plectranthus sp.*), rotblättrigem Kupferblatt (*Acalypha* sp.) oder Akanthus-Spinat mit kleinen, glänzenden dunkelgrünen Blättern (*Rungia klossii*). Ihre Struktur folgt den traditionellen Kriterien: hoch wird gegen niedrig gesetzt, dunkel oder hell gegen rot.

Beliebt ist auch die Kombination aus einem Baum mit sich daran hinaufwindender Schlingpflanze. Anspruchsvollere, reichere Gestaltungen schliessen dazu noch am Stamm oder den unteren Ästen befestigte Epiphyten (vor allem Quastenfarne, *Lycopodium squarrosum* und Orchideen) und neben den Stamm gepflanzte Büsche ein. Besonders beliebt bei den Epiphyten sind dabei hängende oder im Wind schwingende Elemente, also Pflanzen mit langen, weit herabhängenden Stengeln, die sich graziös in der leichtesten Brise wiegen. Männer wie Frauen bringen solche dekorativen Elemente aus dem Wald mit ins Dorf, falls sie das Glück haben, zufälligerweise auf dem Waldboden einen abgebrochenen Ast mit einem ihren ästhetischen

---

[8] *pi/laung*: Garten/Umrandung

Kriterien entsprechenden Epiphyten zu finden. Besonders in der nassen Jahreszeit brechen leicht Äste und Zweige unter dem Gewicht der vom Regen getränkten Moospolster ab.

Die Auswahl der im Dorf gepflanzten Bäume folgt denselben ästhetischen Kriterien wie die Auswahl von Pflanzenteilen für Dekorationen: Von 38 verschiedenen Bäumen haben 15 (40%) glänzendes und/oder dunkles Laub, 10 (26%) sind Koniferen oder Bäume mit ähnlich strukturierten Blättern (*Casuarina* spp.) und sieben (18%) weisen rote oder rötliche Bestandteile auf. Allerdings spielen bei der Auswahl von im Dorf gehegten Bäume auch andere Kriterien mit. So sind manche von ihnen Futterbäume für grosse, bunte Schwärme von Kleinpapageien und Honigessern. Bei den Schlingpflanzen scheint die Farbe als Auswahlkriterium keine Rolle zu spielen. Im Wald von Nokopo gedeihen Schlingpflanzen mit spektakulären Blüten, so eine *Dimorphanthera* sp. mit leuchtend roten Blüten oder *Mussaenda ridleyana* mit kleinen gelben Blüten, die von grossen schneeweissen Hochblättern umgeben sind. Viel wichtiger sind Blattform und Blattstrukturen, wie die festen, kleinen Blätter einer Apocynaceae oder auch die glänzenden Blätter der eingeführten Passionsfrucht (*Passiflora edulis*).

Solche Zusammenstellungen aus Baum, Schlingpflanze und Epiphyten finden sich oft neben den Gartenhäusern, aber auch in den Gehöften der Dörfer. Als Vorbild für diese Gestaltungen haben die Yopno explizit auf den Wald verwiesen: «Wir pflanzen diese Dinge innerhalb des Dorfes, damit das Dorf wie der Wald wird, denn der Wald ist schön anzuschauen.»

Beispiel Basler Familiengärten im Raum Lange Erlen

Das laufende Projekt «Pflanzenästhetik»[9] erforscht die ästhetische Bedeutung und den Wert von Einzelpflanzen, Pflanzengemeinschaften sowie im weiteren Sinn von biologischer Vielfalt für einen Teil der städtischen Bevölkerung der Region Basel. Hauptuntersuchungsgebiet ist der älteste Teil (167 Gärten) der Anlage «Spittelmatt» mit vorwiegend einheitlichen (rechteckig, je zwei Aren) Parzellen. Hier sind 66 Parzellen in die Untersuchung aufgenommen worden. Ver-

---

[9] Das Projekt Pflanzenästhetik ist am Seminar für Volkskunde der Universität Basel domiziliert (Prof. Christine Burckhardt-Seebass) und Mitarbeiterin ist Frau lic. phil. Christine Voltz Vogler.

Abbildung 1: Profaner Körperschmuck, Dorf Taeng (Yopno, Papua Neu Guinea). Links Bärlappgewächs (Lycopodiales) mit Studentenblume (*Tagetes* sp.), rechts epiphytische Orchidee (*Agrostophyllum* sp.) mit Studentenblume.

Abbildung 2: Komposition in Familiengarten bei Basel: Kontraste von verschiedenen Blattformen sowie von Blatt- und Blütenfarben (Konifere; Japanorchidee, *Bletilla striata*; Rohrglanzgras, *Phalaris arundinacea*; Mauerpfeffer, *Sedum acre*; u. a. m.).

gleichsareal ist die 12-jährige Anlage «Erlensträsschen» mit Parzellen unterschiedlicher Grösse und Proportion (43 Gärten). Hier sind 20 nach Zugänglichkeit ausgewählte Parzellen untersucht worden. Die beiden untersuchten Familiengartenanlagen befinden sich im Raum «Lange Erlen» bei Basel, das heisst im Gebiet der Flussaue der «Wiese», eines nördlichen Rheinzuflusses. Dieses stadtnahe Gebiet ist intensiver menschlicher Nutzung unterworfen: Familiengärten, Landwirtschaft und Naherholung, also Nutzungsarten, die sich teilweise konkurrenzieren.

Das Projekt baut auf den Erfahrungen der vorangegangen Untersuchung in Neuguinea auf, allerdings ist die Situation wesentlich komplexer und zusätzliche Gesichtspunkte sind einzubeziehen:

Die Landschaft der engeren Nachbarschaft ist seit Jahrhunderten stark menschlich geprägt, eigentliche Naturlandschaften (wie im Fall des Regenwaldes von Nokopo) gibt es keine und was gemeinhin als Natur verstanden wird, ist die anthropogene Kulturlandschaft wie sie durch bäuerliche Aktivitäten vor der Mechanisierung der Landwirtschaft geschaffen worden ist (verschiedene Typen von Wäldern, Wiesen und Weiden). Diese Vegetationsmuster sind vielfältig und kleinräumig, und eine so klare Dualität von Natur und Kultur wie beim ethnographischen Beispiel ist nicht auszumachen. Die jahreszeitlichen Aspekte, die in Neuguinea kaum eine Rolle spielen, prägen mit ihrer farblichen Abfolge das Bild der Landschaft.

Wir haben es auch nicht mit einer relativ isolierten, egalitär strukturierten Bevölkerungsgruppe zu tun, sondern mit einer komplexen, multikulturellen Gesellschaft, die durch mannigfaltige Institutionen und jahrhundertelange schriftliche und bildnerische Tradition vielfältig geprägt ist. Durch eigene Anschauung wie auch durch Vermittlung der Medien sind den Basler Familiengärtnerinnen eine Vielzahl von mehr oder weniger entfernten Landschaften und Naturräumen bekannt (bebilderte Reiseberichte, Dokumentarfilme, Ferienreisen). Dazu existiert eine schier unüberblickbare Flut von Publikationen, die sich speziell mit Gärten und Gartengestaltung befassen und professionelle Vorbilder sind allgegenwärtig (Gartenschauen, gestaltete Grünräume u.a.m.). Durch eine ausgebaute professionelle gärtnerische und gartentechnische Industrie sind eine Vielzahl von Gestaltungselementen potentiell erhältlich: Züchtungen beliebter Blumen (wie z. B. Tulpen) in fast allen Farben des Spektrums und eine reiche Auswahl von verschiedensten Pflanzenarten und -formen aus aller Welt. Und nicht zuletzt sind immer wieder gezielte Einflussnahmen auf die Gestaltung von Familiengärten zu verzeichnen: Gartenkurse, Mustergärten, behördliche Vorschriften.

Familiengärten zeichnen sich zumeist durch eine grosse pflanzliche Vielfalt aus. Gleichzeitig sind sie Ort der Auseinandersetzung und des Kontakts weiter Kreise der Bevölkerung mit der Natur. Familiengärten sind eines der letzten Refugien, in denen pflanzliche ästhetische Präferenzen von der Bevölkerung umgesetzt werden können. Und sie sind auch Ersatz für anderswo massiv eingeschränkte Wahlmöglichkeiten.

Um allen diesen Faktoren so gut wie möglich Rechnung zu tragen, werden drei miteinander vernetzte Untersuchungsmethoden angewandt:

- Literatur- und Quellenstudium legt Beeinflussungen und Zeitströmungen offen. Zum Beispiel existieren Listen empfohlener Pflanzen, Mustergartenbücher etc., aber auch Ernährungslehre und Gartenstadtbewegung haben feststellbare Spuren in den Gärten hinterlassen. Ferner wird die Geschichte der untersuchten Anlagen, wie auch der Familiengartenbewegung in der Schweiz und in Deutschland, erschlossen. Der Untersuchungszeitraum umfasst dementsprechend die Spanne von etwa 1850 bis heute (Voltz Vogler, o.J.a).

- Mit Hilfe strukturierter und unstrukturierter Interviews wird das soziale Umfeld der Gärtnerinnen ausgelotet. Zum Beispiel zeichnet sich eine Korrelation zwischen der Anlage von Steingärten und alpinen Wanderungen als (ehemalige) Freizeitbeschäftigung ab.

- Die Gärten wurden maßstäblich gezeichnet und in diese Grundpläne die jahreszeitlich wechselnde Bepflanzung in vier Begehungen (März/April, Mai/Juni, Juli/August und September) eingetragen. Diese Pläne wiederum sind Grundlage für den Aufbau verschiedener Datenbanken, die eine statistische Auswertung ermöglichen. Eine Datenbank enthält die Grundstruktur der Gärten und erlaubt zum Beispiel Aussagen über die Häufigkeit von Himbeerspalieren und Rosenbögen oder von Feuchtbiotopen und Bäumen. Eine weitere Datenbank enthält sämtliche aufgenommenen Pflanzen und erlaubt Aussagen über die Verteilung der Pflanzen mit Ziercharakter über die Pflanzenfamilien und Gattungen, über Präferenzen von verschiedenen Blütenfarben zu verschiedenen Jahreszeiten oder oder über die vertretenen Stile (Bauerngartenpflanzen, Wildpflanzen, etc.). Weitere Datenbanken, die die Pflanzenkombinationen enthalten sind im Aufbau begriffen.

Die mit Blumen bepflanzten Bereiche der Gärten lassen sich in drei Gruppen gliedern. Ein Beet liegt direkt am dem Garten entlangführenden Weg, weitere Zierbereiche liegen innerhalb des Gartens, und im Bereich des Häuschens findet man weitere Blumenbeete.

Fast alle Gärten der Anlage «Spittelmatt» (64 von 66) weisen ein etwa gleich tiefes Zierbeet auf der Breitseite des Gartens der ganzen Länge des Anlageweges entlang auf. Dies im Gegensatz zu den andern zwei Gartenbereichen mit Ziercharakter, die in Größe und Lage sehr variieren können. In Gesprächen mit den Gärtnerinnen ist aber nicht nur zu erfahren, dass ein

Tabelle 2: Unterschiede zwischen den Familiengartenarealen «Spittelmatt» und «Erlensträsschen».

	Spittelmatt	Erlensträsschen
Durchschnittlicher Anteil der Zierfläche	23 %	62 %
Durchschnittliche Anzahl Ziersträucher	2.06	4.80
Durchschnittliche Anzahl Rosen	9.21	5.20
Parzellen mit Goldrute	19.5%	35.0%
Parzellen mit Landschafts darstellung	19.5%	45.0%
Parzellen mit Blumenwiese	9.0%	30.0%
Parzellen mit Rasen	56.0%	65.0%

solches Beet halt einfach schön sei, sondern auch, dass man ein solches haben müsse oder sogar, dass dieses einer Vorschrift der Stadtgärtnerei entspreche. Allerdings heisst es in der gültigen Gartenordnung lediglich: «Der einzelne Garten ist so zu bepflanzen und zu unterhalten, dass er jederzeit ein gepflegtes Aussehen darbietet. Bei der Bepflanzung ist auf die Nachbarn gebührend Rücksicht zu nehmen» (Familiengarten-Ordnung, 1985: 7). Auch eine Rückfrage bei der Stadtgärtnerei ergab keine weiteren Hinweise: ein solches Beet, eigentlich ein «Schaubeet», ist also, trotz gegenteiliger Auskünfte der Gärtnerinnen, ein absolut freiwillig angelegtes Blumenbeet. Die Auswertung der Daten zu den Pflanzkombinationen vom Frühjahr (März/April) zeigen, dass man in solchen Schaubeeten mit zwei Gestaltungstendenzen rechnen muß: Zum einen finden sich dort in den meisten Gärten dieselben Pflanzen in gleichen oder ähnlichen Kombinationen, zum andern aber auch einzelne spezielle, besonders auffällige oder kostspielige Pflanzen, die nur in wenigen Gärten vorkommen. Einerseits präsentieren also die Familiengärtnerinnen – wie die Frauen von Nokopo ihre speziellen Bohnensorten – exklusive «Sammlerstücke», andererseits entspricht ein Schaubeet den ästhetischen Normen der Gruppe, also Normen, die nicht oder nur teilweise mit den individuellen Präferenzen der einzelnen Gärtnerinnen übereinstimmen müssen (Voltz Vogler, o.J.b).

Im Vergleich zeigt sich, dass in der Anlage «Erlensträsschen» andere Normen gelten: Zwar werden auch den Wegen entlang Schaubeete angelegt, diese unterscheiden sich aber in ihrer Proportion und Dimension teilweise erheblich voneinander, und nur in unmittelbar benachbarten Gärten sind gleiche Pflanzen und Pflanzenkombinationen feststellbar. Die individuelle Präsentation ausgesuchter Pflanzen ist also wichtiger als das Befolgen von allgemeinen ästhetischen Normen. Es gibt noch weitere Unterschiede, so beträgt der durchschnittliche Anteil der Zierfläche pro Parzelle in der Spittelmatt rund 23%, aber im Erlensträsschen rund 62%. In der Spittelmatt werden mehr Rosen (9.21 pro Parzelle, Erlensträsschen 5.2) aber weniger Ziersträucher (2.06 pro Parzelle, Erlensträsschen 4.8) kultiviert.

Mit Hilfe der bereits erstellten Datenbanken und den ersten Auswertungen der in der Frühjahrserhebung 94 aufgezeichneten Farbkombinationen sind erste, vorläufige Aussagen auf verschiedenen Ebenen möglich. So zeigt sich, dass die Gestaltungen der Gärtnerinnen sich nicht nach dem jahreszeitlichen Angebot richten (Tabelle 3).

Tabelle 3: Vergleich Angebot und Verwendung der fünf häufigsten Blütenfarben, März/April 1994.

Farbe	Prozentuale Verteilung in der Pflanzenliste	Prozentuale Verteilung in den Pflanzkombinationen
Gelb	37.0%	24.5%
Weiss	30.0%	16.0%
Blau	18.5%	25.0%
Rot	10.0%	30.5%
Orange	4.5%	4.0%
	100.0%	100.0%
Total	87 Pflanzen	512 Kombinationen

Mit Abstand die beliebteste Farbe ist rot, obwohl von jahreszeitlichen Angebot her nur wenige Pflanzen mit roten Blüten zur Verfügung stehen und rot im allgemeinen bei uns eine relativ seltene Blütenfarbe ist (Moor, 1962: 342): In 90% der Gärten sind rote Tulpen vertreten. Weiss und gelb hingegen, mit 37% bzw. 30% die häufigsten Blütenfarben in der Pflanzenliste, sind unterdurchschnittlich in den Gärten vertreten. Bei monochromen Bepflanzungen wird die Farbe blau mit Abstand am häufigsten verwendet (47 mal; rot 34 mal; weiss und gelb je 30 mal), dies ist vor allem auf die Beliebtheit von Bisamhyazinthen (*Muscari* spp.) und Blaukissen (*Aubrieta x cultorum*) zurückzuführen, die oft in grossen leuchtenden Flecken die Gärten zieren (Bisamhyazinthen kommen in 65 % und Blaukissen in 28% der Gärten vor).

Tabelle 4: Farben: Verteilung der Zweierkombinationen März/April 1994.

2er Kombination	Anzahl	Vorkommen in Mehrfach-Kombinationen	Total
rot/gelb	45	47	92
rot/blau	24	53	77
blau/gelb	11	39	50
rot/weiss	16	13	29
weiss/gelb	9	20	29
rot/orange	4	7	11
gelb/orange	2	9	11

Werden zwei Farben miteinander kombiniert, schwingt rot/gelb oben aus, gefolgt von rot/blau, also – wie im exotischen Beispiel aus dem fernen Neuguinea – Kombinationen von rot mit hell oder rot mit dunkel, seltener von dunkel und hell, d. h. blau mit gelb oder blau mit weiss. Die Triade rot/hell/dunkel ist also auch in den Basler Familiengärten prominent vertreten und beliebt.[10] Oder anders ausgedrückt, es werden mit Vorliebe die Primärfarben rot und blau oder rot und gelb miteinander kombiniert. Einige Farben werden überhaupt nicht miteinander kombiniert: orange mit weiss oder orange mit rosa; andere nie in Zweierkombination verwen-

---

[10] Berlin und Kaye, die die abstrakten Farbtermini von 98 verschiedenen Sprachen miteinander verglichen haben, kommen zum Schluss, dass die Termini für dunkel, hell und rot zu den grundsätzlichsten und weit verbreitetsten Farbbezeichnungen gehören (Berlin and Kaye, 1969:3).

det, so rosa und blau, oder rosa und weiss, die aber in der abgeschwächten Triade rosa/blau/weiss öfters auftauchen.[11]

Will man nun natürliche Vorbilder für die farbliche Gestaltung von Familiengärten suchen, wird man wohl am ehesten im Bereich der Kulturlandschaft, wie sie vor der Mechanisierung der Landwirtschaft bestand, fündig. Diese bäuerliche Kulturlandschaft scheint für einen solchen Vergleich umso geeigneter, als eine offensichtliche Verwandtschaft der Familiengärten mit Bauerngärten besteht: nicht nur ist die Pflanzenauswahl und die Kombination von Blumen, Gemüse sowie Würz- und Heilpflanzen sehr ähnlich, sondern auch die hölzernen Gartenhäuschen mit den rotkarierten Vorhängen erinnern an bäuerliche Vorbilder. Wie im exotischen Beispiel aus Neuguinea ist es dabei lohnend, neben der Gestaltung von Gärten, also von mehr oder weniger permanenten, künstlichen Pflanzengemeinschaften, auch ephemere Zusammenstellungen von Pflanzen einzubeziehen.

Die dunkel/rot/hell-, bzw. blau/rot/gelb-Triade ist nicht nur in den Basler Familiengärten, sondern auch bei ephemeren Pflanzenzusammenstellungen auffindbar: als Beispiel soll der klassische Halmfruchtstrauss aus Gerste oder Weizen, Mohn und Kornblume dienen. Solche Zusammenstellungen basieren auf bäuerlichen Traditionen. Hermann Christ (Christ, 1923: 126) beschreibt die Tradition des «Glückshämpfeli», wie sie noch 1914 im Birsigtal praktiziert wurde: etwa ein Quadratmeter des Feldes mit den schönsten Getreidehalmen wurde stehengelassen, nach beendigter Erntearbeit zeremoniell geschnitten, zum Kranz oder Strauss gewunden und zu Hause nahe dem Kruzifix aufgehängt. Der Halmfruchtstrauss wird also direkt der Vegetation der bäuerlichen Kulturlandschaft entnommen. Gerste, bzw. Weizen, Mohn und Kornblume wachsen zusammen in der im Gebiet Basels früher häufigsten Getreide-Unkrautgesellschaft, der Ackerfrauenmantel-Kamillengesellschaft (*Alchemillo-Matricarietum*) (Moor, 1962: 109-111; Brun-Hool, 1963: 65). «... Halmfruchtgesellschaften sind im Gegensatz zu den Hackfruchtunkrautgesellschaften viel farbiger; sie wirken froher und poesievoller und sind darum auch besser bekannt. Das Rot des Mohns und das Blau der Kornblume (*Centaurea cyanus*) sind in diesem Stockwerk die dominierenden Farben, dazu das Weiss und Gelb der Kamillen und das zartviolett untermalte Blass des Ackerhederichs (*Raphanus raphanistrum*)» (Brun-

---

11 Auch in der Auswertung der Sommererhebung zeigt sich, dass orange mit einigen Farben (rosa, blau und weiss) nie kombiniert wird; eine weitere «heikle» Farbe scheint purpur zu sein, das nie mit blau oder weiss kombiniert wird.

Hool, 1963: 66). Wie wichtig der Symbolgehalt des Halmfruchtstrausses immer noch ist, zeigt sich in der neuesten Werbekampagne eines Grossverteilers, in der ein ganzseitiges Bild eines Weizenfeldes ohne sichtbare Begleitflora für Integrierte Produktion (IP) und ein zweites ganzseitiges Bild von Weizen, Mohn und Kornblumen für Biologischen Landbau steht (CoopZeitung, 1995: 55 und 57).

Eine weitere, als klassisch empfundene rot/dunkel/hell-, bzw. rot/blau/weiss- Triade ist in der Schweiz weit verbreitet als Symbol für die alpine Vegetation, bzw. der Alpenwelt: die Zusammenstellung von Alpenrose, Enzian und Edelweiss. Allerdings, im Gegensatz zur Kombination von Ähre, Mohn und Kornblume, die den ins Auge springenden und darum allgemein bekannten Merkmalen der Ackerfrauenmantel-Kamillen-Gesellschaft entspricht, wachsen Alpenrose, Enzian und Edelweiss nicht zusammen – sie stellen zu unterschiedliche Ansprüche an Boden und Exposition (persönliche Mitteilung Andreas Erhardt). Es scheint, dass diese ephemere Pflanzenkombination, wie auch die vom Wald ins Grasland übetragenen *kaap*-Dekorationen der Yopno, abgeleitetet ist, das heisst nicht real geschauter und erlebter Landschaft entspricht, sondern im Zug der Entdeckung der Alpen und der Schweizerischen nationalen Selbstfindung nach einem bestehenden bäuerlichen Muster, dem Halmfruchtstrauss, konstruiert wurde.

Auch in den Familiengärten scheint die Alpenlandschaft neben der bäuerlichen Kulturlandschaft als Vorbild für pflanzliche Gestaltungen eine wichtige Rolle zuspielen: ein weiteres schmückendes Element der Familiengärten ist der «Garten im Garten». Dies ist eine aus dem übrigen Garten ausgegrenzte Fläche, die nicht betretbar ist und die seltener entweder sehr formal gestaltet wird oder eine «natürliche» Landschaft in Miniaturisierung zeigt. Auch hier sind Unterschiede zwischen den beiden untersuchten Familiengartenarealen feststellbar: während sich immerhin in jeder fünften Parzelle der «Spittelmatt» eine Landschaftsdarstellung findet (in 13 von 66 Parzellen), weist beinahe jeder zweite Garten des «Erlensträsschens» (9 von 20) eine (oder zwei), teilweise recht grossräumige, Landschaftsdarstellungen auf (vgl. Tabelle 2). Die beliebtesten Darstellungen sind Alpenlandschaften (insgesamt 9 von 28 Darstellungen), wobei einerseits typische Alpenblumen wie Enzian, Edelweiss oder Silberdistel angepflanzt werden, andereseits aber ebenso oft mit Steinen, niedrig wachsenden Polstern und einzelnen seltenen oder kostbaren Pflanzen (z. B. Orchideen) der Eindruck alpiner Vegetation erweckt wird, ohne dass die einzelnen Elemente der alpinen Flora zuzuordnen sind.

Noch beliebtere Motive als Alpenlandschaften im «Garten im Garten» sind Feuchtbiotope (11 von 28), wobei zu berücksichtigen ist, dass in den letzten Jahren in der Region Basel Feuchtbiotope durch Förderung und Empfehlungen von Biologen zu *dem* Biotop und zum Naturgebiet schlechthin geworden sind (vgl. z. B. Durrer, 1984). Für die Familiengärtnerinnen stellt damit ein Feuchtbiotop, also ein kleiner Tümpel mit der entsprechenden Bepflanzung, «Natur» in ihrer reinsten Form dar.

Dies sind Beispiele von Interpretationsmöglichkeiten, soweit dies mit den bis jetzt vorliegenden Daten möglich ist. In der Kultur- und Naturlandschaft haben sicherlich nicht bloss Halmfruchtgesellschaft und alpine Landschaft Vorbildcharakter bei der Anlage von Gärten, weitere Möglichkeiten sind zum Beispiel die Goldhaferwiesen der Bergstufe mit ihren Narzissen oder die bunte Krautschicht von Eichen-Hagenbuchen- oder Flaumeichenwald (Moor, 1962: 376-379).

Die nachfolgende Tabelle (Tabelle 5) zeigt die Verteilung der angebauten Pflanzen mit Ziercharakter, geordnet nach Lebensform im Jahresverlauf. Die Pflanzen wurden dann aufgenommen, wenn sie blühten oder anderweitig Zierqualitäten aufwiesen (z. B. Früchte). Darin eingeschlossen sind nicht bloss Blumen, sondern auch diejenigen Nutzpflanzen, die von den Gärtnerinnen als Zierpflanzen behandelt wurden.

Tabelle 5: Verteilung der Pflanzen nach Lebensform.

	Ein-und zwei-jährige	Mehr-jährige	Zwiebeln und Knollen	Schlinger	Sträucher	Bäume	
März/April	10.5	40.0	24.5	2.0	13.0	10.0	100 %
Mai/Juni	20.0	64.0	2.5	2.5	8.5	2.5	100 %
Juli/August	44.5	42.5	7.0	1.5	4.5	-	100 %
September	49.0	28.5	1.0	13.5	4.5	3.5	100 %

Die auffälligsten Lebensformen im Frühjahr sind natürlich die Zwiebel- und Knollenpflanzen, also die Frühlingsgeophyten, dann im Frühsommer folgen die mehrjährigen Stauden, im Spätsommer die einjährigen Sommerblumen und schliesslich die Schlingpflanzen.

Der hohe Anteil von Schlingpflanzen im September (13.5%) ist vor allem auf die Verwendung von verschiedenen Bohnensorten, Gurkenarten und anderen rankenden und windenden Gemüsen bei der Gestaltung des Gartenraumes zurückzuführen. Viele dieser Schlingpflanzen werden an Spalieren und Pergolen gezogen, aber auch andere Konstruktionen werden verwendet, um gezielt vertikale Akzente zu setzen und/oder den Garten abzuschirmen. Auch in den Basler Familiengärten wird also – wie bei den Yopno – der Kontrast von hoch und niedrig (bzw. gross und klein) betont, und Schlingpflanzen werden als besondere Gestaltungselemente geschätzt.

Nicht nur bei der Präferenz für Schlingpflanzen zeigen sich Ähnlichkeiten mit den pflanzlichen Gestaltungen der Yopno, sondern auch bei der Verwendung von Nutzpflanzen zur Gartengestaltung. In den Familiengärten werden nicht nur Gemüse in Mischkulturen gepflanzt, sondern die Gemüse auch oft mit Blumen gemischt angebaut (in 28% der Gärten): Zum Beispiel sind blauschimmernde Rotkohlköpfe zwischen leuchtend orange und gelbe Ringelblumen (*Calendula officinalis*) oder Studentenblumen (*Tagetes* spp.) gepflanzt.

Die reinen Gemüsemischkulturen (in 60% der Gärten) stellen eine Verbindung des Schönen mit dem Nützlichen dar. Viele Gärtnerinnen bemühen sich, ihre Gemüse dem Auge gefällig anzulegen, mit zum Beispiel einem Wechsel von rotem mit grünem Kopfsalat oder von Randen mit Pflücksalat – also mit den bewährten Rhythmen der Unterschiede von Blattformen und -farben. Solche Gemüsekombinationen werden auch im biologischen Gartenbau empfohlen, da sich die Pflanzen so besser entwickeln können und Schädlinge vorbeugend abgewehrt werden. 60% der in den Familiengärten angelegten Pflanzkombinationen gelten als günstige Nachbarschaft, 37.5% als neutral, und nur 2.5% der von uns aufgezeichneten Kombinationen haben eher negative Auswirkungen (Arbeitsgruppe Biogarten, 1987/88 und 1990). Die Gemüsemischkulturen in den Familiengärten stellen damit das Bestreben einer Verbindung des Schönen mit dem Nützlichen dar – *tai*, wie die Yopno sagen würden – eine Verbindung, die uns durch die weitgehende Entflechtung von Gartenkunst und Nahrungsbeschaffung, d.h von ästhetischer und nützlicher Komponente, verloren gegangen ist. Diese Komponenten sind verschiedenen Gruppen zugewiesen: hie Bauer (Produzent), dort Ästhet (Konsument), mit deutlich wahr-

nehmbaren Folgen, wie der Verödung der Kulturlandschaft mit den entsprechenden ökologischen Konsequenzen. In den Basler Familiengärten wird also eine Art Idylle konstruiert und
gelebt. Dabei ist der Begriff «Idylle» nicht wertend zu verstehen, sondern bezeichnet den angestrebten Zustand der Harmonie des Nützlichen mit dem Schönen. Eine Harmonie, die offensichtlich im Alltag nicht (mehr) erfahren werden kann, denn anders als in Nokopo, wo die Anlage eines Nutzgartens, der die Grundlage der Ernährung darstellt, mit ästhetisch befriedigen-
dem Handeln verbunden ist, gelingt dies im Schweizerischen Alltag ungleich schwerer. Die
Basler Familiengärtnerinnen zeigen – folgt man den Gedankengängen des Naturphilosophen
Gernot Böhme (1989) – in der Gestaltung ihrer Gärten durch ihr Streben nach einer Verbindung des Nützlichen mit dem Schönen deutlich ihre «Befindlichkeit in der Umwelt». Befindlichkeit ist dabei unmittelbar durch sinnliche Wahrnehmung erzeugt und ist, so wie die Schönheit eine Dimension des Gutseins ist, eine Dimension der allgemeinen Lebensqualität (Böhme,
1989: 46-50).

Ästhetische Präferenzen im Umgang mit Pflanzen geben Aufschluss über die Befindlichkeit
der Menschen in ihrer Umwelt und damit über ihre Haltung der «Natur» gegenüber. Die Yopno von Nokopo trachten mit ihren pflanzlichen Kombinationen dem Wald, dem konzeptuellen
Ursprung ihres Seins, näher zu kommen. Die Basler Familiengärtnerinnen geben mit ihren
Kompositionen vielleicht der Sehnsucht nach einer «intakten», vorindustriellen Kulturlandschaft oder einer idealisierten Alpenwelt Ausdruck.

Literatur

Arbeitsgruppe Biogarten (1987/88) Wegleitung zum biologischen Gartenbau für Anfänger. Zollbrück, Bern.
Arbeitsgruppe Biogarten (1990) Wegleitung zum biologischen Gartenbau für Fortgeschrittene. Zollbrück,
    Bern.
Bateson, G. (1979) Mind and Nature. A Necessary Unity. E.P. Dutton, New York.
Berlin, B. and Kaye, P. (1969) Basic Color Terms. Their Universality and Evolution. University of California
    Press, Berkeley and Los Angeles.
Boas, F. (1955/1927) Primitive Art. Dover Publications, New York.
Böhme, G. (1989) Für eine ökologische Naturästhetik. edition suhrkamp, Suhrkamp, Frankfurt a.M.
Borchardt, R. (1987/1968) Der leidenschaftliche Gärtner. Franz Greno, Nördlingen.
Brun-Hool, J. (1963) Ackerunkraut-Gesellschaften der Nordwestschweiz. Beiträge zur geobotanischen Lan-
    desaufnahme der Schweiz, Heft 43. Bern.

Christ, H. (1923) Zur Geschichte des alten Bauerngartens der Schweiz und angrenzender Gegenden. Benno Schwabe & Co, Basel.

CoopZeitung 8 (1995).

Durrer, H. (1984) Wir beobachten am Weiher. Anleitung zum Beobachten von Tieren und Pflanzen in einem erschlossenen Naturschutzgebiet. Gemeinde Riehen, Riehen.

Familiengarten-Ordnung (1984) Vorschriften über Anlegung, Bepflanzung und Unterhalt der Familiengärten. Staatliche Kommission für Familiengärten des Kantons Basel-Stadt, Basel.

Gagné, W.C. (1982) Staple crops in subsistence agriculture: their major insect pests, with emphasis on biogeographical and ecological aspects *In*: Biogeography and Ecology of New Guinea, herausgegeben von Gressitt, J.L., W. Junk, The Hague, Boston, London. Monographiae biologicae Vol. 42.

Henty, E.E. (1982) Grasslands and Grassland Successions in New Guinea *In*: Biogeography and Ecology of New Guinea, herausgegeben von Gressitt, J.L., W. Junk, The Hague, Boston, London.

Kocher Schmid, Ch. (1990) Magic and scent. The role of indigenous gingers and peppers among the Nokopo people of the Yupna area, Madang and Morobe Provinces, Papua New Guinea. *Research in Melanesia 14*: 22-30.

Kocher Schmid, Ch. (1991) Of People and Plants. A Botanical Ethnography of Nokopo Village, Madang and Morobe Provinces, Papua New Guinea. Basler Beiträge zur Ethnologie 33. Ethnologisches Seminar der Universität Basel und Museum für Völkerkunde in Kommission bei Wepf & Co., Basel.

Moor, M. (1962) Einführung in die Vegetationskunde der Umgebung Basels in 30 Exkursionen. Lehrmittelverlag des Kantons Basel-Stadt. Basel.

Paijmans, K. (1975) Explanatory Notes to the Vegetation Map of Papua New Guinea. C.S.I.R.O.

Richards, P.W. (1952) The Tropical Rain Forest. An Ecological Study. Cambridge University Press, Cambridge.

Thistleton, B.M. (1984) Taro Beetles. *Harvest 10.1*: 32-35.

Voltz Vogler, Ch. (o.J.a) Entstehung und Entwicklung von Kleingärten (Deutschland, Schweiz mit Schwergewicht Basel); *Unveröff. Manuskript.*

Voltz Vogler, Ch. (o.J.b.) Pflanzliche Ästhetik in Familiengärten. Referat gehalten am Studientag «Garten – Hineingeholte Natur», 16. Dez. 1994; *Unveröff. Manuskript.*

«Tödliche Sicherheit»: Zur Entwicklung der Un-Natur

Ursula Brechbühl und Lucienne Rey

Die gegenwärtige Auseinandersetzung mit der ökologischen Bedrohung steht in der Schweiz im Zeichen wachsender Gegensätze zwischen den verschiedenen Sprachgruppen: Das landläufige Cliché zeigt einen gewissenhaften Deutschschweizer, dem das Waldsterben zu Herzen geht, während der lebensfrohe Lateiner seine Leichtfüssigkeit nicht einmal angesichts der Umweltkrise verliert. Die sprachliche Zugehörigkeit – so legen es diese Stereotypen nahe – entscheidet über den Grad an Umweltbewusstsein.

Im vorliegenden Beitrag werden wir versuchen, uns dem Problemfeld sprachlich tradierter «Weltsichten» und Naturbilder zu nähern, ohne dabei den altbekannten Stereotypen zu erliegen; anhand eines thematischen Beispieles möchten wir skizzieren, wie sich das Gewahrwerden der Umweltproblematik im alltäglichen Gespräch niederschlägt und verändert, und in einem Vergleich von Texten aus der deutschen, der französischen und der italienischen Schweiz wird es dann darum gehen, die Unterschiede im Umweltdiskurs der verschiedenen Sprachgruppen herauszuarbeiten und zu spezifizieren.

Als thematisches Beispiel dient uns der technisch-industrielle Gesprächsgegenstand «Beton», mit eingeschlossen in die Untersuchung sind vergleichbare Materialien wie Zement, Asphalt und Teer. Der Zugang über ein Thema, das auf den ersten Blick nur indirekt mit ökologischen Belastungen in Beziehung steht, bietet in einem sprachrelativen Vergleich insofern gewisse Vorteile, als dieser lockere Zusammenhang besonders weiten interpretativen Freiraum lässt und somit gewisse sprachlich-kulturelle Unterschiede deutlicher zutage treten können.

Zunächst wird es indessen darum gehen, die theoretische Basis für unser Fallbeispiel darzulegen (1.) und anschliessend im empirischen Teil (2.) die gewählte Methode zu illustrieren (2.1), bevor anhand der Textbeispiele (2.2) die Analyse (3.) vorgestellt und schliesslich zu den Folgerungen und deren politischen Implikationen (4.) übergeleitet wird.

1. Theoretische Grundannahmen

Natur, Kultur und Sprache

In welchem Verhältnis stehen biologische Gegebenheiten, Sprache und Kultur zueinander? Neuere Forschungsergebnisse sprechen für die Annahme, dass die Funktionsweise der Sprache am ehesten zu verstehen ist, wenn eine vermittelnde Position eingenommen wird zwischen den beiden Extremhypothesen einer «welt»-unabhängigen Sicht einerseits, welche Sprache als rein geistiges System betrachtet, und einer naturdeterministischen Auffassung andererseits, wonach die natürliche Beschaffenheit der Welt und des menschlichen Kognitionsapparates den Aufbau der Sprache bestimmt. Heute geht man davon aus, dass die biologische Ausstattung des Menschen die Basis für bestimmte geistige Fähigkeiten und Ordnungsprinzipien legt, die sich auch in der sprachlichen Gliederung der «Welt» widerspiegeln: von Bedeutung sind hierbei insbesondere der neurophysiologische Apparat des Menschen, aber auch seine Körpererfahrung, welche gewisse Interaktionsweisen mit der physisch-materiellen Umwelt näher legt als andere.

Diese grundlegende Gliederung der ontologischen Gegebenheiten, etwa die Unterteilung von Tieren und Pflanzen in verschiedene Arten, wird nun aber unterschiedlich organisiert, und zwar in Abhängigkeit von dem, was in einer Kultur als zentral gilt und was als peripher. Die sprachliche Taxonomie kann dabei vom Glaubenssystem so gut wie von der vorherrschenden Wirtschaftsweise und dem jeweiligen Lebensraum geprägt werden: so führt etwa bei den Cora aus dem mexikanischen Hochland die alltägliche Erfahrung zu einer detaillierten Unterscheidung von Hügelformen; «... for the Cora, who live in the mountains of Mexico, basic hill shape (top, slope, bottom) is a highly structured and fundamental aspect of their constant experience. It is not only conceptualized, but it has been conventionalized and has become part of the grammar of Cora (...) Cora speakers may have the (s)ame conceptualizing *capacity* as we do, but they have a different *system*, which appears to arise from a different kind of fundamental *experience* with space» (Lakoff, 1987: 310, kursiv im Original).

Wir betrachten die Sprache also als «Ordnungssystem» einer bestimmten Sprachgemeinschaft, das den Menschen kulturell tradierte Kategorien vorgibt, anhand derer sie die ontologischen Tatsachen gedanklich gliedern. In diesem Sinne ist Sprachgeschichte gleichzeitig auch Kulturgeschichte; einer der ersten Ethnologen, die von weitgehenden Entsprechungen zwischen Kultur und Sprache ausgingen, war Claude Lévi-Strauss.

Langue und parole – Sprache und Sprechen

Unsere Auffassung über Struktur und Aufbau der Sprache lehnt sich stark an die Grundsätze Ferdinand de Saussures an, der mit seinem Werk «Cours de linguistique générale» den Grundstein für die moderne Linguistik gelegt hat. Dabei geht es in erster Linie darum, das «Sprachsystem» (langue) von der «Sprechverwendung» (parole) zu unterscheiden: Die Sprache selbst (langue) wird hier als abstraktes, überindividuelles und soziales System von Zeichen und Regeln definiert, während die «Sprachverwendung» (parole) als Realisierung der Langue individuell und konkret ist. Ziel einer solchen strukturalistisch orientierten Sprachwissenschaft ist schliesslich die Erforschung der systematischen Regularitäten der Langue mittels Daten der Parole.

Bezeichnend für das abstrakte Sprachsystem ist sein relationaler Charakter; einzelne Sprachelemente können demnach nicht isoliert betrachtet, sondern nur aus ihren Beziehungen untereinander sinnvoll analysiert werden: «Tout ce qui précède revient à dire que *dans la langue il n'y a que des différences*. (...) la langue ne comporte ni des idées ni des sons qui préexisteraient au système linguistique, mais seulement des différences conceptuelles et des différences phoniques issues de ce système. Ce qu'il y a d'idée ou de matière phonique dans un signe importe moins que ce qu'il y a autour de lui dans les autres signes» (Saussure, 1915/1985: 166, kursiv im Original). Mit anderen Worten: Seinen Gehalt gewinnt ein sprachliches Element – ein Wort oder ein Ausdruck – aus der Beziehung zu den anderen Elementen der Sprache. Saussure (Saussure, 1915/1985: 175) verdeutlicht an einem Beispiel einige Relationen, welche zwischen verschiedenen sprachlichen Zeichen auftreten können: der Ausruck «enseignement» (Ausbildung) ruft bei einem Mitglied der französischen Sprachgemeinschaft auf verschiedenen sprachstrukturellen Ebenen unterschiedliche Assoziationen auf – von sinnverwandten oder synonymen Ausdrücken wie «apprentissage», «éducation», etc. bis hin zu Wörtern, die eine analoge Morphologie aufweisen (z. B. «ornement», «clément»).

Um die massgeblichen sprachlichen Einheiten methodisch überhaupt isolieren zu können, schlägt Saussure vor, sie zueinander in Opposition zu stellen: Der Gehalt eines sprachlichen Elementes konstituiert sich darin, dass es von einem anderen Element unterschieden wird – und zwar auf grammatikalischer wie auch auf semantischer Ebene: «... la langue a le caractère d'un système basé complètement sur l'opposition de ses unités concrètes» (Saussure, 1915/1985: 149).

Dieser Sachverhalt lässt sich dadurch veranschaulichen, dass z. B. Mitgliedern der deutschen Sprachgemeinschaft auf der grammatikalischen Ebene die Opposition zwischen Einzahl (Singular) und Mehrzahl (Plural) geläufig ist oder dass sie auf der semantischen Ebene «Zeitung» von «Buch» unterscheiden und damit beides (je nach Kommunikationszusammenhang: etwa, wenn von den Erzeugnissen des Druckereigewerbes die Rede ist) in Opposition zueinander stellen können. Zentral scheint uns dabei zu sein, dass diese Gegenüberstellungen nicht von sich aus gegeben sind und ontologisch «existieren»; vielmehr werden die im sprachlichen System virtuell angelegten Oppositionen in der Sprachverwendung aktualisiert und vom Sprachforscher nachgezeichnet.

«Beton» versus «Natur»

Unser thematisches Beispiel setzt ebenfalls bei einer Opposition an, und zwar gehen wir (zunächst einmal intuitiv) von der heutigen Gesprächssituation im Alltag aus, wo – zumindest im deutschen Sprachraum, dem wir beide angehören – die «Beton-» oder «Asphaltwüsten» als Gegensatz zur «grünen Natur» gesetzt werden: «Von der Mafia heisst es, sie pflege ihre Opfer in Beton zu beerdigen. Wir machen das mit unserer Restnatur», bringt Lieckfeld (1993: 159) diese Gegenüberstellung auf eine griffige Formel. Insofern wird hieran der Bezug zur Theorie ersichtlich, wie sie durch Saussure vorgezeichnet wird.

Im Unterschied zur Linguistik Saussurescher Prägung, die sich letztlich zum Ziel setzt, Struktur und Regularitäten des sprachlichen Systems (der langue) aufzudecken, siedelt sich unsere Analyse vorerst auf der Ebene der Parole, der Sprachverwendung, an: Wir beschränken uns darauf, beispielhaft anhand konkreter Äusserungen, Verwendungsmöglichkeiten für die Ausdrücke «Beton», «Zement», «Asphalt» und «Teer» zu sammeln und zu vergleichen, um schliesslich zu Aussagen über die Stellung dieser Ausdrücke im jeweiligen sprachlichen System zu gelangen.

Für unsere Fragestellung ist es wichtig, dabei die eigentliche Bezeichnung des Objektes (Referenzbedeutung) von den affektiven Nebenvorstellungen (den Konnotationen) zu unterscheiden: «Zwei Wörter (...) könnten die gleiche referentielle Bedeutung haben, aber sich in ihrer emotiven Bedeutung unterscheiden: z. B. «Pferd» und «Ross». ... Die Opposition zwischen einer zentraleren oder stilistisch neutralen Bedeutungskomponente und einer mehr peripheren oder subjektiven ist in Diskussionen über Synonymie gang und gäbe» (Lyons, 1980: 188). Wenn wir also von der heutigen Gesprächssituation im Alltag ausgehen, sind weniger die bloss (kognitiven) Bezeichnungen der modernen Werkstoffe Beton, Zement und Asphalt und der thematische Zusammenhang von Belang, in welchem sie Erwähnung finden, sondern es sind gerade die affektiven Nebenbedeutungen, welche Aufschluss über die dahinterliegenden Wertvorstellungen geben. Wir betrachten «Beton» und seine Entsprechungen weniger im zentralen, wörtlichen Sinn, als im peripheren, metaphorischen; der mittlerweile feststehende Ausdruck «die politischen Verhältnisse sind zementiert» mag illustrieren, auf welche Weise unterschwellige Wertungen über eine Metapher mitgeteilt werden: laut Duden (1983) wird damit ausgedrückt, dass «etwas, was als nicht günstig, gut o.ä. angesehen wird, unverrückbar und endgültig (gemacht wird)». Die kommunikativen Akte prägen so gesehen semiotische Werte, die mit der Zeit in das (abstrakte) Sprachsystem übergehen und zu einem festen Bestandteil davon werden können.

Es muss unbedingt betont werden, dass die Gegenüberstellung von «Beton» und «Natur», der eigentliche Ausgangspunkt der Analyse, *nicht* als «linguistische Opposition» im eigentlichen Sinne aufgefasst werden darf: es geht uns um die Untersuchung eines intuitiv festgelegten und «kulturell» verankerten Gegensatzpaars und nicht um eine Rekonstruktion der Langue, wie sie Saussure für die sprachwissenschaftliche Disziplin fordert. Dabei sind es vor allem methodische Gründe (insbesondere der fragmentarisch und zufällig gebildete Korpus), die eine orthodoxe linguistische Untersuchung in diesem Fall ausschliessen.

Eine zweite Abgrenzung gegenüber einer linguistisch kohärenten Methode ergibt sich daraus, dass für Saussure die Analyse der Langue in der Synchronie zu erfolgen hat, was heisst, dass die sprachliche Struktur nur als Momentaufnahme, aus einem statischen Zustand heraus, erfasst werden kann. Nur so ist es möglich, die Beziehungen zwischen den sprachlichen Elementen in ihrem Gleichgewicht aufzudecken; die diachrone Untersuchung wird zwar in einem zweiten Schritt möglich, aber erst *nachdem* die massgeblichen sprachlichen Einzelelemente in der synchronen Analyse ermittelt wurden. Demgegenüber verbindet unser Ansatz die synchrone mit der diachronen Betrachtungsweise: Zum einen streben wir einen synchronen Vergleich der Art und Weise an, wie «Beton» in den verschiedenen Sprachräumen der Schweiz zur Sprache gebracht wird, zum anderen versuchen wir aber auch, in der Diachronie den Wandel der Konnotationsketten nachzuzeichnen, dem sich «Beton» im Lauf der letzten 90 Jahre unterzog.

Das diachrone Element unserer Studie inspiriert sich an der Semiotik, wie sie von *Roland Barthes* und *Umberto Eco* vertreten wird. Namentlich Eco setzt eine enge Beziehung zwischen (sprachlicher) Semantik und Kultur voraus: «... jeder Aspekt der Kultur wird zu einer semantischen Einheit» (Eco, 1972/1991: 36).

Allerdings gibt Eco zu bedenken, dass das Aufschlüsseln der massgeblichen kulturellen Begriffsfelder sich in der Praxis oft als schwierig erweist, da «*in einer bestimmten Kultur einander widersprechende semantische Felder existieren können*» (Eco, 1972/1991: 94, kursiv im

Original). Die Berücksichtigung der Diachronie drängt sich aus Ecos Sicht insofern auf, als sich ein semantisches Feld in ein und derselben Kultur «… äusserst schnell auflösen und in ein neues Feld umstrukturieren (kann)» (ebd.).

Eco illustriert diese Komplikation an einem Fallbeispiel, anhand der Umbewertung, welche der künstliche Süssstoff Cyklamat in der amerikanischen Öffentlichkeit erfahren hat: Während zu Beginn der sechziger Jahre die Vorteile des Cyklamates als kalorienarmes Mittel zur Vorbeugung von Übergewicht und Herzinfarkt im Vordergrund standen, deckte 1969 eine wissenschaftliche Untersuchung unvermutet die karzinogene Wirkung von Cyklamaten in Diätnahrung auf. Alle mit Cyklamat versehene Diätnahrung musste aus dem Handel gezogen und die Packungen und Reklamen für die neue Diätnahrung gar mit dem Hinweis «with sugar added» versehen werden. Diese neue Reklame wurde von den Verbrauchern offensichtlich akzeptiert, was Eco (1972/1991: 95-96) mit der Umstrukturierung der semantischen Achsen erklärt: Vor der wissenschaftlichen Untersuchung stand die folgende semantische Achse, bzw. Konnotationskette «*Zucker = dick = Herzinfarkt möglich = Tod (daher: Zucker = Tod)*» in Opposition zu «*Cyklamat = schlank = kein Herzinfarkt = Leben (daher: Cyklamat = Leben)*». Die unvermutet auftretende Botschaft der karzinogenen Eigenschaften des Cyklamates strukturierten die Konnotationsketten um, es stand nun plötzlich «*Zucker = dick = Herzinfarkt möglich = Leben möglich (daher: Zucker = Leben)*» im Gegensatz zu «*Cyklamat = Krebs sicher = Tod sicher (daher: Cyklamat = Tod)*».

2. Empirie

2.1 Methodisches Vorgehen

Wie bereits erwähnt, ist unsere im folgenden dargestellte Empirie in weiten Teilen vom aufgeführten Beispiel Umberto Ecos beeinflusst. Anders als im Beispiel Ecos beschränken wir uns allerdings nicht auf ein einzelnes Wort («Beton»), sondern beziehen auch Bezeichnungen in die Untersuchung ein, die im Alltagsgespräch häufig als Ersatz oder gar als Synonym für Beton verwendet werden. Wir möchten damit letztlich die Frage beantworten, ob die Demarkationslinie zwischen «Beton» und «Natur» im Alltagsgespräch der beiden anderen (grösseren) Schweizer Sprachgemeinschaften ähnlich gezogen wird wie im Deutschen. Dabei schliessen wir uns allerdings dem Vorbehalt Ecos an, wonach die Frage nach der «wirklichen» Existenz semantischer Felder nicht fruchtbar sei und diese vielmehr als Instrumente *angenommen* werden sollten, «die man zur Erklärung der signifikanten Oppositionen braucht, um eine bestimmte Gruppe von Botschaften untersuchen zu können» (Eco, 1972/1991: 98).

Es ist anzumerken, dass die hier vorgestellte Analyse des Alltagsgesprächs über Beton ein Nebenprodukt der eigentlichen Untersuchung ist: Ihr eigentliches Ziel besteht darin, die Art und Weise aufzuzeigen, wie «Natur» und «Naturgefährdung» im Laufe dieses Jahrhunderts zur Sprache gebracht wurde, bzw. noch immer im Gespräch ist.

Um den heutigen Umweltdisput historisch verankern und dabei von der Alltagssprache einer möglichst breiten Öffentlichkeit ausgehen zu können, beruht unsere Empirie auf Texten aus Tageszeitungen. Wir suchten für die deutsche, die französische und die italienische Schweiz je drei Titel aus, welche das Meinungsspektrum der wichtigsten Parteien (freisinnig, katholisch-konservativ und neutral) abdecken. Den zu erforschenden Zeithorizont steckten wir von der Jahrhundertwende bis in die Gegenwart und wählten alle zehn Jahre gezielt einen einwöchigen Zeitschnitt aus, für welchen sämtliche Meldungen erhoben wurden, welche mit «Natur» in Zusammenhang gebracht werden können.

Dem möglichen Einwand der «Ungenauigkeit» und «Zufälligkeit» einer stichprobenhaften Auswahl sei an dieser Stelle mit einem Zitat *Barthes* entgegnet, der über den Aufbau eines semiologisch konsistenten Korpus folgendes ausführt: «Für eine semiologische Untersuchung kommt es in der Tat darauf an, einen Corpus zu bilden, der mit allen möglichen *Differenzen* (...) (der untersuchten, Ergänzung U.B. und L.R.) Zeichen hinreichend gesättigt ist; dagegen spielt es keine Rolle, ob sich diese Differenzen mehr oder minder wiederholen. Denn was den Sinn ergibt, ist nicht die Wiederholung, sondern die Differenz (...) Das Ziel besteht hier darin, Einheiten zu unterschieden, nicht aber, sie zu zählen» (Barthes, 1985: 21, kursiv im Original).

2.2 «Beton», «Zement», «Asphalt» und «Teer»: relevante Textbeispiele

Durchsucht man dieses mehr als 3000 Artikel umfassende Korpus nach Meldungen, welche die Wörter «Beton», «Zement», «Asphalt» oder «Teer» enthalten, reduziert sich der Umfang drastisch: insgesamt finden sich rund 100 Artikel (52 aus der deutschen, 33 aus der französischen und 23 aus der italienischen Schweiz), die den Baustoff Beton oder gleichwertige Materialien erwähnen. Es versteht sich von selbst, dass aufgrund dieser schmalen Stichprobe die Folgerungen allenfalls in Form von Thesen gezogen werden können und keine abschliessende linguistische Bearbeitung des Themas «Moderne Baustoffe» zu erwarten ist. Dennoch weist das Vorgehen auch Vorteile auf, indem es Gewähr dafür bietet, dass eine Zufallsauswahl aus der alltäglichen öffentlichen Kommunikation über Beton getroffen wurde. Um das folgende Textkorpus übersichtlich zu gestalten, beschränken wir uns auf jene Artikelausschnitte, die für eine weiterreichende Interpretation geeignet sind: so wurde bei mehreren Artikeln mit identischem Wortlaut nur einer aufgeführt, Meldungen, bei denen «Beton» oder «Zement» nur im Firmennamen oder als Standortbezeichnung erscheint («Portland-Cement-Fabrik») und andere, bei denen das Wort in einem für die Beziehung von Beton, Natur und Mensch irrelevanten oder gar irreführenden Sinnzusammenhang auftaucht, wurden gestrichen.

Selbst anhand der isolierten Artikelfragmente fällt bei einer gesamthaften Betrachtung der Texte der markante stilistische Wandel auf, der sich im Lauf der letzten 90 Jahre in allen drei Sprachräumen vollzogen hat: Während die Artikel der ersten Zeitschnitte «literarischer» wirken und, angereichert mit Eigenschaftswörtern und persönlichen Wertungen der Autoren, viel «farbiger» ausgestaltet sind, setzt sich mit der Zeit ein nüchterner, oft mit technischen Ausdrücken durchsetzter Stil durch.

Deutsche Schweiz 1904 - 1989

1. Zeitschnitt 1904
«Der grosse, prachtvolle Weiher steht fertig da, er ist ein in geschwungenen Linien verlaufendes Cementbekken». (National-Zeitung)
In diesem Artikel wird auf den Bau des neuen Erlen-Tierparks Bezug genommen.

«In mehreren Blättern war vor kurzem zu lesen, dass für das Decken von Häusern ect. ein neuer Stoff, Eternit-Asbestzement-Schiefer, fabriziert werde ...» (Vaterland)
Diese Meldung weist darauf hin, dass sich «Eternit-Asbestzement-Schiefer» als Dachabdeckung nicht bewährt habe, weil er zu sehr bröckelt.

2. Zeitschnitt 1913

«Über diese Tobel mit ihren so ungleichen, zumeist geringfügigen, dann wieder plötzlich gewaltig anschwellenden Sturzbächen helfen nur grosse, kostspielige Brücken hinweg. Sie sind, wie alle Hochbauten des Trassees, aus Eisenbeton erstellt und von vorbildlich einfacher und ins Gelände diskret eingefügter Form». (Neue Zürcher Zeitung)
Es handelt sich um eine als Reisebericht gestaltete Beschreibung der Bahnlinie Chur-Arosa.

3. Zeitschnitt 1925

«Bei der Begehung des unvollendeten Bauwerkes und seiner provisorischen Rüstungen ist ausserordentliche Vorsicht am Platze, da sich durch Fehltritte leicht folgenschwere Abstürze in die 5 bis 10 Meter hohen Betonkammern ergeben könnten.» (Neue Zürcher Zeitung)
Diese Warnung richtet sich an Personen, die den Neubau der Kläranlage Werdhölzli besichtigen möchten.

«Natürlich benutzt man auch für die Fortführungen vorteilhaft Freileitungen, die von Holz, Eisen- oder Eisenbetonmasten getragen werden.» (Neue Zürcher Zeitung)
Die Aussage findet sich in einem Bericht, der sich mit der Stromversorgung in der Landwirtschaft auseinandersetzt.

«Der alte Restiturm steht auf der Lauer. Glotzt gegen die Grimsel hin, wo am Morgen weisse Föhnbänke aufsteigen und zwinkert gegen Brienz hinunter, wenn der See in der Abendsonne aufblitzt, wie das Kammerfenster eines tausendwöchigen Jümpferleins. ... Vor Jahren hat man seine Zinnen zurechtgestutzt und mit Zementplatten zugedeckt. Es ist nicht schön. – Schade – Immerhin – er trägt die Platten wie eine Kappe, wie ein Barett und brütet darunter in seinem müden Hirn: Das waren noch Zeiten - ah ... ha.» (Neue Zürcher Zeitung)
Die Landschaft von Meiringen im Berner Oberland wird hier poetisch beschrieben.

4. Zeitschnitt 1935

«Die französische Regierung hat die amtliche Prüfung der Erfindung eines Meteorologen angeordnet, durch die die Sahara in einen blühenden Garten verwandelt werden soll. Es handelt sich um 600 Meter hohe Schornsteine aus Eisenbeton, durch die warme Bodenluft zu der kalten Höhenluft geleitet wird, um den dort vorhandenen Wasserdampf zu kondensieren und so nach Belieben Regen hervorzubringen ...» (National-Zeitung)
Die französische Regierung plant, in der Sahara ein Projekt zur künstlichen Beregnung zu lancieren.

5. Zeitschnitt 1946

«In Hiroschima (sic) sind die Betonhäuser von besonders starker Bauart, und zwar wegen der häufigen Erdbeben, von denen Japan heimgesucht wird. Die wenigen Bauten dieser Art wurden nicht zertrümmert, erlitten aber innen durch Einsturz des Daches und durch Brände schwere Schäden. Normale Eisenbetongebäude europäischer Konstruktion blieben in einer Entfernung von 800 und mehr Metern vom Zentrum der Zerstörung vor dem Einsturz verschont. Leichte Betonbauten, wie Fabrikhallen und Lagerschuppen, wurden 1,6 Kilometer und weiter vom Zentrum entfernt völlig vernichtet. (...) Alle Holzbauten und Holzteile, auch in Betonhäusern, bis zu 1,2 Kilometer vom Zentrum, verbrannten;» (National-Zeitung, gleicher Wortlaut in der Neuen Zürcher Zeitung)

Die Meldung erscheint im Zusammenhang mit dem ersten Atombombenversuch auf dem Bikini-Atoll im Pazifik; bei dieser Gelegenheit wird ein englischer Bericht über die Auswirkungen des A-Bombenabwurfs über Hiroshima und Nagasaki zitiert.

«Auf dem Korallenriff, das den Meeresspiegel nur um wenige Meter überragt, wurden 35 Meter hohe Türme aus Stahl und Beton errichtet und auf diesen, gegen schädigende Wirkungen (von atomarer Strahlung, Ergänzung U.B und L.R.) geschützt, eine Batterie von Photoapparaten, Kinoaufnahmeapparaten und Fernsehgeräten angeordnet.» (Neue Zürcher Zeitung)
Bezieht sich auf den Atombomben-Versuch.

«Compton (ein Arzt, Ergänzung U.B. und L.R.) fügte hinzu: «Wahrscheinlich würden zwei bis drei Meter Eisenbeton die Menschen vor den tödlichen Gamma-Strahlen schützen». (Neue Zürcher Zeitung)
Bezieht sich auf den Atombomben-Versuch.

«Granit und anderes Naturgestein mit rauher Oberfläche zeigte Verschlackungserscheinungen; Backstein- und Zementmauern wiesen rot ausgebrannte und zerfallene Stellen auf, und der Asphaltbelag der Strassen begann geradezu zu sieden, worauf sich grosse dunkle Blasen bildeten.» (National-Zeitung, gleicher Wortlaut in der Neuen Zürcher Zeitung)
Bezieht sich auf den Atombomben-Versuch, bzw. auf den englischen Bericht über Nagasaki und Hiroshima.

«Der Damm übertrifft in den Längedimensionen sowohl den Boulder, als auch den Fontanadamm, und leitende Ingenieure klärten uns auf, dass das Prädikat des «grössten Dammes der Welt» nicht der Anlage im Tennessey-Valley, sondern dem Grand Coulee Dam zukommt. Für die 1391 Meter lange, 183 Meter hohe und an der Basis 167 Meter dicke Staumauer waren 10 Millionen Kubikmeter Zement notwendig.» (National-Zeitung)
Dieser Reisebericht beschreibt Amerika und seine «Wunder» – darunter auch der Grand Coulee Dam.

6. Zeitschnitt 1958

«Die Totalhöhe des Atomiums ist 102 m, mit dem Blitzableiter 110 m. Bei der Ausführung der Fundamente mussten Eisenbeton-Pfähle bis etwa 17 m Länge geschlagen werden.» (National-Zeitung)
Das hier beschriebene Atomium ist Bestandteil der Weltausstellung in Brüssel.

«Die Baslerstrasse selbst wird eine Fahrbahnbreite von 9 Metern und beidseitige Trottoirs von je 2 bis 2,5 Metern erhalten. Vom Restaurant «Schiff» bis zur Bezirksschreiberei wird zudem ein betonierter Parkierungsstreifen angelegt. ... Inzwischen, so hofft man in Binningen, werde die Korrektion auf baselstädtischer Seite an die Hand genommen. Es sind auch zwischen Kantonsgrenze und Heuwaage umfangreiche Korrektionen projektiert.» (National-Zeitung)
In Basel und Umgebung sind mehrere Strassenkorrektionen projektiert.

«Folglich ist dafür zu sorgen, dass ständig eine genügend grosse Menge Niederschlagswasser in den Untergrund einsickern kann und dass bei Gewässerkorrektionen auf den natürlichen Wasserhaushalt geachtet wird. Bachsohlen dürfen nicht gepflästert und die Ufer nicht mit Holz oder Beton abgedichtet werden.» (Neue Zürcher Zeitung)
Diese Meldung zeigt die Lücken im Gewässerschutz auf und schlägt Massnahmen vor.

«An diesen Stellen ist diesen Anlagen über ihren ästhetischen Wert der Stadtverschönerung hinaus noch ein Gesundheitspreis zuzuerkennen, nicht nur, weil sie helfen, die benzindurchsäuselte Autoluft der Verkehrsadern zu reinigen, sondern sehr auch (sic), weil ihr Bild mit einem oder ein paar Bäumen, einer Grasfläche und Blu-

menbeeten die Natur selber in das Reich der Betontechnik bringt. ... Blumeninsel in der Betonöde der Strassen – welch Segen für den Bundesplatz.» (Vaterland)
Hier werden die Blumen- und Gartenanlagen in Luzern beschrieben.

7. Zeitschnitt 1967

«Schmid liess durchblicken, dass er das Sicherheitssystem und die Konstruktion als altmodisch und ungenügend betrachtet. Offenbar fehlt eine Betonkonstruktion im Boden ganz oder teilweise.» (Neue Zürcher Zeitung)
Auf dem Gelände einer Raffinerie in Châteauneuf im Wallis ereignet sich ein Ölunfall; rund 1,2 Millionen Liter Heizöl fliessen in den Boden und bedrohen das Grundwasser im Rhonetal.

«Die riesige Menge des ausgeflossenen Heizöls könnte das Grundwasser im Mittelwallis während eines Jahrhunderts verseuchen. Das Hauptproblem liegt nun in der Frage, wie eine weitere Ausbreitung der «schwarzen Flut» verhindert werden kann. Man spricht bereits davon, die verschmutzte Zone auszubetonieren. ... Ausserdem wird man die Schutzvorrichtung bei den Tanks durch Ausbetonierungen ausbauen.» (Vaterland)
Bezieht sich auf den Ölunfall im Wallis.

«Die Abklärungen, an denen auch das Kantonale Amt für Gewässerschutz beteiligt war, führten bisher zu folgenden Ergebnissen: Oberhalb der Färberei Thalwil, am Berg gelegen, befindet sich ein 140 000 Liter fassender Betontank. Darin wird Schweröl gelagert, welches die Firma zur Dampferzeugung braucht.» (Neue Zürcher Zeitung)
Auch in Baselland fand im November ein Ölunfall statt, der zu einer Verschmutzung des Bodens führte..

«Der weitere Ausbau des Kanals bis auf die Höhe von Altkirch ist im Fünften Plan der französischen Regierung vorgesehen. ... Zur Abdichtung von Sohle und Böschungen diente Asphalt.» (Neue Zürcher Zeitung)
Dieser Bildbericht beschreibt den Bau des Rhein-Rhonekanals in Frankreich.

«Linker Hand das Bahnviadukt, rechts die Stromschnellen, ziehen wir an der Lorettokapelle vorüber, auf dem einstigen Karrenweg, der wie so viele seinesgleichen in den letzten Jahren zur geteerten Fahrstrasse avanciert ist.» (National-Zeitung)
Hier wird ein Weekend-Ausflug an den Ufern des Doubs im Schweizer Jura geschildert.

8. Zeitschnitt 1979

«Ein Defekt im Kühlsystem eines 1000-MW-Reaktors des erst im Dezember 1978 in Betrieb genommenen Kernkraftwerkes Three Mile Island führte zu einer starken radioaktiven Verseuchung innerhalb des Reaktorgebäudes sowie zu einer Abstrahlung durch die einen Meter dicken Stahl- und Betonwände der zentralen Anlage.» (National-Zeitung)
Im April 1979 fällt im Reaktor von Three Miles Island bei Harrisburg/Pennsylvania (USA) das Kühlsystem aus. Nur knapp wird eine Kernschmelze vermieden.

«Eine unerwartet hohe Dosis an Radioaktivität – angeblich «Tausende von Röntgens» – seien jedoch im Reaktorinnern freigesetzt worden. Ein Teil dieser Radioaktivität drang durch Betonwände, die 1,20 Meter dick sind, ins Freie.» (National-Zeitung)
Reaktorunfall in Pennsylvania.

«Der vielgefürchtete «Meltdown» wäre perfekt, die Uranoxid-Schmelze würde den Stahldruckbehälter durchbohren und sich auf dem mehrere Meter dicken Betonboden des Reaktorgebäudes ansammeln. ... Denn, würde die Brennstoffschmelze wirklich auch den Betonboden des Reaktorgebäudes durchdringen, wären die Folgen fatal und wahrscheinlich für jedermann tödlich, der sich während der folgenden Stunden und Tage im Umkreis von drei Kilometern ums Kernkraftwerk im Freien aufhält.» (National-Zeitung)
Reaktorunfall in Pennsylvania.

«Die Wissenschaftler sind sich darin einig, dass, wenn es nicht gelingt, den Atomkern abzukühlen, die Gefahr einer nuklearen Explosion besteht, wenn auch nur ein Teil des nuklearen Brennstoffes zu schmelzen beginnt. Dann würde der geschmolzene Brennstoff sich durch den Betonboden durchbeissen und tief in die Erde sinken, mit einer Ausbreitung der Radioaktivität, die gar nicht abzuschätzen ist.» (Vaterland)
Reaktorunfall in Pennsylvania.

«Mehrere Votanten sprachen sich dafür aus, der Staat könnte einzelne Parzellen aufkaufen und darauf sogenannte Westentaschen-Parks anlegen; als Spielplätze oder Grünflächen seien auch kleine Unterbrüche in der Beton-Öde willkommen.» (National-Zeitung)
Hier wird die Möglichkeit besprochen, in Basel neue Parks anzulegen.

«Was aber passiert da, wo phantasielose Betonburgen an zu engen Strassen nicht zu befürchten, sondern bereits realisiert sind? Kann man gar nichts dagegen tun, wenn sich zeilenweise reizlose und schlecht dimensionierte Häuser aneinanderreihen?» (National-Zeitung)
In dieser Meldung wird das raumplanerische Instrument der Schonzonen dargestellt, welche ein ästhetisch befriedigendes Stadtbild garantieren sollen.

«Ganze Überbauungen entsprechen nicht den gesetzlichen Bestimmungen. In Chancy zum Beispiel, auf der Genfer Landschaft, findet man eigentliche Mini-Villen mit Treppen, Terrassen – bis zum betonierten Teich in der Gartenanlage: ein Reich der Gartenzwerg-Romantik.» (National-Zeitung)
Der Bericht greift die raumplanerische Problematik illegaler Weekend-Häuser im Kanton Genf auf.

«Mit der ersten Jahresausbauetappe, die im Herbst in Angriff genommen wird, sollen die erforderlichen Betonsperren zur Zähmung des Wildbaches erstellt werden.» (Vaterland)
Hier wird über eine projektierte Bergbach-Verbauung berichtet.

9. Zeitschnitt 1989
«Zu den Entsorgungskosten kommen eventuell vorbeugende Baumassnahmen, da der verseuchte Boden – falls er nicht gänzlich gereinigt werden kann – gegen Wasserauswaschungen mit einer Betondecke geschützt werden muss.» (Basler Zeitung)
Der Artikel berichtet über ein Leck in einem unterirdischen Öltank, aus dem während Jahren unbemerkt Öl in die Erde gesickert ist, die jetzt entsorgt werden muss.

«Auch sei insbesondere die energetische Bilanz der Umwandlung eines runden Stammes in das Fertigprodukt aus Holz, verglichen zum Beispiel mit Beton oder Stahl, sehr positiv. Aber auch die Entsorgungssituation präsentiere sich, verglichen mit anderen Materialien, günstig, argumentiert Houmard.» (Basler Zeitung)
Houmard, der Direktor der Schweizerischen Holzfachschule, wirbt anlässlich der Fachmesse «Holz 89» für diesen Werkstoff.

«Der ausgediente Bahntunnel kann bis ins Jahr 2000 insgesamt 5000 Tonnen KVA-Reststoffe aufnehmen. Der Tunnel wurde für über 800 000 Franken hergerichtet: Neben einer gründlichen Reinigung wurde der Tunnel mit einem Spritzbetonbelag und mit einer Kunststoffolie, die bis zum Gewölbeansatz reicht, ausgekleidet. Eindringendes meteorisches Wasser und Sickerwasser aus den Reststoffen können aufgefangen werden.» (Basler Zeitung)
Ein Projekt sieht vor, Sondermüll aus den Kehrichtverbrennungsanlagen in einem stillgelegten Tunnel zu lagern.

«Gewählt wurde eine möglichst naturverträgliche Lösung ohne Betonwände und Stahlkonstruktionen, wie die
Projekt- und Bauleitung Urs Thali erklärte. Die Landschaft im Felsabbruchgebiet wurde vielmehr ‹umgebaut›.
Ausser Beton für die Fundamente wurde das an Ort und Stelle vorhandene Material verwendet.» (Neue Zürich
Zeitung)
Diese Meldung bezieht sich auf Strassenverbauungen, die sich angesichts drohender Felsstürze
aufdrängen.

«Und der mit Eisenstäben armierte Beton ist der Baustoff par excellence. ... Eine besonders zukunftsträchtige
Entwicklung ist die Kombination traditioneller Werkstoffe mit Beschichtungen aus Verbundwerkstoffen. Dank
dieser Technik können sehr preiswerte Materialien wie Stahl und Beton an der Oberfläche die überlegenen
Eigenschaften der kostspieligen verstärkten Kunststoffe zu relativ günstigen Preisen verliehen werden.» ...
«Zukunftsträchtig ist auch die sogenannte chemische Keramik, die wie Zement ohne Brennen aushärtet. Dank
dem Einsatz ultrafeiner Partikeln weist solche Keramik eine annehmbare Zugfestigkeit auf;» (Neue Zürcher
Zeitung)
Der technische Bericht zeigt die neueren Entwicklungen im Bereich der Bau- und Verbundstof-
fe auf.

«Was ist eine «grüne Stadt»? Es liegt eine grosse Spanne an Meinungen zwischen den pragmatischen Grün-
flächen-Konzepten der Stadtplaner, dem Architekten-Grün in Betonkübeln und an Hausfassaden oder den radi-
kalen Visionen eines Friedensreich Hundertwasser, der schon vor Jahrzehnten mit seinen Forderungen nach
bewaldeten Siedlungen und wuchernden Gründächern die Gemüter erregte. ... Sollte sich in der Bevölkerung
die Gleichung «Verdichtetes Bauen = Mehr Beton» etablieren, so wären weiter wachsende Unzufriedenheit bei
den einen und Resignation bei den andern vorprogrammiert, ist Döbeli überzeugt. ... Dass die Städte zu Beton
geworden sind, führt Hundertwasser auf die «Schnapsideen zweier Generationen von Architekten» zurück, auf
die «Bauhaus-Mentalität» mit ihren «herzlosen, glatten, sterilen, anonymen Strukturen», welche die Träume
und Sehnsüchte des Menschen negierten. ... Die Städte seien deshalb so hässlich, weil wir die Natur nicht mit-
gestalten lassen, sondern sie abtöten.» (Vaterland)
Der Verband Schweizerischer Baumschulen hat zu einem Symposium geladen, um die Idee der
«grünen Stadt» wieder zu beleben. Zahlreiche Exponenten aus Politik, Verwaltung und Kunst
äussern sich zum Thema.

«Die Reststoffe – sie würden aus aargauischen Kehrichtverbrennungsanlagen (KVA) stammen, sollen mit
Zement zu 1,8 Tonnen schweren Blöcken verfestigt werden.» (Basler Zeitung, gleicher Wortlaut auch in Neue
Zürcher Zeitung)
Hier wird die Möglichkeit erwogen, das letzte noch in Betrieb stehende Gipsbergwerk in Turgi
nach seiner Stillegung als Sondermülleponie zu benutzen.

«Doch bald säumen wieder Kastanien und Nussbäume die Strasse. Buchenhölzer und Birken gedeihen in dieser spezifischen Lage bis auf 2000 Meter hinauf. Wo sich keine Bäume halten, wird der Stein gebrochen und
zum Teil zu Zement verarbeitet ... Mehr Sorgen als das Aktivwerden dieses Kraters bereite ein 40 Zentimeter
breiter Riss im südöstlichen Teil des Massivs, der auf etwa 1500 Metern Höhe auch die asphaltierte Verbin-
dungsstrasse zwischen den Dörfern Nicolosi und Zafferana gespalten habe.» (Neue Zürcher Zeitung)
Der Artikel befasst sich mit dem Ausbruch des Aetna und beschreibt die gefährdeten Dörfer
und Landstriche.

«In der ganzen Schweiz müssten geschützte und untereinander verknüpfte Biotope entstehen, schreibt Landolt.
Zudem müsse der Einsatz von Pestiziden und Düngemitteln reduziert sowie weniger asphaltiert und versiegelt
werden. Es gelte kleinflächige Lebensräume am Wohn- und Arbeitsplatz zu erhalten.» (Neue Zürcher Zeitung)
Diese Meldung bespricht eine Neuausgabe der Roten Liste der gefährdeten Pflanzen.

Französische Schweiz, 1904 - 1989

1. Zeitschnitt 1904: Keine Meldung

2. Zeitschnitt 1913
«M. de député Michel a complété cet exposé et insisté sur les avantages pratiques d'un pont routier en béton armé. ... L'assemblée populaire de la Rive droite ... décide: 1o de se rallier sans réserve aux décisions prises par l'association des intérêts des hauts quartiers de la ville de Fribourg, priant le Grand Conseil de décréter, au cours de sa session de novembre, la construction d'un pont routier en béton armé ...» (Liberté)
Die Bürgerversammlung spricht sich für eine neue Brücke aus und will vor dem Freiburger Grossen Rat einen Kredit beantragen.

3. Zeitschnitt 1925
«Les routes en béton des Etats-Unis
A une récente conférence à la Société des ingénieurs civils, M. Candiot a communiqué d'intéressants renseignements sur les routes en béton aux Etats-Unis. Il y a actuellement plus de 50.000 km. de routes en béton dans ce pays, et le bétonnage des routes suit une progression constante. Le quart de la production américaine de ciment, soit 6 millions de tonnes sur 25 millions de tonnes par an, est employé sur les routes. On consomme près de 400 tonnes au km. Le prix du kilomètre est d'environ 28.000 dollars; c'est un prix très élevé; ... On a constaté d'autre part que l'entretien d'une route bétonnée est dix fois moindre que celui d'une route ordinaire, et que sa durée est d'une quarantaine d'années; de plus, dans une région où il existe une route en béton, les routes ordinaires sont délaissées par les automobilistes; moins fréquentées, elles se fatiguent moins et sont moins coûteuses à entretenir.» (Feuille d'avis de Lausanne)
Der Bericht beschreibt die Vor- und Nachteile der (neuartigen) Betonstrassen in den Vereinigten Staaten.

4. Zeitschnitt 1935
«Tu franchis le portail, et le large trottoir de l'avenue s'offre à toi, il est fraîchement goudronnée et muni de fin gravier; on a, autour des arbres, aménagé des ronds de terre pour l'arrosage. Mais, splendide leçon de courage, à travers l'écorce de goudron et de sable, des pousses rouges d'érables se sont frayés un passage. Puissance de la végétation, exemple de persévérance et d'énergie pour des êtres supérieurs.» (Feuille d'avis de Lausanne)
Bei diesem Artikel handelt es sich um einen persönlichen Erlebnisbericht des Autors, der seine Eindrücke auf den ersten Frühjahrsspaziergängen schildert.

«Actuellement, une équipe d'ouvriers spécialistes procèdent (sic), selon toutes les règles de l'art, au cylindrage et à l'asphaltage de la nouvelle voie de communication. Celle-ci fait honneur à nos édiles et comble d'aise les propriétaires, dont elle met les immeubles en valeur. Etablies en pente douce, la route monte insensiblement, passe en droite ligne entre une double rangée de villas, décrit un S élégant, gagne une sorte d'esplanade d'où l'on jouit d'une belle vue d'ensemble sur les quariters supérieurs de la cité, puis va rejoindre la route qui descend à Beauregard.» (Liberté)
Hier geht es um eine Beschreibung eines neuen Stadtquartiers («un joli quartier») und seiner Strassen.

5. Zeitschnitt 1946
«L'eau (...) devient une force autrement redoutable sitôt que, formant rivière, elle se précipite, renversant, noyant, entraînant tout ce qui lui fait obstacle. On n'arrête pas la Sarine avec un clayonnage, on ne lui oppose pas un barrage avec des brouettées de terre glaise. Il y faudra bien autre chose. Il y faudra des épaisseurs de béton, des machines pour fabriquer le béton, des transports pour amener la matière première, des routes et des téléphériques pour assurer ces transports, des ouvriers pour le béton, pour les transports, pour les machines, des fonds pour payer ces ouvriers et, pour finir, des plans et des budgets pour s'assurer à vues humaines de la ren-

tabilité de l'entreprise et lui trouver des débouchés. Oeuvre grandiose qui fait appel à de nombreuses disciplines et met en action des énergies de tous ordres.

Dans la coriacité de la roche on a creusé des tranchées verticales qui, vues d'en bas, font songer à ces monumentales murailles égyptiennes sur lesquelles les vieilles civilisations inscrivaient leurs hiéroglyphes. C'est là que viendront s'incruster, épaisses de 15 mètres, ces parois vertigineuses en arc de cercle surmontées d'une route qui, à 80 mètres, surplombera le précipice. C'est contre ce rempart que viendra s'échouer, frondeuse et surprise, la rivière actuellement détournée, mais qui, lorsque la barrière sera dressée, refoulera sa colère dix kilomètres en arrière, se soulevant vers le ciel et débordant en un lac dont la largeur atteindra par endroits un kilomètre. En ce moment les blocs de béton ne font encore que s'incruster dans le fond, montant à l'assaut de la première pierre (...). Pour permettre l'édification de ces premières assises, on a, comme nous l'avons dit, détourné la Sarine. On lui a ménagé, dans les flancs de la montagne, une ouverture béante et noire, divisée par quatre immenses portiques de béton au travers desquels elle s'engouffre (...) Pour mener à chef de domptage titanesque, ce que l'homme a enlevé à la roche où s'ancrera le barrage, il en a fait une digue. Une digue monumentale, de la couleur même du béton auquel elle semble vouloir préluder. Une digue haute de 12 mètres, épaisse d'au moins 25 et dont le côté Sarine descend en pente douce vers la rivière, tandis que le côté barrage cascade en gradins réguliers évoquant, face à l'amphithéâtre grandiose de la vallée, un monument antique tout prêt à héberger à son tour un second Prométhée. (...)

Ainsi protégée par l'industrie des hommes, une forêt de grues, dont une partie est encore en montage, se dresse aux abords du barrage, prête à enlever à bout de ses bras démesurés les bennes d'un mètre cube qu'il s'agit de faire pivoter selon les besoins tout en naviguant tel un navire sur des rails à la mesure du véhicule. Elles seules pourraient nous dire le volume de matière qu'elles s'apprêtent à déverser, celui des voyages avant et arrière qu'elles vont entreprendre sans autre plainte que ce grincement fatigué, compliqué d'un ronronnement de moteur qui est leur chant monotone. Environ 400.000 mètres cubes de béton; 1.200.000 sacs de ciment. Et toute cette marchandise, après des manipulations ingénieuses dans une tour-gare qui affecte la forme curieuse d'un donjon du moyen âge, sauf qu'il est en planches, s'en ira se balader sur un téléphérique, passant d'une rive à l'autre, sans tremper dans la boue gluante dans laquelle patauge le visiteur.» (Liberté)

Diese mit «Poésie de Rossens» betitelte Meldung stimmt ein Loblied auf die Wasserkraft-Nutzung an; es besingt den Bau des Staudamms von Rossens an der Saane.

6. Zeitschnitt 1958

«Cette opération de filtrage aura lieu dans une salle de 58 mètres de long sur 43 de large, fermée dans sa partie supérieure par deux immenses voûtes de béton, et bordée de trois galeries.» (Journal de Genève)

Hier wird von einer Konferenz von Fachleuten der Abwasserwirtschaft berichtet und von ihrem Vorhaben, neue Kanalisationen und Filteranlagen zu errichten.

«Voici une vue prise à l'intérieur de l'immeuble: elle montre la force du choc: le bloc a crevé la dalle en béton, puis les poutrelles métalliques, avant d'achever sa course meurtrière au rez-de-chaussée.» (Feuille d'avis de Lausanne)

Infolge starker Regenfälle löste sich ein Felsbrocken von einer Felswand oberhalb Montreux und stürzte auf ein Haus.

7. Zeitschnitt 1967

«Le rayonnement est un danger interne. Il suffit pour l'écarter de placer entre la source et le personnel un écran de béton dont l'épaisseur peut aller jusqu'à 5 mètres. ... Qu'advient des déchets radio-actifs? ... Les premiers des éléments de combustible irradiés sont plongés dans un grand bassin entouré de béton et rempli d'eau chimiquement pure.» (Journal de Genève)

In diesem Artikel wird die Sicherheit nuklearer Anlagen diskutiert; es überwiegt die positive Einschätzung.

«... une telle quantité de mazout pourrait polluer la nappe d'eau souterraine du Valais pendant un siècle. ... On parle de bétonner la zone polluée, de remplacer la ceinture métallique par une ceinture de béton. ... On va d'au-

tre part perfectionner le rideau de protection en coulant un voile de béton dit rideau de gel.» (Journal de Genève)
Auf dem Gelände einer Raffinerie in Châteauneuf im Wallis ereignet sich ein Ölunfall; rund 1,2 Millionen Liter Heizöl fliessen in den Boden und bedrohten das Grundwasser im Rhonetal.

«On envisage de cerner la zone dangereuse au moyen d'un mur de béton. Dans l'immédiat, on pose des «planches» destinées à maintenir le mazout dans la zone déjà atteinte.» (Feuille d'avis de Lausanne)
Erdölunfall im Wallis.

«... les sondages vont se poursivre et (...) l'on envisage de cerner la zone dangereuse dans un mur de béton protecteur. Le mazout ne pourrait aller plus loin.» (Feuille d'avis de Lausanne)
Erdölunfall im Wallis.

«La zone infectée est actuellement ceinturée d'un rideau d'acier qui sera peut-être remplacé par un rideau de béton.» (Liberté)
Erdölunfall im Wallis.

«A la raffinerie du Sud-Ouest, l'ensemble des installations est entouré d'une enceinte de béton de 4 m. 30 de profondeur. ... il serait donc possible, affirment les responsables, de pomper intégralement le carburant en cas de fuite, sans que les eaux ne soient atteintes.» (Feuille d'avis de Lausanne)
Einige Tage vor dem Erdölunfall im Wallis ist bereits aus einer Raffinerie in Crissier Öl ausgelaufen und in einen Fluss (die Thielle) gesickert. Nun werden Sicherheitsvorkehrungen für die Raffinerie gefordert und erörtert.

«Quatre barrages en béton
... Il s'agit pour l'instant de construire quatre barrages en béton et deux cuvettes en maçonnerie dans un secteur du ruisseau d'Allières, là précisément où l'on avait constaté une perte d'eau qui fut la principale cause du glissement de terrain. .. un effort considérable devant toutefois être accompli en 1968, prévoit la construction de vingt-sept barrages en béton pour diminuer la pente du ruisseau d'Allières et son affluent, pour éviter l'érosion des berges et le charraige des matériaux. Il s'agit également de protéger les routes et d'éviter l'enlèvement des pâturages.» (Feuille d'avis de Lausanne)
Verbauungen am Bach von Allières sollen verhindern, dass er immer wieder über die Ufer tritt und Agrarland verwüstet.

«Ces installations, construites en béton précontraint, se composent de trois poutres de 35 mètres de long, pesant 35 tones, supportées par six chevalets. Les poutres et les mâts de béton ont été amenés par tronçon puis cimentés sur place avant d'être dressés. Les grues, qui ont effectué ce travail, sont d'un poids tel qu'il fallut prendre des mesures spéciales pour les amener sur place sans endommager les ouvrages d'art.» (Feuille d'avis de Lausanne)
Hier geht es um die Schwierigkeiten, die mit der Errichtung einer elektrischen Verteilstation einhergehen.

«D'une façon générale ne serait-il pas judicieux de planter d'une façon systématique des arbres en ville ...? Cette mesure contribuerait à la lutte contre la pollution de l'atmosphère et rendrait plus attrayante notre ville en supprimant des surfaces trop importantes de ciment ou de bitume dont la place Bel-Air présente un exemple désolant.» (Journal de Genève)
Ein Leserbrief beklagt sich über eine Baumfäll-Aktion in Genf, fordert generell mehr Bäume in den Städten und bemängelt einen trostlosen Asphaltplatz in Genf.

«On procède actuellement à diverses amélioration routières dans la région du chef-lieu. ... A Estavayer-le-Lac on a asphalté ces jours derniers la petite bande de terrain longeant le mur du cimetière, du côté de la maison Pury.» (Liberté)
Die Meldung zählt eine Anzahl von Unterhalts- und Erweiterungsarbeiten an den Strassen der Freiburger Umgebung auf.

8. Zeitschnitt 1979

«Un porte-parole de cette dernière (de l'entreprise responsable du fonctionnement de la centrale nucléaire, Ergänzung U.B. und L.R.) a affirmé que le chiffre donné par M. Denton était inexact. Soulignant que l'épaisseur du toit de béton du bâtiment du réacteur ne permettait pas de retenir une telle dose de radiation.» (Journal de Genève)
Auf Three Miles Island, in der Nähe von Harrisburg (Pennsylvania/USA), führt das Versagen des Kühlsystems beinahe zu einer Kernschmelze.

«En cas d'accident, disaient-ils, les déchets seraient contenus à l'intérieur du réacteur, la vapeur dirigée vers une structure en béton réservée à cet effet, et le danger encouru par le public serait absolument nul. Cette déclaration a été faite la semaine dernière.» (24 heures)
Reaktorunfall in Pennsylvania/USA.

«Deux solutions ont pour l'instant été retenues par les spécialistes: la première consisterait à solidifier l'eau contaminée avec du ciment ou un autre matériau, et à sceller ensuite le produit obtenu.» (Journal de Genève)
Reaktorunfall in Pennsylvania/USA.

«Il note en effet ... que cette croissance est ... la conséquence logique d'une transmutation irréversible des risques dont l'homme est responsable: concentration de la valeur par unité de surface, du fait de la technicité toujours plus grande des industries et l'amélioration du niveau de vie. Elimination des propriétés hygroscopiques du sol, à cause d'un bétonnage et d'un asphaltage toujours plus étendus.» (Liberté)
Anlässlich der jährlichen Generalversammlung der Schweizer Mobiliarversicherung referiert ihr Generaldirektor über das steigende Risiko von Überschwemmungen, die u.a. auf die zunehmende Versieglung des Bodens zurückzuführen sind.

9. Zeitschnitt 1989

«Après la demande d'abattage de vingt-neuf arbres le long de la Drize, ... et de la reconstruction du pont de Grange-Colomb, au profit d'une dalle de béton, le Groupement des amis de la Drize, ... a déposé un recours ... à la Chancellerie.» (Journal de Genève)
Engagierte Bürger und Bürgerinnen wehren sich gegen den Abbruch einer alten Brücke über die Drize.

«Depuis 1969, les Français ont accolé à l'usine de retraitement des combustibles nucléaires de la Hague près de Cherbourg une aire de stockage au sol pour les déchets de faible et de moyenne activité. Enfouis dans des fûts ou des «colis» de béton, ces déchets sont entassés dans des alvéoles, enrobés de béton ou de gravier, puis recouverts d'une couche imperméable.
... Ainsi, le site de la Hague, qui repose sur deux soubassements géologiques différents, a vu des radiers de béton supportant les alvéoles et les fûts de déchets se fendre, il a fallu reconstruire totalement certains d'entre eux ...» (Jornal de Genève)
Hier werden verschiedene Möglichkeiten der Endlagerung radioaktiver Abfälle diskutiert und mit Beispielen aus dem Ausland illustriert.

«Les viaducs en béton précontraint de Lutry et de Chillon sont en mauvais état. La fatigue accélérée des câbles de précontrainte qu'engendrerait le trafic des camions européens de 40 tonnes pourrait entraîner la fermeture et la reconstruction complète d'un des ponts avant la fin du siècle!» (24 heures)
Ein Leser weist auf die Abnützung der Strassen durch den Schwerverkehr hin, was insbesondere im Zusammenhang mit dem Transport von Chemikalien die Gefahr von gravierenden Unfällen erhöht.

«La vie de bâton de chaise et l'univers bétonné du citadin moyen forcent souvent celui-ci à s'octroyer des moments de repli dans le silence de la nature.» (24 heures)
Um den Städtern die Möglichkeit eines erholsamen Aufenthaltes im Grünen zu geben, errichtet der Forstdienst ein Netz neuer stadtnaher Waldwege und gibt dazu Spazierkarten und broschüren heraus.

«Il faut préciser que la renouée aviculaire est très polymorphe quant à sa taille. ... On doit souligner chez elle une grande aptitude a évoluer en variétés. On peut en apercevoir d'allure très tapissante, poussant entre les dalles de béton ou dans les interstices de pavés.» (Liberté)
In diesem populärwissenschaftlichen botanischen Artikel werden die Eigenschaften des Knöterichs vorgestellt.

«Cinq mille tonnes de déchets provenant des usines d'incinération pourraient y être entreposés temporairement dans un premier temps. Les déchets seraient solidifiés par du ciment en blocs de 1,8 tonne.» (Journal de Genève)
Ein stillgelegtes Gipsbergwerk im Thurgau soll möglicherweise als Endlager für Reststoffe aus Kehrichtverbrennungsanlagen dienen.

Italienische Schweiz 1904 - 1989

1. Zeitschnitt 1904: Keine Meldung

2. Zeitschnitt 1913: Keine Meldung

3. Zeitschnitt 1925: Keine Meldung

4. Zeitschnitt 1935
«Questo supplemento di pavimentazione consisterebbe nella posa di una strada piana di bitume o di asfalto ed avrebbe lo scopo di ridurre al minimo i rumori che i veicoli a trazione animale e con cerchioni di ferro producono percorrendo l'esistente pavimento in dadi di porfido.» ... «L'asfaltare i tratti prospicenti gli alberghi potrebbe influire sulla estetica generale del lungo lago. Senza grave spesa si potrebbe però in parte ovviare all'inconveniente lamento dagli albergatori, colando fra i cubetti della pavimentazione dei quais, del catrame o dell'asfalto, chiudendo cioè con uno strato elastico le discontinuità tra dado e dado e formando una superficie unita.» (Corriere del Ticino)
Tessiner Tourismuskreise überlegen sich, wie der Verkehrslärm auf dem Pflaster durch alternative Strassenbeläge gemindert werden könnte.

5. Zeitschnitt 1946
«Ho incontrato il Caldo su un asfalto bollente in una strada sulla quale il Sole dominava bruciando tutto, anche le ombre.» (Corriere del Ticino)
Der Autor beschreibt seine Begegnung mit der personifizierten Sommerhitze.

6. Zeitschnitt 1958

«Gravi danni sono registrati a Manzano in una industria per la fabbricazione di sedie, dove un padiglione in cemento armato è crollato sotto la fura delle acque del Natisone che aveva raggiunto l'altezza di quattro metri oltre l'argine.» (Corriere del Ticino, gleicher Wortlaut in Il Dovere und Giornale del Popolo)

Die Meldung bezieht sich auf ein heftiges Gewitter im Friaul.

«Questi illustrò con dovizia di particolari la fatica maggiore della Delegazione, intesa a portrare a buon termine in costruzione di un sistema di camere atte a trattenere il materiale alluvionale entro l'alveo del riale di Daro. L'opera ... comporta la correzione di 70 m. di riale a monte della strada del Pian Lorenzo, la costruzione di quattro camere di raccolta del materiale, con m. 64 di lunghezza complessiva e la sistemazione di ulteriori 30 m. di canale a monte delle camere. Il criterio di costruzione delle camere è nuovo ed originale; ... L'intera opera ... è in sano pietrame di granito e malta di cemento. ... Oggi ... bisogna ammettere che la soluzione è stata felice e che l'opera, nella sua sobria eleganza, si presenta assai bene.» (Il Dovere)

An der Gemeindeversammlung von Bellinzona wird ein Bericht über die voranschreitende Korrektur des Flusses Daro vorgestellt. Dabei darf nicht übersehen werden, dass die Wände der Rückhaltekammern aus Granitblöcken bestehen und allein die *Fugen* aus Zement sind.

7. Zeitschnitt 1967

«Di questi due tipi d'acqua d'infiltrazione, al momento attuale quello prelevato direttamente presso l'edificio, è da considerarsi leggermente aggressivo per il calcestruzzo e i metalli, quello che preveniente dalla grande fossa di sondaggio (50 m a ovest dell'edificio) è da ritenersi considerevolmente aggressivo per il cemento e i metalli. ... Dall'esame effettuato, risulta che il calcestruzzo delle fondamenta del condominio al Lido finora non ha sofferto danni notevoli a causa dell'acqua d'infiltrazione aggressiva. Nel caso in cui però si infiltri ulteriormente in forti quantità acqua di scarico, così fortemente inquinata e molto fortemente aggressiva per il calcestruzzo e i metalli nel terreno fortemente permeabile, (...) le fondamenta del condominio e anche quelle di altri edifici esistenti nelle vicinanze, sono seriamente minacciate.» (Il Dovere)

Undichte Kanalisationsröhren gefährden die Betonfundamente diverser Gebäude, welche durch aggressive Substanzen im Abwasser erodiert werden.

«Il controllo di tenuta della tubazione di scarico in cemento del diametro di 14 cm fra il posto di travaso presso il binario di raccordo BP e il separatore olio e benzina esistente nel deposito BP ha dato risultato negativo cioè la tubazione con i rispettivi pozzetti non è impermeabile.» (Il Dovere)

Undichte Zementröhren in einem Depot der British Petroleum BP führen zu einer Ölverschmutzung im Gelände und bedrohen die Grundwasserversorgung von Balerno.

«... il nostro discorso si concentrava sulla montagna che fa da spalla a Locarno, rovinata da estesi muraglioni sia in facciavista sia (peggio!) in calcestruzzo. ... il verde ha dovuto in troppi posti cedere alla prepotenza del cemento armato e al cattivo gusto di chi specula ai danni della bellezza della natura. ... Alla vellutata linea della collina sopra Minusio è stato inferto una fendente che ha lasciato una ferita lungo non meno di quaranta metri: un muraglione in calcestruzzo che è soltanto premessa di un misfatto più grave ... Abbiamo sentito dire che ai piedi del muro saranno piantati alberi, in fila, a una certa distanza l'uno dall'altro; e che il muro di calcestruzzo sarà prossimamente trasformato in «facciavista»; e che ancora questo muraglione in facciavista sarà ricoperto d'edera. ... Per eccesso di zelo, addirittura, si arrischia di confezionare un poco gustoso «Birchermüsli» con edera che nasconde un manufatto in facciavista realizzato per nascondere il «béton» e in concorrenza con gli alberi.» (Giornale del Popolo)

Eine unästhetische Stützmauer, die errichtet wird, um den Bau neuer Wohnhäuser zu ermöglichen, sorgt für Aufruhr und für Sorge um das Landschaftsbild in Minusio.

8. Zeitschnitt 1979

«La soluzione potrebbe essere duplice: solidificare il materiale inquinato con il cemento o con altri preparati chimici e poi seppellirlo in appositi contenitori, oppure far evaporare dall'acqua il gas radioattivo e poi immagazzinarli in apposite cisterene all'interno della centrale.» (Il Dovere, gleicher Wortlaut im Giornale del Popolo)

Im Atomreaktor von Three Mile Island/Pennsylvania (USA) führt das Versagen des Kühlsystems beinahe zu einer Kernschmelze.

«Quale misura supplementare in Svizzera è stato indicato, per le centrali di recente costruzione, l'obbligo di circondare il reattore con un doppio contenitore in acciaio e con un terzo in cemento armato. Questo sistema dovrebbe rendere molto più difficile la fuoruscita di vapori radioattivi come è avvenuto a Harrisburg.» (Il Dovere, gleicher Wortlaut im Giornale del Popolo)

In diesem Artikel wird der Frage nachgegangen, ob sich ein mit der amerikanischen Reaktorkatastrophe vergleichbarer Unfall auch in der Schweiz ereignen könnte.

«Una montagna praticamente in movimento da una trentina di anni, ossia del 1948 allorché una prima frana cadde sulla strada Weesen-Amden, interrompendola. Da allora gli scoscendimenti e le frane non sono stati più contati. A nulla sono valse le iniezioni di cemento e i muraglioni in calcestruzzo. La pericolosa montagna ha inghiottito e digerito vari milioni di franchi senza tuttavia essere domata.» (Corriere del Ticino)

Seit rund dreissig Jahren wird die Strasse am Walensee immer wieder durch Erdrutsche verschüttet. Bis jetzt haben die verschiedenen Massnahmen nichts gefruchtet.

«... Karl Abraham ha dichiarato che finora si è misurato un bassissimo livello di radioattività, limitato all'interno della struttura in cemento armato che circonda il reattore nucleare.» (Corriere del Ticino)

Hier wird ein offizieller Kommentar zu den Auswirkungen des Nuklearunfalls in Pennsylvania wiedergegeben.

9. Zeitschnitt 1989

« Domenica mattina uno svizzero-tedesco proprietario di una casa di vacanza a Lumino ha scoperto un nido di calabroni sotto il tetto ed ha deciso di utilizzare un insetticida. In cima ad una scala, forse perchè aggredito, l'uomo ha perso l'equilibrio ed è precipitato sulle scale di cemento che portano in cantina. Ha riportato lesioni multiple di una certa gravità.» (Il Dovere, annähernd gleicher Wortlaut im Giornale del Popolo)

Ein Deutschschweizer Ferienhausbesitzer will ein Hornissennest beseitigen und stürzt dabei schwer von der Leiter.

«Il pozzo a cielo aperto ha dato il nome al nucleo delle baite: «Ar Cisterna». Questa buca, profonda 4 metri e 80, è in terra-creta. Evidentemente non avevano calce, ma l'argilla è come cemento.» (Giornale del Popolo)

Auf einem Herbstspaziergang im Verzascatal stösst der Autor auf einen alten Brunnen aus Lehm.

3. Analyse

Prädikation und Konnotation

Die Prädikation als Vorgang der Zuordnung von Eigenschaften zu Objekten bzw. Sachverhalten ist die Basis jeglicher Aussage. Aufgrund der Untersuchung dieser in den verschiedenen Texten dem Beton zugeordneten Prädikate stossen wir schliesslich auf die Konnotation, d. h. auf den «Nebensinn», auf die affektiven und assoziativen «Nebenbedeutungen» desselben Wortes.

Betrachten wir den Verlauf der Prädikation für das gesamte Textkorpus, also ohne die Sprachen zu unterscheiden, so fällt auf, dass «Beton» (resp. «Asphalt») in der ersten Hälfte dieses Jahrhunderts eine fast durchwegs positive Konnotation zukam. Konstruktionen aus diesem Material werden vom ästhetischen Standpunkt als formschön empfunden: Der *prachtvolle* Weiher aus Zement weist *geschwungene Linien* auf, die Eisenbetonbrücke *fügt sich vorbildlich einfach* und *diskret ins Gelände ein;* die neu asphaltierte Strasse beschreibt ein elegantes «S», (*décrit un S élégant*). Zugleich lässt sich auch eine gewisse Euphorie bezüglich der Eigenschaften dieses Baustoffes feststellen, die dem Menschen zu Projekten gigantischer Ausmasse verhelfen. Durch die Verwendung von Eisenbeton scheint der grosse Traum der endgültigen Bezwingung gefährlicher Naturgewalten und der Behebung natürlicher Defizite endlich wahr zu werden: riesige Dämme werden gebaut (... *das Prädikat des «grössten Damms der Welt»*), *plötzlich gefährlich anschwellende Sturzbäche* werden durch *grosse, kostspielige Brücken* überwunden, in der Sahara sollen *600 Meter hohe Schornsteine aus Eisenbeton*

... *nach Belieben Regen* erzeugen oder die im Juni oft gefährlich anschwellende Saane wird mittels schwindelerregenden Stützmauern (*parois vertigineuses*) eines grandiosen Bauwerkes (*oeuvre grandiose*) titanisch unterworfen (*une domptage titanesque*). Es sind denn fast ausschliesslich die damals durchwegs positiv verstandenen Eigenschaften der Dimension, der Stärke, der Modernität und des Fortschritts, die im Zusammenhang mit Eisenbetonkonstruktionen bis in die 40er Jahre erwähnt werden.

In den 40er Jahren, mit dem Abwurf der Bomben über Nagasaki und Hiroshima sowie den ersten Atombombenversuchen, stellt sich zudem eine weitere positive Qualität des Eisenbetons in den Vordergrund: Der Schutz der Menschen, diesmal jedoch nicht vor Naturgewalten, sondern vor den schrecklichen Auswirkungen der A-Bombe: *In Hiroschima sind die Betonhäuser von besonders starker Bauart (...) Die wenigen Bauten dieser Art wurden nicht zertrümmert; Wahrscheinlich würden zwei bis drei Meter Eisenbeton die Menschen vor den tödlichen Gamma-Strahlen schützen.*

Ende der 50er Jahre kommt es (zumindest in den Zeitungen der Deutschschweiz) erstmals zum Bruch in der uneingeschränkt positiven Bewertung dieses Materials. Dass diese neue, kritische Haltung gleichzeitig mit der Frage nach der «Natürlichkeit» und mit der Problematik des menschlichen Bedürfnisses nach einer natürlichen Umgebung auftritt, ist Voraussetzung für die nun feststellbare, semantische Verschiebung, bei welcher Natur und Natürlichkeit in Opposition zu Beton/Asphalt und Technik treten. Man sorgt nun plötzlich dafür, dass *auf den natürlichen Wasserhaushalt geachtet wird,* was heisst, dass *Bachsohlen* nun nicht mehr *gepflästert* werden dürfen und *die Ufer nicht mit Holz oder Beton abgedichtet werden;* in den Städten versucht man, *die Natur selber in das Reich der Betontechnik* zu bringen; *Blumeninseln* sollen *die Betonöde der Strassen* unterbrechen, *Westentaschenparks* sollen angelegt und *als Spielplätze oder Grünflächen* für *kleine Unterbrüche in der Betonöde* sorgen; systematisch gepflanzte Bäume (*planter d'une façon systématique des arbres)* werden als Mittel eingesetzt, um überdimensionierte Betonplätze aufzulockern (*en supprimant des surfaces trop importantes de ciment ou de bitume*), damit die Stadt wieder attraktiver wird (*renderait plus attrayante notre ville*) und um einen Beitrag gegen die Luftverschmutzung zu leisten (*Cette mesure contribuerait à la lutte contre la pollution de l'atmosphère*).

Auffällig ist für alle angeführten Beispiele, dass diese Beton und Technik kritisierenden Stimmen fast ausschliesslich im städtischen Milieu laut werden, in einem Raum also, der ein reines Kulturprodukt darstellt und der die Natur in ihrer nicht-menschbezogenen Dimension gewissermassen per definitionem ausschaltet. Man bemerkt, dass der Mensch viele seiner Bedürfnisse im zubetonierten Wohn- und Lebensraum nicht mehr erfüllen kann, so dass er gezwungen wird, sich in der Natur selber vom städtischen Rummel zu erholen (*l'univers bétonné du citadin forcent souvent celui-ci à s'octroyer des moments de repli dans le silence de la nature*).

Erst in den 80er Jahren und mit dem Ökologie-Konzept kommt es (vor allem in der Deutschschweizer Presse) zu einer weiteren Umstrukturierung dieser Konnotationkette. Das Baumaterial Beton wird nun auch aus dem neuen Blickwinkel der «Naturverträglichkeit» und losgelöst vom städtischen Wohnraum betrachtet. Es sind jetzt, neben den immer noch bestehenden anti-ästhetischen und «menschenfeindlichen» Eigenschaften, umwelttechnische Kriterien, die Betonkonstruktionen und Asphaltierungen in Verruf bringen. Diese neue Perspektive drückt sich insbesondere durch den Gebrauch eines technisch-wissenschaftlichen Vokabulars aus: *Auch sei insbesondere die energetische Bilanz* [des Holzes, U.B und L.R.], *verglichen zum Beispiel mit Beton oder Stahl, sehr positiv; Gewählt wurde eine möglichst naturverträgliche Lösung ohne Betonwände und Stahlkonstruktionen; In der ganzen Schweiz müssten geschützte und untereinander verknüpfte Biotope entstehen (...). Zudem müsse der Einsatz von Pestiziden und Düngemitteln reduziert sowie weniger asphaltiert und versiegelt werden; Elimination des propriétés hygroscopiques du sol, à cause d'un bétonnage et d'un asphaltage toujours plus étendus.*

Als preiswertes, sicheres und undurchlässiges Baumaterial bleibt Beton jedoch nach wie vor ganz oben auf der Skala, obschon dessen Beständigkeit spätestens im Zusammenhang mit der Reaktorkatastrophe von Harrisburg 1979 stark angezweifelt worden war.

Die Konnotationskette zu Beton erweist sich denn zum jetzigen Zeitpunkt als Paradox: Auf der einen Seite steht Beton für Un-Natur und für eine Technik, die nicht nur den Menschen und dessen Lebensraum, sondern den gesamten natürlichen Haushalt und insbesondere das ökologische Gleichgewicht des Bodens bedroht. Andererseits ist genau derselbe Baustoff der einzige, der die natürliche Umwelt und damit den Menschen vor den Folgen der selber produzierten Umweltsünden sicher zu schützen vermag, wobei gerade dem Schutz des Wasserhaushalts im Boden wiederum ein grosser Stellenwert zukommt: *Die riesige Menge des ausgeflossenen Heizöls könnte das Grundwasser im Mittelwallis während eines Jahrhunderts verseuchen. (...) Man spricht bereits davon, die verschmutzte Zone auszubetonieren. (...) Ausserdem wird man die Schutzvorrichtung bei den Tanks durch Ausbetonierung ausbauen; Zu den Entsorgungskosten kommen eventuell vorbeugende Baumassnahmen, da der verseuchte Boden (...) gegen Wasserauswaschungen mit einer Betondecke geschützt werden muss; (...) une telle quantité de mazout pourrait polluer la nappe d'eau souterraine du Valais pendant un siècle. (...) On parle de bétonner la zone polluée, (...). On va d'autre part perfectionner le rideau de protection en coulant un voile de béton dit «rideau de gel»; La soluzione potrebbe essere duplice: solidificare il materiale inquinato con il cemento (...) e poi seppellirlo in appositi contenitori.*

Deutschschweiz, Romandie und Tessin im Vergleich

Bei der Durchsicht des gesamten Textmaterials fällt auf, dass betonkritische Texte in der Deutschschweizer Presse nicht nur früher, sondern auch gehäufter auftreten als in der Romandie und im Tessin. Auch die Adjektivierung fällt in deutschen Texten ganz anders, viel reicher aus. Über Betonkonstruktionen in den Städten wird beispielsweise gesagt, dass sie *phantasielos, reizlos, schlecht dimensioniert, herzlos, glatt, steril* und *anonym* seien. Es sind dies Qualitäten, die zum Teil stark an typisch menschliche Charaktereigenschaften des sozialen Verhaltens erinnern. Eine solche Adjektivierung impliziert die negativen Auswirkungen auf den Menschen. Die Betonung der Menschenfeindlichkeit ist somit klar gegeben, wird jedoch nicht direkt thematisiert. Diese Vorgehensweise präsupponiert eine zugrundeliegende, allgemeingültige Moralvorstellung, ohne die solche Texte nicht entschlüsselt werden können.

Anders hingegen bei den neolateinischen Texten. Auch wenn diese, wie bereits erwähnt, in viel kleinerem Mass auftreten, so lässt sich doch eine ganz andere Grundhaltung ablesen.

In der welschen Presse können wir zwei Artikel ausmachen, die sich mit dem Problem der städtischen Betonbauten auseinandersetzen. In beiden Texten werden die Auswirkungen dieser Bauweise anhand konkreter Beispiele besprochen: im einen Fall wird festgestellt, dass der Durchschnittsbürger sich gezwungen sehe, seine Umgebung zu verlassen, um sich in der Ruhe der Natur zu erholen, im anderen konstatiert der Autor in persönlichem Grundton, dass es in seiner Stadt zuviel Betonflächen gebe, die es gelte, mit neuen Pflanzungen zu unterbrechen. Durch das Fehlen impliziter Urteile in der Adjektivierung wirken diese Texte denn, im Unterschied zu den oben besprochenen, bedeutend weniger moralisierend.

Im Tessiner Text spielen zwar übergeordnete Werte eine Rolle, doch sind diese ästhetischer und nicht moralischer Art. Nicht die negativen Auswirkungen der beschriebenen Betonmauer auf den Menschen werden angeklagt, sondern die Verletztung des Prinzips des «guten Geschmacks», wobei die Schönheit der Natur als Maxime für die ästhetische Bewertung gilt, und weshalb denn auch alle menschlichen Bemühungen der künstlichen «Verschönerung» a priori zum Scheitern verurteilt sind. Der Mensch tritt hier also eindeutig als Täter und nicht, wie in den deutschen und französischen Texten, als Opfer in Erscheinung. Auch wenn es sich hier nur um einen einzelnen Artikel handelt, so vertritt er doch eine für das Tessin sehr typische Grundhaltung, denn diese ästhetisierende Tendenz des menschlichen Bezugs zur Natur konnten wir bereits in früheren Texten feststellen, z. B. in jenen, die sich auf die erste Internationale Naturschutzkonferenz von 1913 beziehen. Als kleines Beispiel sei deshalb erwähnt, dass «Naturschutz» anfänglich mit «protezione delle bellezze naturali» übersetzt respektive als «Schutz der natürlichen Schönheiten» interpretiert wurde.

Substantivbildungen

Mit der Möglichkeit der Komposition, d. h. der Verbindung von zwei oder mehreren Morphemen oder Morphemfolgen (= Wörtern) zu einem Kompositum, ist den deutschsprachigen SprecherInnen ein ganz besonderes Mittel der Wortbildung zur Verfügung gestellt. Von dieser Möglichkeit wird in betonkritischen Texten in einer Weise Gebrauch gemacht, die für uns sehr aufschlussreich ist. Neben den ontologisch motivierten Fügungen wie *Betonmauer, Betonkübel, Betonboden* (also Kübel, Mauer, Boden aus Beton) wird der Baustoff Beton in den Komposita-Bildungen *Betonöde* (2 Mal), *Betontechnik, Betonburgen* in einen neuen, durchwegs negativ gemeinten und ontologisch nicht direkt nachvollziehbaren Sinnzusammenhang gestellt. Auffallend ist dabei wiederum der typische Aspekt der Menschen- und Lebensfeindlichkeit dieser Wortfügungen; in den französischen und italienischen Texten kann eine solch polemisierende Grundhaltung nicht ausgemacht werden. Eine einzige betonkritische Partizipialkonstruktion in einem französischen Text verwendet die Fügung «univers bétonné»: Mit dem Wort «univers» (Universum, Erdkreis) wird aber einzig die überdimensionale Ausdehnung thematisiert.

Hingegen fallen die Substantivbildungen in französischen Texten viel phantasievoller und aufschlussreicher aus, wenn es darum geht, die Schutz- und Sicherheitsfunktion der Betonkonstruktionen hervorzuheben. Schutzvorrichtungen aus Beton werden hier mit *écran de béton* (Hülle, Schirm), *rideau de protection* (Vorhang, Blende), *voile de béton* (Schleier, Deckmantel), *enceinte de béton* (Umfassung, Umwallung) beschrieben. Dabei fällt im Vergleich mit deutschen Texten auf, dass in ähnlichen Kontexten keine einzige Fügung dieser Art (wie bspw. Betonschirm, Betonmantel, Schutzblende) auszumachen ist, woraus folgt, dass aus linguistischer Sicht kein solch enger semantischer Zusammenhang zwischen Schutz und Beton hergestellt wird; was allein schon aufgrund unseres selektiven Textkorpus zu Tage tritt, wird durch die Eintragungen des Duden (Bd. 1) untermauert, wo keine feststehenden Ausdrücke für Schutzvorrichtungen aus Beton angeführt sind. Dieser Befund verleitet schliesslich zur Interpretation, dass die Romands eher dazu angetan sind, in die Schutzfunktion von Beton zu vertrauen.

Sonderfall Tessin

Der italienische Sprachraum stellt sich in zweifacher Hinsicht als eigentlicher Sonderfall dar. Auf der Ebene der Langue ist anzumerken, dass die italienische Sprache sich im Wortgebrauch bezüglich der Bezeichnung des Baustoffes Beton von den beiden andern Sprachen abhebt, indem sie nicht, wie dies die deutsche Sprache tut, das französische «béton» übernimmt, sondern ihren eigenen Ausdruck «calcestruzzo» und «cemento armato» (für Eisenbeton) beibehält, obgleich das Wort «beton» zulässig wäre und in der Wortkombination «betoniera» (Betonmischmaschine) absolut gebräuchlich ist.

Auf der Analyseebene muss man schliesslich feststellen, dass die Ausbeute an Artikeln, in denen die Wörter «Beton», «Asphalt» o.ä. Ausdrücke vorkommen, in den Tessiner Zeitungen signifikant geringer ausfällt als bei den anderen. Zudem kommt es zu keinen Prädikationen, bei denen eine bestimmte Tendenz bezüglich des präferentiellen Sinnzusammenhangs festgestellt werden könnte. Es überwiegen zwar schliesslich eindeutig die «betonkritischen» Texte, doch beziehen sich diese ausschliesslich auf einzelne Bauwerke, die in ihrer konkreten Beschaffenheit beanstandet werden. Auch die Kritikpunkte sind konkret formuliert: Bemängelt wird entweder ihr Aussehen oder ihre unbefriedigende technische Qualität (Durchlässigkeit und Instabilität). Da die Sprache immer auf einen konkreten kontextuellen Zusammenhang verweist und, ausser den ästhetischen Anliegen, nicht auf einen übergeordneten Sinnzusammenhang geschlossen werden kann, können wir diese Perspektive als kritisch-neutral definieren: kritisch, weil sie die einzelnen Bauobjekte von Fall zu Fall mit wachsamem Auge analysiert, und neutral, weil sich keine übergeordnete Wertvorstellung feststellen lässt.

4. Fazit: Brücken schlagen – statt Fronten zu zementieren!

Durch die Analyse des Gebrauchs und der ko-textuellen Beziehungen bestimmter Schlüsselwörter in der Sprache sowie durch den Vergleich dieser Resultate mit anderen Sprachen lässt sich also einiges über die unterschiedliche Werthaltung verschiedener Sprachgemeinschaften in bezug auf ein bestimmtes Thema aussagen. Zweifelsohne liessen sich unsere Resultate mit jenen aus anderen Analysen erhärten, und wir gehen davon aus, dass auch anders angelegte Untersuchungen – etwa die Auswertung von Abstimmungsergebnissen oder Umfragen – auf ähnliche Resultate stossen würden. Die hier gewählte Methode, die sich auf den sprachlichen Ausdruck bezieht, hat jedoch nicht nur den Vorteil der Unmittelbarkeit (keine Zwischenschaltung von Umständen, welche das Resultat verzerren könnten), sondern sie setzt gleichzeitig an der Wurzel der kulturell tradierten Werte an, deren Mittel nichts anderes ist als die Sprache. Dabei wollen wir diese eben nicht in ihrer Funktion als blosses Medium der Informationsübertragung verstanden wissen, sondern als System, das beim einzelnen Sprecher bestimmte Kategorien und Denkweisen begünstigt, wobei die Untersuchung dieses im sprachlichen Ausdruck auffindbaren «Imaginariums» zur Entschlüsselung der kulturellen Unterschiede beiträgt.

Nun möchten wir jedoch mit dieser Untersuchung nicht bloss Unterschiede feststellen und benennen. Vielmehr liegt uns an der politischen Wirkung unserer Ergebnisse. Welche Schlüsse lassen sich aus unseren Resultaten für den schweizerischen Umweltdiskurs ziehen?

Die Folgerung drängt sich auf, dass ein vertieftes Verständnis der verschiedenen Positionen die gegenseitige Annäherung fördert und zum Abbau der Meinungsverschiedenheiten beiträgt. Allerdings dürfte der interkulturelle Austausch nicht dazu führen, dass die Nivellierung von

Meinungsverschiedenheiten um den Preis des Verlustes der kulturellen Vielfalt erkauft würde. Unsere Resultate können einen Beitrag zur Selbstreflexion leisten; aus unserer Sicht sollte die Auseinandersetzung mit «fremden» Kulturen und mit deren «Weltbildern» weniger durch manipulative Hintergedanken motiviert werden, sondern vielmehr aus der Bereitschaft erwachsen, die eigene Position an deren Alternativen zu messen und zu hinterfragen. Konkret könnte dies bedeuten, dass die alemannische Schweiz ihren Impuls unterdrückt, als sprachliche Mehrheit ihre politische Dominanz auszuspielen. Sie müsste darauf verzichten, moralisierend auf die welsche Nonchalance im Umweltbereich zu zeigen, um die Polarisationstendenzen erst einmal zu entschärfen und damit die Voraussetzung dafür zu schaffen, dass – überspitzt formuliert – die kulturpositive Weltsicht aus der Romandie eine glückliche Verbindung mit der ästhetisierenden Perspektive der Tessiner und mit dem naturschützerischen Eifer aus der alemannischen Schweiz eingehen und zu neuen Lösungen führen kann.

Literatur

Barthes, R. (1985) Die Sprache der Mode. suhrkamp, Frankfurt a. M.
Bally, C. (1965) Linguistique générale et linguistique française. Francke, Bern.
Bussmann, H. (1983) Lexikon der Sprachwissenschaft. Kröner, Stuttgart.
Duden (1983) Deutsches Universal Wörterbuch. Bibliographisches Institut, Mannheim, Wien, Zürich.
Eco, U. (1991) Einführung in die Semiotik. Fink Velag, München; *Erstausgabe 1972*.
Lakoff, G. (1987) Women, Fire, and Dangerous Things. What Categories Reveal about Mind. The University of Chicago Press, Chicago and London.
Lévi-Strauss, C. (1985) Der Blick aus der Ferne. Fink, München.
Lickfeld, A. (1993) *In*: Was heisst denn schon Natur? Ein Essaywettbewerb, Schäfer, R. (Hrsg.), Georg D. W. Callwey, München.
Lyons, J. (1980) Semantik. Beck, München.
Saussure, F. de (1985) Cours de linguistique générale. Payot, Paris; *Erstausgabe 1915*.

Von Landschaftsbildern zu neuen künstlerischen Darstellungen von Natur

Von Naturwelt und Menschenwerk

Ästhetische und ethische «Verwirklichungen»
auf den Spuren von Peter Handke und Paul Cézanne

Walter Lesch

«Der Verstand vergisst; die Phantasie vergisst nie.» (Peter Handke)

I.

In der Geschichte der Ästhetik gibt es einen alten Streit über die Frage, ob dem Naturschönen oder dem Kunstschönen der Vorrang einzuräumen sei. Kant hatte sich bekanntlich in seiner *Kritik der Urteilskraft* für den Primat des Naturschönen entschieden und wurde dafür von Hegel kritisiert, der in seiner Kunstphilosophie die Hervorbringungen des menschlichen Geistes den Schönheiten der Natur vorzog (vgl. Ferry, 1990: 165ff.; Plumpe, 1993: 267ff.). Hinter dieser historischen Kontroverse, die bis in unsere Tage in immer neuen Konstellationen durchgespielt wurde, verbirgt sich mehr als nur ein Streit unter Gelehrten. Der Stellenwert der Natur in der Theorie unserer Wahrnehmungen und Wertungen wird uns heute neu bewusst, da uns jene umstrittene Natur zu entschwinden droht. Natur wird zum musealen Gegenstand in Naturschutzreservaten, zum Thema von apokalyptischen Krisenszenarien und zur Chiffre einer nostalgischen Erinnerung.[1]

Das Thema Natur hat in der europäischen Kunstgeschichte tiefe Spuren hinterlassen, vor allem in der Landschaftsmalerei, die nach dem Ende der Vorherrschaft religiöser Sujets zu einem führenden Genre wurde und die Galerien, Museen und Privatwohnungen eroberte.[2] Lange bevor von einer ökologischen Krise überhaupt geredet wurde, spiegelte sich aber auch schon in der frühen Wertschätzung und Vermarktung der Landschaftsmalerei ein Gefühl des Verlusts einer Natur, die ja gerade nicht mehr zur selbstverständlichen Umgebung der Betrachter gehörte, sondern die in den Innenräumen der Städte das künstlerisch gestaltete Bild einer freien Natur repräsentierte. Mit den Avantgarden zu Beginn unseres Jahrhunderts fand auch diese künstlerische Nachahmung der Natur ihr Ende. Fernand Léger behauptete 1925 apodiktisch, es gebe keine Landschaft mehr – zumindest nicht als Gegenstand künstlerischer Arbeit.[3] Ausnahmen bestätigen wie so oft die Regel. Jedenfalls hat eine idyllische Repräsentation heiler Landschaft als Heimat oder als Ziel der Sehnsucht unter heutigen Bedingungen ziemlich sicher und zu Recht mit ideologiekritischen Einwänden zu rechnen. Es sieht fast so aus, als gebe es den kalkulierten Effekt der Darstellung unberührter Natur nur noch in touristischen Kontexten und in der Werbung für Waschmittel und Autos, deren Hersteller auf diesem grotesken Weg von der Umweltverträglichkeit ihrer Produkte zu überzeugen versuchen.

---

1   Überarbeitete deutschsprachige Fassung eines Beitrags zum *Colloque transfrontalier «Analyse et maîtrise des valeurs naturelles»* der Universitäten Besançon, Dijon, Fribourg, Lausanne, Fribourg und Neuchâtel am 23./24. September 1993 in Arc-et-Senans. Der französische Vortrag erschien unter dem Titel *Monde de la nature et œuvre de l'homme* in den von der Université de Franche-Comté veröffentlichten Kongressakten, Besançon, 1994: 237-241.

2   Vgl. die kunstgeschichtliche Studie von Bätschmann, 1989. Zum kunstgeschichtlichen *Diskurs* über dieses Thema: Blanchard, 1986. Informative Beiträge, die über die Erforschung der Landschaftsmalerei hinausgehen, enthält der Themenschwerpunkt *Art et nature* in: *Ligeia. Dossiers sur l'art* n° 11-12, 1992.

3   Vgl. dazu Bätschmann, 1989: 210, wo Légers programmatische Aussage zitiert wird: «Wir sind die Generation, die aus dem impressionistischen Nebel entstanden ist (...). Die Linie, die Ziffer, die Sekunde, der Millimeter, die Präzision: das sind unsere Forderungen./Es gibt keine Landschaft mehr, kein Stilleben, kein Gesicht.» Vgl. zu den Naturbildern *nach* dem Ende der Landschaftsmalerei: Boehm, 1986.

Ein zeitgemässer Zugang zur Natur scheint heute also einzig in einer naturwissenschaftlichen Betrachtungsweise zu liegen, die auf jeden sentimentalen Rückgriff auf die «verlorene» Natur verzichtet. Andererseits wird uns ein unvoreingenommener Blick in die Geschichte zeigen, dass es ein typisch modernes Missverständnis ist, frühere Kulturen bezüglich ihres Naturverhältnisses als naiv einzustufen. Nicht allen, aber doch vielen Landschaftsmalern war es durchaus klar, dass sie nicht ein originalgetreues Abbild eines Ausschnitts der Wirklichkeit auf die Leinwand brachten, sondern dass sie mit den ihnen zur Verfügung stehenden Materialien eine neue Wirklichkeit im Medium der Kunst schufen. Der perspektivische und konstruktivistische Charakter des Lesens in der Natur[4] ist nicht erst eine Entdeckung unserer Tage. Gerade deshalb lohnt sich auch heute noch die Beschäftigung mit den «alten Meistern» und deren Figurationen von Sinn auf dem Papier oder auf der Leinwand.

II.

Naturästhetik ist für die Ethik nicht erst dann interessant, wenn sie sich auf exemplarische Werke einer «engagierten Kunst» bezieht. Ich wage sogar zu bezweifeln, ob es eine solche «grüne» Kunst überhaupt geben kann.[5] Es liegt jedoch im Interesse einer jeden Ästhetik (und Ethik), die theoretischen Bemühungen an konkreten Kunstwerken zu verdeutlichen – nicht nur im Sinne illustrierender Beispiele, sondern um den Erkenntnisprozess des Sehens und Deutens in Gang zu setzen und nachvollziehbar zu machen. Mit der Wahl der Künstler und Kunstwerke fallen freilich auch schon folgenreiche Vorentscheidungen, von denen oft nicht mehr zu sagen ist, ob sie nur auf zufälligen persönlichen Vorlieben beruhen oder auch noch systematisch begründet werden können.

---

4 Vgl. zum Topos des *Buchs der Natur* die metaphorologische Studie von Blumenberg, 1986.
5 Vgl. zu diesem Interpretationshorizont am Beispiel des späten Goethe: Muschg, 1986. Als neueres Beispiel für einen «grünen Dichter» wird gelegentlich Jean Giono aus einer aktualisierenden Perspektive rezipiert. Vgl. dazu Baier, 1985.

Bei meinen Untersuchungen zu Naturdarstellungen in moderner Literatur und Kunst stiess ich auf einen Autor, der im Kreuzfeuer der Literaturkritik bisher schon so manche Gemeinheit ertragen musste und der dennoch beharrlich an einem Projekt arbeitet, das mir für unsere Frage interessant zu sein scheint. Es ist Peter Handke, eine umstrittene Leitfigur deutschsprachiger Gegenwartsliteratur, der sich Frankreich, insbesondere Paris sehr verbunden fühlt[6] und dessen Werk fast vollständig ins Französische übersetzt ist. 1980 schrieb Handke in Salzburg nach seiner Rückkehr nach Österreich *Die Lehre der Sainte-Victoire*, einen poetologischen Text, der von der Begegnung mit den Bildern Paul Cézannes erzählt, besonders von dessen Spät-werk, das sich in geradezu monomanischer Art auf immer neue Darstellungen der Montagne Sainte-Victoire, einem Gebirgszug in der Nähe von Aix-en-Provence, konzentriert. Seit 1885 malte Cézanne «sein» Gebirge auf etwa 50 Bildern – mit dem erklärten Ziel, es immer besser zu malen. Handke hatte die Bilder 1978 in der Cézanne-Ausstellung im Pariser Grand Palais gesehen und war seither fasziniert von diesem Ringen um den künstlerischen Ausdruck.[7] Nach

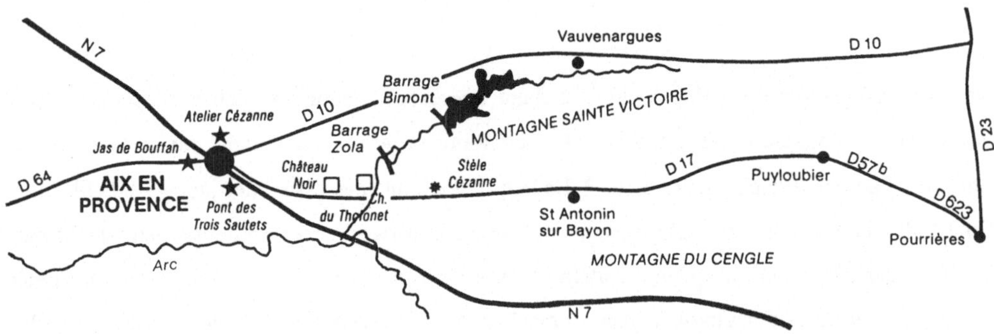

Abbildung 1. Aus der Werbung des Comité Régional de Tourisme Provence-Alpes-Côte d'Azur.

---

6   Zur Zeit lebt er wieder in einem Vorort von Paris. Vgl. seinen neuen Roman *Mein Jahr in der Niemands-bucht*, 1994.

7   Cézannes Bilder finden im Kulturbetrieb nach wie vor ausserordentliche Beachtung. 1993 war die Cézanne-Ausstellung in der Kunsthalle Tübingen ein sensationeller Publikumsmagnet; 1995/96 wird erneut im Pari-ser Grand Palais eine Cézanne-Retrospektive gezeigt, die anschliessend nach London und Philadelphia geht. Das Werk des Künstlers, der eigentlich keine spektakulären Motive verarbeitet, weckt ganz einfach «Gefallen». Auch bei «konservativeren» Sehgewohnheiten werden Bedürfnisse befriedigt, die mit den Schocktherapien der avantgardistischen Malerei des 20. Jahrhunderts nicht zu vereinbaren wären. Von da-her verwundert es nicht, dass gerade Cézannes Kunst im Zeitalter der technischen Reproduzierbarkeit mas-senhafte Verbreitung findet: durch Postkarten, Poster, Bilder, Kataloge, Videos und neuerdings auch auf CD-Rom und Internet.

der Rückkehr von einer Amerikareise[8] begibt sich Handke in die Provence, um an den Orten Cézannes seinen «Lehrmeister» zu entdecken.

Die Spurensuche in Aix-en-Provence und Umgebung ist touristisch längst unter dem Motto «Nature et Culture» als eine der *Routes de Provence* vermarktet: es fehlt nicht an Wegweisern und Hinweistafeln zur Erläuterung dieser neuen Art von Pilgerstätten, deren Besuch nicht ein Privileg exzentrischer Künstler ist.

III.

Es ist auch ausserhalb der Fachwelt bekannt, dass über Cézannes kunstgeschichtliche Übergangsstellung zwischen den Formexperimenten des Impressionismus und den Formauflösungen des frühen Kubismus viel geschrieben wurde.[9] Cézanne (1839-1906) gehört zu einer Künstlergeneration, für die eine blosse Nachahmung und Abbildung von Wirklichkeit kein Thema mehr war. Diese Revolution im visuellen Bereich wäre jedoch nicht möglich gewesen, wenn nicht schon die vermeintlich realistische Kunst Änderungen in der Wahrnehmung der Landschaft vorbereitet hätte.

Der grosse Repräsentant des «Realismus» ist der aus Ornans stammende Gustave Courbet (1819-1877), der einige Landschaften der Franche-Comté durch seine Bilder weltberühmt gemacht hat. 1855 wurden seine Arbeiten von der Jury der ersten Pariser Weltausstellung abgelehnt; daraufhin stellte Courbet sie neben dem offiziellen Ausstellungsgelände in einer Baracke aus und schrieb auf das Eingangsschild: «Le Réalisme». Seine Bilder zeigen Genreszenen des Alltags, Begebenheiten des bäuerlichen Lebens, Flusslandschaften des Jura.[10] Auch Handke war auf diesen Künstler gestossen: «Es gab, bevor ich auf Cézanne traf (und nach Edward

---

[8] Von der Amerikareise des Geologen Sorger erzählt Handke in *Langsame Heimkehr*, 1979.

[9] Vgl. die Darstellungen von Hoog, 1989 und Bocola, 1994: 135-141.

[10] Das monumentale Hauptwerk unter den vierzig Bildern im alternativen Pavillon war *Das Atelier des Malers, eine reale Allegorie, die sieben Jahre meines künstlerischen Lebens umfasst* (jetzt im Musée d'Orsay) – ein Bild über künstlerische Arbeit, Landschaft und Gesellschaftskritik. Vgl. zum Streit der Interpretationen: Bätschmann, 1989: 68ff.

Hopper), schon einen anderen Maler, der mich von blossen Meinungen zu Bildern abbrachte, und sie als Beispiele betrachten und als Werke verehren lehrte. (...) Und da wusste ich dann auch: Das sind jetzt die richtigen Bilder – nicht nur für mich» (25f.).[11]

Courbet fand im Alltag die «wirklichen, historischen Ereignisse» (26). Dass eine solche Haltung nicht ohne Konsequenzen blieb, zeigt sein politisches Engagement zur Zeit der Pariser Kommune. 1871 galt er als Hauptschuldiger für die Zerstörung der Siegessäule auf der Place Vendôme und floh nach einigen Monaten Gefängnis in die Schweiz, wo er in der Nähe von Vevey starb. Courbet, der Revolutionär, der Ankläger sozialer Ungerechtigkeit, der Maler der einfachen Leute und ihrer «natürlichen» Lebenswelt ... Cézanne, nicht gerade für lautstarke politische Agitation bekannt, verehrte ihn und nannte *La grande vague* (1869/70) eine der «Entdeckungen des Jahrhunderts» (27).[12] Und Cézanne hatte im Verlauf seiner Gestaltungsexperimente in früheren Jahren auch durchaus Courbets grobe Spachteltechnik mit dem Palettmesser nachgeahmt.

IV.

Peter Handke war in seiner «Zwischenzeit» im «Jahr ohne Ortsansässigkeit» (35), auf der Suche nach einem Vorbild für seine Kunst, für die Arbeit als Schriftsteller. «Seit ich denken kann, hatte ich, immer wieder, das Bedürfnis nach einem Lehrmeister» (27). Einen solchen Lehrmeister hat Handke in Cézanne gefunden.[13] Er schreibt vom «Erlebnis des Sprungs, mit dem zwei Augenpaare, in der Zeit auseinander, auf einer Bildfläche zusammenkamen» (29).

Die adäquate Form der Beschreibung der Naturerfahrung ist die Darstellung der Reise zu konkreten Orten. Handkes Lehre der Sainte-Victoire ist nicht zuletzt deshalb ein kosmopoliti-

---

11 Sämtliche Seitenangaben in Klammern beziehen sich auf Handkes Text, zitiert nach der Taschenbuchausgabe (1984).

12 Vgl. Zur Tradition der «Wogenbilder» Bätschmann, 1989: 133f.

13 Cézannes Werk hat auch sonst in Literatur (Rilke) und Philosophie (Merleau-Ponty) grosse Beachtung gefunden. Merleau-Ponty schrieb seinen letzten Text im Sommer 1960 in Le Tholonet: eine faszinierende Meditation über Malerei und Phänomenologie. Vgl. die posthume Publikation von Merleau-Ponty, 1985

Abbildung 2. Photographie der Montagne Sainte-Victoire (aus der Tourismus-Werbung).

sches Buch geworden, weil es einen biographischen Übergang markiert: die Rückkehr von Amerika nach Europa und die Heimkehr nach Österreich. All dies geschieht in einer Weise, die Orte, Strassen und Landschaften in der Imagination eng zusammenrücken lässt. Wir begleiten den Schriftsteller auf Wegen in den USA und in Jugoslawien, in Paris und Berlin, Salzburg und Aix-en-Provence. «Auch mein Held war dabei, wie schon für viele vor mir der homerische Odysseus (...)» (36). Deshalb möchte ich mich Handkes Odyssee anvertrauen und der Raum- und Zeitstruktur dieses einzigartigen Essays folgen.

Der Schriftsteller befindet sich auf der Route Paul Cézanne von Aix-en-Provence nach Le Tholonet und betrachtet die Farben der Landschaft. Farben zu sehen und korrekt zu benennen – das war ein Problem seiner Kindheit, als die Erwachsenen lachten, wenn er nicht die präzisen Farbbezeichnungen fand. Jetzt, auf der Strasse in der Provence, geht es um mehr als nur um exakte Beschreibungen. Es geht um das Glücksgefühl des *Nunc stans*, um den «Augenblick der Ewigkeit» (9) in der Kontemplation der Landschaft.[14] Die Naturwahrnehmung scheint eine eigentümliche Zeitstruktur zu haben: die Intensität absoluter Aufmerksamkeit und Verdichtung, eine paradoxe Erfahrung der Epiphanie von schockartiger Plötzlichkeit und beruhigender Dauer.

---

[14] Vgl. zum kontemplativen Bewusstsein im Raum der Natur: Seel, 1991: Kap. I.

Cézanne hatte sich 1870 vom Militärdienst freikaufen lassen, um dem deutsch-französischen Krieg zu entfliehen und in L'Estaque, einem Fischerdorf, das heute zur Banlieue von Marseille gehört, zu malen. Schon dieser Umstand deutet darauf hin, dass eine gewisse Distanzierung von den aktuellen Ereignissen Voraussetzung für die radikale künstlerische Praxis ist. Cézannes «magische» Landschaften in der Abgeschiedenheit Südfrankreichs werden für Handke zum «Mittelpunkt der Welt» (36f.), dem räumlichen Pendant zum beglückenden Augenblick.

«(...) mit der Zeit wurde sein einziges Problem die Verwirklichung (‹réalisation›) des reinen, schuldlosen Irdischen: des Apfels, des Felsens, eines menschlichen Gesichts. Das Wirkliche war dann die erreichte Form; die nicht das Vergehen in den Wechselfällen der Geschichte beklagt, sondern ein Sein im Frieden weitergibt. – Es geht in der Kunst um nichts anderes» (18). Handke versteht dieses ambitiöse Programm als Gegenentwurf zu den Schreckensbildern der Geschichte, die er nicht leugnen möchte, die er aber bewusst nicht als Hauptgegenstand seiner Kunst wählt.[15]

Ausgangspunkt von Handkes Recherche auf den Spuren Cézannes ist nicht ein Sainte-Victoire-Bild – dieses Motiv hatte er bei der Ausstellung in Paris zunächst gar nicht so sehr beachtet –, sondern das Porträt *L'Homme aux bras croisés* (1889). Diesen Mann stellt sich der Schriftsteller als den Helden einer noch zu schreibenden Geschichte vor. Damit ist allerdings auch ein gravierendes erzähltheoretisches und -praktisches Problem verbunden. Denn wie kann die Gestalt auf dem Bild Leben gewinnen, das wirklich erzählbar wird und sich nicht in Abstraktionen und Beschreibungen verliert? Statt einer Erzählung könnte theoretisierende Prosa entstehen.

Handkes Zugang zur Sainte-Victoire ist zunächst rein deskriptiver Art. Er beschreibt die Felsfarben, die geologische Beschaffenheit der Schichten, den Glanz des Kalksteins, den Kletterfelsen «bester Qualität» (32). Von diesen Realien lässt er die Blicke und Assoziationen schweifen zu niederländischen «Weltlandschaften» aus dem 17. Jahrhundert (38) und zu Personen, die wie Figuren aus alten Filmen die Szene betreten (42).

Auf der Rückkehr von der Hochebene nach Aix hat er ein Erlebnis, das die friedliche Stimmung der Kontemplation und Imagination trübt (43-50). Es ist die Begegnung mit einem

---

15 Hierin ist Handke seinem Literaturverständnis, mit dem er 1966 die Gruppe 47 bei der berühmten Tagung an der Universität Princeton provoziert hatte, treu geblieben. Sein sprachkritischer Einwand lautete schon damals, dass die blosse Anklage bundesrepublikanischer Verhältnisse diese eventuell nur reproduziere.

grimmigen Hund, der bei Puyloubier auf dem Gelände einer Kaserne der Fremdenlegion seinen Feind am liebsten zerrisse, wenn nicht ein Zaun ihn daran hinderte. Mit grosser Genauigkeit beschreibt Handke diese furchterregende Aggression – auch dies ein Aspekt von Natur, dessen Negativität nicht durch den Hinweis relativiert werden kann, dass es sich ja um von Menschen korrumpierte und zum Töten dressierte Natur handle. «Jetzt muss ich in jeder noch so freien Landschaft mit einer Bestie wie der von Puyloubier rechnen» (43). «Sprachlos vor Hass verliess ich das Terrain; und zugleich schuldbewusst: ‹Für das, was ich vorhabe, darf ich nicht hassen.› Vergessen die Dankbarkeit über den bisherigen Weg; die Schönheit des Berges wurde nichtig; nur noch das Böse war wirklich» (48).[16]

Wohl nicht zufällig steht diese Konfrontation mit der Schattenseite der Natur vor der Mitte des Essays, dem Kapitel «Der Maulbeerenweg» (50-58), wo vom Besuch in Cézannes Atelier, von der Gipfelbesteigung und vom Recht, die «Lehre» der Sainte-Victoire zu schreiben, erzählt wird. Selbstverständlich ist die Bergbesteigung nicht ohne literarische Vorbilder; Petrarcas Aufstieg auf den Mont Ventoux, einen anderen Berg in der Provence, ist in der Geschichte der Ästhetik zu besonderem Ruhm gelangt.[17] Bei Handke bleibt das spektakuläre Gipfelerlebnis aus. Seine Einsicht kommt beim Abstieg, als er im Selbstgespräch sagt: «‹Denk nicht immer Himmelsvergleiche bei der Schönheit – sondern sieh die Erde. Sprich von der Erde, oder bloss von dem Fleck hier. Nenn ihn, mit seinen Farben›» (56).

Mit Adalbert Stifter[18] begibt sich Handke auf die Suche nach dem ewigen Gesetz der Kunst, dem «sanften Gesetz», das die Menschen leitet, und entdeckt den «Ding-Bild-Schrift-Strich-Tanz» (63) des Menschheitslehrers Cézanne, dem es mit seinen Verwirklichungen gelungen ist, den Dingen der Wirklichkeit Dauer zu verleihen, die dem von gläubigen Menschen behaupteten Allerwirklichsten, dem Allerheiligsten, vergleichbar ist. «Und so sehe ich jetzt auch Cézannes ‹Verwirklichungen› (nur dass ich mich davor aufrichte, statt niederzuknien)

---

[16] Vgl. die Interpretation von Goldschmidt, 1988: 130: «Ce chien est le prolongement de l'univers concentrationnaire nazi: il se trouve là sur le chemin du retour et c'est, tout à coup, la réalité politique, la zone officielle du pouvoir marquée sur le béton par de petits tas de crotte desséchés. Le chien, le pouvoir donc, la violence menacent d'obscurcir le paysage d'alentour.»

[17] Besonders durch die Deutung von Ritter, 1989.

[18] Der von Handke geschätzte österreichische Künstler des 19. Jahrhunderts war Maler und Schriftsteller. Vgl. Handke, 1990a: 147ff.; Matz, 1995.

Abbildung 3. Paul Cézanne, Montagne Sainte-Victoire, um 1904/06 (Kunsthaus Zürich).

Verwandlung und Bergung der Dinge in Gefahr – nicht in einer religiösen Zeremonie, sondern in der Glaubensform, die des Malers Geheimnis war» (66).[19]

Die Meditationen über die Montagne Sainte-Victoire[20] rufen Analogien hervor: hügelartige Erhebungen in anderen Gegenden, v. a. in Städten, wecken Assoziationen und machen die Kreise um die Sainte-Victoire immer weiter. Die Impressionen aus Paris (vom Mont Valérien und vom Mont des Fusillés) und aus Berlin (vom Havelberg) geben Aufschluss über das kritische Deutschlandbild des Autors, das Trauma deutsch-österreichischer Geschichte (Handkes Vater ist Deutscher, seine Mutter stammt aus Slowenien, die frühe Kindheit verbrachte er mit den Eltern im Osten Berlins) und das positive Frankreichbild der deutschsprachigen Nach-

---

[19] Vgl. zu Cézannes Katholizismus: Boehm, 1988: 14f. Vgl. dort auch die Interpretation von Cézannes Schlüsselwort *réaliser*: 54-66.

[20] Vgl. zur exemplarischen Analyse eines der Sainte-Victoire-Bilder Cézannes: Loer, 1994.

kriegsgeneration, die vom Kontakt mit französischer Kultur so etwas wie eine neue intellektuelle Heimat erhoffte und fand.[21]

Im Winter entschliesst sich der Schriftsteller zu einer zweiten Reise in die Provence, diesmal in Begleitung von D., einer Schwäbin, die in Paris Kleider macht. Dieses vorletzte Kapitel des Essays ist eine Betrachtung über Wahrheit und Fragment, «die Lust auf das Eine in Allem. Ich wusste ja: Der Zusammenhang ist möglich» (78). Es wird eine Suche nach den Übergängen und Verknüpfungen: im Gewebe der Erzählung und in der Landschaft. Der Schriftsteller fixiert seine Aufmerksamkeit auf «eine Bruchstelle zwischen zwei Schichten verschiedenartigen Gesteins» (85), um das Geheimnis der Sainte-Victoire zu verstehen. Eine Antwort erhält er von D., die ihre Geschichte vom Mantel der Mäntel erzählt, von der Widerborstigkeit des Materials, von der Schwierigkeit, die Teile zu einem Ganzen zu verweben[22], von der Einsicht, dass der Übergang «klar trennend und ineinander sein» muss (93).

Nach diesem Übergang vom Bild der Bilder zum Mantel der Mäntel werden Cézanne und die Montagne Sainte-Victoire nicht mehr erwähnt. Eine Konsequenz aus der Lehre von Cézannes Berg ist die exakte Beschreibung der Morzger Waldes im Süden von Salzburg. Die Angaben sind so genau, dass sich der Leser die Topographie der Gegend ausmalen kann. Wie der Weg zum Berg in der Provence immer wieder in die Stadt Aix zurückführte, so endet auch der Weg in die Umgebung von Salzburg mit der Rückkehr in die Stadt. «Dann einatmen und weg vom Wald. Zurück zu den heutigen Menschen; zurück in die Stadt; zurück zu den Plätzen und Brücken; zu den Sportplätzen und Nachrichten; zurück zu den Glocken und Geschäften; zurück zu Goldglanz und Faltenwurf. Zu Hause das Augenpaar?» (108f.).[23]

Der Gesamteindruck nach der Lektüre bleibt zwiespältig: einerseits fasziniert die Suche nach einer unverbrauchten Sprache, die heute noch geeignet ist, literarisch über Natur zu sprechen; andererseits irritiert die grenzenlose Sehnsucht nach dem Erkennen von Zusammenhängen, nach ewigen Gesetzen, nach Geborgenheit, Belehrung, feierlichem Einssein mit der Natur. Und all dies ist nicht möglich, ohne letztlich doch wieder auf Sprachklischees zurückzugreifen.

---

[21] Vgl. Handke, 1984: 51. Bei der Lektüre von Balzacs *Le chef-d'œuvre inconnu* – Cézanne hatte sich in dieser Künstlergeschichte wiedererkannt – entdeckt der Schriftsteller, «wie das Französische (als Kultur) mir eine – doch immer wieder entbehrte – zuständige Heimat geworden war».

[22] Auch *Texte* sind *Gewebe*!

[23] Das Augenpaar wird in der *Kindergeschichte* (1981), dem an *Die Lehre der Sainte-Victoire* unmittelbar anschliessenden Text, aufgegriffen. Es ist das «strahlende Augenpaar» der eigenen Tochter.

Die Anknüpfung an Adalbert Stifter, dessen Werk für kritische Gemüter Inbegriff einer heute völlig obsoleten Naturfrömmigkeit ist, provoziert Widerspruch. Dabei lässt Handke nie einen Zweifel daran, dass er nicht von der Erfahrung einer reinen Natur träumt; ihn interessiert das Zusammenspiel von «Naturwelt und Menschenwerk» (9) und letztlich die Nähe der Menschen. Die Spannungseinheit von Natur und Kultur, Land und Stadt, Einsamkeit und Gespräch ist konstitutiv für Handkes Gestaltung der Räume poetischer Imagination.

Zu Handkes Poetik hat es seit den 80er Jahren besonders in der deutschsprachigen Literaturkritik zahlreiche skeptische und sogar vernichtend kritisierende Stimmen gegeben.[24] Sein Werk galt als Ausdruck einer neuen religiösen Stimmungslage, einer krampfhaften und nahezu kitschigen Suche nach Glauben und mystischer Erfahrung in endloser Selbstbespiegelung. Kritisiert wurde die tendenziell affirmative Ästhetik, die Hoffnung auf Versöhnung in der Kunst, die beinahe mythische Naturverehrung. Von unverbesserlichen Etikettenaufklebern wurde dieses Grundgefühl als «postmodern» bezeichnet. In gewisser Weise gibt es Parallelen zu einer ebenfalls vehementen Kritik an Botho Strauss.[25] Wie auch immer, es handelt sich um Zugänge zu einer Art von Kunst, die mehr ist als ein beliebiges Spiel der Signifikanten (und insofern alles andere als «postmodern»): gelungene Kunstwerke erschliessen neue, beglückende Sinndimensionen.

Handkes Suche nach der erfüllten «Jetztzeit», seine Betonung der Langsamkeit, Stetigkeit, die Sehnsucht nach Dauer und Formgebung, die Liebe zu den unscheinbaren Dingen, all diese unzeitgemässen Grundhaltungen[26] stehen gewiss quer zu den Ambitionen eines politischen Aktionismus, der von der Literatur entsprechende Bekenntnisse fordert. Und dennoch sollte bei dem kurzen Blick auf «Die Lehre der Sainte-Victoire» deutlich geworden sein, dass Handke alles andere als unpolitischer Schriftsteller ist, der Natur gegen Geschichte und Politik ausspielen wollte.[27]

---

[24] Vgl. die umfangreiche Bibliographie der literaturkritischen und germanistischen Arbeiten bei Pütz, 1993. Vgl. speziell zur *Lehre der Sainte-Victoire* und deren Bedeutung im Zyklus *Langsame Heimkehr* die Artikel von Graf, 1985; Meyer, 1985; Neubaur, 1985.

[25] Zu erinnern ist auch an George Steiner, dessen Buch *Von realer Gegenwart* (1990) – mit dem Nachwort von Botho Strauss - durchaus etwas mit der hier diskutierten Ansatz von Ästhetik zu tun hat.

[26] Handke hat diese Anliegen in den Werken der 80er und 90er Jahre noch intensiviert, besonders in dem Buch *Die Abwesenheit* (1987), das der Autor als ein «Märchen» bezeichnet.

[27] Vgl. hierzu auch das Ergebnis der Monographie von Goldschmidt, 1988: 187-189.

V.

Der vorliegende Versuch der Hinführung zu einer ästhetisch und ethisch motivierten Naturdeutung ist bewusst als ein Gespräch zwischen Werken französisch- und deutschsprachiger Kultur angelegt.[28] Dies liesse sich weiterführend verdeutlichen am Beispiel der Handke-Rezeption in Frankreich, die sich von der im deutschsprachigen Raum sehr unterscheidet. Eine weitere Verschränkung der Perspektiven ergäbe sich durch die Einbeziehung der von Handke übersetzten Autoren Francis Ponge und René Char, die sich aus verschiedenen Blickwinkeln mit dem Verhältnis von Dichtung und Natur auseinandergesetzt haben.

Die vorgetragenen Überlegungen sind ein kleiner, literarisch vermittelter Versuch einer Neuvermessung des philosophischen Disputs über Naturschönes und Kunstschönes und des kunsttheoretischen Streits über das Lesen in der Natur zwischen «réalisme» (Courbet) und «réalisation» (Cézanne). Handkes ambitioniertes Projekt einer Überwindung der Grenzen zwischen den Künsten und ihre Gattungen bietet hierfür einen willkommenen Ausgangspunkt.[29]

Ein schwieriges Unterfangen bleibt jedoch der Weg vom sanften Gesetz der Kunst zu den ethischen Konsequenzen, die daraus unter Umständen gezogen werden können, ohne an die Adresse der Kunst Fragen zu richten, die diese nicht beantworten kann und will.[30] Martin Seel hat sich diesem Problem in seinen gründlichen Studien zur Naturästhetik gewidmet und ist zu dem Schluss gekommen, dass die ästhetische Attraktion der Natur in den bedrohten Zuständen von Natur besteht, «in denen der Mensch eine besondere, unersetzliche Möglichkeit seines Lebens finden kann. Diese besondere Wirklichkeit der Natur ist es, worum es in der ästhetischen und moralischen Anerkennung von Natur geht. Diese Natur kann zerstört werden und wird zerstört, im Unterschied zum Naturganzen, das dadurch lediglich ärmer wird (...)» (Seel 1993: 227). Ein solches (nachmetaphysisches) Konzept ästhetischer und moralischer Anerkennung scheint mir plausibler zu sein als der Rückgriff auf «valeurs naturelles» im Sinne traditio-

---

28 Es versteht sich von selbst, dass in der angestrebten Kooperation unserer Hochschulen hier eine besondere Aufgabe der zweisprachigen Universität Fribourg läge, z. B. durch die Förderung einer literatur- und kulturwissenschaftlichen Komparatistik und weiterer Forschungen zum Vergleich kulturell geprägter Deutungs- und Handlungsmuster, gerade auch im Bereich der Ökologie.

29 Die Übergänge zwischen Schrift und visueller Kommunikation hat Handke vor allem auch in filmischen Arbeiten und in der Kooperation mit Wim Wenders erprobt.

30 Vgl. auch die kulturpsychologische Zugangsweise im Artikel von Allesch, 1993.

neller Wertlehre, die vor allem dann problematisch sind, wenn Normen aus naturalen Gegeben-
heit im Sinne objektiv erkennbarer Werte abgeleitet werden.[31]

VI.

Wie wir gesehen haben, führte Handkes Weg «zurück in die Stadt». So ungefähr wäre wohl
auch die Aufgabe kulturwissenschaftlicher Naturdeutung zu umschreiben: als Weg zur Natur,
der zurückführt in die Denkwerkstätten der (kleinen) Universitätsstädte. Könnte nicht dies ein
Spezifikum der Kooperation von Hochschulen sein, die eben nicht in Städten wie Paris oder
Berlin beheimatet sind, aber aus den Besonderheiten ihrer regionalen Verwurzelung ihre spezifischen Standortvorteile profilieren sollten?

Kunst, gerade auch Kunst, die sich mit Natur auseinandersetzt, ist ein kulturelles Gedächtnis
einer gefährdeten Welt. Das wusste schon Cézanne: «Man muss sich beeilen, wenn man noch
etwas sehen will. Alles verschwindet.»[32] Als Handke zehn Jahre nach seiner ersten Reise zu
den Orten Cézannes zur Montagne Sainte-Victoire zurückkehrte, war seine Enttäuschung
gross: einer der fast schon zum traurigen Repertoire der sommerlichen Nachrichten aus Süd-
frankreich gehörenden Waldbrände hatte die Vegetation an den Flanken des Gebirges vernichtet.[33]

---

[31] Vgl. die kritische Darstellung von Ott, 1993: 155ff. «Subjektive Wertlehren rekonstruieren die Urteile,
durch die eine Person etwas als wertvoll oder gut für sich einstuft. Diese Urteile heissen ‹evaluativ›. (156)
Die objektive Wertlehre übernimmt «Prämissen eines anti-darwinistischen Evolutionismus. Die Begründung einer objektiven Wertlehre stützt sich folglich auf einen naturhistorischen Vitalismus, letztlich auf
das, was mit natura naturans gemeint war.»

[32] Zit. nach Handke, 1984: 63.

[33] Vgl. das Schlusskapitel in Handke, 1990b.

Literatur

Allesch, C. G. (1993) The Aesthetic as a Psychological Aspect of Man-Environment Relations, or: Ernst E. Boesch as an Aesthetician *In*: Schweizerische Zeitschrift für Psychologie 52, Heft 2, 122-129.

Bätschmann, O. (1989) Entfernung der Natur. Landschaftsmalerei 1750 - 1920. Dumont, Köln.

Baier, L. (1985) Jean Giono, grüner Dichter *In*: Französische Zustände. ders. (Hrsg.), Berichte und Essays, Fischer, Frankfurt a. M., 261-280.

Blanchard, M. E. (1986) Landschaftsmalerei als Bildgattung und der Diskurs der Kunstgeschichte *In*: Landschaft, Smuda, M. (Hrsg.), Suhrkamp, Frankfurt a. M., 70-86.

Blumenberg, H. (1986) Die Lesbarkeit der Welt. Suhrkamp, Frankfurt a. M.

Bocola, S. (1994) Die Kunst der Moderne. Zur Struktur und Dynamik ihrer Entwicklung. Von Goya bis Beuys. Prestel, München, New York.

Boehm, G. (1986) Das neue Bild der Natur. Nach dem Ende der Landschaftsmalerei *In*: Landschaft, Smuda M. (Hrsg.), Suhrkamp, Frankfurt a. M., 87-110.

Boehm, G. (1988) Paul Cézanne: Montagne Sainte-Victoire. Insel, Frankfurt a. M.

Ferry, L. (1990) Homo Aestheticus. L'invention du goût à l'âge démocratique. Grasset, Paris.

Goldschmidt, G.-A. (1988) Peter Handke (Les Contemporains, 2). Seuil, Paris.

Graf, V. (1985) «Verwandlung und Bergung der Dinge in Gefahr». Peter Handkes Kunstutopie *In*: Peter Handke, Fellinger R. (Hrsg.), Suhrkamp, Frankfurt a. M., 276-314.

Handke, P. (1984) Die Lehre der Sainte-Victoire. Suhrkamp, Frankfurt a. M.

Handke, P. (1990a) Aber ich lebe von den Zwischenräumen. Ein Gespräch, geführt von Herbert Gamper. Suhrkamp, Frankfurt a. M.

Handke, P. (1990b) Noch einmal für Thukydides. Residenz, Salzburg, Wien; *Erweiterte Neuauflage 1995*.

Hoog, M. (1989) Cézanne. «Puissant et solitaire». Gallimard/Réunion des musées nationaux, Paris.

Ligeia. Dossiers sur l'art, n° 11-12 (décembre 1992) Dossier: Art et nature.

Loer, T. (1994) Werkgestalt und Erfahrungskonstitution. Exemplarische Analyse von Paul Cézannes ‹Montagne Sainte-Victoire› (1904/06) unter Anwendung der Methode der objektiven Hermeneutik und Ausblicke auf eine soziologische Theorie der Ästhetik im Hinblick auf eine Theorie der Erfahrung *In*: Die Welt als Text, Garz D. (Hrsg.), Suhrkamp, Frankfurt a. M., 341-382.

Matz, W. (1995) Stifter oder Die fürchterliche Wendung der Dinge. Hanser, München, Wien.

Merleau-Ponty, M. (1985) L'Œil et l'Esprit. Gallimard, Paris; *Erstauflage 1964*.

Meyer, M. (1985) Heimkehr ins Sein. Peter Handkes Langsame Heimkehr und Die Lehre der Sainte-Victoire *In*: Peter Handke, Fellinger R. (Hrsg.), Suhrkamp, Frankfurt a. M., 252-275.

Muschg, A. (1986) Goethe als Emigrant. Auf der Suche nach dem Grünen bei einem alten Dichter. Suhrkamp, Frankfurt a.M.

Neubaur, C. (1985) Hiergelände *In*: Peter Handke, Fellinger R. (Hrsg.), Suhrkamp, Frankfurt a. M., 345-374.

Ott, K. (1993) Ökologie und Ethik. Ein Versuch praktischer Philosophie. Attempto, Tübingen.

Plumpe, G. (1993) Ästhetische Kommunikation der Moderne, Band 1: Von Kant bis Hegel. Westdeutscher Verlag, Opladen.

Pütz, P. (1993) Peter Handke *In*: Kritisches Lexikon der deutschsprachigen Gegenwartsliteratur, Arnold H. L. (Hrsg), Band 3 (44. Nachlieferung), edition text + kritik, München.

Ritter, J. (1989) Landschaft. Zur Funktion des ästhetischen in der modernen Gesellschaft *In*: ders., Subjektivität. Sechs Aufsätze, Suhrkamp, Frankfurt a. M., 141-163; *Erstauflage 1963*.

Seel, M. (1991) Eine Ästhetik der Natur. Suhrkamp, Frankfurt a. M..

Seel, M. (1993) Ästhetische und moralische Anerkennung der Natur *In*: Raum und Verfahren (Interventionen, 2), Huber J./Müller A. M. (Hrsg.), Stroemfeld/Roter Stern und Museum für Gestaltung Zürich, Basel, Frankfurt a. M., 205-227.

Steiner, G. (1990) Von realer Gegenwart. Hat unser Sprechen Inhalt? Hanser, München, Wien.

Natur als Gleichnis im Leben und Werk von Joseph Beuys

August Heuser

Es sind drei grosse Aktionen, die auf besondere Weise die Beziehung von Joseph Beuys (1921 - 1986) zur Natur verdeutlichen: «Wie man dem toten Hasen die Bilder erklärt» (Düsseldorf 1965), «I like America and America likes Me» (New York 1974) und schliesslich «7000 Eichen» (Kassel 1982). So sagt Beuys, die Hasen-Aktion interpretierend: «Noch ein totes Tier bewahrt stärkere Kräfte der Intuition als manche menschlichen Wesen mit ihrem unerbittlichen Rationalismus» (Schneede, 1994: 103) und zur Amerika-Aktion, die Tiere seien Besitzer «einer Kraft und einer grossen spirituellen Autorität» (Schneede, 1994: 336), derer der Mensch zu seiner Existenz bedürfe. Tiere sind ihm Stellvertreter für «alles Übersinnliche, also alles Transzendierende, Spirituelle» (Schneede, 1994: 336). Und zu den Bäumen formuliert Beuys: «Die Bäume sind wichtig, um die menschliche Seele zu retten» (Mennekes, 1989: 48).

Schon durch diese wenigen Zitate wird deutlich, dass Beuys der Natur eine hohe symbolisch-verweisende Kraft zugesteht. Alles in der Natur hat für ihn Bedeutung, verweist auf die spirituelle Substanz in der Welt.

Ein auffallender Zug der frühen Beuysbiographie ist sein Interesse für die Naturwissenschaft. So wird vom zwölfjährigen Joseph Beuys berichtet, dass er vor seinem Elternhaus in Kleve am Niederrhein eine Trauerweide pflanzte. Die niederrheinische Landschaft um Kleve war für ihn und sein Interesse für die Natur, wie Hainer Stachelhaus berichtet, prägend. Hier «lernte er», wie Stachelhaus mitteilt, «Gräser, Bäume, Sträucher, Pilze kennen. Er trug seine Beobachtungen in Kladden ein, legte im Elternhaus eine botanische Sammlung an, unterhielt dort sogar einen kleinen Zoo, war immer auf Jagd nach Mäusen, Ratten, Fliegen, Spinnen, fing Fische und Frösche und baute mit Spielkameraden Zelte, (...) in denen die Beute ausgestellt wurde. (...) Das Interesse für die Natur und naturwissenschaftliche Probleme wächst» (Stachelhaus, 1987: 14). In der Bibliothek des siebzehnjährigen, naturwissenschaftlich hochbegabten und einem entsprechendem Studium zustrebenden Gymnasiasten stand, nach Stachelhaus, Carl von Linnés «Systema Naturae» freilich neben einem Katalog mit Abbildungen der Skulpturen Wilhelm Lehmbrucks. 1940 beim Militär lernte Beuys den Biologen und Zoologen Heinz Sielmann kennen, der später mit seiner Fernsehserie «Expedition ins Tierreich» grossen Erfolg in deutschen Wohnzimmern hatte. Von Sielmanns Wissen profitierten Beuys' naturwissenschaftliche Kenntnisse in den Kriegstagen. Als Beuys sich nach dem Krieg gegen das Studium der Naturwissenschaften entschied und Bildhauerei bei Ewald Mataré in Düsseldorf studierte, konnte er sich auch künstlerisch an dessen Tierplastik orientieren. Von solcher Orientierung finden sich Spuren im Beuysschen Frühwerk. Es sind immer wieder Zeichnungen und Reliefs, die sich dem Thema Tier in höchst anrührender Weise annehmen: Die Ziege, der Hirsch, der Elch, der Schwan, der Pelikan, die Bienenkönigin, das Pferd, der Fisch, der Hase sind als Träger des Geistigen – neben Frauengestalten, als Trägerinnen des Lebens – die bevorzugten Motive des jungen Beuys. «Was immer», so formuliert Uwe M. Schneede eher zurückhaltend und vorsichtig, «mit den jeweiligen Tieren gemeint war – in Beuys' Verständnis standen sie als Aussenorgane des Menschen für ursprüngliche, im Verlauf des Zivilisationsprozesses verschollene Qualitäten, die es zurückzugewinnen gelte» (Schneede, 1994: 334). Diese Tiere durchziehen das Beuyssche Werk zunehmend und gewinnen, über Schneedes Feststellung hinaus, immer tiefere Bedeutung und symbolischen Verweischarakter. So steht schliesslich auch in seiner letzten Arbeit von 1986, «Blitzschlag mit Lichtschein auf Hirsch», ein Tier im Mittelpunkt seiner Frage nach dem Woher und Wohin der Welt.

Ähnlich geht Beuys auch mit seinen bevorzugten Arbeitsmaterialien um, mit Filz, Fett und Kupfer. Sie sind für ihn nicht nur Arbeitsmaterial, sie verweisen als solches schon auf die Wirklichkeit der Welt, auf deren innere Bedeutungsstruktur. Sie verweisen auf Energie, die im Leben eine Rolle spielt, auf Wärme und Kälte, auf Bewegung und Erstarrung.

Die Bewegung, das Fliessen, Übergänge und Verschmelzungen sind wesentliche Denkfiguren bei Joseph Beuys, insbesondere auch bei seinem Welt- und Naturverständnis. «Alles stand für sich und etwas Anderes», so schreibt der Beuyskenner und Freund Franz-Joseph van der Grinten, «und wie die Alchimisten, wie Leonardo, wie Goethe, wie Steiner, die alle ihn anregten, faszinierte ihn im Gestalthaften die Analogie» (van der Grinten, 1993: 118). Paracelsus und Novalis sind noch hinzuzufügen. Ganz im Sinne von Platons Höhlengleichnis denkt Beuys auch die Natur idealistisch vom Abbild auf das Urbild hin und umgekehrt, von ihrer Materialität auf ihre geistigen Strukturen.

Auch der Baum (die Tanne, die Eiche), vielleicht das für ihn wichtigste Symbol der Natur, Kräuter, Blumen (Rosen) und Samenkapseln (Mohn), sie alle sind in seinen Zeichnungen festgehalten und finden sich ebenso in seinen Vitrinen und Installationen. «Die Pflanzen sind Wesen, empfindungsfähige, ihre Vitalität reicht vom Bewusstsein ihrer Eleganz bis zur Gebeugtheit ins Leiden und Sterben», so schreibt van der Grinten und spricht dann weiter von «stellvertretenden Physiognomien» oder vom «Blick in ein anderes Antlitz als das menschliche, das aber diesem doch im Eigentlichen nahe verwandt ist». (van der Grinten, 1993: 123).

Es ist ausschliesslich der Stoff der Natur, den Beuys in seinem Werk bevorzugt und der ihm zum Symbol für das Leben, für die Welt wird. Dies ist gefüllt mit vielfältigen biographischen Beziehungen und Verweisen. Sein grosses spirituelles Schlüsselerlebnis, seine Heilung durch die Tataren (Stachelhaus, 1987: 26), das er systematisch und methodisch in seinem Leben und Werk auslegt, steht hinter allem. Dennoch, sein Interesse an der Natur ist nicht bestimmt von biographischen Reminiszenzen oder von Anekdotischem, sondern von einer inneren spirituellen Orientierung und Einbettung in das Gesamt allen Lebens, in den «Haushalt der Natur gewissermassen» (van der Grinten, 1993: 124).

Ein besonderes, auch biographisch begründetes Interesse von Beuys an der Natur ist dem Künstler nicht abzusprechen, weit über das hinausgehend, was zeitgenössische Künstler heute zeigen. Über dieses Wissen um die Kräfte der Natur hinaus geht auch der spezielle Einsatz des Künstlers für den Umweltschutz, in seinem beispielhaften, gleichnishaften Handeln. Wesentlich hierfür steht die Aktion «Überwindet endlich die Parteiendiktatur. Demonstration gegen die Erweiterung des Rochus-Clubs in Düsseldorf» am 14. Dezember 1971 (Adriani et al., 1994: 124). Etwa 500 Schüler und Studenten ziehen an diesem Tag mit Joseph Beuys von der Düsseldorfer Akademie in den Grafenberger Wald. Sie demonstrieren gegen die Erweiterung der Tennisanlage des Rochus-Clubs, der ein grosses Waldstück geopfert werden sollte. Mit Reisigbesen reinigten die Demonstranten die Waldwege vom Herbstlaub und bemalten die zum Fällen bestimmten Bäume mit weissen Kreisen und Kreuzen. Diese grosse politische wie prophetische Zeichenhandlung bestimmte in den folgenden Tagen das Düsseldorfer Tagesgespäch. Aufgeschreckt von Beuys verlangten viele Düsseldorfer Bürger in Protestbriefen an die Stadtverwaltung und in den Medien die Rettung des Waldstückes. Dies geschah alles in einer Zeit, da Umweltschutz in Deutschland noch keinen allzu hohen Stellenwert hatte. «Alle Welt spricht vom Umweltschutz», so formuliert Beuys zu seiner Aktion, «doch kaum einer handelt. Wir leisten mit dieser Aktion unseren Beitrag, denn die Bäume, die hier beseitigt werden sollen, sind für die folgenden Generationen lebenswichtig. Diese Demonstration ist nur eine von vielen, die folgen werden. Und sollte je einer versuchen, diese Bäume abzusägen, dann werden wir in den Kronen sitzen. (...) Der Wald als Umwelt ist für uns alle, er ist zu schützen. Dies ist unsere erste Aktion in Sachen Umweltschutz, aber ganz sicher nicht die letzte ... Immer dort, wo Umweltfragen auftauchen, werden wir dasein ... Die Umwelt gehört uns allen, nicht nur der High Society!» (Adriani et al., 1994: 124). Freilich, es geht Beuys bei dieser Aktion nicht nur vordergründig um die Rettung des Waldes, es geht ihm, wie er später mit ähnlichen Fegeaktionen noch verdeutlicht, auch um das Ausfegen der Köpfe von alten Vorstellungen und ideologischen Fixierungen. Vorausgegangen war dieser Düsseldorfer Aktion am 16. August 1971 die «Aktion im Moor, am Rand der Zuider Zee» in den Niederlanden (Adriani et al., 1994: 120f.). Zu dieser Aktion formuliert Beuys eine Begründung, die seine Sicht auf die Natur gut zusammenfasst: «Die nordeuropäischen Moore sind die lebendigsten Teile unserer europäischen Landschaft, nicht im Hinblick auf ihre Flora und Fauna, sondern als geheimnisvolle Vorratskammern von Leben, Mysterium und chemischer Verwandlung, als Konservierer vergangener Geschichte. Sie sind zugleich auch bedeutsame Regulatoren in der Ökologie des

Wasserhaushalts, weshalb ich ihrer Austrocknung zur Nutzlandgewinnung keineswegs zustimmen kann» (Adriani et al., 1994: 120). Beim genauen Lesen dieser Begründung für die Aktion fällt auf, dass es Beuys nicht nur um die Rettung des Moores ging, sondern dass seine Bemühung um Umweltschutz eine Bemühung um die Gesamtkultur des Menschen ist. Es geht um mehr als Flora und Fauna, es geht ihm um die Vorratskammern des Lebens, um die Mysterien des Lebens, um Verwandlung und um Geschichte (Adriani et al., 1994: 120). Von ähnlicher Totalität ist auch das folgende Ereignis. Am 17. August 1971, einen Tag nach der Aktion, eröffnet Beuys eine Rauminstallation im Stedelijk van Abbe Museum, Eindhoven, der er den Titel gibt: «Voglio vedere i miei montagne». Er zitierte mit diesem Titel einen Ausruf des italienischen Malers Giovanni Segantini, den dieser an seinem Todestag formulierte. Wichtig ist auch hier wieder, über die künstlerische Qualität der Installation hinaus, die symbolische Qualität dieser Titelgebung. «Segantini hielt sich zu dieser Zeit in einer Hütte auf dem Schafberg bei Pontresina auf, wo er das Bild «Sein» aus dem «Triptychon der Natur» gemalt hatte. Beuys spielt mit seinem Ausstellungstitel ganz bewusst auf die symbolische Ausdrucksweise dieses italienischen Malers an, der von pantheistischer Naturverbundenheit geprägt war» (Adriani et al., 1994: 121).

Politisches Bewusstsein und politische Aktionen versteht Beuys im Sinne seines erweiterten Kunstbegriffs als Kunst jenseits des herkömmlichen Politikverständnisses. Er ist 1967 Mitbegründer der Deutschen Studentenpartei, 1970 gründet er die Organisation der Nichtwähler, Freie Volksabstimmung e.V., 1971 gründet Beuys zur Landtagswahl in Nordrhein-Westfalen die Organisation für direkte Demokratie durch Volksabstimmung (Freie Volksinitiative e.V.). 1979 ist Joseph Beuys Kandidat der Grünen bei der Wahl zum Europaparlament, 1980 scheiterte freilich eine Aufstellung des Künstlers als Kandidat der Grünen zum Bundestag. Bestätigt wird ihm allerdings von dem Grünen Lukas Beckmann in einer Festschrift zum 60. Geburtstag, er habe die Bedeutung der Grünen als neue ökologische, politische Kraft lange vor ihrem Entstehen vorhergesehen (Stachelhaus, 1987: 135).

Im Mai 1974 veranstaltete Beuys in New York seine Aktion «I like America und America likes Me», die später einfach nur noch «Coyote» genannt wurde (Schneede, 1994: 330-340). Drei Tage lang liess sich Beuys mit einem Kojoten in einen Käfig sperren. Neben vielen weiteren Bedeutungen und Inhalten, die hier unerwähnt bleiben müssen, ging es Beuys auch um das friedliche Zusammenleben des Menschen mit einem Tier. In welche Tiefen er das Verhältnis

von Mensch und Tier mit dieser Aktion auslotet, wie er dieses Verhältnis auch in Amerika und
für Amerika politisch beschreibt, ist erst zu verstehen, wenn man weiss, dass der Kojote bei
den Indianern Nordamerikas ein heiliges Tier ist. «Auf diese ursprüngliche Rolle als verehrtes
Tier», so schreibt Uwe M. Schneede, «verwies Beuys und erinnerte damit daran, dass mit der
Vernichtung der Indianer, mit der Auslöschung ihrer Religionen der Kojote aus dem Mythos
gerissen und von den Weissen zum Inbegriff der Verschlagenheit und der Hinterhältigkeit ver-
fälscht und erniedrigt worden war: die Tiergottheit der Indianer verwandelt zum Schreckbild
der Weissen» (Schneede, 1994: 335). Und Beuys fügt einer solchen Interpretation hinzu:
«Man könnte sagen, wir sollen die Rechnung mit dem Kojoten begleichen. Erst dann kann
diese Wunde geheilt werden» (Schneede, 1994: 335). Kritischer, aber darin gerade auch die
Haltung von Beuys, seine Sehnsucht nach Arkadien, seine «rousseauistische Utopie»
(Schneede, 1994: 333), auf den Punkt bringend, wird in einem amerikanischen Kunstmagazin
geschrieben: «Die Aura von bäuerlichem Gehabe in der Performance erinnerte darüber hinaus
(wenn auch nur ganz von ferne) an die deutsche Landschaftsmalerei der Romantik. (...) Während der Performance war der Raum von Sonnenlicht gesprenkelt. Durch das Licht, die ver-
streuten Strohhalme, das Tier, den Hirtenstab und das über allem liegende Gefühl von kahlem
weiten Raum wurde Beuys' Szenario auf nostalgische Weise pittoresk – die Evokation einer
Natur, die in sich selbst ein emotionaler und ästhetischer Stimulus sein kann. Die Vorstellung,
die sich hinter dem einer Bildebene vergleichbaren Gitter abspielte, entsprach einer Vergilschen
Hirtenidylle in verfremdeten, fast monochromen Farben, wie sie in der Romantik gemalt wurden und die heute die Patina eines leicht abgenutzten Meisterwerks haben» (Adriani et al.,
1994: 142). Deutlich wird in dieser Aktion, wie auch in der Aktion «Wie man einem toten Hasen die Bilder erklärt» die spirituelle Überhöhung und Vergöttlichung des Tieres. Die dem
Kojoten parallele Symbolik des Hasen ist dabei auffällig. Dass dem eine Denkfigur der Romantik und ihrer Märchen zugrunde liegt – der verwunschene Mensch: das Einhorn, das Reh, die
Schwäne – braucht nicht eigens begründet werden, bedürfte allerdings, wie auch die Beuyssche
Vorstellung vom Baum und vom Wald, noch einer genaueren Untersuchung. In einem Interview von 1979 formuliert Beuys auf die Frage Keto von Waberers, was er denn damit meinte,
als er eine Partei für Tiere gründen wollte: «Ich wollte damit ausdrücken, dass nicht nur der
Mensch diskutiert werden muss. (...) Aber doch anders, als heute Ökologie verstanden wird,
als Problem der Biosphäre von Boden, Luft und Wasser. Ich wollte das noch komplexer dar-

stellen, auch spiritueller. Tiere sind Persönlichkeiten, die haben eigentlich ein Mitspracherecht. Die Tiere sind eigentlich sowieso schon in dieser Partei drinnen, man muss also die demokratischen Rechte für Tiere verwirklichen. (...) Wenn man sich vorstellt, dass der Mensch ein Reich ist in der Welt, dass die Tiere, die Pflanzen, die Erde, selbst die mineralischen geologischen Positionen ein Reich sind – ich wollte an einem Reich, das ein anderes ist als das von Menschen klarmachen, dass es sicherlich noch ein anderes Reich oberhalb des Menschen gibt. (...) Die Tiere treten als Götter auf. (...) Tiere sind an und für sich auch Engelwesen. Das spricht von einem Reich oberhalb des Menschen, von einer geistigen Dimension, die im Menschen selbst enthalten ist» (von Waberer, 1993: 201f). Solche Formulierungen erinnern stark an die Märchen der Romantik, wo Menschen in Tiere verwunschen werden und schliesslich auch wieder zurückverwandelt, erlöst und damit auch geheilt sind, wo Natur und Mensch noch auf das Engste miteinander verbunden und verwoben sind.

Weniger geprägt von solchem romantischem Holismus und stärker politisch motiviert war das Projekt «7000 Eichen» von Beuys, das mit der Eröffnung der *Dokumenta 7* 1982 begann und bis in das Jahr 1987 dauerte. 7000 Eichen wurde in 5 Jahren in Kassel gepflanzt. Jeder Eiche wurde eine Basaltstele hinzugestellt. Jahrelang, bis zur Pflanzung der letzten Eiche, lagen diese Stelen zur Mahnung und zur Erinnerung in einer grossen Keilform auf Kassels berühmtem Friedrichsplatz. Die Kosten für diese Aktion, DM 500.-- für eine Eiche, wurden durch freiwillige Spenden und durch Beuys selbst aufgebracht. Mit dem Ende der Aktion war das grösste ökologische Kunstwerk des 20. Jahrhunderts geschaffen, nur noch vergleichbar der Errichtung der grossen Gärten im 18. und 19 Jahrhundert in England und Frankreich (Groener und Kandler, 1987).

Wesentlich geprägt war diese Aktion von der Verbindung von Kunst, Ökologie und Politik. Joseph Beuys formulierte darauf angesprochen: «Ich will mehr und mehr herausgehen, um zwischen den Fragen der Natur und den Fragen der Menschen an ihren Arbeitsplätzen zu sein. Das wird eine erneuernde Tätigkeit sein; es wird ein Heilungsprozess sein für all die Fragen, vor denen wir jetzt stehen ... Das ist mein hauptsächliches Ziel» (Demorco 1987: 15). Beuys war, nachdem sein Environment «Joseph Beuys letzter Raum? last space? dernier espace?» in Paris gerade entstanden war (Adriani et al., 1994: 184), nicht mehr bereit, an «der Aufstellung sogenannter Kunstwerke teilzunehmen. Ich wollte», so fuhr Beuys im Interview fort, «ganz nach draussen gehen und einen symbolischen Beginn machen für mein Unternehmen, das Leben des Menschen zu regenerieren innerhalb des Körpers der menschlichen Gemeinschaft, und um eine positive Zukunft in diesem Zusammenhang vorzubereiten. Ich denke, der Baum ist ein Element der Regeneration, welches in sich selbst ein Konzept der Zeit ist. Die Eiche ist besonders so, weil sie ein langsam wachsender Baum ist mit einer Art von wirklich dauerhaftem Herzholz. Sie war immer eine Form der Skulptur, ein Symbol für diesen Planeten von jeher, seit den Druiden, die nach der Eiche benannt sind. Druide bedeutet Eiche. Sie benutzen ihre Eichen, um ihre heiligen Plätze zu bezeichnen ...» (Adriani et al., 1994: 16). Der Baum, wie die gesamte Natur, enthält für Beuys «ein Konzept der Zeit», oder ein «Moment der Bewegung» (Mennekes, 1989: 56), «nämlich dass sich ein Zeitwesen, ein Lebenszeitwesen, eine Zeitmaschine, wie es ein Baum ist, in jeder Sekunde bewegt gegenüber einem starren Gebilde. Der steht ja auch daneben, der Stein. Der ruht, aber sein Wesen daneben verändert sich, entfaltet sich, vom Wind bewegt. Ist anfällig, auch hinfällig gegenüber höheren Einflüssen. Wichtig ist vor allem das Bewegungselement. Die Form, wie diese Verkörperung Christi sich in unserer Zeit vollzieht, ist das Bewegungselement schlechthin» (Mennekes, 1989: 56). Eine Grundform des Beuysschen Denkens, Bewegung, wird hier als in der Natur präfiguriert gesehen und gleichzeitig sakralisiert bzw. als «Verkörperung Christi» vergöttlicht, d. h. aber auch in seiner archaischen symbolischen Dichte restituiert. «Der Baum», so Beuys, «der Lebensbaum ist ja überhaupt dieses Zeichen für die allgemeine Intelligenz. Und auch der Prozess, der mit dem Baum geschieht und den wir heute am Wald wahrnehmen, zeigt dies auf. Heute wird der Wald von selbst zu dem, wozu das Holz des Kreuzes benutzt wurde. Und diese ganzen anderen Aussprüche: «Denn wenn das mit dem grünen Holz geschieht, was wird dann erst mit dem dürren werden!» (Lukas 32,31). Das ist ja das ätherische Element der Substanz, die erzeugt wird durch Christus selbst und durch den Menschen selbst, der wohl in der Lage wäre, das was man Kreativität nennt zu vollziehen. Deswegen sind die Bäume wichtig! Die Bäume sind nicht wichtig, um dieses Leben auf der Erde aufrecht zu erhalten, nein, die Bäume sind wichtig, um die menschliche Seele zu retten. Dieser Spinatökologismus, der interessiert ja nicht. Die Welt kann untergehen. Diese Erde kann zu Bruche gehen. Aber wenn die Erde in dem Zustand zu Bruche geht, wie sie jetzt ist, dann ist die menschliche Seele in Gefahr» (Mennekes, 1989: 48).

Es ist bei solcher Rede von Beuys nicht schwer, seine Gedanken in der Anthroposophie und Theosophie Rudolf Steiners bzw. dessen Rezeption der naturwissenschaftlichen Schriften Goethes zu verorten. Einerseits vertritt Beuys mit Steiner eine Kritik einer materialistisch-mechanistischen Naturauffassung, andererseits übernimmt er dessen monistische, organistische, spiritualistische Naturauffassung. Deutlich wird auch wieder das platonische Ideenschema. Die in der Natur wirkende Idee muss im Erkenntnisprozess auch in unserem Geist lebendig werden. Die christologische Zentrierung der Gedanken von Beuys, die sich übrigens auch in anderen Überlegungen bei ihm findet, ist im Grunde eine pantheistische. Man kann bezweifeln, ob ein solches Denken heute in der ökologischen Diskussion, die Beuys als «Spinatökologismus» (Mennekes, 1989: 48) bezeichnet, hilft. «Oder», so kann man mit Armin Zweite ergänzen, «manifestieren sich nicht in seinem Werk die Widersprüche unserer Zeit in unvergleichlicher Schärfe: die Gegensätze zwischen utopischen und regressiven Vorstellungen, zwischen Tradition und radikalem Neuanfang, zwischen purer Stofflichkeit und spiritueller Überhöhung?» (Zweite, 1991: 23). Und man kann über Zweite hinausgehend fragen: Versuchte Beuys nicht die ökologische Frage aus der puren Rationalität, aus dem Verhältnis von Mittel und Zweck, innerweltlich Notwendigem und Nützlichem auf eine metaphysische Ebene zu heben und von dorther Antworten zu finden? Der in der Frage ausgesprochenen Vermutung ist kaum zu widersprechen. Es ging Beuys um die Rückbindung von Natur an die Christussubstanz, d. h. an das Prinzip, das alles durchwaltet und durchströmt, an das Geistige an sich. Natur ist dann ein teleologischer Prozess mit dem Ziel der Darstellung dieses Geistigen. Beuys übernimmt damit in der Rezeption Steiners Goethes Naturphilosophie. Es geht nicht mehr um die erschaffene Natur und ihre Erscheinungswelt, sondern um das schaffende Prinzip selbst. Die Natur wird zum Gottesgleichnis , mehr noch, sie ist dieses Gleichnis selbst. Den Satz im Faust II: «Alles Vergängliche ist nur ein Gleichnis...» übersteigernd, geht Beuys noch weiter, wenn er das «Deus sive Natura» des Spinoza rezipiert aber abgewandelt in «Christus sive Natura». Mit diesem pantheistischen Credo löst Beuys die Natur aus einem menschlichen Zweckzusammenhang, insbesondere auch aus dem Zusammenhang von Genesis 1,28, dem Herrschaftsauftrag an den Menschen über die Natur, kann aber auch, wie durch Genesis 1,27 vorgegeben, das schöpferische Handeln des Menschen als Abbildung des Schöpferhandelns Gottes und Teilhabe am Schöpfergott verstehen und in Erweiterung des Kunstbegriffes formulieren: «Jeder Mensch ist ein Künstler», d. h. jeder Mensch hat schöpferische Potenz und damit Anteil an dem Schöpfergeist (creator spiritus) Gottes.

Beuys entzieht die Natur jedweder Bewertung und Verzweckung durch den Menschen und richtet sie, wie auch den Menschen, in seinem Handeln auf Gott (Christus) hin aus, bzw. weiss beide von dort her begründet und bestimmt. Die Natur ist damit heilig und deshalb zu schützen und zu bewahren, als Bild und Abbild des Christus. Die Menschen nehmen daran Anteil. Die soziale Plastik ist dafür Ausdrucks- und Gestaltungsform.

Einen schönen Ausdruck findet dies alles in dem letzten Werk von Joseph Beuys, der Installation «Blitzschlag mit Lichtschein auf Hirsch» (Rosenthal, 1991). In einem Teil dieser Arbeit, die Beuys «Boothia Felix» nennt (andere Teile heissen Hirsch, Urtiere, Ziege), giesst Beuys eine Rosmarienpflanze aus Manresa, dem Bekehrungsort des Ignatius von Loyola, in Bronze und setzt diesen Guss zusammen mit einem Kompass auf einen Modellierbock. Die Rosmarienpflanze, die Beuys über mehr als 20 Jahre bewahrte und pflegte, ist für ihn zu einem Sinnbild spiritueller Wandlung geworden und verweist damit auf einen grundsätzlichen Wandlungsprozess im Leben überhaupt. In diesem Prozess stehen stellvertretend für alle Menschen nicht nur der Heilige sondern auch der Seefahrer Felix Booth und der Künstler. Von hier aus ist deutlich zu sehen und zu verstehen, warum Beuys dem Baum und damit der Natur schlechthin als sakramentales Zeichen im Sinne eines Realsymbols versteht.

In der Folge des Kasseler Projektes kam es 1984 und 1985 noch zu kleineren Pflanzaktionen in Goslar und Köln (Adriani et al., 1994: 194; 198). Schliesslich entwickelte Beuys noch drei grosse, spektakuläre Pflanzungen, so 1983 eine für die Spülfelder Altenwerder/Hamburg. Beuys hatte, wie sein Schüler Johannes Stüttgen berichtet, vor, «den gesamten Stadtstaat zu einem ‹Ökologischen Gesamtkunstwerk› zu machen». An der «verseuchtesten, ökologisch kritischsten Stelle» wollte er «den grössten Problemfall Hamburgs zeigen! Dort wollte er ansetzen» (Stüttgen, 1987: 46). Man fand für Beuys die Spülfelder, jener Ort, wo der aus dem Hafenbecken ausgebackerte Dreck und Schlamm gelagert wurde. Nach langem Taktieren des Senates wurde das Projekt im Juli 1984 abgelehnt. Die Begründung des Senates: Man bezweifle den Kunstcharakter dieses Gegenstandes. Schon im Mai 1984 begann Beuys allerdings mit der Pflanzung von zunächst 400 von 7000 Bäumen und Sträuchern in einem Naturschutzgebiet bei Bolognano in den Abruzzen (Adriani et al., 1994: 194). Durch den Tod von Joseph Beuys 1986 kamen auch seine Pläne zum Rieselfelder-Projekt im Rahmen des Skulpturen-Projektes Münster 1987 zu einem Ende. Beuys wollte ausgehend von einem Vogelreservat und Biotop nahe Münster die ödesten Gebiete der Stadt begrünen. Dazu ist es nicht mehr gekommen (Bussmann und Kaspar, 1987: 50).

In einen Werbespot für Nikka Whisky in dem Beuys 1985 für 400000 DM auftrat, liess er einblenden: «Joseph Beuys ist hier aufgetreten, seine ökologischen Unternehmen zu fördern» (Adriani et al., 1994: 198).

Literatur

Adriani, G./Konnertz, W./Thomas, K. (1994) Joseph Beuys. Dumont, Köln.

Bussmann, K./König, K. (1987) Skulptur Projekte in Münster 1987. Dumont, Köln.

Demorco, R. (1987) Interview mit Joseph Beuys *In*: 7000 Eichen. Joseph Beuys, Groener, F./Kandler R. M. (Hrsg.), Walter König, Köln.

Groener, F./Kandler R. M. (1987) 7000 Eichen. Joseph Beuys. Walter König, Köln.

Mennekes, F. (1989) Beuys zu Christus. Eine Position im Gespräch. Katholisches Bibelwerk, Stuttgart.

Rosenthal, M. (1991) Joseph Beuys. Blitzschlag mit Lichtschein auf Hirsch, Museum für Main.

Schneede, U. M. (1994) Joseph Beuys. Die Aktionen. Gerd Hatje, Stuttgart.

Stachelhaus, H. (1987) Joseph Beuys. Claassen, Düsseldorf.

Stüttgen, J. (1987) Die Skulptur «7000 Eichen» von Joseph Beuys *In*: 7000 Eichen. Joseph Beuys, Groener, F./Kandler R. M. (Hrsg.), Walter König, Köln.

van der Grinten, F. J. (1993) Natur *In*: Franz Joseph van der Grinten zu Joseph Beuys, Mennekes, F. (Hrsg.), Wienand, Köln.

von Waberer, K. (1993) Das Nomadische spielt von Anfang an. Interview mit Joseph Beuys *In*: Joseph Beuys. Eine innere Mongolei, Haenlein, C. (Hrsg.), Kestner Gesellschaft, Hannover.

Zweite, A. (1991) Die plastische Theorie von Joseph Beuys und das Reservoir seiner Themen *In*: Joseph Beuys, Natur – Materie – Form, Zweite, A. (Hrsg.), Schirmer/Mosel, München, Paris, London.

Urbanistik und Architektur

Häusermeer oder Wellental?

Über Naturbilder der Stadt

Andreas Föhn

Der Beitrag geht der Frage nach, in welchen Bildern man über Städte nachdenkt und spricht und welches die Folgen bestimmter Vorstellungen sein können. Die Alltagssprache nimmt oft Bezug auf Naturbilder. Wir sprechen vom Häusermeer, vom Asphaltdschungel und von der Betonwüste. Oder möglicherweise bemerkt man den Wald von Antennen auf den Wolkenkratzern und in den Strassenschluchten den Strom der Fahrzeuge. Wir benutzen den Zebrastreifen und stehen auf der Verkehrsinsel. Neben oder besser unterhalb solcher Verwendungen in der Alltagssprache spielen Naturbilder in den Theorien über Städte eine einflussreichere Rolle. Hier geht es nicht darum, welche der beiden Ebenen ursprünglicher ist und in welchem Verhältnis sie zueinander stehen. Im Zentrum der folgenden Überlegungen steht der Einfluss, den solche Naturbilder über den Weg architektonischer und städtebaulicher Theorien auf die Gestalt der Stadt haben können. Oder, anders formuliert, diese Bilder werden zu Leitbildern und drücken damit einen normativen Anspruch aus: wie sollen die Städte sein und wie ist gemessen daran ihr gegenwärtiger Zustand?

Natürlich muss nicht jedes Nachdenken über die Städte zwangsläufig in Naturbildern erfolgen. An drei hier vorgestellten städtebaulichen Konzepten lässt sich der Bezug zu Naturbildern aber exemplarisch aufzeigen. Bei Le Corbusier ist es die Aufgabe der StädtebauerInnen, Ordnung gemäss den kosmischen Naturgesetzen zu schaffen, während gleichzeitig die sinnlich wahrnehmbare Natur als Kontrast für das zu bewältigende Chaos steht. Der organische Städtebau, dessen Wurzeln im funktionalistischen Denken liegen, verzichtet auf einen solchen expliziten metaphysischen Überbau. Die Stadt wird als Organismus gedacht, zu dessen Gesundheit architektonisch eingegriffen wird. Das dritte Konzept versucht eine der neusten Errungenschaften der Naturwissenschaften, die Chaostheorie, auf den Städtebau anzuwenden.

Da alle drei Stadtbilder Schwierigkeiten mit sich bringen, wird anschliessend ein viertes, vielleicht zukunftsträchtigeres Bild präsentiert: Vilem Flussers immaterieller Entwurf der Stadt als Wellental. Dieses Modell wird aus einer ökologischen Sicht interpretiert und am Beispiel der Stadt Freiburg i. Ue. konkretisiert. Den Abschluss bilden einige Überlegungen über das Zusammenspiel von Ethik und Architektur im Hinblick auf eine ökologische Zukunft.

Geometrie, Vernunft, Wahrheit: Stadt als Ordnung bei Le Corbusier

«Haus, Strasse, Stadt. Sie müssen in Ordnung sein, wenn sie nicht den Grundgesetzen zuwiderlaufen sollen, auf denen wir selbst aufgebaut sind. Sind sie in Unordnung, so widersetzen sie sich uns, so behindern sie uns, wie die launische Natur, die wir bekämpft haben, die wir jeden Tag bekämpfen» (Le Corbusier, 1929: 15). In den ersten Abschnitten im Buch Städtebau (Le Corbusier, 1929) bestimmt Le Corbusier den Fortschritt des menschlichen Geistes als zunehmende Erkenntnis der kosmischen Ordnung. Präsentiert sich die Natur in unübersichtlichen Formen und vielfältigen Gestalten, vermag der menschliche Geist die verborgenen Gesetze immer tiefer zu entdecken. Als aufrechtes Wesen erlebt es durch die Schwerkraft des Körpers die Vertikale, in der Verbindung mit dem Horizont in der Ferne konstituiert sich damit das universale Grundelement, der rechte Winkel, «der Totpunkt der Kräfte, die die Welt im Gleichgewicht halten» (Le Corbusier, 1929: 19). In weiterem Erkennen der Grundgesetze drängt der Mensch dazu, in seinem eigenen Werk die Ordnung der Disharmonie der launischen Natur entgegenzusetzen. In der modernen Stadt, der reinen Geometrie, erreicht das menschliche Schaffen seinen höchsten Ausdruck von Zivilisation und Kultur.

Doch ganz gegenteilig, chaotisch und zerhackt, war die alltägliche Erfahrung in den damaligen Grossstädte. Die grossen Stadtromane aus dieser Zeit, Don Passos «Manhattan Transfer», Döblins «Berlin Alexanderplatz» und Joyce «Ulysses» legen literarisch Zeugnis davon ab, während Le Corbusier von einer «plötzlichen, unzusammenhängenden, brausenden, unvorhergesehenen und überwältigenden Flut» (Le Corbusier, 1929: 23) schreibt, die Paris überrennt. Einige Jahrzehnte Maschinenzeitalter – Industrialisierung würde man heute sagen – haben in kurzer Zeit die alten Gleichgewichte zerstört und das Chaos hat in den Städten Einzug gehalten (Charta, 1933: 122).

Auf der anderen Seite hat eben dieses Maschinenzeitalter einen Optimismus geweckt, in der die Errungenschaften der Technik in eine strahlende Zukunft weisen. Die neuen Symbole des Fortschritts – Auto, Flugzeug und Ozeandampfer – lassen eine Entwicklung erwarten, in der Schnelligkeit, Präzision und Stetigkeit der Maschinen der Menschheit ein neues, besseres Leben versprechen. Umso deutlicher lässt der Fortschrittsoptimismus und der Glaube an die Technik die Diskrepanz zum städtischen Chaos werden und verschärft die Ordnungslosigkeit den Widerspruch zwischen der realen Wahrnehmung und der Verheissung einer Zukunft im industriellen Wohlstand. Nicht nur Paris schreit an seinen Wunden.

Die moderne Zeit benötigt eine neue Architektur. Gesucht wird eine neue Stadt auf der Höhe der Zeit, angepasst den Entwicklungen und den Erfordernissen der Moderne. Es liegt nahe, das Erfolgsrezept des Maschinenzeitalters auf die Architektur anzuwenden. Wissenschaftlich, rationell und erarbeitet nach technischen Kriterien, so müssen die Grundsätze des Städtebaus im Maschinenzeitalter beschaffen sein: Paris «schreit mit seinen Wunden nach Ordnung, Geraden und rechten Winkeln» (Le Corbusier, 1929: 23).

In Le Corbusiers Denken leiten sich der wissenschaftliche und der normative Anspruch aus der Anthropologie bzw. Kosmologie ab. Die Bestimmung des Menschen erfüllt sich in der Aufgabe, in Einklang mit den Gesetzen des Universums Ordnung zu schaffen. Gerade und rechter Winkel sind die grundlegenden universellen Prinzipien, aus denen der Geist der Konstruktion und der Synthese und somit die Grundlagen der Technik wachsen. Diese Gesetze der

Vernunft, die die Triumphe des Automobils und des Ozeandampfers ermöglicht haben, leiten auch die Suche nach den wahren Formen der neuen Stadt. Was die Wohnmaschine im kleinen ist – eine Maschine zum Wohnen, durchkonstruiert, vernünftig und rationell – das wird die Stadt im grossen sein: ein Werkzeug, gestaltet nach den Kriterien von Vernunft und damit objektiv. Unter dem Anspruch von Rationalität schafft Le Corbusier so eine Idee von Städtebau, die sich nach dem Vorbild der Technik an ökonomischen und funktionellen Kriterien orientiert und behauptet, auf natürlichen Gesetzmässigkeiten zu basieren – dieselben Gesetzmässigkeiten, die der fortschreitende menschliche Geist als kosmische Ordnung entdeckt. Das natürliche Mass des Menschen wird damit zum Massstab, an dem sich die Ordnung der Stadt zu orientieren hat. Gleichzeitig sind das natürliche Mass des Menschen und die Ordnung des Kosmos eins: Wahrheit, Vernunft, Geometrie sind unteilbar.

Städtebau bzw. Ordnung zu schaffen wird so im Konzept Le Corbusiers eine eindeutig moralische Aufgabe. Das Chaos in den Grossstädten, die Diskrepanz zwischen der Ordnungslosigkeit und den harmonischen kosmischen Gesetzen, die auch den menschlichen Massstab prägen, belastet nicht nur das physische, sondern korrumpiert ebensosehr das moralische Befinden der BewohnerInnen. Die Forderungen des funktionalistischen Städtebaus, wie sie in der Charta von Athen formuliert wurden (Charta, 1933) – die Trennung der Funktionen, die Ausrichtung der Wohnungen nach der Sonne, das Grün in der Stadt –, gewinnen ihre moralische Qualität an ihrer ausdrücklichen Orientierung am menschlichen Massstab (Charta, 1933: 157; 162).

Im Rückblick wird dem funktionalistischen Denken viel an der Unwirtlichkeit der Städte und dem lebenserstickenden Zunehmen der Verkehrsströme angelastet. Solche als negativ empfundenen Folgen lassen sich plausibel auf die Überschätzung der Vernunft und des Planbaren zurückführen. Bei allem Anspruch auf funktionale, sich am menschlichen Massstab orientierende Bewegungs- und Benutzungsvorgänge weist sich die funktionalistische Architektur «durch eine nachweisbare Ignoranz psychologischen wie soziologischen Wissens um die tatsächliche Benutzung und Wirkung von Architektur» (Winter, 1988: 310) aus. Im Zusammenhang der Naturästhetik kann dieser Befund auch anders formuliert werden. Im Zusammenspiel der kosmisch-menschlichen Harmoniegesetze erscheinen die Vielfalt und Zufälligkeit der Naturformen als Chaos, deren Ordnen geradezu moralisch geboten ist. «Der Mensch untergräbt und zerhackt die Natur. Er widersetzt sich ihr, er zwingt sie nieder, er richtet sich in ihr ein.

Kindliche und grossartige Arbeit!» (Le Corbusier, 1929: 21). Im Zeitalter der ökologischen Krise klingen solche Sätze furchtbar, im Grunde richten sie sich gegen den Menschen selber: die Unmöglichkeit vollständiger Planung und des Wissens um die tatsächliche Benutzung von Architektur beruht auf der Offenheit des Menschseins, auf der Natur des Menschen, einer Natur, die wir eben auch sind.

Die Stadt als Organismus

In den fünfziger Jahren wird der organische Städtebau zur leitenden normativen Vorstellung. Weiche und geschmeidige Formen sollten sich an natürlichen Vorbildern orientieren, wobei hier unter «natürlichen» Vorbildern biologische Organismen gemeint sind. Die Stadt wurde als ein solcher Gesamtorganismus betrachtet, dessen gesundes Wachstum sich nach biologischen Prinzipien richtet: die inneren Organe – Wohnquartiere, Produktionsstätten, Dienstleistungs- stellen – und das äussere Wachstum der Stadt sollen übereinstimmen, wobei das Vorbild der Natur Schönheit und Proportionen gewährleistet (Hollatz, 1957: 66; Koch, 1992: 170). Dem architektonischen Bild wird die Analogie von sozialen Körper zugesellt. In der gleichen Weise wie die Gemeinschaft aus Individuen, Familien und Gruppen entsteht, sollten sich die Häuser zu Quartieren gruppieren und zur Stadt zusammenwachsen.

Auch im Funktionalismus ist die Vorstellung von der Stadt als eines organischen Gebildes anzutreffen. In der Sprache der Charta von Athen wird die zukünftige funktionelle Stadt «eine wirklich biologische Schöpfung sein, die klar definierte, organische Bestandteile umfasst, die imstande sind, ihre wesentlichen Funktionen vollendet zu erfüllen» (Charta, 1933: 162). Die Trennung der vier Funktionen Wohnen, Arbeiten, Freizeit und Verkehr setzt nicht nur Le Cor- busiers gesuchte Ordnung räumlich um, sondern gewährleistet auch, dass das Leben im städti- schen Organismus aufrecht erhalten wird. Allerdings kommt der organische Städtebau ohne die bei Le Corbusier unterstellte kosmisch-anthropologische Sinn- und Ordnungsstruktur aus. Damit wird diese Vorstellung zu einem normativen Leitbild, das in gewissem Sinn auf weniger tiefgehenden metaphysischen Prämissen als das Denken Le Corbusiers beruht.

Untrennbar zu diesem Bild der Stadt gehört die zentrale Funktion des Verkehrs. In der Charta von Athen war der Verkehr ein Mittel zur Verbindung der getrennten Funktionen. Nun rückt die Verkehrsfrage in den Mittelpunkt und ihre Lösung zum entscheidenden Kriterium für den Gesundheitszustand des Stadtorganismus. Da die Stadt erst durch das Zusammenspiel seiner Organe lebensfähig und produktiv wird, versorgt der Verkehr – analog zum Kreislaufsystem eines Lebewesens – die Stadt mit dem nötigen Sauerstoff. Eine gesunde Stadt zeichnet sich durch ein ungehindertes Fliessen des Verkehrs aus.

Die einsetzende Massenmotorisierung liess die bisherigen Gefässe und Verkehrsadern zu eng werden. Der Stadtkörper erkrankte, die Diagnose lautete auf Verkehrsraumnot. «Als eine typische Zeitkrankheit stellen wir heute in den Flutstunden des Verkehrs die Verstopfung unserer städtischen Konzentrationen, insbesondere die Verstopfung der Kernstadt als Hauptaktionszentrum fest, wodurch grosse Verluste an wertvoller Zeit und unvertretbare Belastungen für die gesamte Stadtwirtschaft ausgelöst sowie Menschen, Fahrzeuge und Fahrwege überfordert werden» (Korte, 1957: 9). Für die angeschwollene Verkehrsflut sind die Gefässe zu eng geworden, Verkehrsraumnot und Verstopfung drohen zum Verkehrsinfarkt zu führen, dem die Stadt erliegen würde. Eine Begrenzung des weiteren Zuflusses in das stark gefüllte Gefässsystem, d. h. eine Limitierung des Verkehrsvolumens, lag jenseits ernsthafter Erwägungen (Müller, 1959: 94). So konnte die Entlastung und Entschlackung der Verkehrsarterien nur als Erweiterung und Regulierung des ganzen Kreislaufes glücken. Grosszügig angelegte Verkehrskonzepte mit der Maxime, den für lebensnotwendig verstandenen Verkehr flüssig zu halten, bedeuteten demnach Heilung des erkrankten Stadtkörpers.

Das Leitbild des organischen Städtebaus zeigt deutlich, wie bildhafte Vorstellungen zwingend auf reale Lösungsansätze wirken. Die Entscheidung, Stadt als Organismus wahrzunehmen, impliziert den weiteren Umgang mit dem Problem. «Dass eine Stadt als Gemeinwesen ein unteilbares Ganzes ist, ein Körper, der nur durch das Zusammenspiel seiner Organe lebensfähig und produktiv ist, gilt seit jeher als naturgegeben und selbstverständlich» (Müller, 1959: 95). Die grundlegende Prämisse wird nicht weiter reflektiert. Darauf aufbauend leuchtet die Plausibilität der Gleichung Kreislauf = Leben und deren Übertragung auf den Stadtkörper im Sinne von Verkehrsfluss = gesunde Stadt = Leben unmittelbar ein. Gleichzeitig wird unterstellt, dass das notwendige Kreislaufsystem der Stadt als motorisierter Privatverkehr zu denken ist. Von daher führt ein direkter Weg zu den gegenwärtigen städtischen Verkehrsproblemen.

Zwar werden FussgängerInnen und andere Formen als der motorisierte Privatverkehr im Konzept des organischen Städtebaus nicht apriori ausgeklammert. Die Trennung der Wege, eine Wirkung der Charta von Athen, wies ihnen ihren eigenen räumlichen Ort zu und ermöglichte es damit gleichzeitig, sich auf die Organisation des eigentlich notwendigen Kreislaufssystems, des motorisierten Verkehrs, zu konzentrieren. Dessen Vorrang zeigt sich beispielsweise noch heute an Wartezeiten an Fussgängerampeln oder an grossangelegten Fussgängerunterführungen udgl., zu deren streckenmässiger Bewältigung oftmals ein Auto das angemessene Mittel wäre. Heute ist klar, dass der Ausbau der Verkehrsflächen die damals konstatierte Verkehrsraumnot nicht zu lösen vermag: mehr Strassen ziehen mehr Verkehr an, lautet die simple Wahrheit. Dazu kommt, dass die absolute Anzahl der Verkehrsteilnehmer immer schneller wächst, so dass sich relativ gesehen – trotz Ausbau – die verfügbare Verkehrsfläche weiter verknappt. Damit droht die anhaltende Verkehrszunahme den Stadtorganismus als Lebens- und Wirtschaftsraum endgültig zu ersticken. Ansätze für ein Umdenken wie verkehrsberuhigende Massnahmen und eine andere Verteilung des öffentlichen Raumes sind zwar heute wahrnehmbar, haben es aber im politischen Alltag sehr schwer. Es bleibt das Gefühl, dass fliessender Verkehr immer noch, wenn auch eher verborgen, als Zeichen einer «gesunden Stadt» gilt.

Fraktale: Die neue Sicht der Natur und die Fraktalität städtischer Räume

Das jüngste der hier besprochenen Stadtbilder zieht seinen Glanz aus zwei magischen Wörtern: Chaos und Fraktale. Die neue Weltsicht, als die die Chaostheorie verkündet wird, hat sich durch die bekannten Computergraphiken publikumswirksam eingeführt und ist inzwischen ein allgemein verbreiteter Begriff geworden. Wissenschaftlich verspricht man sich einiges davon, obwohl NichtexpertInnen zugängliche und verständliche Literatur eher spärliche Ergebnisse vorweisen können. Als ein konkretes Anwendungsgebiet haben sich städtische Räume erwiesen.

Mit Hilfe der fraktalen Geometrie können Formen erfasst werden, die sich bisher durch ihre chaotische Gestalt und verwirrende Vielfalt – «die Himmelswölbung, der Lauf der Ufer bei Meer und Seen, der Umriss der Berge», so schrieb schon Le Corbusier (Le Corbusier, 1929: 17) – der wissenschaftlichen Untersuchung entzogen haben. Angeregt durch Ähnlichkeiten von städtischen Strukturen mit fraktalen Mustern wurde die neue Untersuchungsmethoden auf Städte angewandt (Frankhauser, 1994: 245). Dabei hat sich herausgestellt, dass analog zu amorphen natürlichen Gebilden sich auch städtische Ballungszentren nach inneren Ordnungsprinzipien organisieren. Eine für Fraktale typische Eigenschaft, die Hierarchiebildung bzw. die Selbstähnlichkeit auf verschiedenen Massstabsebenen, konnte für Städte und Ballungsräume nachgewiesen werden. Die Morphologie von Siedlungskörpern ist demnach nicht chaotisch und ordnungslos, sondern folgt in ihrem Aufbau einem Strukturgesetz, wie es in der belebten und unbelebten Natur aufgrund von Selbstorganisationsprozessen beobachtet werden kann.

Die Selbstähnlichkeit, bei der sich im kleinen die Struktur des Grossen wiederholt – bekannt ist das «Apfelmännchen» –, lässt sich im Kontext der Stadt an Strassen- und Platzhierarchien illustrieren. Die verkehrsbündelnden zentralen Strassen und breiten Boulvards zergliedern sich in immer kleinere Zubringer- und Erschliessungsstrassen. Wenige grosse zentrale Plätze wechseln sich ab mit kleineren freien Flächen bis hin zum Hinterhof. Was wie eine zufällige Verteilung aussieht, wird aufgrund einer fraktalen Analyse als Ordnung erkennbar, die sich als optimale Systemstruktur erweist. Die Hierarchiebildung als zentrales Prinzip findet sich nicht nur in räumlichen Strukturen, sondern auch Verwaltungen, Schulen, Einkaufsgelegenheiten, etc. organisieren sich nach diesem Muster.

Der Erkenntniswert, der sich aus der analogen Ordnung von städtischen und natürlichen Strukturen ergibt, ist mit der grundlegenderen Frage nach dem Verhältnis von fraktaler Geometrie und Natur verknüpft. Die neue Sicht der Natur schafft es, Erscheinungen in der Natur zu erfassen, die sich früher aufgrund ihrer vielfältigen Gestalt einer wissenschaftlichen Erforschung entzogen. Der Erkenntniswert dieser Morphologie des Amorphen ist allerdings ambivalent. Fraktale Geometrie ist in erster Linie ein deskriptives Instrument, das zur Nachahmung natürlicher Strukturen eingesetzt werden und so Einblick in die morphogenetische Entwicklung gewähren kann. Simulation von Selbstorganisationsprozessen wird in diesem Sinne als eine

Erweiterung der traditionellen naturwissenschaftichen Erkenntnis aufgefasst. Zudem schlägt die Beachtung der Formen eine verlorengegangene Brücke zwischen Natur, Wissenschaft und Ästhetik (Frankhauser, 1994: 235) und weckt ein Verständnis für die sinnliche Erscheinung der Forschungsgegenstände, die auch Erkenntnis der Natur sein kann. Auf der anderen Seite kann der Zugriff der Wissenschaft auf die vielfältige Verschiedenheit der Naturdinge, die gerade dadurch zu Natur werden, weil sie sich in ihrer je unverwechselbar eigenen individuellen Gestalt gleichmachender Ordnung und Systematisierung entziehen, als subtile, aber totalitärere Form der menschlichen Naturbeherrschung interpretiert werden. Zwar vermag die Simulation die reale Natur nicht zu ersetzen, aber die mathematische Nachahmung und fraktale Einordnung des Amorphen hat sie ein weiteres Stück des ihr Eigentümlichen beraubt.

Ebenso ist die Fraktalität städtischer Ballungsräume ein rein deskriptives Merkmal, aus dem sich keine normativen Leitbilder ableiten lassen. Die Analyse mag das Augenmerk auf bisher vernachlässigte Aspekte wie Stadtränder lenken, Modelle für städtische Verdichtungs- und Auflösungsbewegungen liefern und vielleicht sogar gezielt die planerischen Bemühungen zurücknehmen, indem man auf die Fähigkeit zur Selbstorganisation vertraut (Becker et al., 1994: 67; Zibell, 1994: 72). Normative Massstäbe lassen sich daraus aber nicht ableiten. Richtigerweise wird denn auch die Entstehung fraktaler städtischer Strukturen auf andere Faktoren zurückgeführt und nach davon unabhängigen Kriterien bewertet. Fraktalität wird durch sozioökonomische Selbstorganisationsprozesse erklärt, die ihrerseits auf anthropologischen Annahmen beruhen. Fraktale Formen zeichnen sich auch dadurch aus, dass ihr Rand im Verhältnis zur Fläche übermässig zunimmt. Derartige Siedlungsstrukturen mit ihrer übermässigen «Produktion von Rand» befriedigen demnach am besten die ambivalenten menschlichen Bedürfnisse nach Urbanität und Dichte einerseits und Zurückgezogenheit und Intimität andererseits (Frankhauser, 1991: 89).

Die Problematik eines Naturverständnisses, das auf Fraktalität basiert, zeigt sich hier noch von einer anderen Seite. Wenn städtische Strukturen ihre fraktale Gestalt durch Selbstorganisation gewinnen, Fraktalität aufgrund von Selbstorganisation aber auch als Kennzeichen von «Natur» gilt, stellt sich die Frage nach dem Verhältnis von Stadt und Natur neu. Da die Gleichsetzung so einfach nicht möglich ist, bleibt zu überlegen, inwieweit Selbstorganisation und fraktale Struktur damit als Kennzeichen von «Natur» gelten können.

Ethische Gehalte

Die drei Stadtbilder rekurrieren auf unterschiedliche Naturbilder. Die chaostheoretische, bzw. fraktale Naturforschung, die in ihren Anfängen steckt, kommt nicht über deskriptive Aussagen hinaus. Einen chaostheoretisch ernstzunehmenden Urbanismus, der imstande wäre, als Leitbild zu dienen, gibt es (noch) nicht (Zibell, 1994: 71). Dagegen treten Le Corbusiers Städtebautheorie und die Vorstellungen vom organischen Städtebau mit einem normativen Anspruch auf. Der implizite Rekurs auf ein bestimmtes Naturbild dient zur Begründung und führt zur Einsicht in die «naturgegebene» Richtigkeit des jeweiligen Leitbildes. Beide Konzeptionen sind mittlerweile diskreditiert und werden für Zersiedlung, für die beklagte Unwirtlichkeit der Städte und deren Zerstörung durch den Verkehr verantwortlich gemacht. Einseitige Schuldzuweisungen werden den Autoren jedoch nicht gerecht (Koch, 1992: 203). Die sinnvolle Zuordnung der Funktionen, der Versuch einer humanen Bewältigung des Autoverkehrs sind Ansätze, die in ihrer Zeit die Suche nach einer gesellschaftlich optimalen (Raum-) Ordnung ausdrücken. Den Städtebaukonzepten ist damit eine intentionale ethische Dimension eigen.

Exemplarisch zeigt sich die ethische Orientierung bei Le Corbusier. Dieselbe Ordnung, in die der Mensch in der kosmischen Harmonie eingebettet ist, soll gemäss ihren Gesetzen die Gestalt der Stadt bestimmen. Die Ordnung der Stadt nach dem Kosmos und der Natur des Menschen ist Garant für ein gelingendes Leben. Unterstützt von den modernen Errungenschaften einer Technik, die sich derselben Prinzipien bedient, rückt das kollektive Glück in menschliche Nähe. Städtebau ist angewandte Ethik.

Abgesehen davon dass städtische Entwürfe durch ihre Realisierung viel von ihrem idealen Charakter verlieren, kann keine städtebauliche Utopie ernsthaft den Anspruch erheben, abschliessend zu sein. Wandel und Offenheit des Menschen werden verhindern, dass die endgültige (und auch totalitäre) Stadt entstehen kann. Wie unter solchen skeptischen Voraussetzungen dennoch ein Stadtbild gedacht werden kann, das gehaltvoll, aber vage genug bleibt, demonstriert ein Entwurf von Vilem Flusser: die Stadt als Wellental.

Die Stadt als Wellental

Flusser verabschiedet die geographische Vorstellung der Stadt und versucht sie topologisch – nicht als einen Ort, sondern als Krümmung in einem Feld – zu denken. Damit rekurriert sein Modell auch auf ein Naturbild. So wie die Vorstellung von Gravitationsfeldern und deren visuelle Darstellung in der Form eines mehr oder weniger engmaschigen Drahtgitters die geographische Darstellung des Sonnensystems abgelöst hat, ersetzt Flusser das geographische Stadtbild durch ein Netz von Beziehungen, das, je enger geknüpft, umso mehr «gekrümmt» wird. Das physikalische Modell der Gravitationsfelder hat sich für Marsreisen als brauchbarer herausgestellt und Flusser ist der Meinung, dass für die Vorstellung von neuer Urbanität das Krümmungsbild nützlicher ist. Die traditionelle Einteilung der Stadt ist sinnlos geworden, da die drei Räume des Privaten (Ökonomischen), des Politischen (Öffentlichen) und des Theoretischen in der heutigen Stadt untereinander verschwimmen und sich auflösen. «Wir ärgern uns, wenn man uns unseren Privatraum, unser politisches Engagement und unseren Glauben ans Heilige (vor allem an wissenschaftliche Theorien) wegnimmt ..., aber es nützt nichts, wir müssen in den sauren Apfel des Stadtbildes als Feldkrümmung beissen» (Flusser, 1992: 58).

Die städtische Feldkrümmung ist ein Ausdruck für die Dichte der menschlichen Beziehungen. Dem Ansatz liegt Flussers Anthropologie zugrunde. Menschen existieren nicht, so wie es das traditionelle Stadtmodell annimmt, als autonome Individuen – auch ein Bild, das untauglich geworden ist –, sondern Menschen «machen» sich gegenseitig durch intersubjektive Anerkennung: «Ich ist das, wozu Du gesagt wird» (Flusser, 1992: 61). Menschliche Subjekte entstehen als Knotenpunkte im Beziehungsnetz, dessen Fäden als Kanäle zu denken sind, durch die Informationen wie Vorstellungen, Gefühle, Absichten oder Erkenntnisse fliessen. Solcherart provisorisch verknotete Fäden bilden dasjenige, was man menschliche Subjekte nennt. Treten solche Knotenpunkte gehäuft auf, wird das Netz von menschlichen Beziehungen dichter geknüpft und wirkt – wie ein Gravitationsfeld – verstärkend, so dass weitere zwischenmenschliche Beziehungen von dorther angezogen werden. Es bilden sich Wellentäler im intersubjektiven Relationsfeld, verdichtete Punkte im Beziehungsraum. Neue Verbindungen entstehen und lassen in den zwischenmenschlichen Beziehungen angelegten Möglichkeiten aktueller werden. «Jede Welle ist ein Brennpunkt für Aktualisierungen zwischenmenschlicher Virtualitäten. Solche Wellentäler sind ‹Städte› zu nennen» (Flusser, 1992: 61). Urbanisten und Architekten als SpezialistInnen der Stadt haben die Aufgabe, die topologische Stadt so zu entwerfen, dass die zwischenmenschlichen Bezüge optimal gelingen. Stadt glückt dort, wo zwischenmenschliche Beziehungen gelingen, wo sich Ich's und Du's gegenseitig als Wir identifizieren, wo aus anderen Nächste, Nachbarn werden.

Auffällig an diesem Stadtmodell ist seine Immaterialität. Die Stadt ist ein verdichteter Raum von Bezügen, ein Geflecht von Fäden und Knoten. Gebäude sind vorerst irreal, konkret sind nur Beziehungen, deren immanente Möglichkeiten im Wellental der Stadt zur Aktualisierung drängen. Häuser und Plätze sind in dieser Sicht Oberflächenphänomene, zu Stein geronnene, materialisierte Möglichkeiten von Beziehungen. Insofern ist das neue Stadtbild von traditionellen Vorstellungen vollständig verschieden. Andererseits ist es, auf relationale Felder beschränkt, als attraktiver Verwirklichungsort menschlicher Möglichkeiten unvollständig entworfen. Das Beziehungsnetz, in dessen Knoten nach der Anthropologie Flussers sich erst ein Ich konstituiert, ist mit weiteren Netzen verfilzt: als Zentralnervensystem im neurophysiologischen Netz, als Lebewesen im ökologischen Netz und als materieller Körper im gravitationellen Feld. Damit verliert das verfilzte Ich viel von seiner Abstraktheit und es gewinnt Anklänge an gewohntere Bilder. Die Überlagerung und Verfilzung schaffen aus dem immateriellen Wellental ein Stadtbild, in dem auch Bruchstücke von traditionellen Stadtentwürfen angesiedelt werden können, ohne aber selber wieder ein Entwurf zu sein. Flusser selber nennt es fraktal.

Im Folgenden versuche ich dieses Stadtbild für das ökologische Anliegen fruchtbar zu machen. Meiner Meinung nach ist es mit Hilfe dieses Konstruktes möglich, Leitlinien im Städtebau zu formulieren, dessen Konkretionen ökologische Implikationen haben.

Konkretionen

Im traditionellen Stadtbild steht die Aufteilung des Raumes unter die drei städtischen Typen im Mittelpunkt. Wenn sich heute Urbanität im räumlichen Modell vor allem als Spannung zwischen Öffentlichkeit und Privatheit, zwischen Anonymität und Intimität konstituiert, wird die

Verteilung des öffentlichen Raumes zum Kernproblem. Damit wird auch die Verkehrsfrage zum entscheidenden Thema des Städtebaus, wie es an den Stadtbildern von Le Corbusier und des organischen Städtebaus aufgezeigt werden kann. Verkehr, als persönliche Mobilität geschätzt und als Grundlage wirtschaftlicher Prosperität betrachtet, ist heute gleichzeitig Hauptgrund für die Beeinträchtigung der städtischen Lebensqualität. Das Dilemma scheint darin zu bestehen, als ob zwischen Wohlstand und Lebensqualität gewählt werden müsste. In dieser Situation lassen sich verkehrspolitische Massnahmen kaum in spürbarem Mass durchsetzen. Abhängigkeiten von Siedlungsstrukturen und liebgewordene Gewohnheiten tragen weiter dazu bei, dass es mit der versuchten Rückeroberung des öffentlichen Raumes und dem ökologischem Stadtumbau nur sehr schwer vorwärts geht.

Im Bild von der Stadt als Wellental löst sich diese Situation auf, indem die Probleme anders gestellt werden. Der Vorrang der Begegnung, deren Dichte die «Krümmung» herstellt und erst «Stadt» konstituiert, macht den Streit um die räumliche Aufteilung der Stadt sinnlos. Im Zentrum steht die Frage, wie die zwischenmenschlichen Beziehungen optimal organisiert werden können, was sich als eigentliche Aufgabe von ArchitektInnen herausstellt. Die Verfilzung der verschiedenen Netze, die durch die menschliche Leiblichkeit wesentlich konstituiert wird, wirkt sich dabei so aus, dass die Frage nach den «Oberflächenphänomenen» nicht beliebig gelöst werden kann. Städtische Qualität misst sich dann daran, wie sehr identitätsstiftende Knoten bzw. konstitutive Begegnungen ermöglicht werden. Dabei zählt nicht nur das primäre ‹Dass› der Begegnung, sondern auch deren Art und Weise und der Auswirkungen auf die verschiedenen Netze. Da zwischenmenschliche Begegnungen immer auch an den menschlichen Leib gebunden sind, ist der Zustand solcherart betroffener Netze – erinnert sei an das erwähnte neurophysiologische und ökologische Netz – in dem Sinn relevant, als dass dessen Intaktheit gewahrt bleiben muss und es selber «Wohlbefinden» fördert. Konkret heisst das, dass die Stadt auch in Hinblick auf ihre Medien und Atmosphären, Luft, Lärm, Licht und ästhetische Gestalt «begegnungsförderlich» zu sein hat.

Mit diesen Voraussetzungen können städtische Strukturen beurteilt werden. Bezogen auf die Verkehrsfrage zeigt sich beispielsweise, dass eine weitere Förderung des Privatverkehrs eine Fehlentwicklung darstellt. Verkehrsintensive Siedlungsstrukturen haben auf das Begegnungspotential negative Auswirkungen. Im Autoverkehr finden kaum zwischenmenschlichen

Begegnungen statt, die diesen Namen verdienen. Der Verkehr okkupiert jenen Raum, der für solche Begegnungen zur Verfügung steht, eben jenes Problem, das im traditionellen Stadtbild unter der Rückeroberung des öffentlichen Raumes diskutiert wird. Weiterhin haben die Folgen des Verkehrs Auswirkungen auf die übrigen Netze, die heute – unter dem ökologischen Imperativ – primär zum Handeln drängen. Damit verlangt dieses Stadtbild auf der Kehrseite eine Förderung des öffentlichen Verkehrs, der, als Begegnungsort betrachtet, eben zu jener Attraktivität des Städtischen beiträgt. Der Vorrang des öffentlichen Verkehrs begründet sich in diesem Konzept nicht nur aus ökologischen Forderungen, sondern ist im Stadtbild selber verwurzelt.

Flussers Entwurf mag das zu begründen, was allgemeiner als Ablösung des entfernungsintensiven durch den erfahrungsintensiven Lebensstil gefordert wird. Anstelle der Verknüpfung von Mobilität und Lebensqualität könnte sich ein Lebensstil etablieren, der lustvoll die Nähe und die Begegnung pflegt. Für solche Erfahrungen existierten bisher nur sehr wenige Lernfelder. Strassenfeste, Kulturerlebnisse und autofreie Sonntage können exemplarische Erfahrungen eines solchen Lebensstil sein. Wenn es gelingt, diese Erfahrungen positiv zu besetzen, dann löst sich die asketische Anstrengung des Mobiltätsverzichts in einen lustvollen Gewinn an Lebensqualität auf. Ökologisches Verhalten wird dann zum Nebenprodukt eines Lebensstils, in dem auf Mobilität nicht verzichtet wird, sondern das Bedürfnis nach Mobilität von selbst verblasst. Eine Veränderung des Verhaltens wird hier nicht gegen, sondern mit den Menschen gesucht.

Freiburg i. Ue.: ein Fallbeispiel

Wenn hier vorwiegend über die Mobilitätsfrage nachgedacht wird, so weil sich an diesem kontroversen Thema die Stadtproblematik exemplarisch aufzeigen lässt. Schnell hitzig verlaufende Diskussionen weisen darauf hin, dass diese Frage einen Hauptschlüssel für die weitere Entwicklung des städtischen Raumes darstellt. Wie die Stadt zum Wellental werden kann und städtisches Ambiente in Sinne Flusser geschaffen wird, kann am Beispiel von Freiburg i. Ue. kurz dargestellt werden.

In Freiburg hat sich in letzter Zeit einiges getan, das in diesem Kontext als Verbesserung der Stadt gelten kann. Eine Hauptverkehrsverbindung führte vor noch einigen Jahren mitten durch den teilweise engen Stadtkern. Die anliegenden Geschäfte hegten Bedenken, dass ihre Kundschaft ausbleiben wird, wenn die direkten Zufahrtswege und Parkmöglichkeiten aufgehoben würden. Heute ist das ganze Strassenstück verkehrsfrei und zu einer attraktiven Fussgängerzone geworden. Im Sommer lässt es sich draussen in den Cafés sitzen und das Geschehen betrachten. Der anschliessende Platz ist zu einem beliebten Treffpunkt geworden, belebt von Rollbrettfahrern, schwatzenden Gruppen oder einfach von Personen, die dasitzen. In der Terminologie Flussers hat sich hier ein Wellental gebildet, ein Begegnungsfeld, dessen Auswirkungen die Stadtqualität erhöht haben und dessen ökologische Folgen positiv sind. Der Verkehr fliesst heute zwar an anderen Orten durch, aber die Rue de Lausanne und der Place Python sind Lernfelder geworden, wie Stadt auch aussehen kann.

Dass es vielfach an Mut und an Phantasie angesichts sogenannter Zwänge fehlt, bezeugt eine andere Freiburger Begebenheit: anlässlich eines Kongresses legten GymnasiastInnen RaumplanerInnen eine positive und eine negative Liste über die Stadt Freiburg vor. Auf der positiven Seite standen Fussgängerzonen, Grünflächen und die Altstadt. Bemängelt wurde das Fehlen weiterer Grünflächen, zuviel Verkehr und einige hässliche Gebäude in der Innenstadt. Die Raumplaner waren im Grunde mit der Liste einverstanden, da sie mit ihrer eigenen übereinstimme. Dennoch, mit dem Hinweis auf Kompetenzen und Sachzwänge, darauf, dass man sich an gewisse Regeln halten müsse und dass man sich nicht auf alle Utopien und Träume einlassen könne, wurden die Visionen der SchülerInnen gleich wieder kaltgestellt – und die eigenen gleich mit (U.H., 1994: 3).

Schluss: Die Rolle der Architektur in einer umweltorientierten Sozialethik

Dieser Aufsatz ist ein Versuch, den Auswirkungen von Stadtvorstellungen auf die Stadt nachzugehen. Der implizite normative Gehalt solcher Bilder dürfte keine weitere Erörterungen bedürfen. Mit Flussers Darstellung liegt vielleicht ein Entwurf vor, der die Begründungsaufgabe explizit angehen könnte. Die Charta von Athen spricht noch ziemlich naiv vom menschlichen Mass und vom menschlichen Massstab, nach dem sich Architektinnen und Städtebauer auszurichten haben. Die interessantere und kontroverse Frage, wie diese Begriffe gefüllt werden können, bleibt offen (Charta, 1933: 157, 162). Die Stärke von Flussers Ansatz besteht darin, dass er eine m.E. überzeugende Anthropologie zu einem Stadtbild verdichtet, deren inhaltliche Konkretionen offen genug bleiben, aber zugleich normative Kriterien zur Beurteilung realer Zustände an die Hand geben. Gleichzeitig stehen diese Kriterien im Einklang mit Forderungen, wie sie vom ökologischem Anliegen her an städtische Lebensräume gestellt werden müssen.

Wer sich mit ethischen Fragen im Zusammenhang mit Städtebau beschäftigt, merkt sehr bald, dass von ethischer Seite her wenig zu finden ist. Architektur und ihre Fachbereiche andererseits scheinen von Aussen betrachtet ziemlich abgeschiedene Spezialgebiete zu sein, deren pragmatische Orientierung – schliesslich muss etwas gebaut werden – wahrscheinlich wenig Zeit für müssige Reflexionen lässt. Dennoch lassen sich Verbindungen finden, so beispielsweise in der Sozialphilosophie des Kommunitarismus (vgl. dazu auch Höffe, 1995: 65). Es wäre zu hoffen, dass diese Anknüpfungen gerade im Hinblick auf die ökologischen Fragen verstärkt werden. Die Verbindung könnte von der Ethik das Nachdenken und von der Architektur das pragmatische Anpacken übernehmen: eine Mischung, die für die Zukunft sicher nicht abträglich sein dürfte.

Literatur

Becker, S. et al. (1994) Selbstorganisation urbaner Strukturen. *arch+, 121*: 57-68.
Charta von Athen (1933) *In*: Le Corbusiers «Charta von Athen». Texte und Dokumente, Hilpert, T. (Hrsg.), Friedr. Vieweg & Sohn, Braunschweig, Wiesbaden; *Neuauflage 1984*.
Frankhauser, P. (1991) Fraktales Stadtwachstum. *arch+, 109/110*: 84-89.
Frankhauser, P. (1994) Fraktale Geometrie – Ästhetisches Spielzeug oder Weg zur Naturerkenntnis? *In*: «Natur» im Umbruch. Zur Diskussion des Naturbegriffs in Philosophie, Naturwissenschaft und Kunsttheorie, Bien, G./Gil, T./Wilke, J. (Hrsg.), frommann-holzboog, Stuttgart-Bad Cannstatt.
Flusser, V. (1992) Die Stadt als Wellental in der Bilderflut. *arch +, 111*: 58-63.
Höffe, O. (1995) Individuum und Gemeinsinn. Thesen zu einer Sozialethik des 21. Jahrhunderts. *Neue Zürcher Zeitung 20./21.5.1995*: 65-66.
Hollatz, J. W. (1957) Die Stadtentwicklung aus der Warte des Verkehrs *In*: Stadtverkehr – gestern, heute, morgen, Korte, J. W. (Hrsg.), Springer, Berlin, Göttingen, Heidelberg.

Koch, M. (1992) Städtebau in der Schweiz 1800-1990: Entwicklungslinien, Einflüsse und Stationen. Verlag der Fachvereine, Zürich.

Korte, J. W. (1957) Stadt und Stadtverkehr *In*: Stadtverkehr – gestern, heute, morgen, ders. (Hrsg.), Springer, Berlin, Göttingen, Heidelberg.

Le Corbusier (1929) Städtebau. Deutsche Verlagsanstalt, Stuttgart.

Müller, E. (1957) Organisation des städtischen Gesamtverkehrs *In*: Stadtverkehr – gestern, heute, morgen, Korte, J. W. (Hrsg.), Springer, Berlin, Göttingen, Heidelberg.

U.H. (1994) Ideen wie die Raumplaner. *Freiburger Nachrichten 4.6.1994*: 3.

Winter, H. (1988) Zum Wandel der Schönheitsvorstellungen im modernen Städtebau: Die Bedeutung psychologischer Theorien für das architektonische Denken. Verlag der Fachvereine, Zürich.

Zibell, B. (1994) Chaos ohne Grenzen? Von der Bedeutung der Ränder. *deutsche bauzeitung 6*: 70-73.

Das «natürliche» Haus

Christian Thomas

Geschichtliches

Die Idee, ein «natürliches» Haus zu bauen, ist so alt wie die Idee, dass wir in der Natur das Gute und Richtige finden. Die Natur als Vorbild ist gewiss nicht eine Spezialität der Architektur, sondern diese Idee zieht sich in Schüben immer wieder durch die verschiedensten Sparten des Kulturlebens, aber in der Architektur lässt sich die Idee ganz klar bis zu Vitruv zurückverfolgen, dessen «Zehn Bücher über Architektur», die zur Zeit des Kaisers Augustus verfasst wurden, zum «Evangelium der Renaissance-Architekten» wurden (Germann, 1980: 10). Vitruv schildert den Übergang des Menschen vom wilden und tierhaften zum friedfertigen und gesitteten Leben, der den Übergang von der Hütte zum Haus mit Fundamenten mit sich brachte (Abbildung 1). Den Holzbau begründete er damit, «dass von der Natur die Erzeugnisse an Bauholz in verschwenderischer Fülle hervorgebracht sind» (nach Germann). Vitruv leitet die Entstehung des steinernen Tempels aus der Holzkonstruktion her, erwähnte dabei, dass «die Alten nur das in die Ausführung ihrer steinernen Bauwerke übernommen haben, was von

einer bestimmten Eigenart war und sich aus wirklichem Vorkommen in der Natur ableiten liess
…». Er schildert auch, wie Kallimachos das korinthische Kapitell erfunden hat, nämlich indem
er auf einem Friedhof beobachtet habe, wie eine Bärenklau-Wurzel zufällig unter einem be-
schwerten Korb hervor Blätter gebildet habe (Abbildung 2). Diese Szene ist in der späteren
Architekturgeschichte immer wieder aufgetaucht, wenn es angebracht schien, den Naturbezug
der klassischen Architektur zu bekräftigen.

Abbildung 1 und 2. Illustrationen zu vitruvianischen Motiven: links die Urhütte von Ch. Eisen, 1755, Kallimachos erfindet das korinthische Kapitell von R. Fréart de Chambray, 1650.

Für den Renaissance-Theoretiker Leon Battista Alberti war der Zentralbau die ideale Kirche: «Die Natur selbst liebt das Kreisrund über alles; das beweisen unter ihren Schöpfungen
der Erdball, die Gestirne, die Bäume, viele Tiere und ihre Nester. Die Rundform kommt dem
Kirchenbau deshalb zu, weil er der edelste Schmuck der Stadt ist und seine Schönheit alle Begriffe übersteigen soll» (nach Germann, 1980: 57).

Eine neue Dimension des Naturbezuges erschloss der Jesuitenpater und Literat Marc-Antoine Laugier, der 1753 einen schon zu seiner Zeit berühmten «Essai sur l'architecture» schrieb. Obwohl er an den Vitruvianismus anknüpft, geht er insofern weiter, als er die Natur nicht nur als Ursprung und Vorbild sieht, sondern die Urhütte, die «la petite cabane rustique» als Muster, sozusagen als Prototyp sieht. Laugier schreibt: «Dies ist der Weg der einfachen Natur. Der Nachahmung ihrer Vorgänge verdankt die Kunst ihre Geburt. Die kleine ländliche Hütte, die ich soeben beschrieben habe, ist das Muster, nach welchem man alle Herrlichkeiten der Architektur ersonnen hat. Und indem man sich bei der Ausführung der Einfachheit dieses Urmusters annähert, vermeidet man wesentliche Fehler und erreicht wirklich Vollkommenes» (nach Germann, 1980: 201). Bemerkenswert ist, dass Laugier nicht auf die Natur schlechthin Bezug nimmt, sondern auf die «einfache Natur». Es geht ihm nicht um abstrakte Naturphänomene wie den Kreis, den Alberti preist, sondern um die Grundelemente der Hütte, Säule, Gebälk und Giebel. Darum nennt ihn Adolf Max Vogt den «Jean Jacques Rousseau der Architektur» (Vogt, 1969: 198). Laugier lehnt Pilaster und Nischen in den Wänden ab, weil es dafür in der Natur keine Vorbilder gibt. Die Illustration von Ch. Eisen, die Laugier als Titelbild seines Textes verwendet, idealisiert die natürliche Urhütte nicht nur, indem sie aus lebendigen Stämmen besteht, sondern zusätzlich damit, dass sich die beiden Figuren von den Trümmern klassischer Architektur im Vordergrund abwenden und der Urhütte zuwenden.

Schon wenige Jahre später, um 1790, sieht der Architektur-Theoretiker und Verfasser von utopischen Projekten Etienne-Louis Boulée den Naturbezug wieder mehr wie Alberti in den reinen Formen, speziell im Kreis. Er schreibt in seinem Traktat «Architecture, essai sur l'art»: «Unter Kunst verstehe ich alles, was die Nachahmung der Natur zum Ziel hat». Damit meint er nicht nochmals wie Laugier die «morsche Urhütte» (Germann), sondern als Verehrer von Newton die kosmische Natur und dementsprechend zeichnet er riesige Kuppeln sowie kugel- und pyramidenförmige Denkmäler.

Im 19. Jahrhundert wird der Naturbezug in den Künsten und speziell auch in der Architektur so vielschichtig, dass er sich nicht mehr plakativ schildern lässt. Sowohl der kosmische Ast als auch der urwüchsige Ast werden romantisiert und in historizistischen Reminiszenzen inszeniert. Das gleiche Bürgertum bestaunte in hallenartigen eisernen Gewächshäusern exotische Palmen, verbrachte die Sommerfrische in romantischen Châlets im Walde und regierte von kosmisch inspirierten Kuppelgebäuden aus. Dazu kamen Utopien aller Art und ökonomische

Ansätze, die vom alternativen Anarchismus eines Henri D. Thoreau (1854) mit seiner durchkalkulierten Urhütte bis zur Gartenstadt der Jahrhundertwende eines Ebenezer Howard reichten.

Wir finden also in der jahrhundertelangen Architekturgeschichte zwei ganz unterschiedliche Naturbegriffe und zwei entsprechend verschiedene Architektur-Ideale: Das eine Ideal nimmt Bezug auf das Kosmische, das andere auf das (pflanzlich) Gewachsene. In der modernen Architektur, fern von den theoretischen Problemen mit Säulen, Pilastern und Gewölben finden wir eine analoge Zweiteilung im Bestreben, eine besser umweltverträgliche Bauweise zu finden. Es gibt den gedanklichen Weg über die naturnahen, biologischen Materialien und es gibt den Weg über die globale Knappheit an Energie, die sich einstellen wird, und die Treibhaus-Problematik, die ebenfalls ein globales Phänomen ist. Beide Wege bestehen aus verschiedenen Seitenpfaden, von denen im folgenden die Rede ist.

Abbildung 3. Viktorianisches Châlet im Walde für die Sommerfrische, erbaut 1876-84: Die Urhütte wird zum romantischen Fluchtort von Stadtbürgern.

Die frühe Moderne

Die frühe moderne Bewegung hat das Naturhafte scheinbar abgestreift: Normierung und Industrialisierung waren angesagt, obwohl noch kaum im grösseren Massstabe realisierbar. Grosse, energiefressende Verglasungen, schlecht isolierender Beton und Baugifte aller Art gelten heute als typisch für die moderne Bauweise. Doch eine genauere Betrachtung der Bewegung der Moderne, besonders in ihren Anfängen, zeigt, dass wir viele ökologische Überlegungen schon in der frühen Moderne finden (Thomas, 1993). Das Ressourcen-Bewusstsein wurde im Ersten Weltkrieg sehr geschärft, und weil nach dem Krieg ein enormer Bedarf an Wohnraum bestand, hat man sehr wohl mit den damals vorhandenen Ressourcen haushalten müssen, doch die Haushalt-Bedingungen waren aus damaliger Perspektive anders als heute.

Verschiedene Architekten der Moderne verfochten haben die Idee verfochten, dass die Baumaterialien nicht einfach verwendet werden dürfen, wie es gerade kommt. Sie haben gefordert, dass Materialien inhärente Qualitäten haben, die es zu befolgen gilt. So enthält das Büchlein «The Natural House» von Frank Lloyd Wright (1954) ein Kapitel «In the Nature of Materials: A Philosophy». Darin nennt er fünf Punkte, wie mit den «vast resources» umzugehen sei: Als erstes verlangt er, dass ein Haus aufgrund der inneren Raumbedürfnisse konzipiert werden müsse und dass ein organisches Haus aus dem Grund heraus ans Licht wachsen müsse, damit das «Gebäude so ehrwürdig wie ein Baum inmitten der Natur» (44) sein könne. Sein zweiter Punkt gilt dem Material Glas, das er als ein «Super-Material» (45) preist, weil es das Heraustreten aus dem Bewusstsein des Höhlenmenschen ermöglicht und die Freiheit des Lebens in den Bäumen ermöglicht, da man jetzt in der freien Landschaft leben könne. Das «Sich-Einlochen» sei für die sogenannte klassische Architektur angemessen gewesen, die im Feudalismus mit Sklaverei entstanden sei, doch in einem freien Land verlange der Mensch nach Sonne und Raumfülle. Im dritten Punkt preist er die wunderbaren Eigenschaften von geschweisstem Stahl kommt nach einigen gedanklichen Kurven dann aber zur neuen Eigenschaft, die der Stahl hat, nämlich dass er Zugkräfte aufnehmen kann und dass es dadurch möglich wird, viel Material zu sparen. Im vierten Punkt fordert er, dass Gebäude nicht nur ihrer Funktion entsprechend aussehen sollen (eine Bank wie eine Bank), sondern auch dem Baumaterial entsprechend, und er weist darauf hin, dass dies in der Natur auch so sei: «In particular, as you may see, architecture is going back to learn from the natural source of all natural things» (52). Im fünften Punkt greift Wright dann noch das Problem des Ornamentes respektive der Musterung von Oberflächen auf. Er verlangt, dass die Oberfläche dem Material, den Maschinen, die das Material bearbeitet haben und der Natur der Struktur entspreche.

Ich habe das Wright'sche Plädoyer nicht nachgezeichet, weil ich der Meinung wäre, Wright sei ein besonders ökologischer Architekt im Sinne der heutigen Kenntnisse über ökologische Probleme gewesen, aber die Art und Weise, in der Wright und viele andere Architekten der Moderne über die Bauprobleme nachgedacht haben, kann beim heutigen Stand der Kenntnisse von Umweltschäden und ökologischen Problemen immer noch nützlich sein.

Ressourcen-gerechtes Bauen

Im Grunde genommen ist es erstaunlich, dass die Umwelt-Problematik heute bei den Konsumgütern, insbesondere beim Abfall viel mehr zu reden gibt als in der Architektur. Dies ist deshalb erstaunlich, weil bei Häusern mit einer Lebenszeit und damit mit einer Amortisationszeit von meist über 50 Jahren gerechnet wird. Es ist noch halbwegs verständlich, dass sich viele Leute nicht darum kümmern, was in 20 oder 50 Jahren sein wird, wenn sie einen kurzlebigen Konsumartikel kaufen oder herstellen, doch es ist sonderbar, dass sich die grosse Mehrheit der Architekten, Bauherren und Investoren wenig für die Tatsache interessieren, dass für ihre Gebäude in 20 oder 50 Jahren nur noch sehr teure fossile Energie vorhanden sein wird und dass die Beseitigung von Sondermüll eher schwieriger sein wird als heute. Der grösste Teil des neuen Bauvolumens erfüllt bestenfalls die gesetzlich vorgeschriebenen Wärmedämmungsvorschriften.

Noch ist biologische oder ökologische Architektur eine Sache von Pionieren, oft von Einzelgängern, die bereit sind, für ihre Ideale auf mindestens einen Teil des hier und jetzt realisierbaren Gewinnes zu verzichten. (Ich führe hier den sonst nicht gebrauchten Terminus ‹ressourcengerechtes Bauen› ein und meine damit alle die verschiedenen, üblicherweise genannten Strömungen, die im folgenden auseinanderdividiert werden.) Ein Grund für das relativ marginale Interesse für das ressourcengerechte Bauen liegt wahrscheinlich darin, dass es noch keine «Verpackung» dafür gibt, die als solche erkannt wird. Es gibt visuelle Vorstellungen, wie ein modernes oder wie ein postmodernes Haus aussieht, doch es gibt kaum eine Vorstellung, wie ein ressourcengerechtes Haus aussieht, weil ganz verschiedene Traditionen mit experimentellen Bauten auf der Suche nach dem ressourcengerechten Haus sind. So präsentieren sich ganz verschiedene Gewänder von Häusern unter unterschiedlichen Etiketten als zukunftsweisende Entwürfe.

«Ökologisch» und «biologisch»

Die Begriffe «ökologisch» und «biologisch» sind wie übrigens auch «natürlich» im Grunde genommen ziemlich unsinnig oder nichtssagend in Bezug auf Architektur: Ein Haus ist kein Lebewesen, kann somit strenggenommen unmöglich biologisch sein. Ein Haus ist immer «ökologisch» in dem Sinne, dass es in der Welt durch einen materiellen und energetischen Prozess entstanden ist und betrieben wird. Trotz dieser Unzulänglichkeit der Begriffe werden sie auch von jenen benutzt, die ihre Schwächen sehen, denn die beiden Begriffe haben dadurch, dass sie mit positiven Assoziationen verknüpft worden sind, einen gewissen Handelswert erhalten. Das Wort «ökologisch» ist aufgeladen worden mit der Bedeutung «günstig in Bezug auf Material- und Energieumsatz». Das Wort «biologisch» ist auf das Lebewesen Mensch bezogen, und so erhalten die beiden Worte in der Architekturdiskussion einen differenzierten Sinn. Ein ökologisches Haus ist nicht das gleiche wie ein biologisches Haus: während beim ökologischen Bauen beispielsweise darauf geachtet wird, dass die graue Energie beim Bau und der Energieverbrauch beim Betrieb möglichst klein sind, stehen beim biologischen Bau die Gesundheit und das Wohlbefinden der Menschen, die in den Räumen wohnen, im Vordergrund.

Urs Maurer (1987) weist darauf hin, dass es in der Architektur auch eine lange Tradition der Polarität zwischen Leben und Tod gibt, die sich auch in der gegenseitigen Beeinflussung von Architektur für die lebendigen Menschen und von Grabdenkmälern niederschlägt. Maurer stellt die Projekte von Aldo Rossi, der den Friedhof von Modena und Wohnhäuser geplant hat, den Forderungen von Hugo Kückelhaus gegenüber, der sich mit den sinnlichen Erlebnis von Wänden, Böden und Belichtungen auseinandergesetzt hat. In dieser Polarität ist die materielle Ökologie auch in der nekrophilen Architektur durchaus möglich.

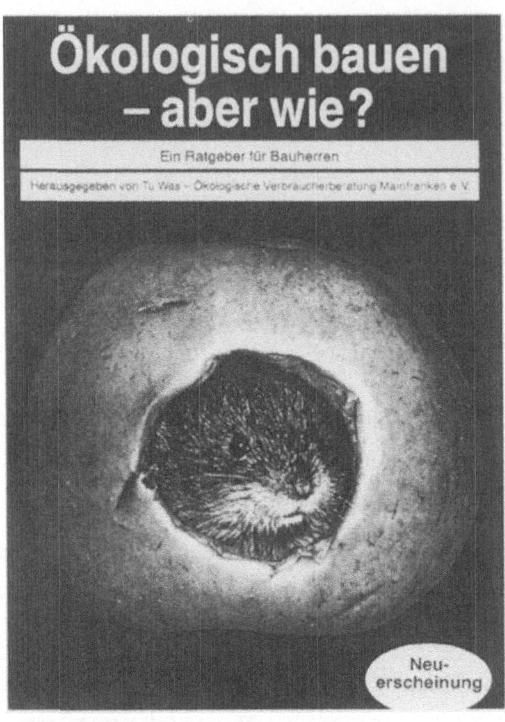

Abbildung 4. «Natürlich» und «ökologisch» sind Ausdrücke, die im Bezug auf Häuser vom ursprünglichen Wortsinn her betrachtet ziemlich sinnlos sind. Wir müssen deshalb das Gedankengut hinter diesen Ausdrücken in Betracht ziehen.

Meistens sind es ungefähr dieselben Leute, die sich für beide Aspekte interessieren, doch nicht immer ist dies der Fall. Niedrigenergie-Häuser, die voller elekronischer Installationen sind, womöglich einen Faraday-Käfig bilden und keinen Gasaustausch zwischen innen und aussen erlauben, werden von einigen Baubiologen als ungesunde technische Spielereien angesehen, während biologische Häuser auf ausgependelten Grundstücken in Lehmbau erstellt zu ökologischen Bedenken Anlass geben können, wenn das gesunde Haus mit fossiler Energie beheizt wird oder wenn der Kachelofen einen schlechten Wirkungsgrad oder zu hohe Emissionen aufweist.

Biologische Architektur

In den Zwanzigerjahren gab es die Reformbewegung, die nicht nur eine Lehre der gesunden Ernährung war, sondern auch Tanz, Philosophie, Körperkultur, Heilung und Architektur umfasste. Dabei gab es ganz verschiedene Schattierungen von den ziemlich «ausgeflippten» Leuten auf dem Monte Verità bis zu den strengen Anhängern von Kneipp und Küenzli. Wesentlich ist zudem, dass das Konzept des biologischen Bauens für viele nicht nur eine materielle Realisierung umfasst, sondern auch immaterielle Aspekte aufweist, die nicht gemessen werden können.

In den Dreissigerjahren wurde in gewissen Kreisen die Naturnähe als Lebensphilosophie zur Blut-und-Boden-Mentalität pervertiert, zahlreiche Vereinigungen der Reformbewegung wurden in Deutschland für das totalitäre System vereinnahmt, obwohl der Nationalsozialismus mit seiner Kriegsmaschinerie in keiner Weise naturnah operierte. Der Zusammenbruch des Nationalsozialismus hat die in Deutschland zu jenem Zeitpunkt weitgehend auf braunes Gedankengut getrimmten Vereinigungen für gesundes Leben zum Teil zu Rückzugsbastionen für rückwärtsgewandtes und völkisches Denken werden lassen, was die Bewegung für ein gesundes und naturnahes Leben arg in Verruf brachte. Das konnte den aufblühenden Nahrungsmittel- und Bauindustrien nur recht sein, denn in den Fünfziger- und Sechzigerjahren wurden immer mehr Alltagsbedürfnisse im Bereiche Ernährung und Wohnen industrialisiert: Speisen und Häuser wurden in immer grösserem Massstab vorgefertigt und normiert. In dieser Hinsicht konnten die politische Linke und die neue politische Rechte wirksam gemeinsame Ziele verfolgen. Das gesunde Bauen hatte in der politischen Landschaft einen schweren Stand. Wer sich für solche Dinge interessierte, stand noch in den späten Sechzigerjahren im Verdacht, dem braunen Gedankengut nahezustehen.

Trotz der unzähligen Misserfolge der konventionellen, oft mit viel Gift gebauten Architektur der Nachkriegszeit wurde die biologische Architektur immer wieder in die Ecke der Sektierer und «Stündeler» gedrängt, auch noch als die braune Vergangenheit eines Teils der Bewegung längst nicht mehr aktuell war. Noch heute ist es viel leichter, Subventionen für das energetisch bessere Bauen zu erhalten, als für gesundheitlich einwandfreie, obwohl die Allgemeinheit in beiden Fällen letztlich mit den Schäden konfrontiert wird. Dies hängt nicht nur damit zusammen, dass es beim Bauen um viel Geld geht, sondern auch damit, dass gesundheitlichen Wirkungen von Bauten und ihren Standorten nicht für alle Menschen gleich sind und dass deshalb die gesundheitlichen Belastungen und Langzeitwirkungen aus Elektrosmog, Reizzonen und Faraday-Käfigen statistisch nur schwer nachweisbar sind. Auch die Wirkung von hochaktiven Giftstoffen wie Dioxin und von Radioaktivität wurde in Perversion der Lehre von Paracelsus jahrzehntelang verharmlost, indem behauptet wurde, es gebe nicht nur eine zulässige tägliche Dosis, sondern diese sei auch völlig unschädlich. Erst die immer genaueren computergestützten Analysemethoden haben die wissenschaftlichen Nachweise dafür gebracht, dass auch extrem geringe Konzentrationen von gewissen Stoffen, die man früher gar nicht messen konnte, massive gesundheitliche Schäden verursachen können.

Es ist kein Zufall, dass das Symbol für biologisches Bauen jahrelang das Schneckenhaus war. Dabei geht es einerseits um das Schneckenhaus als materielle Sekretion eines verletzlichen Wesens, um die Idee der Einheit von Bewohner und Haus, um die individuell zugeschnittene Behausung.

Der grösste Teil des biologisch erstellten Bauvolumens der letzten Jahrzehnte sind Eigenheime und viele davon sind unter Mitwirkung der zukünftigen BewohnerInnen entstanden. Das Schneckenhaus mit dem Regenschirm symbolisierte andererseits aber auch den Umstand, dass sich die Bewegung wegen der zahlreichen Anfeindungen von allen Seiten, auch von «oben» (vom Staat und seinen Bewilligungsbehörden) immer wieder zurückziehen musste. Erst vor kurzem hat sich die Schweizerische Interessengemeinschaft für biologisches Bauen (SIB) ein

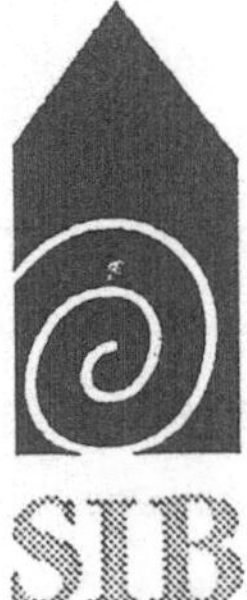

Abbildung 5. Links das alte, rechts das neue Signet der Schweizerischen Interessengemeinschaft für biologisches Bauen (SIB).

neues Signet gegeben, das mit einer offenen Spirale die dynamische Suche nach einem Zentrum im Haus ausdrückt (Abbildung 5). Die Offenheit bedeutet auch, dass es viele Wege zum Glück gibt und dass die Anstrengungen zum Energiesparen auch dann als sinnvoll gesehen werden, wenn ein beträchtlicher technischer Aufwand damit verbunden ist.

Aus einer ökologischen Perspektive ist heute beim biologischen Bauen hauptsächlich das Problem des Einfamilienhauses noch ungelöst. Der Mehraufwand für eine konsequent biologische Bauweise wird vorläufig noch von den meisten Investoren gescheut, erst Leute, die für sich selbst bauen, lassen sich die gesundheitlichen Qualitäten etwas kosten. Dies ist einer der Gründe, weshalb die Mehrfamilienhaus-Investoren noch seltener biologisch bauen als die Einfamilienhaus-Bauherren. Deshalb werden beim biologischen Bauen der Landverschleiss, die Schwierigkeit der Erschliessung mit öffentlichem Verkehr und die grosse Oberfläche im Verhältnis zum umbauten Raum als negative Kriterien meistens nicht näher in Betracht gezogen, doch immer mehr biologisch Bauende sehen auch diese Probleme und suchen wenigstens gemeinschaftliche Lösungen, so beispielsweise bei der Siedlung «Grüner Stig» in Adliswil bei Zürich (Thomas, 1995a; Abbildung 6).

Abbildung 6. Biologisches Lehmhaus in Adliswil (Zürich). Der Wintergarten nach Süden ist nicht mit Fremdenergie beheizbar. Architekten: Paul Wolf und Thomas Krayer.

Ökologische Architektur

Ganz anders ist die Geschichte der «ökologischen» Architektur. Sie ist viel jünger, denn ein weit verbreitetes Bewusstsein für die Begrenztheit der globalen Ressourcen gibt es erst seit der Ölkrise von 1972, seit den Berichten des Club of Rome. Im Zuge der staatlichen und privaten Energiesparprogramme wurden die ökologischen Aspekte des Bauens «salonfähig». Der Sonnenkollektor wurde zum Zeichen für zukunftsorientiertes Bauen. Die ökologische Architektur stellt nicht die Bewohner und ihre Gesundheit ins Zentrum des Interesses, sondern die anonyme Umwelt und die Ressourcen-Probleme. Sie ist deshalb auch geeignet für Mehrfamilienhäuser und ganze Überbauungen, ja die Knappheit der Ressource Boden ruft förmlich nach Mehrfamilienhäusern. Energiesparen gilt als staatliches Anliegen und wird durch Forschungsvorhaben, Pilotprojekte und vergünstigte Kredite unterstützt.

Abbildung 7. Niedrigenergie-Haus in Hedingen (Zürich), ehemaliges «Heureka»-Haus. Architekt: Armin Binz (Foto: Thomas Schweizer).

Die ökologische Einstellung macht konsequenterweise jedoch nicht Halt bei der Ressourcenproblematik, sondern die Umweltbelastung mit Giften wird auch immer stärker beachtet. Giftfreies Bauen ist deshalb nicht mehr nur das private Anliegen im Sinne der individuellen Gesundheit der Bewohnenden, sondern auch ein öffentliches Anliegen. Interessanterweise ist bei staatlichen Stellen das Bewusstsein für die Probleme von giftigen Baumaterialien nicht sosehr aus der Situation im Wohnbereich entstanden, sondern viel stärker noch, weil die öffentliche Hand erkannt hat, dass die Beseitigung von ökologisch problematischen Bauabfällen immer schwieriger wird. Alte Farben und Imprägnierungen verunmöglichen Nutzung von altem Bauholz als Brennmaterial. Es muss als Sondermüll teuer beseitigt werden. Die heutigen und die zukünftigen ökologischen Vorschriften für die Sortierung von Abbruch- und Bauschutt sind eine immer wichtigerer Motivation für biologisches Bauen. Wir stehen vor der bedenklichen Tatsache, dass das Bewusstsein für das biologische Bauen erst wegen der Probleme bei der Symptombekämfung bei den Bauträgern zu greifen beginnt. So wird sich von hinten her die Lücke zwischen ökologischem und biologischem Bauen immer mehr schliessen.

In der Planung sind wir vor der Realisierung ökologischer Lösungen noch viel weiter entfernt als beim Bauen, denn die Zonenordnungen der allermeisten Schweizer Gemeinden sind ohne ökologische Überlegungen festgelegt worden. Meistens haben die Stimmbürger und Steuerzahler und die von ihnen beauftragten Planer die sonnigen, guten Wohnlagen als EFH-Zonen ausgeschieden, um gute Steuerzahler anzuziehen und die MFH-Zonen in den Schattenlagen, hinter dem Bahnhof oder entlang der Autobahn angeordnet. Kein anderes Lebewesen als der Mensch würde die guten Wohnlagen dünn besiedeln und die schlechten Lagen dicht besiedeln. Die Schweizer Raumplanung der letzten 30 Jahren ist deshalb in grossen Gebieten ein ökologisches Paradoxon, das nur aufgelöst werden könnte, indem die Gemeindehoheit über den Steuerertrag aufgehoben würde. Dies ist aber ein ökologisches und politisches Postulat, das noch nicht einmal die Grüne Partei mit Nachdruck zu fordern wagt. Der grösste Teil der neuen Baukubatur wird deshalb weiterhin in teuren Einfamilienhäusern verbaut, und zwar ausgerechnet an den Lagen, die auch für Mehrfamilienhäuser bestens geeignet wären.

Organische Architektur

Im Englischen bezeichnet man die biologische Landwirtschaft als «organic farming». Trotzdem wird das Wort «organisch» in der Architektur nicht als Synonym für biologisch oder ökologisch verwendet. Organische Architektur war in den Zwanzigerjahren ein Zweig der Bewegung der modernen Architektur, präziser des Funktionalismus. Dabei wurde das Gebäude als Organismus gesehen, in welchem die einzelnen Räume so präzise wie menschliche Organe im Körper den ihrer Funktion angemessenen Raum beanspruchen sollen. Dementsprechend konnten die Formen auch «organisch», das heisst nicht rechtwinklig sein. Bekanntester Vertreter dieser Architekturrichtung war Hugo Häring, und sein oft zitiertes Meisterwerk war der Bauernhof «Gut Garkau» aus dem Jahre 1924.

Von dieser Sicht der organischen Architektur gibt es durchaus Brücken zur biologischen und zur ökologischen Architektur: Es gibt besonders in den USA, wo Bauen ohne Bauvorschriften in weiten Gegenden noch möglich ist, eine Architekturrichtung, die den Bauprozess als eine Ablagerung von Material, sozusagen als Sekretion, um den für eine Funktion notwendigen Raum herum betrachtet. Der unglaublich vielseitige Le Corbusier hat diesen Sachverhalt einmal umschrieben mit dem Bild einer Seifenblase, die genau so gross ist, wie der Luftdruck in ihr. Damit kann Raum und Material gespart werden. In der Praxis kann diese Art von Gebäuden aus den verschiedensten Materialien entstehen. In der Pionierzeit der Hippie-Architektur wurde mit Altmaterial gebaut, später entstanden unregelmässige Bauten aus Lehm und Holz, aber auch aus Mörtel, der auf Drahtgitter aufgebracht wurde, und aus Kunststoff, was aber kaum mehr viel mit den biologischen Vorbildern zu tun hat.

«Organisch» beinhaltet aber auch eine Abkehr von der Geometrie, welche von der Topographie her begründet sein kann. Statt über eine Landschaft oder einen Ausschnitt einer Landschaft einen rechtwinkligen Raster zu legen, in welchen Häuser und Strassen eingeordnet werden, wird beim organischen (besser wäre topologischen) Planen auf die Sonnenexposition, die Hangneigung, vielleicht eine Baumgruppe oder sonst ein natürliches Landschaftselement besonders Rücksicht genommen. Das hat nicht immer etwas mit Ökologie oder Biologie zu tun, denn so wie heute gebaut wird, muss ohnehin das ganze Gelände mit Baggern bearbeitet und am Schluss wieder gestaltet werden. Siedlungen wie Halen bei Bern haben auf die Besonnung Rücksicht genommen und sind trotzdem in einem geometrischen Raster entstanden. Die «organische» Anordnung ist somit ein Gestaltungsmittel, das eine bestimmte Haltung bezüglich und Eigenständigkeit von einzelnen Häusern oder von einzelnen Funktionen innerhalb der Gebäude ausdrücken will (Schäfer, 1995).

Die organische Architektur hat – wie auch die ökologische oder die biologische eine idealistische Komponente. Der Architekt Felix Kühnis (o. J.) beschreibt dies wie folgt: «Ein Haus ist ein Organismus, wenn auch ein technischer. Sein Leben ist durchaus nicht statisch, sondern dynamisch – etwa wie eine Pflanze. Es kann sich nicht fortbewegen, aber es re-agiert auf die Umgebung. Ein gutes Haus ist keine Wohnmaschine, es möchte bewusst bewohnt werden. Die Gestaltungsprinzipien sollen ähnlich sein wie in der Natur. Eine bestimmte Pflanze hat immer die selben Gesetzmässigkeiten, und trotzdem ist jedes Blatt und jede Blüte etwas Eigenständiges. Das Grün ist an jedem Blatt anders, und ebenso das rot jeder Blüte. Eine andere Pflanze benützt wieder andere Gesetzmässigkeiten (nicht zu verwechseln mit starren Gesetzen). – Oder ein Komponist wählt für den Satz einer Sinfonie ein Thema, das er mit verschiedenen Durchdringungen und mit diversen Instrumenten variiert. Kreativität ist wiederum mit dem Wachsen eines Baumes zu vergleichen, es braucht lange Zeit, bis die Früchte reif sind. Der Feind des kreativen Vorganges ist der Zeitdruck, dem wir uns nicht unnötigerweise unterwerfen sollten.»

«Green Design»

In England gibt es seit einiger Zeit den Ausdruck «Green Design» (Mackenzie, 1991). Damit werden der biologische und der ökologische Aspekt des Design von Architektur und Gebrauchsgegenständen gleichzeitig benannt. Der Ausdruck enthält ein Wort für ein visuelles Signal, nämlich grün, und er weckt die Vorstellung, dass biologische oder ökologische Bauten und Produkte anders aussehen als gewöhnliche. Das ist keine Selbstverständlichkeit, denn obwohl es das Bewusstsein für solche Produkte bereits seit vielen Jahren gibt, kann noch kaum von einer kohärenten Stilrichtung oder Ästhetik gesprochen werden. Das frühe moderne, «funktionale» Design hat sich vergleichsweise viel schneller gegenüber den früheren historizistischen Stilen und dem Jugendstil durchgesetzt. Es gab Vorläufer wie die Arts-and-Crafts-Bewegung in England und den Werkbund in Deutschland, doch der Durchbruch als formale

Erscheinung gelang der funktionalen Moderne mit Flachdach, Breitfenster und ohne Ornament nach dem Ersten Weltkrieg in wenigen Jahren. Mitte oder Ende der Zwanzigerjahre war sich nicht nur die Fachwelt, sondern auch die breite Bevölkerung darüber im klaren, wie ein modernes Haus aussehen soll. Bekanntlich haben weite Kreise der Bevölkerung die moderne, «funktionale» Ästhetik abgelehnt, aber sie haben gewusst, wie sie aussieht. Jahrzehnte von Bemühungen, gesunde, «biologische» Häuser zu bauen und zwanzig Jahre ökologisches Bauen haben aber keine Klarheit darüber gebracht, wie solche Häuser aussehen sollen. In den Siebzigerjahren kleidete sich die «grüne» Architektur traditionell oder spätmodern und in den Achtzigerjahren oftmals postmodern. Das «grüne» Design ist noch nicht so weit, dass von einem typischen Erscheinungsbild der biologischen und ökologischen Architektur gesprochen werden kann und vielleicht wird es nie so etwas geben. Immerhin, einige Kriterien der Gestaltung von «grünen» Bauten lassen sich nennen:

- Ein Haus, das von Norden und von Süden etwa gleich aussieht, ist kaum je als «green design» einzustufen, denn die Sonneneinstrahlung ist für Gebäude aller Art der ökologisch wichtigste Faktor. Der Energieumsatz eines Gebäudes kann nur minimiert werden, indem wenigstens mit dem Öffnungssystem auf die Besonnung Rücksicht genommen wird.

- Ein weiteres gestalterisches Merkmal ist die Differenzierung von Gebäudeteilen. Ein komplexer Gegenstand, der aus einem Stück gegossen ist und weggeworfen werden muss, wenn ein kleines Stück abbricht, kann kaum als reparaturfreundlich oder ökologisch angesehen werden. Dies gilt auch für Gebäude: Eine Konstruktion, die schwierig zu reparieren oder abzuändern ist, wird früher oder später ökologisch problematisch sein.

- Solche Designkriterien sind aber Negativ-Kriterien, und es ist sehr schwierig, positiv auszudrücken, worin grünes Design bestehen soll. Auch die einstige Ikone des ökologischen Bauens, der Sonnenkollektor, ist nicht mehr was er war, denn Sonnenkollektoren können so in ein Gebäude integriert werden, dass sie gar nicht als solche wahrgenommen werden, und zudem gibt es Häuser mit passiver Sonnenenergie, die derart konzipiert sind, dass es gar keine Sonnenkollektoren gibt, weil die eingestrahlte Sonnenenergie von den inneren Gebäudeteilen gespeichert wird.

- Das Flachdach war in der biologischen Architektur eigentlich immer verpönt, wobei die Gründe eher im esoterischen Bereich lagen (Pyramiden-Effekt). Trotzdem kann nicht gesagt werden, dass das Satteldach ein Teil eines spezifisch grünen Design sei, denn die Demontage der Flachdach-Moderne setzte sich auch im nicht-grünen Wohnungsbau in den letzten 15 Jahren sehr konsequent durch. Neue Bauvorschriften haben das Satteldach wieder interessant werden lassen, doch diese neuen Vorschriften sind eher im Zuge der postmodernen Welle als zur leichteren Integration von Sonnenkollektoren in das Gebäudevolumen erlassen worden.

Abbildung 8. Ganzheitlich «grüne» Konzeption: Gut isoliertes, nach Süden gerichtetes Passiv-Solarhaus in Trin, Graubünden (Schweiz), das praktisch ohne Fremdenergie auskommt. Architekt: Andrea Rüedi.

Industrie und Handwerk

Ein weiterer Punkt, der bei der intuitiven Beurteilung eines Gegenstandes hinsichtlich seiner «Natürlichkeit» eine Rolle spielen mag, ist die Art der Fertigung. Das reine Industrieprodukt wirkt immer unnatürlich, während etwas Handgemachtes viel eher als natürlich erscheint. Es kann nicht behauptet werden, die Handfertigung sei in jedem Falle ökologischer oder biologischer, denn auch bei der Handfertigung können sehr giftige Materialien Verwendung finden und die ingenieurmässige Berechnung von Bauteilen und die Vorfertigung können beispielsweise im Holzbau zu einer beträchtlichen Materialeinsparung führen.

Der Lehmbau erfordert heute noch sehr viel Handarbeit, doch das macht ihn nicht besonders ökologisch, denn die Handwerker kommen alle mit einem Auto. Der Grund dafür, dass der Lehmbau noch fast nicht industrialisiert ist, liegt hauptsächlich darin, dass es erst sehr wenige Lehm-Baustellen gibt und dass die Maschinen noch nicht optimiert sind.

Die Frage «Handwerk oder Industrie?» hat in der Architekturgeschichte unseres Jahrhunderts eine sehr grosse Rolle gespielt und ist nicht nur von ökonomischen und praktischen Zwängen beantwortet worden, sondern es gibt auch intuitive Einstellungen, die viel tiefer gehen, nämlich die Einstellung des Ingenieurs und die des Bastlers. Rowe und Koetter (1984) haben diese Einstellungen bezugnehmend auf Claude Lévi-Strauss mit dem ‹zahmen› und dem ‹wilden› Denken in Verbindung gebracht und sie haben Isaiah Berlin zitiert: «Es besteht nämlich eine tiefe Kluft zwischen denen, die alles auf eine einzige, zentrale Einsicht beziehen, auf ein mehr oder weniger zusammenhängendes oder klar gegliedertes System, im Rahmen dessen sie verstehen, denken und fühlen – ein einziges universales Prinzip, das allein allem was sie sind und sagen, Bedeutung verleiht –, und auf der anderen Seite denen, die viele, oft unzusammenhängende und sogar widersprüchliche Ziele verfolgen, die, wenn überhaupt, nur in einem faktischen Zusammenhang stehen, aus irgend einer psychologischen oder physiologischen Ursache und nicht kraft eines moralischen oder ästhetischen Prinzips» (nach Rowe und Koetter, 1984: 124).

Rowe und Koetter haben gezeigt, dass die Denkweisen von Ingenieur und Bastler nicht nur im Brückenbau und bei der Reparatur von Hütten, sondern quer durch Architektur und Städtebau relevant sind. Welcher Denkstil letztlich ökologisch leistungsfähiger sein wird, lässt sich heute noch kaum beantworten, schon gar nicht für den Hausbau oder die Reparatur und die Nachbesserung von Häusern.

Brenda und Robert Vale (1991) vergleichen in ihrer architekturhistorischen Herleitung der ökologischen Bauweise den lebensnahen Bastler Henri D. Thoreau, der beschreibt (1854/71: 53f.), welche Teile seiner Hütte er wo gekauft oder wie selbst gemacht hat, mit dem Theoretiker Laugier, dessen idealistischer Text von einem Illustrator allegorisch interpretiert wird

(Abbildung 1). Hier steht zwar nicht ein Bastler dem Ingenieur gegenüber, aber doch der, der die Ideen verstreut, dem der sie bündelt: «Der Fuchs weiss viele Dinge, der Igel weiss eine grosse Sache (I. Berlin, s.o.).» Die Unterscheidung zwischen diversifizierendem und vereinigendem Denken ist auch in den Natur- und Geisteswissenschaften möglich. Die Denkingenieure haben zwar auf vielen Gebeieten grosse Erfolge gefeiert, aber gerade in der ökologischen Architektur ist nicht abzusehen, wie sie den Durchbruch schaffen werden. Vielleicht hängt der Umstand, dass die biologische und die ökologische Architektur (noch) kein erkennbares Gesicht hat, damit zusammen, dass die Diversivizierer oder Denkbastler in der Praxis auf diesem Gebiet bisher mehr erreicht haben als die Denkingenieure.

Demonstrationen und Versteckspiele

Erschwerend für die Ausformung eines grünen Designs kommt hinzu, dass ein ökologisches oder gesundheitlich unbedenkliches Produkt sich möglicherweise besser verkaufen lässt als ein Produkt, hinter dessen Künstlichkeit und Unbehaglichkeit man schon die Giftigkeit vermutet. Dies hat dazu geführt, dass alle möglichen Versatzstücke eines vermutlich grünen Designs in die konventionelle Architektur eingeführt wurden.

Angefangen hat es mit der Fassaden-Begrünung, die von einigen wenigen Exponenten des biologischen Bauens lautstark gefordert wurde. Die bewachsene Hausfassade kann eine gute Kaschierung eines mangelhaft isolierten Mauerwerkes sein, sie mag auch einen gewissen klimatischen Ausgleich bringen, doch bei aussen isolierten Fassaden ist ein starker Pflanzenbewuchs oft eher problematisch, besonders wenn die Verschalung aus Holz ist. Auch Lehmmauern eignen sich nicht unbedingt für Bewuchs, der sich an der Mauer festkrallt. Das grüne Mäntelchen wurde aber sehr nützlich zum Schutz von Mauern, die der unerwünschten Graffiti-Besprayung ausgesetzt sind. Die Besprayungen haben dazu geführt, dass bei immer mehr Bauten grössere Mauerflächen begrünt werden. Die Ursache des zunehmenden Grüns im Stadtraum ist somit nicht nur beim gewachsenen ökologischen Bewusstsein zu finden, sondern wahrscheinlich zum grösseren Teil bei der Spraymode.

Auch der Sonnenkollektor wurde oft nicht primär aus energetischen Gründen angebracht, sondern als Demonstrationsobjekt verwendet. Besonders in den Achtzigerjahren sah man Häuser mit Sonnenkollektoren, die soviel gekostet haben, dass man mit dem gleichen Geld sehr viel mehr Energie anders, aber weniger auffällig hätte einsparen können. Solche Demonstrationen haben den Sinngehalt des Zeichens «Sonnenkollektor» stark geschmälert. Teilweise ist der Sonnenkollektor zum Statussymbol verkommen.

Ebenfalls zwiespältig ist das Gestaltungselement des Wintergartens, der in den frühen siebziger Jahren ein Wahrzeichen ökologischer und biologischer Architektur war. Das Zusammenleben mit Pflanzen, die womöglich sogar der giftfreien Selbstversorgung mit Tomaten, Gurken und Frühgemüse dienten, und die Einrichtung einer solar beheizten energetischen Pufferzone zwischen dem warmen Innenraum und dem kalten Aussenraum war eine ideale Kombination von biologischen und ökologischen Kriterien der Architektur. Doch das prestigeträchtige konventionelle Bauen hat den Wintergarten schnell entdeckt und mit billiger fossiler Energie zur beheizten Winterstube gemacht. So verkam die Pufferzone zur modischen Blufferzone. Schaut man heute in die Wintergärten der neuen Villenviertel, so sieht man nicht nur Hanfpalmen, Aralien, Agaven und andere Gewächse, die zwar aus südlichen Ländern stammen, aber einen milden Frost erleiden mögen, sondern man sieht auch heikle tropische Pflanzen, die bei Temperaturen unter 10 Grad serbeln oder absterben. So sind die Wintergärten allzu oft zu eigentlichen umweltfeindlichen Energieschleudern geworden, die zudem einen hohen Verbrauch an unökologisch gezüchtetem Dekorationsmaterial (Pflanzen) erzeugen.

Anderen Attributen des biologischen oder ökologischen Bauens ist es nicht besser ergangen: Das Image des Naturbaustoffes Holz hat sehr darunter gelitten, dass er oft mit den giftigsten Produkten, die im Handel erhältlich sind, imprägniert worden ist. Lehm wird nicht immer, wie ursprünglich erhofft, aus der Baugrube gewonnen, sondern unter Umständen noch weiter hertransportiert als der Backstein, weil es erst sehr wenige Lehm verarbeitende Betriebe gibt. Die reine Lehre kann nicht in reales Bauen umgesetzt werden, denn die Produktionsbedingungen erfordern Kompromisse und es ist nicht immer einfach, zwischen Kompromiss und Schwindel zu unterscheiden.

Abbildung 9. Energiefressender Wintergarten als Statussymbol (Foto aus einem Prospekt).

Schlussfolgerungen

Bezüglich des resourcenschonender Bauens oder auch bezüglich einer adäquaten Darstellung des Naturbezuges in der Architektur befinden wir uns noch in einem vorparadigmatischen Zeitalter, wenn denn das Paradigma überhaupt je kommt. Zu zahlreich sind die ästhetisch besetzten Strömungen, die bei der Formung resourcenschonender Häuser mitwirken. Ob sich eines Tages einschneidende ökologische Randbedingungen einstellen, die das Aussehen der Neubauten in einer konkreten Klimazone bestimmen, ist unsicher. Wahrscheinlicher ist, dass resourcenschonende Häuser immer sehr unterschiedlich aussehen werden. Das Aussehen von Gebäuden kann deshalb nur unter Einbezug des architekturgeschichtlichen Hintergrundes sinnvoll eingeordnet werden.

 C. Thomas

Literatur

Ebert, W. M. (1982) Wohnpoeten. Fricke Verlag, Frankfurt a. M.

Germann, G. (1980) Einführung in die Geschichte der Architekturtheorie. Wissenschaftliche Buchgesellschaft, Darmstadt.

Howard, E. (1968) Gartenstädte von morgen. Ullstein Bauwelt Fundamente, Berlin, Frankfurt a. M., Wien; *Originalausgabe «Tomorrow» 1898.*

Koetter, F./Rowe, C. (1984) Collage City. Birkhäuser, Basel, Boston, Stuttgart.

Kühnis, F. (o.J.) Lebenskunst – Baukunst, Broschüre im Selbstverlag, F. K. Vreniken 3, CH - 5454 Bellikon.

Maurer, U. (1987) Kopfgeburten, Signatur des Todes. Archithèse, 4/87, Niggli, Teufen.

Mackenzie, D. (1991) Green Design, Design for the Environment. Laurence King, London.

Reich, H. (1993) Ökologisch bauen – aber wie? Tu Was – Ökologische Verbraucherberatung Mainfranken e. V. (Hrsg.), Würzburg.

Schäfer, U. (1995) Der Siedlungsplan des Grünen Stigs. *In*: Ökologisch und biologisch bauen: Beiträge zur Mustersiedlung «Grüner Stig» in Adliswil, Thomas, Ch. (Hrsg.), SWB und ZBV, Zürich.

Thomas, Ch. (1993) Plädoyer für eine ökomoderne Architektur In: Baukultur – Wohnkultur – Ökologie, Emmenegger, B., u. a. (Hrsg.) Verlag der Fachvereine, Teubner, Stuttgart, Zürich.

Thomas, Ch. (Hrsg.) (1995a) Ökologisch und biologisch bauen: Beiträge zur Mustersiedlung «Grüner Stig» in Adliswil, SWB und ZBV, Zürich.

Thoreau, H. D. (1854) Walden: or Life in the Woods. Diogenes, Zürich; *Reprint (1971).*

Vale, B./Vale R. (1991) Ökologische Architektur. Campus, Frankfurt a. M., New York.

Vogt, A. M. (1969) Boulées Newton-Denkmal. Birkhäuser, Basel, Stuttgart.

Wright, F. L. (1954) The Natural House. Horizon Press, New York.

Natur im Film

Ökologische Aspekte des Naturfilms

Angela Lüthje

Im Fernsehen hat der Naturfilm nach wie vor Hochkonjunktur – eine Studie der Universität Osnabrück hat dies 1993 auch empirisch belegt. Das ist jedoch kein Grund zu vordergründiger Freude, sondern im Gegenteil eher ein Grund nachzudenken, warum dies so ist. Wenn man den Trend zur Unterhaltung, die eifrige Selbstkommerzialisierung der letzten Jahre in den öffentlich-rechtlichen Programmen in Rechnung stellt, so fragt man sich unweigerlich: Sollte dem Naturfernsehen gelingen, was sonst dem Öko-Fernsehen kaum gelingt – nämlich die unheilige Allianz von hohen Einschaltquoten und dringenden Umweltanliegen auf die Beine zu stellen? Skepsis scheint geboten.

Wie wird das «Genre» Naturfilm heute gemeinhin aufgefasst? Konsens besteht wohl bezüglich folgender Aspekte:

- Naturfilme haben abbildenden Charakter. Sie dokumentieren Flora und Fauna sowie geologische Phänomene, «natural history» im weitesten Sinne.
- Naturfilme vermitteln Wissen, Informationen über die dargestellten Phänomene; die Lernzielorientierung ist dabei manchmal mehr, manchmal weniger offensichtlich.

- Naturfilme leisten Bestandsaufnahmen, listen z. B. das Inventar bestimmter Biotope auf und verdeutlichen die komplexen Beziehungen aller Teile dieses Ganzen zueinander.

- Naturfilme wollen faszinieren; sie sind immer eher schön als schrecklich.

- Sie illustrieren jedoch zwangsläufig in ihren Darstellungen jeweils bestimmte Auffassungen dessen, wie die Filmemacher – und damit letztendlich die Gesellschaft – ihr Sujet, die «Natur» begrifflich fassen.

- Die gängige Konzeption macht den Naturfilm zu einem Genre, das die Emotionen anspricht, sich apolitisch geriert und ständig Gefahr läuft, selbst zu einem Topos zu werden.

- Auch wenn sie zum Ziel haben, Wirklichkeit «nur» abzubilden, so schaffen die Naturfilmer Konzepte über diese Wirklichkeit in unseren Köpfen mit jedem Film neu.

Der Naturfilm ist ein unbedingt berechtigtes Genre, das gerade in der heutigen Zeit ein ungeheures Potential an Möglichkeiten für die Akzeptanz ökologischer Problemstellungen und die Schaffung ökologischen Bewusstseins birgt. Der positive Zugang zum Zuschauer ist ein Trumpf des Naturfilms im Bereich Ökofernsehen: «Dies alles gilt es zu schützen bzw. zu retten» gegenüber den jahrelangen Kassandrarufen und dem erhobenen Zeigefinger der Katastrophendarstellungen: «So schlimm ist der Zustand unseres Planeten ...»

Nur macht man es vielfach sich und damit auch dem Zuschauer zu leicht. Die Zielsetzungen für Naturfilme bedürfen dringend kritischer Hinterfragung. Dies bedeutet nicht, dass es heute keine guten Naturfilme gibt, im Gegenteil. Dennoch gibt es Tendenzen, die sich eingeschlichen haben. Die folgende Mängelliste ist hervorgegangen aus der Erfahrung der Sichtung von inzwischen weit über 2000 Filmen zu ökologischen Themen, darunter sicher einem guten Drittel Naturfilme.

Vermittlung – um jeden Preis?

In jedem Naturfilm sollte eine gewisse Informationsökologie regieren, um es gleich positiv zu formulieren. Man stösst immer wieder auf Filme, die in offensichtlicher, rein quantitativ verstandener Lernzielorientiertheit in erklärender Manier eine Information nach der anderen abhaken, ohne sich auch nur im geringsten Gedanken um die Effektivität eines solchen Bombardements zu machen, ohne z. B. bestimmte Hierarchien von Informationen einzuführen, ohne Erholungsphasen zuzugestehen, die dem Zuschauer gestatten, sich allein auf die Bilder einzulassen, oder auch ohne darüber nachzudenken, wieviele Informationen einem Menschen mittels eines zeitlich eindimensionalen Mediums wie dem Film überhaupt in einer bestimmten Zeit zuzumuten seien; denn die Zeit – besonders im Fernsehen – ist nun einmal knapp und teuer. Jedoch steht fest: Die Art der Informationsvermittlung, die Situation und das affektive Umfeld, in das eine Information gebettet wird, sind enorm wichtig für die Kapazität des Lernens und Behaltens bestimmter Sachverhalte. Es böte sich eine Reflexion dieser mittlerweile erwiesenen Tatsache in bezug auf die Rezeptionsproblematik filmischer Informationen an. Ausserdem wird viel zu wenig auf die Kraft des Bildes vertraut, das hier eine immens wichtige Rolle spielt.

Genau dieser beschriebene Tatbestand führt nun bei einer Vielzahl von Filmen dazu, dass jegliche Überlegungen zu einer Komposition des Ganzen fehlen, so dass die Zuschauer es am Ende mit einem gleichförmigen rein additiven Nebeneinander von Phänomenen, Viechern, Pflanzen, etc. zu tun haben. Der konventionelle Lehrfilm steht vor unserem geistigen Auge auf, das «bebilderte Referat» oder der «bewegte Diavortrag», der kommentarlastige Film, dem die Bilder zur Illustration des Gesagten gereichen.

Hier wäre übrigens die Frage anzumerken, ob der Film wirklich das adäquate Medium zur reinen Vermittlung von Informationen ist, als was er auch im Fernsehen immer häufiger verstanden wird. Die Fähigkeiten des Films als narratives Medium liegen jedoch darin, dass er bestimmte erzählerische Strukturen aufweisen sollte bzw. den Gesetzen einer wie auch immer ausgedeuteten Dramaturgie unterliegt, wenn er denn den Anspruch erheben möchte, den Zuschauer zu interessieren (prodesse et delectare!). So eine dramaturgische Aufarbeitung zieht eine Interdependenz von Bild und Text nach sich, die viel stärker sein muss als sie heute gemeinhin vorgefunden wird.

Bei der Nichtachtung dieser Gesetze entstehen dann auch die Nöte, die man «Text-Bild-Schere» nennt, weil viel zu wenig über Umsetzungsmöglichkeiten nachgedacht wird. Von einer erzählerischen Struktur, einem dramaturgischen Aufbau von Spannung, die beide sich auch im Verhältnis von Text und Bild niederschlagen, ist in den heutigen deutschen Naturfilmen nicht sehr viel zu finden; dass diese Kunst jedoch beherrschbar ist, beweisen bis zur Perfektion viele Produktionen der anglophonen Länder ... Gerade von solchen dramaturgisch durchkomponierten Filmen kann eine Kraft ausgehen, die, fernsehrezeptionstechnisch ausgedrückt, eine Garantie gegen das Umschalten bieten könnte. Geschichten erzählen mit Bildern, nichts anderes sollte ein Naturfilm tun wollen.

Motivation – wozu?

Hierbei handelt es sich um das zugrundeliegende Verständnis dessen, was man vermitteln möchte, um die Konzeption und ethische Ausdeutung des Naturbegriffs, die jeden Naturfilm prägt. Sehr viele Produktionen greifen zu kurz in dieser Hinsicht, machen es sich und dem Zuschauer zu einfach. Sie setzen einen unreflektierten Begriff von Natur voraus, ästhetisieren, verklären das Dargestellte, gehen sehr selektiv mit ihrem Stoff um, indem sie das «Hässliche» oder das «Mittelmass» – immer nach menschlicher Einschätzung – ausblenden. Natur ist nicht nur schön und Natur besteht nicht nur aus exotisch reizvollen Kreaturen – diese aber jagen nach wie vor die Einschaltquoten hoch. (Hier lässt sich verweisen auf den Zusammenhang Privatsender – Tierfilme, den die erwähnte Studie herausgearbeitet hat.)

Auch das Spiel mit der Sensation ist ein gängiger Topos: «Es gelang uns, zum ersten Male in freier Wildbahn ... etc.» Natur besteht nicht nur aus sensationellen Begebenheiten und auch nicht nur aus Tierbabies oder Tieren, die unseren Vorstellungen von süss, niedlich, putzig entsprechen – solche Kindchenschemata werden in Tierfilmen rücksichtslos instrumentalisiert. Oder man unterlegt – in äusserster Perversion – Tier- oder Pflanzenfilme mit anthropomorphisierenden, vermenschlichenden Kommentaren, die sich besonders gern an dem Bereich der Fortpflanzung genüsslich weiden, denn man kann sicher sein, dass solche in unserer Gesellschaft mit Tabus belegten Bereiche des Lebens todsicher auf Zuschauerinteresse stossen. Dies sind durchaus gängige Bestandteile und Topoi in heutigen Naturfilmen. Quoten werden erreicht, «Öko-Gedankengut» vermittelt – alle sind zufrieden.

Jedem heutigen Naturfilm sollte jedoch ein aufklärerischer und (umwelt-) bewusstseinsbildender Anspruch innewohnen. Die Natur ist in ihrem Bestand bedroht – angesichts dessen sind verniedlichende Kommentare ein einziger Hohn, das Zeigen von Schönheit allein muss daraufhin hinterfragt werden, ob es Tatbestände nicht vielleicht in sträflicher Weise verharmlost. Der gängige Naturbegriff braucht einige Bemerkungen, von deren Tragweite heute nicht mehr abgesehen werden kann.

Anforderungen

«In Zeitläuften, in denen Natur dem Menschen übermächtig entgegentritt, ist für das Naturschöne kein Raum» (Adorno, 1970: 102). Solange der Mensch selbst in der Natur aufgeht, ein Teil von ihr ist, von ihr abhängig ist, da sie ihm Nahrung, Kleidung, Schutz etc. gewähren muss, kann ein ästhetisierendes Betrachten von Natur, das Zweckfreiheit und damit eine Distanz des Betrachters zum Gegenstand impliziert, nicht stattfinden. Die «schöne Natur» ist geschaffen worden von solchen Gesellschaftsformen, die sich durch wirtschaftliche, technische und geistige Aneignung von Mechanismen und Denkweisen auszeichnen, die sie über den Stand eines unmittelbar in der Natur aufgehenden Wesens hinausheben.

Seit dem ausgehenden Mittelalter nun hat der Mensch durch die wirtschaftliche und technische Entwicklung, durch Forschung an der Natur und im geistigen Bereich, durch die fortschreitende Aufklärung sich über die Natur selbst erhoben – und ist dadurch zum aufgeklärten Subjekt in einer bürgerlichen Gesellschaft geworden. Und welch Zusammentreffen: Im 13. Jahrhundert finden wir auch zum ersten Male eine ästhetische Beschreibung von Natur – die vielzitierte Beschreibung der Besteigung des Mont Ventoux in der Provence durch den Dichter Petrarca. Es lässt sich in der Philosophiegeschichte – beginnend mit Petrarca – nun sehr schön belegen, wie die fortschreitende Subjektwerdung des Menschen die Ästhetisierung der Natur in steigendem Masse ermöglicht. Kant sah die Naturschönheit als unabdingbar für die Herausbildung und gleichzeitig als Korrektiv der menschlichen Urteilskraft; die Entwicklung gipfelte in der Romantik, wo ästhetische Naturerfahrung zur Verlängerung des Subjekts, zum Ausdruck seiner Empfindungen wurde. Der Idealismus hob allerdings das Kunstschöne auf eine höhere

Stufe der Vollendung als das Naturschöne, das vom Menschen geschaffene Werk wurde zum Massstab für die Natur.

Doch die Aufklärung oder Subjektwerdung des Menschen hatte auch zur Folge, dass die Natur für den aufgeklärten Menschen sowohl in materiellem wie auch in geistigem Sinne zum Objekt wurde und dass sich die Türen für ein rücksichtsloses Herrschaftsverhältnis öffneten. Dies ist der Preis, den wir bzw. besonders das Objekt unserer Herrschaft für die Aufklärung zahlen mussten und müssen.

Aller ästhetisierenden Naturbetrachtung liegt also immer auch unausgesprochen diese stattgefundene Unterwerfung der Natur durch den Menschen zugrunde, jegliche Erfahrung von Naturschönheit muss also, wenn sie nicht oberflächliche Idyllisierung bleiben will, sich dieser Brechung in einem scheinbar harmonischen Verhältnis bewusst sein. Gerade nun in der heutigen Zeit, angesichts der offensichtlichen Bedrohung unserer Lebensgrundlagen, der Endzeitsituation, in der sich unser Verhältnis zur Natur befindet, besteht die grosse Gefahr, dass man nicht das Verhältnis als solches reflektiert, sondern dass ästhetisierende Betrachtung von Natur zum allgegenwärtigen Fluchtpunkt wird. Dies heisst nicht, gegen die Darstellung von Naturschönheit zu reden. Auch die Philosophen versuchen den Begriff zu retten: Walter Benjamin führt den Begriff der «Aura» an und spricht vom «Ferngerücktsein der Dinge»; Adorno selbst definiert die Schönheit an der Natur als das, «was als mehr erscheint, denn was es buchstäblich an Ort und Stelle ist ...» (Adorno, 1970: 111).

Auch ich möchte den Begriff als eine Kategorie für den Naturfilm nicht abschaffen. Faszination angesichts der Naturschönheit ist sicher nach wie vor der erste Schritt zum Respekt vor ihr. Emotionale Betroffenheit schafft die Brücke zum Verstand des Menschen. Jedoch kann ein Naturfilm heute dabei nicht stehenbleiben.

Er sollte den notwendigen Rückbezug zum Zuschauer schaffen, die Brechung reflektieren: Was haben wir bzw. was hat unsere Lebensweise mit diesem Tier, dieser Pflanze, diesen Lebensräumen zu tun? Meine These wäre, dass in dem Moment, wo das geschieht, der drohenden Entpolitisierung des Dargebotenen Einhalt geboten würde, ohne den immens wichtigen Zugang zu den Zuschauern über eher visuell und emotional gesteuerte Bereiche zu verlieren; eine weitere, dass auf diese Weise sich der Ökobezug eines Naturfilms immer wieder neu erfüllen würde.

Kein Naturfilm kann heute mehr ohne Bezug zu den ökologischen Gegebenheiten auf unserem Planeten auskommen, wenn er Anspruch auf Wahrheit erheben will. Heile Natur ist nurmehr Schein. Tatsachen appellieren an die Verantwortlichkeit des Filmemachers, beim Zuschauer mit seinem Film eine wie auch geartete Betroffenheit zu bewirken, die sich bestenfalls in einer Änderung der Lebensgewohnheiten auswirken sollte. Ein hehrer Anspruch.

Ob und wie vielfältig sich dieser geforderte Ökobezug als Rückbezug auf den Zuschauer ausformen lässt, muss zur Diskussion gestellt werden. Der Sinn und die Ziele eines Naturfilms sind danach zu erweitern bzw. jeweils neu zu fassen.

Wir sind die herrschende Spezies in der Natur und werden es wohl noch auf absehbare Zeit bleiben. Aus diesem Verhältnis können wir nicht plötzlich aussteigen. Naturfilme werden immer in den Grenzen menschlicher Wahrnehmung und Deutung befangen bleiben. Wir können jedoch so ehrlich sein zu versuchen, unser Verhältnis zur Natur zu reflektieren und zu thematisieren. Die Information muss emotionalisiert und die Faszination rationalisiert werden, damit wäre für das Naturfernsehen viel gewonnen.

Das Ökomedia Istitut
Das Ökomedia Institut ist ein Verein, dessen Zweck in der ökologischen Medienarbeit liegt. Ziel Als Ziel definiert die Satzung die Förderung von Bildung, Kultur, Wissenschaft und Forschung. «Das Institut ist eine kulturelle Einrichtung zur Förderung und Verbreitung des ökologischen Bewusstseins, also des Wissens um die wechselseitige Abhängigkeit von Mensch und Natur, Kultur und Umwelt, Leben und Lebensgrundlagen.» Unter den praktischen Angeboten finden sich das Medienkursbuch Ökologie, eine aktuelle Datenbank zu adiovisuellen Medien und weiterführenden Adressen sowie ein Filmarchiv, das alle jene Filme enthält, die im jährlich stattfindenden internationalen Festival des ökologischen Films gezeigt wurden. Daneben erstellt das Institut auch Gutachten und Begleitmaterialien und führt in Zusammenhang mit anderen Institutionen Bildungsarbeit zum Themenkomplex Ökologie und Film durch.

Literatur

Adorno, Th. W. (1970) Ästhetische Theorie. Suhrkamp, Frankfurt a. M.

Riesenpathos – Schmerzlicher Bruch:

Naturbilder im Film

Charles Martig

«Es gibt nichts Phantastischeres, als die Natur, in der wir nicht zu Hause sind.» (Béla Balázs)

Die Polarlichter schweben in immer neuen Wellen, Spiralen und Zuckungen über den Himmel. Faszinierende Irrlichter huschen durch den Raum. Die Aurora borealis schüttet ihr helles und dichtes Licht aus, verzaubert den Blick jenseits von special effects oder cinemascope. Der Dokumentarfilmer Peter Mettler versucht im Film «Picture of Light» (Kanada/Schweiz 1994) die Faszination der Naturbilder zu ergründen. Er entwickelt anhand der Abbilder vom Nordlicht eine ästhetische Reflexion, die sich mit dem Phantastischen der unbekannten Natur auseinandersetzt.

Worin besteht der Zauber, der von Naturphänomenen ausgeht? Gibt es Bilder des Lichts, die authentisch die Erfahrung des Nordlichts vermitteln? Existiert in der filmischen Gestaltung die Möglichkeit, die Komplexität der Naturwahrnehmung zu spiegeln? Worin liegen die Unterschiede zwischen filmischem Blick und wissenschaftlicher Analyse? Diese Fragen werden in «Picture of Light» aufgeworfen und führen mitten in die Auseinandersetzung um die Bedeutungsvielfalt des Naturbegriffs und die Darstellungsweisen bzw. Transformationen von Natur in der medialen Bilderwelt. Die schmerzliche Distanz zum ungetrübten Naturerlebnis wird gerade in der Filmkultur differenziert reflektiert. Insofern liegt die Ausweitung der humanwissenschaftlichen Debatte auf die filmästhetische Verschlüsselung von Natur nahe.

In der Diskussion mit Filmschaffenden und ihren Werken zeigt sich eine deutliche Akzentverschiebung vom überschwenglichen Pathos zum schmerzlichen Bruch im Naturverständnis. Die Entdeckung der Natur im deutschen Bergfilm der zwanziger und dreissiger Jahre bildet den Ausgangspunkt. Das «Riesenpathos kosmischer Naturgrösse» wurde in diesem Genre entwickelt und bildet seitdem Massstab, Hintergrund sowie Kontrastfolie für die filmische Gestaltung von Natur. Aufgrund des deutschen Bergfilms und der weiteren Entwicklungen im US-amerikanischen Kino lässt sich eine «Typologie der ästhetischen Landschaft» entwickeln, die eine erste Orientierungsmöglichkeit bietet.

Die Konzentration auf Landschaftstypen hat den Vorteil, dass ein klar definiertes Eingrenzungskriterium vorhanden ist. Gleichzeitig schränkt dieser Ansatz den Blick auf eine bestimmte Form der ästhetischen Organisation von Natur im Film ein. Deshalb wird in einem zweiten Schritt versucht, den methodischen Zugang zu erweitern und zu klären. In einer «filmischen Hermeneutik der Natur» lässt sich ein Naturbegriffsspektrum auffächern, das der Mehrschichtigkeit des kulturellen Phänomens «Natur» gerecht wird. Parallel dazu stellt sich die Frage nach einer Systematik, die die Vermittlung zwischen Darstellungsformen und Werthaltigkeit der Bilder leistet. Die Übersetzung zwischen den Bereichen der Ästhetik und der Ethik im Hinblick auf Natur basiert auf den am Ende dieses Bandes abgedruckten «Freiburger Thesen». Für die hermeneutische Aufschlüsselung von Filmen liegt in diesem Beitrag ein Frageraster vor, das als methodische Arbeitssequenz dient.

Mit diesen Instrumenten und der Bekanntschaft mit der Landschaftsideologie im deutschen Bergfilm wende ich mich im dritten Teil dem Schweizer Filmschaffen zu. Dabei interessiert vor allem die Darstellung von Natur im Übergang vom alten zum neuen Schweizer Film (etwa um

1965). Welche Aspekte der Natur werden an diesem Wendepunkt umgeformt, neu gezeigt, strittig zur audiovisuellen Sprache gebracht? Mit einem Schwergewicht auf Alain Tanner und Fredi M. Murer sind zudem die Differenzen zwischen zwei prominenten Filmemachern aus der französisch- und der deutschsprachigen Schweiz herausgearbeitet. Anhand von aktuellen Tendenzen im Schweizer Dokumentarfilmschaffen zeigt sich der Weg vom Riesenpathos zum schmerzlichen Bruch als produktive Entwicklung, die das Interesse an der Auseinandersetzung mit Naturbildern dynamisiert und dadurch der Vermittlung von Naturästhetik und ökologischer Ethik neue Impulse gibt.

Filmische Landschaften

Die Diskussion um Darstellungsweisen von Natur entzündet sich an der Frage nach der Verfilmbarkeit von Landschaft. Aus der Tatsache, dass beispielsweise in einem Film Berge und Täler, Schnee, Sturm oder auch Tiere erscheinen, lässt sich nicht schliessen, dass hier Landschaftsnatur zu sehen ist. Das weitverbreitete Missverständnis, dass viele Filme als Landschaftsfilme gelten, obwohl Landschaft darin gar nicht vorkommt, beruht auf einer Verwechslung von Gestaltungskategorien. Sowohl das distanzierbare «Bild» als auch die überschaubare «Szene» der Natur sind wichtige Komponenten landschaftlicher Erfahrung, aber nicht deren spezifisches Merkmal. «Die volle Gegenwart von Landschaft umgreift den Ort des Betrachters, übersteigt somit die Erfassungsmöglichkeit des Auges. Ästhetische Landschaft ist ein grösserer Raum der Natur, ein Anschauungs- und Empfindungsraum, der nicht überschaut werden kann» (Seel, 1992: 71). Filmische Landschaft ist demnach mehr als der Ausblick auf ein «Tableau» oder der Rundblick eines «Panoramas». Sie kann erst in Erscheinung treten, wenn sich das filmische Geschehen in der Bewegung der gefilmten Landschaft bewegt. «Ein Film darf nicht nur Landschaft zeigen, er muss Landschaft sein. Das Geschehen, das er zeigt, muss sich in der Landschaft bewegen, die er zeigt ... Nur als überformender Schauplatz menschlichen Handelns kann es Landschaft geben» (Seel, 1992: 72).

Das Konzept der «Imagination ästhetischer Landschaft», das Martin Seel in seiner Ästhetik der Natur (Seel, 1991) entworfen hat, lässt sich entsprechend auf die Interpretation von Filmen ausweiten. Für den Zugang zur Naturgestaltung im Film bildet der Begriff der «ästhetischen Landschaft» eine klare Abgrenzung gegenüber einer diffusen Vorstellung von Natur bzw. Landschaftsfilm. «Die filmische Imagination ästhetischer Landschaft erfüllt sich darin, im Laufe ihrer Bilder die Bewegung eines den Menschen und seine Erwartungen umgebenden, ihn angehenden, ihn bewegenden Raums zu erzeugen» (Seel, 1992: 72).

Entdeckung der Natur

Was Landschaft als bewegter und bewegender Raum konkret bedeutet kristallisiert sich exemplarisch im deutschen Bergfilm der zwanziger und dreissiger Jahre. Die Zuwendung zum Hochgebirge der Alpen – der klassischen Gegend der seit Mitte des 18. Jahrhunderts popularisierten Naturerfahrung – führt während der Weimarer Republik zu einer eigentlichen Entdeckung der Natur im Film. Wegweisend sind hier besonders die Werke von Arnold Fanck, der mit «Der Heilige Berg» (1925/26), «Die Weisse Hölle vom Piz Palü» (1929) und «Stürme über dem Mont Blanc» (1930) u. a. das Genre entscheidend geprägt hat.

Die Filme führten in der Filmkritik zu einer scharfen Kontroverse, die sich zum «Fall Dr. Fanck» ausweitete (vgl. die Übersicht in: Film und Kritik, 1992) Im Zentrum dieses Falles steht die Naturdarstellung im Film. «Dr. Fanck ist der grösste Filmbildner der Natur. Er hat zum erstenmal das Riesenpathos kosmischer Naturgrösse im Film erstehen lassen. Er hat uns eine ungeheuere Welt der Ungeheuer erschlossen und unseren Menschenblick mit seiner Kamera mitten hineingeworfen, uns zum Mitleben gezwungen» (Balázs, 1931: V). Der Faszination und Begeisterung, die aus Béla Balázs Worten deutlich werden, steht eine kritische Tendenz gegenüber, die den Bergfilm als Vorläufer des Nationalsozialismus einstuft. Kritiker – wie beispielsweise Siegfried Kracauer – werfen dem Genre und im speziellen Fanck vor, er glorifiziere die Unterwerfung unter die Naturgewalten und ein unausweichliches Schicksal und nehme damit die faschistische Hingabe an Irrationalismus und rohe Gewalt vorweg (vgl. Rentschler,

1992: 8). In Siegfried Kracauers psychologischer Untersuchung des deutschen Films «Von Caligari zu Hitler» (1979) spielen Bergfilme als regressive Parabeln eine zentrale Rolle.

Typologie ästhetischer Landschaft

Landschaft der Gefahr

Das Grundschema der Fanck-Produktionen wurde bereits 1926 in «Der Heilige Berg» entwikkelt. Es dauert rund vierzig Minuten bis eine dezidiert landschaftliche Natur auftritt. Im Augenblick der Gefahr öffnet sich die Dramaturgie für das Erscheinen der Landschaft. Sie erhebt sich aus der Ruhe der Natur: Skifahrer verlieren sich in der Weite, das Licht verdunkelt sich, die Veränderung des Wetters (im Zeitraffer) macht die Atmosphäre unwägbar. Der Film öffnet sich für einen grösseren Raum bei zunehmender Unsicherheit in der Orientierung. In dieser bedrohlichen Situation tritt die Natur als Gegenspieler in Aktion. Die entfesselte Natur ragt in alle Szenen hinein und verunmöglicht beinahe die versuchte Rettung. Niemand ist mehr da – weder Held noch Kameraposition –, der die Situation überblickt oder ordnet.

Als Erweiterung der Dramaturgie verleiht der Einsatz eines Flugzeugs in «Die weisse Hölle am Piz Palü» der filmischen Gegenwart der Landschaft eine neue Dimension. Das Flugzeug hat hier – wie auch in «Stürme über dem Mont Blanc» – die Funktion eines Raumindikators. Es markiert die Mitte des Raumes, die Position der Hilflosen, über denen sich der bedrohliche Raum der Natur auftut. Die Montage als Blickwechsel zwischen den drei Standpunkten Verunglückte, Retter und Flieger schafft einen Raum ohne Mitte, ohne Ordnung: die unkoordinierte Sphäre der gefährlichen, ausserordentlichen Natur.

Das Grundmuster in Fancks Filmen erschliesst sich als Landschaft der Gefahr. «In der vom allzu kühnen Individuum herausgeforderten Bedrohung der menschlichen Sicherheit durch die entfesselte Natur öffnet sich der weite Raum eines gefährlichen Kampfes um Rettung, der schliesslich zur Wiederherstellung der behausten, überschaubaren Welt am Rande einer retardierenden Wildnis führt» (Seel, 1992: 75). Die Landschaft der Gefahr ist unbewohnbar und steht der Zivilisation diametral gegenüber. Die Zivilisation steht ihrerseits in unüberbrückbarem Gegensatz zur Weite der gefährlichen Bergwelt.

Befriedete Landschaft

Das Grundschema der Gefahr wird erweitert durch das Vorkommen idyllischer Landschaften, wohl am deutlichsten in einem unschuldigen Spiel als Verfolgungsjagd auf Skiern inszeniert. («Stürme über dem Montblanc») Fanck kreiert hier einen gleitenden Raum, der durchmessen werden kann, ohne sich in die bedrohliche Unermesslichkeit zu steigern. Auch hier tritt ein Flugzeug auf, um die jugendliche Heldin (Leni Riefenstahl) zu retten. In dieser Sequenz dient das Flugzeug als Indikator für eine befriedete Landschaft und gleichzeitig als Vorbote, der auf das Drohende der entfesselten Natur verweist. Die Idylle funktioniert als vorbereitendes und aufbauendes Element der gefährlichen Landschaft. Sie ist in der Gestaltung des Bergfilms eine Landschaft vor der Gefahr.

Ambivalente Landschaft

Die wechselhaften Lichtverhältnisse, Turbulenzen des Wetters, die Zwischenzustände, in denen die Zone der Natur vom idyllischen zum gefährlichen Zustand übergeht, bilden die Form der ambivalenten Landschaft. Bei Fanck sind diese Zwischenzustände stets Übergänge der freien landschaftlichen Natur in die Gefahr hinein und aus ihr heraus. Landschaft bleibt nicht ambivalent, sondern strebt den Extremen der Gefahr oder der Idylle zu. Sie erscheint als Modifikation einer übermächtig handelnden Natur. Dieses Nicht-Aushalten der Ambivalenz macht die mythologische Struktur der Fanckschen Naturdarstellung aus: «Landschaftserfahrung schlechthin wird zur Grenzerfahrung, zur Begegnung mit einem Anderen, Höheren stilisiert, dem sich beugen muss, wer in Frieden mit sich und der Welt weitermachen will. Fancks Landschaften bereinigen die Welt der Natur von ihrer Ambivalenz als Landschaft» (Seel, 1992: 79). Damit erliegt er einer Ideologie der Landschaft, die sich vollständig einer Ästhetik der Gefahr verpflichtet.

Profane Landschaften

Der mythologischen und heroischen Bildstruktur im deutschen Bergfilm steht die Darstellung von profanen Filmlandschaften gegenüber, die sich besonders im US-amerikanischen Film ausgebildet hat. Das Kennzeichen dieser Ästhetik ist die permanente Variabilität. Die Profanität der Landschaften kommt hier als unausweichliche Ambivalenz des Raums zum Ausdruck. Im Western – beispielsweise bei John Fords «Stagecoach» (1939) oder «The Searchers» – ist Landschaft jederzeit da. In verschiedensten Variationen werden Übergänge gezeigt, die den Raum in seiner Ambivalenz zur profanen Landschaft machen. Zur Herausbildung dieses Landschaftstyps gehört die Überwindung der Dualismen zwischen Berg und Ebene sowie zwischen freier Natur und Stadtlandschaft. Der amerikanische Kriminalfilm seit Ende der zwanziger Jahre öffnet den Blick für die Landschaftsnatur der grossen Stadt.

Das Kriterium zur Bestimmung von ästhetischer Landschaft, wie es Martin Seel formuliert, und die Unterscheidung von Typen moderner Landschaftsdarstellung bilden erste Anhaltspunkte. Mit der Konzentration auf den Begriff der «Landschaft» ergibt sich jedoch eine methodische Einschränkung. Der Blick richtet sich in diesem Ansatz auf eine spezifische Form der Naturdarstellung im Film. Diese Stärke im diagnostischen Zugriff beinhaltet aber auch eine defensive Strategie gegenüber dem modernen Naturbegriff. Naturdarstellung ist mehr als nur «ästhetische Landschaft», sie bedeutet mehr als der Versuch, «die Bewegung eines den Menschen und seine Ordnungen überschreitenden Raums zu erzeugen» (Seel, 1992: 82). Worin dieses «Mehr» besteht, zeigt sich in der aktuellen philosophischen Debatte zur Naturästhetik.

Hermeneutik der Natur

Um ein weiteres Spektrum von Naturgestaltung im Film zu erfassen, soll hier in wenigen Überlegungen ein Interpretationsmodell skizziert werden. Es geht dabei primär um das neuerwachte Interesse an der Naturästhetik sowie um Fragestellungen der Umweltethik. Die Übergänge zwischen Ethik und Ästhetik in der Perspektive der Naturdarstellung wurden innerhalb des SPPU im Netzwerk «Ethische Grundlagen» erarbeitet. Die «Freiburger Thesen» in diesem

Band geben eine Übersicht in bezug auf Erkenntnisinteresse, Positionen und einem Versuch der Synthese unter dem Titel «Umweltethik und Naturästhetik – Bausteine eines Forschungsprogramms». Im Zusammenhang von Naturbildern im Film betrachte ich diese Thesen als Horizont und versuche kurz, einige Akzente zu setzen.

Naturästhetik im Film

Ausgangspunkt für die Interpretation von Filmen ist die Feststellung, dass Bilder innerhalb der Mediengesellschaft als wichtige Vermittler von Werten und Normen auftreten. Sie wirken vorwiegend implizit über die ästhetische Verschlüsselung, den Stil der audio-visuellen Gestaltung. Da dies im besonderen für Naturbilder gilt, interessiert sich die Umweltethik für das weite Spektrum der Naturästhetik. Die Darstellung von Natur in Landschaftsmalerei, Design, Photographie und Film beeinflusst Wertvorstellungen, legt das Mensch-Natur Verhältnis fest oder bietet neue Wahrnehmungs- und Handlungsmöglichkeiten. Über die Reflexion ästhetischer Erfahrung entstehen Modelle eines moralischen Umganges mit der Natur.

Im Kontext der ökologischen Krise wird die Frage nach der Bedeutung der Natur für ein menschliches Leben virulent. In Verbindung mit der «Mode der Ästhetik» im wissenschaftlichen Diskurs ergibt sich eine neue Chance für die Naturästhetik, eine Art Renaissance unter ökologischen Vorzeichen. Die ökologische Naturästhetik (Böhme, 1989) ist eine Weiterführung der klassischen Naturästhetik auf der Basis eines neuen Naturverständnisses. «Natur wird nicht mehr, wie seit dem Beginn der Neuzeit vorherrschend, als das dem Menschen Gegenüberliegende betrachtet, sondern als der ‹anorganische Leib› (Marx), nicht mehr als der Gegenstand wissenschaftlich-technischer Beherrschung und ökonomischer Ausbeutung, sondern als der Lebensraum des Menschen» (Henckmann/Lotter, 1992: 180). Das zentrale Anliegen verschiebt sich auf die Kritik der bestehenden Naturzerstörung und zielt auf die Gestaltung einer an ökologischen Massstäben orientierten, humanen Lebenswelt. Während sich die klassische Naturästhetik der Beurteilung der Naturschönheit durch den gebildeten Stadtmenschen widmete, beruht die ökologische Naturästhetik auf der Auffassung des Menschen als Naturwesen.

Damit transzendiert sie das neuzeitliche, subjektzentrierte Naturverständnis. Anstelle der Schönheit wird das «Sich-befinden des Menschen in Umwelten» zur Hauptkategorie.

«In der ökologischen Naturästhetik selbst geht es eigentlich und primär um die ästhetische Naturerfahrung. Darunter ist allerdings nicht mehr die geschmackliche Beurteilung der Naturschönheit oder die moralische Wertung von Natürlichkeit zu verstehen, noch sonst irgendein distanziertes Zur-Kenntnisnehmen, sondern die leiblich-sinnliche Erfahrung, die ein Mensch macht, der in einem bestimmten Naturstück sich befindet, wohnt, arbeitet, sich bewegt. Unter Natur ist dabei auf der anderen Seite nicht das Gegenstück zu Kultur oder Technik gemeint, sondern ‹sozial konstituierte Natur› ... Da auch städtische Räume und schliesslich sogar Innenräume letzten Endes angeeignete Natur sind, so werden auch hier die Grenzen zwischen der Naturästhetik und der allgemeinen Ästhetik fliessend. Die ökologische Naturästhetik im engeren Sinne findet den Ort ihrer Praxis in der Gestaltung einer humanen Umwelt» (Böhme, 1989: 13). In der Verbindung von Kunst und sozial konstituierter Natur setzt diese Ästhetik die Naturbilder in Bewegung, indem sie den Naturbegriff erweitert und gleichzeitig die leiblich-sinnlichen Erfahrungsmöglichkeiten in der Wahrnehmung von Atmosphären ins Spiel bringt.

Für die Interpretation von Filmen bedeutet dieser Ansatz, dass Natur nicht nur als ästhetische Landschaft gedeutet, sondern in einem umfassenderen Sinne als sozial konstituierte Natur begriffen wird. Die Erfahrungsbeziehung Mensch-Natur im Film (Thematik) und die Wahrnehmung von Natur durch die ästhetische Verschlüsselung (Ästhetik) stehen im Mittelpunkt. Daraus ergeben sich Konsequenzen für eine Handlungsorientierung (Pragmatik) der Betrachterin bzw. des Zuschauers. Die Kompetenz der Bild- und Filmdeutung – anhand des Dreischritts Thematik, Ästhetik, Pragmatik – erhält in der faktisch ästhetisierten Lebenswelt (Bubner, 1989) eine lebensnotwendige Wichtigkeit.

Ästhetische Erfahrung und moralisches Handeln

Das Stichwort Handlungsorientierung verweist auf das spezifische Interesse der Umweltethik, die sich an den Leitbildern sozialer Gerechtigkeit und umweltverträglichen Handelns orientiert. Aus dieser Perspektive werden Fragen an die Filme in bezug auf Werte und Normen gestellt.

Dieses Vorgehen steht seit der Ausdifferenzierung der kulturellen Wertsphären von Moral und Kunst unter dem Verdacht der Vereinnahmung. Die Diskurse über Gerechtigkeit (Ethik) und Authentizität (Ästhetik) haben sich vollständig voneinander gelöst. Moral hat in der autonomen Kunst nichts mehr zu suchen, es sei denn sie anerkenne den nachmetaphysischen Denkhorizont aktueller philosophischer Debatten. «Ist moralisches Handeln ästhetisch und lässt sich aus ästhetischer Erfahrung moralisch lernen?» (Günther, 1990). Diese Frage nach der Vermittlung von Ethik und Ästhetik unter nachmetaphysischer Perspektive hat einige sehr interessante Ansätze hervorgebracht (Gamm/Kimmerle, 1990), die für die Filminterpretation aus ethischer Sicht bislang kaum ausgewertet wurden, so zum Beispiel die Rehabilitierung des Erzählens in einer neuen Form der Tugendethik bei Alasdair MacIntyre (1987) oder die Ansätze einer Ethik der Kunst bei Diethmar Mieth (1993; vgl. Lesch/Loretan 1993).

Zur Beantwortung der Frage, ob und auf welchem Weg aus ästhetischer Erfahrung moralische Handlungskompetenzen erwachsen können, greife ich auf die Modellethik von D. Mieth zurück.

Ausgehend von der Feststellung, dass Kunst und Sittlichkeit in der Dimension der Lebenserfahrung eine gemeinsame Basis haben, entwickelt Mieth den Begriff des ethischen Modells, der als Brücke zwischen den beiden – gesellschaftlich weitgehend autonomen – Bereichen dient. Kunst konstituiert Modelle ethischen Handelns. Modelle sind keine neuen Normen, sondern Durchbrüche zu neuen Möglichkeiten. Deshalb verkörpern sie die prozessuale Erfahrungsgestalt des Sittlichen. Die Entwicklung eines Modells zielt auf Werteinsichten und bedient sich der hermeneutischen Methode der Integrierung: Der (Film-) Text der Sachverhalte wird auf die darin implizierten Sinnwerte überprüft. Die Modellethik geht vom Defekten aus (Diagnose aus der Kontrasterfahrung), führt zum Aufgehen neuer Potenzen durch ethische Förderungsgestalten (Realisierung von Sinnerfahrung durch Modelle) und ermöglicht eine wirklichkeitsgerechte Meliorisierung, d. h. eine Steigerung der sozialen und individuellen Möglichkeiten (Motivationserfahrung als Impuls für neue Verhaltensweisen).

Die drei von Mieth zusammengefassten Ansätze «Konkrete Negation» (Adorno), «Möglichkeit und Teilerfahrung» (Rombach) und «Symbolik» (Ricoeur) sind Übersetzungsversuche zwischen Kunst und Sittlichkeit. Das Verbindende zwischen diesen Ansätzen ist der jeweils spezifische Bezug auf eine bestimmte Dimension der Lebenserfahrung (Kontrasterfahrung, Sinnerfahrung, Motivationserfahrung). Gemeinsam ist ihnen auf theoretisch-methodischer Ebene der Konvergenzbegriff des «ethischen Modells», der die Vermittlung von Ethik und Ästhetik leistet (vgl. die Darstellung bei Martig, 1993).

Unter der besonderen Perspektive der Umweltethik, die sich für Werte und Normen in Filmen interessiert, bietet das methodische Instrumentarium der Modellethik einen hermeneutischen Schlüssel, der einerseits die geschichtlich-gesellschaftliche Vermittlung im Sinne Adornos respektiert, andererseits konkrete ästhetische Modelle ethischen Umwelthandelns auf dem Hintergrund einer reflektierten Erfahrungstheorie erhebt (Mieth, 1982). Moralische und ästhetische Welt sind zwar verschieden (autonom), aber dennoch unlösbar ineinander verschränkt (gesellschaftlich vermittelt). Fassen wir Natur als sozial konstituierten Lebensraum, der durch (re-)produktive Arbeit gestaltet wird, dann zeigt sich: Natur steht nicht im Gegensatz zu Kultur, sondern besitzt ebenso wie Kunst und Sittlichkeit den Status gesellschaftlich vermittelter Autonomie. Das bedeutet: Verschiedenheit, Beziehung und Abhängigkeit zu verschiedenen gesellschaftlichen Wertsphären wie Wissenschaft, Recht, Religion, Kunst und Sittlichkeit.

Die Verbindung der ökologischen Naturästhetik mit der Modellethik eröffnet eine interessante Perspektive: In der Entgrenzung der festgelegten Naturbilder durch die Veränderung des Blicks und im Aufbrechen von impliziten Werten und Normen durch Modelle ethischen Umwelthandelns entsteht eine neue Wahrnehmung von Natur als Lebensraum des Menschen. Für die Umweltethik bietet sich hier die Chance, ihren Naturbegriff zu erweitern und die engführende Zentrismusdebatte (zur Unterscheidung von Anthropozentrismus, Biozentrismus, Physiozentrismus und Pathozentrismus vgl. Birnbacher, 1991) hinter sich zu lassen. An deren Stelle tritt die sinnlich-konkrete Wahrnehmung von Umwelten als Kontrast-, Sinn- und Motivationserfahrung für ökologisches Handeln.

Über dieses neue Naturkonzept wird es möglich, Filme im Spannungsfeld zwischen Ethik und Ästhetik auf ihre Sinnwerthaltigkeit zu prüfen. In bezug auf das Umwelthandeln lassen sich wirksame Modelle erschliessen. Gerade in der Doppelstruktur des Films ist diese Möglichkeit gegeben: Die narrative Struktur des fortschreitenden Erzählens wird durch die präsentische, performative Kraft der bewegten Bilder überlagert. Die Verdichtung von Raum und Zeit wirkt direkt in den Zuschauerraum hinein und kann auf diese Weise die BetrachterInnen treffen (Motivationserfahrung). In der Spannung zwischen Präsenz und Bedeutung entsteht eine Energiequelle, die konkrete Negation auslöst, neue Möglichkeiten aus Teilerfahrung evoziert und kritisch reflektierte Betroffenheit eröffnet.

Frageraster zur Interpretation von Filmen

Zur Konkretisierung der Erhebung von ästhetischen Modellen umweltethischen Handelns aus Filmen dient das folgende Frageraster. Es handelt sich um eine «methodische Sequenz», die anhand von Filmgesprächen erarbeitet wurde.

Thematik

- Welche Rolle spielt Natur in der Handlungsstruktur, in den Konflikten? Inwiefern beeinflusst sie die Raum-Zeit-Struktur des Werkes?
- Art und Weise der Thematisierung: Lokalisierung (Schauplätze), mediale Vermittlung, Negation (Abwesenheit von Natur)?
- Auf welchen Erfahrungsebenen verknüpft sich das Leben der Figuren mit Aspekten von Natur: psychische, soziale, moralische, ästhetische, religiöse? Wie sind Menschen und Natur miteinander vermittelt: Körperlichkeit, Kulturarbeit, Gleichgewicht, Auseinandersetzung, Zerstörung?
- Wie werden ökologische Fragen thematisiert: implizit/explizit?

Ästhetik

- Welche Bilder von Natur verwendet der Autor/die Regisseurin: Unversehrte Landschaftsbilder, zerstörte Natur, Natur als Kulturraum, urbanisierte Umwelt, Menschen als Natur?
- Wie reflektiert die Fiktion die reale Umwelt: Mythologisierung, Idealisierung, Rechtfertigung, Kritik, Eröffnung von neuen Möglichkeiten?
- Welche Funktion erfüllt Natur im Werk: Dekor, Stimmungsbild, psychische Landschaft, Projektionsfläche von Wünschen und Ängsten, Chiffre für das «Andere», Lebensraum, Heimat?
- Haltung der Autorin/des Regisseurs: Mit welchen ästhetischen Mitteln stellt sie eine Distanz zu den gezeigten Bildern her? Ist ihre Haltung skeptisch, ironisch, gebrochen, unreflektiert, direkt?

Pragmatik – Ethik

- Offene Struktur, implizite Betrachterin, impliziter Leser (Rezeptionsästhetik)?
- Ethisches Niveau: Imitation, Identifikation, Modell?
- Lässt sich aus dem Werk ein umweltethisches Modell entwickeln?
- Eröffnen sich neue Möglichkeiten im Konfliktfeld «Mensch - Natur»?
- Welche Normen (in bezug auf Natur) transportiert der Film? In welchem Verhältnis stehen sie zu dem rekonstruierten Modell?

Schweizer Film – kein Sonderfall

Mit dem hermeneutischen Ansatz zur Vermittlung von Umweltethik und filmischer Naturäs-thetik sowie den daraus entwickelten Fragen wende ich mich dem Schweizer Filmschaffen zu. Es handelt sich um eine Fallstudie, die die Bewegung vom Riesenpathos zum schmerzlichen Bruch exemplarisch aufzeigt. Die Entwicklungstendenz lässt sich am anschaulichsten an der Schnittstelle vom alten zum neuen Schweizer Film Mitte der sechziger Jahre aufzeigen. Welche Aspekte der Naturdarstellung werden in dieser Umbruchsituation kritisiert, aufgebrochen, in neuen Bildern formuliert und gestaltet?

Eidgenossen in natura, Heidi, das falsche Dogma und die Folgen

Film und Tourismus sind in der Schweizer Filmgeschichte sehr früh zu einem unzertrennlichen Zwillingspaar geworden, eine Liaison, die für die Darstellung der Natur fatale Konsequenzen hatte. Seit Emil Harders «Die Entstehung der Eidgenossenschaft» – Uraufführung am 17. No-vember 1924 – waren die Weichen gestellt: mit einer Handlung, die sich in keiner Weise aus dem Raum der wirklichen Landschaft entwickelte, die dennoch als die Landschaft der Ur-schweiz angepriesen wurde; mit einer eindimensionalen Inszenierung sentimentalen und pitto-resken Inhalts. «Die so genannte Wiedergabe von Natur und Landschaft, wie sie damals von den Kritikern fast durchwegs gefeiert wurde, durchzieht als ein kunsttheoretisch dürftiges und zudem für die künstlerische Gesetzlichkeit des Films falsches Dogma lange Jahre hindurch das schweizerische Filmschaffen. Verknüpft war es mit der Versicherung, dass die Schweiz, weil sie so viele schöne Landschaften aufweise, für das Filmemachen in besonderem Masse geeignet sei. Export also schweizerischer Landschaften auch im Film, zugunsten der Förderung des Tourismus» (Schlappner, 1987: 20). Noch in den fünfziger Jahren galt dieses Dogma, als die Verfilmungen von Johanna Spyris Erzählung «Heidi» in die Kinos kam: Luigi Comencinis «Heidi» (1952) sowie Franz Schnyders «Heidi und Peter» (1954) verkauften sich unter ande-rem mit dem Tourismuswerbeargument.

Die ökonomisch und ideologisch begründete Abbildung unversehrter Landschaft bildete sich in zwei besonders populären Genres aus: dem Heimatfilm und dem Bergfilm. Durch den Verlust der natürlichen Horizonte des begrenzten Raumes, der vertrauten Landschaft, in welcher man sich verwurzelt meint, entsteht eine starke Gegenbewegung zur Modernisierung der Gesellschaft. Die emotionalen Kraft des Heimatgefühls bindet sich an den Raum und an seine als Heimatwerte erfahrenen objektiven Werte, wie alte Bauten, Brauchtum, Milieu, das «Dorf» und ganz prominent die Landschaft als Heimathintergrund. Den Klischees des Heimatfilms ist zweifellos Franz Schnyder verpflichtet, der das Genre mit «Heidi und Peter» – dem ersten Schweizer Farbfilm – und «Zwischen uns die Berge» (1956) lupenrein bereicherte. «Es ist die Natur, die Landschaft, die Einheit schafft, und die Konflikte rufen nicht zur Tragik, vielmehr waltet über allen Wirrungen und Irrungen letztlich Harmonie, die unzerstörbar ist» (Schlappner, 1987: 39). Gegen die in Auflösung begriffene Welt entwirft der Heimatfilm das Gegenbild einer geschlossenen, sicheren Welt, die ihre Einheit aus der unversehrten Landschaft schöpft.

Im Alpenfilm steht nicht die Lebenswirklichkeit der Bergbevölkerung im Mittelpunkt, sondern «Schwäche und Kraft, Nichtigkeit und Grösse des Menschen als eines vergänglichen Wesens auf dem Hintergrund des Dauernden, welches der Berg ist» (Schlappner, 1987: 47). Noch bis 1966 lebt dieser mystisch verklärte Heroismus in Verbindung mit der Mythologisierung der Natur ungebrochen weiter. «An heiligen Wassern» des Deutschen Alfred Weidenmann (in schweizerischer Produktion) erzählt das heldenhafte Schicksal eines jungen Bauern, der sein Leben für die Gemeinschaft opfert und damit sein Aussenseitertum im Moment des Todes überwindet. In der Weigerung, die tatsächlichen Probleme der Gebirgstäler und der Bergbevölkerung filmisch zu reflektieren, zeigt sich die Naturdarstellung als Indikator für die Versäumnisse des Schweizer Films bis Mitte der sechziger Jahre. Natur als mythisch überfrachtete Bergwelt und als Kulisse und Dekor versperrt den Blick auf das Leben der Menschen in der (bzw. als) Natur.

Rückeroberung des verlorenen Paradieses

Der «Berg» und das «Dorf» – die beiden zentralen Orte der Handlung im alten Schweizer Film – waren derart ideologisch befrachtet, dass es einige Jahre dauerte, bis sich eine neue Generation von Filmschaffenden wieder in die Alpenwelt vorwagten. Kurt Gloors Pamphlet «Die Landschaftsgärtner» (1969) geht mit einem historisch und soziologisch durchdringenden Blick ans Werk. Gloor beschwört sarkastisch die bedeutungsschwere Bergwelt mit Bergaufnahmen und Richard Strauss' «Alpensymphonie» – und dann der schmerzliche Bruch: Slums in den Bergen. Die heile Welt des Dorfs und der Berge machen dem realen Lebensraum und der sozial konstituierten Natur Platz. Strassen und Stadthäuser, Fabriken, Menschenansammlungen, Wohnräume kommen ins Bild. Die Berge werden zu einem geschichtlichen Raum, sie sind nicht mehr einfach da. Sie werden nicht mehr durch die Augen des städtischen Touristen gezeigt, sondern durch die Menschen hindurch, die in ihrem Schatten leben.

Die Hinwendung zu den «eigenen Angelegenheiten» (Schaub, 1987) im neuen Schweizer Film ist – ganz besonders im Hinblick auf die Naturgestaltung – eine Rückeroberung des verlorenen Paradieses. Entscheidend dazu beigetragen hat Fredi M. Murer mit «Wir Bergler in den Bergen sind eigentlich nicht schuld, dass wir da sind» (1974) und «Höhenfeuer» (1985). Im Dokumentarfilm über die Urner Alpentäler aus den siebziger Jahren hat Murer einen Zugang zur Welt der Bergbevölkerung eröffnet. In Selbstdarstellungen und -erklärungen der Betroffenen zeigt er die Probleme eines innerschweizerischen Entwicklungsgebietes. «Wir Bergler in den Bergen ...» lotet die Tiefen des magischen Weltbildes aus, wie es Eduard Renner in seinem Essay «Goldener Ring über Uri» beschrieben hat, und versucht gleichzeitig, die Welt der Urner Bergler von heute archäologisch, ethnographisch und soziologisch darzustellen. Die komplexe Filmuntersuchung bildet die Grundlage für die Gestaltung des Spielfilms «Höhenfeuer». Zu diesem gibt es ausführliche Analysen und Dokumentationen, die den Film mit vielen Materialien belegen und aufschlüsseln (Stucky, 1990; Murer, 1986). Im Kontext der Vermittlung von Naturästhetik und Umweltethik steht als spezifische Aufgabe die Erarbeitung eines Modells umweltethischen Wahrnehmens und Handelns im Mittelpunkt.

Höhenfeuer

An der Naht von Natur und Kultur

Mit «Höhenfeuer» überwindet Fredi Murer die Konventionen und Klischees des Bergfilmes. Gerade im Umgang mit Natur erweist sich das Werk als vielschichtig und differenziert. Der geometrische Ort der Handlung sowie der Ort des Erzählers ist die Grenze zwischen Natur und Kultur. An dieser Schnittstelle geschieht Ungeheuerliches; die Grenzüberschreitungen in beide Richtungen gehören jedoch zum Alltag. Der Schauplatz – ein Bergbauernhof und die dazugehörige Alp als letzte Ausläufer der Kultur, darüber beginnen die schroffen Berge, eine Steinwüste als ambivalente Landschaft – bekommt eine präzise Bedeutung. Die Naht von Natur und Kultur wird hier sinnfällig und durchlässig. Ausgehend von diesem Ort lassen sich alle Szenen des Films deuten.

An der Grenze verliert der taubstumme «Bub» seine kindliche Unschuld, beginnen Verantwortung, Gesetze, Traditionen, Ordnung. Hier treten die Widersprüche zwischen Chaos und Norm, Autonomie und Heteronomie, Kreativität und Anpassung an den Tag. Sorge, Angst und Massnahmen der Eltern stehen auf der Seite der sozial auferlegten Sittlichkeit. Sie verkörpern die Ordnungsgestalt, die von verhängnisvollen Dualismen geprägt ist: Körper und Geist, Böse und Gut, Lust und Schuld. Gegen diese Zwänge setzen die Kinder noch und noch Zeichen. Die Szenen des Spiels, die Zuneigung, die Zärtlichkeit zwischen Belli und dem «Bub» bilden die Erfahrungsgestalt des Sittlichen, die sich an der Grenze auf der Seite der Natur bewegt.

Natur als Lebensraum und Kulturraum

Im Austausch zwischen Menschen und der sie umgebenden Natur entsteht ein Raum zum Leben. Durch Produktion und Reproduktion sorgt die Bergbauernfamilie – der Vater Franz, die Mutter Hanni, die Tochter Belli und der «Bub» – für ein Gleichgewicht der Kräfte. Das

Bergheimwesen ist eine eigene Welt, die beinahe vollständig isoliert wie eine Insel im Nebel-
meer liegt. Es gibt zwar andere Welten – der Hof der Grosseltern am gegenüberliegenden
Berg, das Tal – doch deren Zeichen dringen nur spärlich herein. Das «Eigen» repräsentiert in
seiner klaren Begrenzung eine Welt für sich. Dieser Raum der «Jähzornigers» ist ein Kulturraum in und mit Natur. Die Raum-Zeit-Struktur des Films realisiert diesen begrenzten Lebensraum an der Naht von Natur und Kultur. Situierung der Schauplätze und die Zeitachse der vier
Jahreszeiten ergeben eine kohärente Inszenierung von Natur im Film.

Die Sphäre der Natur ist von den Menschen gestaltet. Sie erscheint primär als geformte
Kulturlandschaft, die über Jahrhunderte immer wieder neu gestaltet wurde. Die Initiation des
«Buben» – im Durchleben der Pubertät – geschieht im Steinespalten und Mauerbauen. Sexuelle Energien werden in die Landschaft umgesetzt und binden sich als neue Struktur. Mit den
Steinsetzungen auf der obersten Alp findet der «Bub» eine neue Sprache, die ihn aus der en-
gen kleinen Welt des «Eigen» und seiner Sprachlosigkeit befreit. Er wird ein Schöpfer und
Künstler. Die Konnotationen des kultischen Handelns und die Gestaltung von Landschaften in
der bildenden Kunst der «Land Art» verweisen auf die große Bedeutung von Steinsetzungen
in der Kulturgeschichte. Das Zentrum dieser neuen Sprache entdeckt der «Bub», wenn er mit
Belli «den gleichen Traum träumt» und die beiden ein Paar werden.

Menschen als Naturwesen

Weil der «Bub» nicht hört und nicht spricht, sieht er um so besser. Er kann nicht lügen, da er
weder Moral noch Gewissen hat. Seine Unschuld, seine Ehrlichkeit und Direktheit, seine Natur
ist in der kleinen Welt fremd, ist eine Gefahr. Seine Natur könnte die herrschende Kultur aus
den Angeln heben. Die neue Sprache, die Sprache des Körpers ist eine Herausforderung an
alle, aus ihrer Kultur herauszutreten. Den Eltern gelingt dies nur ansatzweise, doch Belli hat
ein Gespür für die Geheimsprache, die unmittelbar auf das sinnliche Erfahren, Erleben und Erleiden ausgerichtet ist. Murer zeigt Menschen als Teil der Natur, macht dem Zuschauer und der
Zuschauerin die erste Natur in sich selber bewusst. Das «Sich-Befinden in Umwelten» weitet

sich aus zu einer Schärfung der Sinne für die Natur im Menschen, die sich in der Sprache des Körpers- und der Gefühle vermittelt.

Natur als Projektion

Nebellandschaften im Film sind der Projektionsraum für Wünsche, Vorstellungen, sexuelle Energien. Wie bereits in «Wir Bergler in den Bergen ...» lässt Murer in «Höhenfeuer» das magische Weltbild von innen her aufleuchten. Natur wird hier in einer doppelten Dimension als «Es» und als «Ring» erlebt, die in wechselseitiger Beziehung eine Konstante bilden. Das «Eigen» als abgegrenzter Raum und geschützter Bereich bildet den «goldenen Ring», wie ihn der Jungianer Arzt und Volkskundler, Eduard Renner, im Essay «Goldener Ring über Uri» beschrieben hat. «Die Summe aller dieser Möglichkeiten – Gegenwart des Menschen, Besitzergreifung und bannende Gebärde – bildet den Ring. Es wäre aber immer noch nicht so gross wie das Es, wenn nicht sämtliche Ringe der Sippe in diesem einen Ring zusammenflössen, ganz ähnlich wie alle Dinge im Es. Denn ist das Es ein Ganzheitserlebnis, ist es der Ring nicht weniger. Immerhin bleibt der Mensch wie eine Lichtquelle in dessen Mitte, und die Kraft der Gesten nimmt ab, je weiter weg sie von diesem Punkte wirksam gedacht werden. Diese Weite bezieht sich nicht nur auf die rein körperliche Entfernung, sondern auch auf das Nachlassen der geistigen Spannung, mit der etwas erfahren und verlangt wird. Die Grundhaltung all dieser Erlebnisse ist also die Ergriffenheit, und ihr Grad bestimmt jene innere Schau, welche aus der profanen und nötigen Tat eine Kulthandlung macht» (Renner, 1991: 243). Die Ergriffenheit als Grundhaltung gegenüber der Natur verbindet Faszination und Furcht. Diese starke Betroffenheit in der Beziehung zur Natur innerhalb des magischen Weltbildes ist zentral, da alle Dinge, die vom Bann nicht erfasst werden, wieder in das unbestimmbare Es zurückfliessen.

Die Darstellung und Präsenz dieser eigenen Naturordnung – das Gleichgewicht zwischen «Es» und «Ring», welches stets vom «Frevel» bedroht ist – stellt das moderne Naturverständnis, im Sinne eines zweckrationalen Verhältnisses zwischen Mensch und Natur, in Frage. Murers Skepsis gegenüber der gesprochenen Sprache erscheint hier als Distanz zur rein analytischen Logozentrik. Er verwendet Natur als Projektionslandschaft für grundlegend verschiedene Auffassungen und Erlebnisqualitäten der Umwelt und Innenwelt. Die Poesie von «Höhenfeuer» erweist sich als magisch-kindliche Radikalität, die sich gegen den Sündenfall des diskursiven Denkens wendet und damit neue Möglichkeiten der Naturwahrnehmung und Naturbeziehung eröffnet.

Mythen und Erzählung

Murers Erzählstil zeichnet sich durch einen differenzierten Umgang mit Mythen aus. Bereits Roland Barthes hat in den «Mythen des Alltags» (1964) überzeugend dargelegt, dass der Mythos eine Form der Metasprache ist, die sich dadurch auszeichnet, dass Natur und Geschichte miteinander verwechselt werden. Diese Verwechslung weiss Murer zu vermeiden und überwindet damit die mythologisierende Naturdarstellung im deutschen Bergfilm und im alten Schweizer Film. Dieser entscheidende Schritt gelingt ihm dadurch, dass er sich der Ur-Schicht menschlichen Verhaltens öffnet: der Einsamkeit, den Affekten und der Tiefe der mythischen Welt. Das Genre der Tragödie geht im Schlussteil in die Form des Märchens über. Mit dem Tod der Eltern, die im Konflikt zwischen der strikten Ordnung der Tradition und dem Paradies der Kinder weichen müssen, deutet Murer eine mögliche Versöhnung an. Die Welt der Eltern darf die Liebe nicht bestrafen. Die Filmerzählung erhält durch diese Anerkennung der Natur in sich selbst und dem Einlassen auf die Sprache der Gefühle und des Körpers eine subversive Radikalität.

In seinem Erzählstil wählt Murer die Abstraktion, die Reduktion der Mittel. Die Sprache der Wörter wird ausgeräumt; sie macht dem Erscheinen der Dinge Platz, die in der Bildsprache eine hyperrealistische Präzision erreichen. Durch die klar abstrakte Erzählweise gleitet diese Genauigkeit des Schauens und Zeigens nicht in einen ethnographischen Naturalismus ab. Die Bilder signalisieren Distanz – die Tonspur mit ihrer Naturmusik (Windharfe, Muschel, Singstimme und Klarinette) vermittelt Innerlichkeit. «Während das Bild, während die Kamera Pio Corradis den Berg, den Berg gegenüber und die oberste Alp zur Welt für sich macht und sie detailgenau, aber auch eigenständig herstellt und damit eine Distanz schafft, ziehen die Töne – die Naturtöne von Florian Eidenbenz und die Musik von Mario Beretta – in das Innere der Figuren hinein. Das scheint mir das Geheimnis des Klimas von Höhenfeuer zu sein; aus der Wechselwirkung von Definition durch das Bild und Auflösung durch den Ton erwächst eine Magie des Films. So wird das bereits gezeichnete Bild um die Grenze von Natur und Kultur noch einmal hergestellt» (Schaub, 1987: 103). Die Kultur dieses Films – die durchgehende Präzision in der Konzeption, Inszenierung und Gestaltung – erscheint als Natur.

Der Fokus auf die fünf Aspekte – Naht von Natur und Kultur, Lebensraum und Kulturraum, Menschen als Naturwesen, Natur als Projektionsraum sowie die Verbindung von Mythen mit der Erzählhaltung des Regisseurs – lässt erkennen, wie Murer die Wahrnehmungsmuster aufbricht und für neue Dimensionen öffnet. Seine Poesie, die ungeheuerlichsten Dinge in der grösstmöglichen Schönheit und Zartheit zu schildern, erlaubt dem Zuschauer die Hinwendung zur Sensibilität: für die eigene Natur in sich selbst wie in anderen Menschen; für die Wahrnehmung von Atmosphären in der Natur als sozial konstituierter Raum. Insofern integriert «Höhenfeuer» bruchstückhafte Teilerfahrungen zu einer neuen Sinn- und Motivationserfahrung.

Tendenzen im aktuellen Filmschaffen

Die Auseinandersetzung mit der ästhetischen Organisation von Natur im Film bewegt Schweizer Filmschaffende bis in die neunziger Jahre. Das Spektrum der gestalterischen Wege ist ausgesprochen weit und für die Auseinandersetzung mit Naturkonzepten sehr anregend. Mit drei herausragenden Beispielen soll dies belegt werden: Hans-Ulrich Schlumpf hat mit «Der Kongress der Pinguine» (1993), einer Fabel vom Aufstand der Tiere gegen die ökologische Zerstörung der Antarktis, einen Filmessay geschaffen, der beim Publikum grossen Anklang fand (erfolgreichster Schweizer-Film des Jahres 1994). Auf der Suche «nach jenen unmissverständlichen Chiffren, nach jener filmischen Sprache, in der man nicht lügen kann», wird Schlumpf fündig. Er sprengt den engen helvetischen Rahmen und thematisiert die Frage nach dem Respekt des Menschen vor der Schöpfung (Lang, 1993: 33).

Wie Natur im Kino zur Kontemplation wird, erweist sich im Film «Ur-Musig» (1993). Cyrill Schläpfer führt in diesem symphonisch konzipierten Dokumentarfilm auf eine Reise durch die archaischen Klang-Landschaften der Inner- und Ostschweiz. «Unterstützt von so renommierten Kameraleuten wie Pio Corradi und Jürg Hassler, hat Cyrill Schläpfer eindrückliche, ja atemberaubende Landschaftsbilder von seltener Schönheit aus den verschiedenen Jahreszeiten aufgenommen, die nicht einfach den Hintergrund zur Musik bilden, sondern gleichwertig die Verwachsenheit der musikalischen Ausdrucksformen mit ihrer Umgebung zeigen ... ‹Ur-Musig› macht auch eindrückliche Weise authentische, urtümliche Volksmusik visuell und akustisch erlebbar» (Ulrich, 1993: 37). Der Regisseur vermeidet die Festlegung auf die «befriedete Landschaft». Es geht ihm nicht um Idylle mit dem Ziel einer harmonisch-bruchlosen Kontemplation der Gebirgslandschaft. Vielmehr lässt er das Rauhe, Unstimmige der Klangwelt im Bild aufscheinen. Nicht umsonst hat Schläpfer seinen Film «mit Respekt den traditionellen Musikern, den naturverbundenen Berglern und den sturen, querstehenden Grinden aus dem Appenzell, dem Muotatal und der Innerschweiz gewidmet» (Ulrich, 1993: 36).

In einer ästhetisch ausgesprochen reflektierten Form wendet sich der Kanada-Schweizer Peter Mettler dem Naturphänomen des Nordlichts zu. «Die aurora borealis, die wir Nordlicht nennen, figuriert als Grundstoff aller Schulen der Welt. Jeder, der sie noch nie gesehen hat, glaubt zu wissen, wie sie aussehen muss oder müsste. Und doch sind die Darstellungen des Phänomens selten. Haben es sicher andere vor ihm abgelichtet, so ist Mettler der erste, der mehr als den atemberaubenden Anblick, nämlich den Geist und die Mythologie der Erscheinung im Filmessay, mit Bildern und Kommentar, zu fassen versucht» (Lachat, 1994: 28). «Picture of Light» (1994) zeichnet sich aus durch die vertiefte Auseinandersetzung mit den Grenzen unserer Wahrnehmung, dem schmerzlichen Bruch eines verlorenen unmittelbaren Erlebens unserer Umwelt. «Wir leben in einer Zeit in der Dinge, die nicht als Bild festgehalten sind, nicht zu existieren scheinen», sagt der Autor in seinem Kommentar im Film zu seinen Bildern aus der Eiswüste Kanadas und spricht damit eine grundlegende Problematik in der Wahrnehmung von Natur an. Die mediale Vermittlung im Kino bzw. im Bildmedium wird mehrfach problematisch. Die zentrale Frage des Films lautet: «Macht einer, dem das Polarlicht in natura begegnet, eine andere Erfahrung als derjenige, der es im Kino sieht? Anders gesagt: Ist die Erfahrung des Polarlichts vermittelbar? Peter Mettler glaubt – gewiss zu Recht –, dass Film mit der Natur, mit wirklicher Erfahrung unverträglich sei. Wenn sich Erfahrung aber generell nicht vermitteln, sondern eben nur machen lässt, dann bedeutet dies doch wohl, dass das Subjekt im Kino zwar die Erfahrungen des Filmemachers nicht teilen kann, vor dem Film jedoch neue, eigene macht» (Egger, 1994) Die Wirkung eines Phänomens aus der physischen Welt kann durchaus dieselbe wie in der Natur sein oder sogar noch intensiver. Mit der medialen Vermittlung von Natur entstehen erkenntnistheoretische Schwierigkeiten, die in «Picture of Light» als Filmerfahrung erlebbar sind und somit sowohl intellektuell als auch emotional fassbar werden.

Das Spannungsfeld zwischen überschwenglichem Pathos und schmerzlichem Bruch – das ich hier am Beispiel des deutschen Bergfilms und des Schweizerfilms charakterisiert habe – gilt auch für Cinematographien anderer Ländern, etwa in der Naturdarstellung des italienischen Films von den frühen pathetischen Werken über den Neorealismus bis zur Ernüchterung bei Michelangelo Antonioni oder zur transitorischen Umgestaltung bei Pier Paolo Pasolini (Schenk, 1994; Hick, 1994). Der Bruch in der Darstellungstendenz ist grundsätzlich eine produktive Entwicklung, die das Interesse für die Komplexität der Naturbilder weckt und dem Vermittlungsversuch zwischen Umweltethik und Naturästhetik entscheidende Anregungen gibt. Gerade das anhaltende Interesse der Filmschaffenden für die Naturästhetik zeigt, dass der filmische Diskurs über die implizite und explizite Werthaltigkeit von Naturbildern lebendig ist. In Abwandlung des Bonmots von Balázs: Es gibt nichts Faszinierenderes als die Natur, in der wir selbst zu Hause sind.

Literatur

Balázs, B. (1931) Der Fall Dr. Fanck *In*: Arnold Fanck, Stürme über dem Montblanc, Basel, V-X. Nachdruck in: Béla Balázs (1984) Schriften zum Film, Bd.2, Budapest, 287ff.
Barthes, R. (1964) Mythen des Alltags. Suhrkamp, Frankfurt a. M.
Berg, J./Hoffmann, K. (Hrsg.) (1994) Natur und ihre filmische Auflösung. Timbuktu-Verlag, Marburg.
Birnbacher, D. (1991) Mensch und Natur. Grundzüge der ökologischen Ethik *In*: Praktische Philosophie. Grundorientierungen angewandter Ethik, Bayertz, K. (Hrsg.), rororo, Reinbek.
Böhme, G. (1989) Für eine ökologische Naturästhetik. Suhrkamp, Frankfurt a. M.
Bubner, R. (1989) Ästhetisierung der Lebenswelt *In*: Ästhetische Erfahrung, ders. (Hrsg.), Frankfurt a. M.
Faulstich, W. (1980) Einführung in die Filmanalyse. Narr, Tübingen.
Film und Kritik, Heft 1 (1992) Revisited. Der Fall Dr. Fanck. Die Entdeckung der Natur im deutschen Bergfilm, v. F. Amann, B. Gabel, J. Keiper (Hrsg.), Stroemfeld/Roter Stern, Basel, Frankfurt a. M.

Gamm, G./Kimmerle, G. (Hrsg.) (1990) Ethik und Ästhetik. Nachmetaphysische Perspektiven. edition diskord, Tübingen.

Henckmann, W./Lotter, K. (Hrsg.) (1992) Lexikon der Ästhetik. Beck, München.

Hick, U. (1994) Archaik – Transitorik – Utopie. Zur Rolle der Landschaft in den Filmen Pier Paolo Pasolinis *In*: Natur und ihre filmische Auflösung, Berg, J./Hoffmann, K. (Hrsg.), Timbuktu-Verlag, Marburg.

Egger, C. (1994) Die fremde kalte Schönheit der Aurora borealis. *Neue Zürcher Zeitung 23.12.94.*

Jacobs, T. (1992) Visuelle Traditionen des Bergfilms. Von Fidus zu Friedrich oder das Ende bürgerlicher Fluchtbewegungen im Faschismus *In*: Revisited. Der Fall Dr. Fanck. Die Entdeckung der Natur im deutschen Bergfilm (Film und Kritik, Heft 1), v. Amann, F./Gabel, B./Keiper, J. (Hrsg.), Stroemfeld/Roter Stern, Basel, Frankfurt a. M.

Kracauer, S. (1979) Von Caligari zu Hitler. Eine psychologische Untersuchung des deutschen Films. Suhrkamp, Frankfurt a. M.

Lachat, P. (1994) Picture of Light. *ZOOM, 12/94*: 28.

Lang, M. (1993) Der Kongress der Pinguine. *ZOOM, 12/93*: 32-33.

Lesch, W./Loretan, M. (Hrsg.) (1993) Das Gewicht der Gebote und die Möglichkeiten der Kunst. Krzysztof Kieslowskis «Dekalog» Filme als ethische Modelle. Universitätsverlag/Herder, Freiburg i. Ue., Freiburg i.Br.

Martig, Ch. (1993) Kieslowskis «Kurzer Film über die Liebe». Von der Analyse des Blicks zur Liebe als ethischem Modell *In*: Das Gewicht der Gebote und die Möglichkeiten der Kunst. Krzysztof Kieslowskis «Dekalog» Filme als ethische Modelle, Lesch, W./Loretan, M. (Hrsg.), Universitätsverlag/Herder, Freiburg i.Ue., Freiburg i.Br.

Mieth, D. (1982) Moral und Erfahrung. Beiträge zu einer theologisch-ethischen Hermeneutik. Universitätsverlag/Herder, Freiburg i. Ue., Freiburg i. Br., Wien; *(3. Auflage)*.

Mieth, D. (1993) Ansätze einer Ethik der Kunst *In*: Handbuch der christlichen Ethik, Bd. 2, Hertz, A., Korf, W., Rendtorff T., u. a. (Hrsg.), Herder, Freiburg i. Br., Basel, Wien.

Monaco, J. (1991) Film verstehen. Rowohlt, Reinbek.

Murer, F. M. (1986) Höhenfeuer. Ein Werkstattbuch mit einem Essay von Martin Schaub. Baumann & Stromer, Zürich.

Renner, E. (1991) Goldener Ring über Uri. Ammann, Zürich.

Rentschler, E. (1992) Hochgebirge und Moderne: eine Standortbestimmung des Bergfilms *In*: Revisited. Der Fall Dr. Fanck. Die Entdeckung der Natur im deutschen Bergfilm (Film und Kritik, Heft 1), v. Amann, F./Gabel, B./Keiper, J. (Hrsg.), Stroemfeld/Roter Stern, Basel, Frankfurt a. M.

Schenk, I. (1994) Natur und Anti-Natur bei Michelangelo Antonioni *In*: Natur und ihre filmische Auflösung, Berg, J./Hoffmann, K. (Hrsg.), Timbuktu-Verlag, Marburg.

Schlappner, M./Schaub, M. (1987) Vergangenheit und Gegenwart des Schweizer Films (1896-1987). Eine kritische Wertung. Schweizerisches Filmzentrum, Zürich.

Schaub, M. (1985) An der Naht von Natur und Kultur. *Tagesanzeiger Magazin, 21.9.85.*: 30-35.

Schaub, M. (1986) An der Grenze *In*: Höhenfeuer. Ein Werkstattbuch mit einem Essay von Martin Schaub, Murer, F. M. (Hrsg.), Baumann & Stromer, Zürich.

Seel, M. (1991) Eine Ästhetik der Natur. Suhrkamp, Frankfurt a. M.

Seel, M. (1992) Arnold Fanck oder die Verfilmbarkeit von Landschaft *In:* Revisited. Der Fall Dr. Fanck. Die Entdeckung der Natur im deutschen Bergfilm (Film und Kritik, Heft 1), v. Amann, F./Gabel, B./Keiper, J. (Hrsg.), Stroemfeld/Roter Stern, Basel, Frankfurt a. M.

Stucki, P. F. (1990) Bei genauerer Betrachtung. Fredi M. Murers «Höhenfeuer». Materialien einer Analyse und Hinweise zu deren Einsatz im Filmgespräch. Universitätsverlag, Freiburg i. Ue.

Ulrich, F. (1993) Ur-Musig. *ZOOM 9/93*, 36-37.

Anhang

Freiburger Thesen

zur Umweltethik und Naturästhetik

Bausteine eines Forschungsprogramms

Andreas Föhn, Walter Lesch, Charles Martig

Die folgenden Thesen markieren Tendenzen, Zwischenergebnisse und Desiderate einer Forschungsrichtung, die in einem ungefähr zweijährigen Arbeitsprozess in interdisziplinärer Forschung und Lehre erprobt wurde.[1] Ihr besonderes Merkmal ist die Erweiterung umweltethischer Rationalität um den Aspekt einer geschärften sinnlichen Wahrnehmung von Natur, ganz speziell im Medium der Naturästhetik und in konkreten Praxisfeldern naturästhetischer Erfahrung. Von einer solchen systematischen Erweiterung sind zwar keine Wunder zu erwarten, wohl aber eine Dynamisierung konventioneller ethischer Argumentation, die im Bereich des

---

[1] Diese Thesen entstanden als Diskussionspapier zur Präsentation des Freiburger Teilprojekts im Modul 4 des vom Schweizerischen Nationalfonds geförderten Schwerpunktprogramms Umwelt (erste Periode: 1993-1995). Sie wurden in einer Kurzfassung beim Postermarkt der SPPU-Projekte in Burgdorf am 15. November 1994 vorgestellt und dienten als Grundlage weiterer Projektpräsentationen. Zur Erläuterung und Vertiefung dieser zwangsläufig sehr komprimierten Darstellung ist auf die in diesem Band enthaltenen Beiträge der Autoren zu verweisen. Dort ist auch die weiterführende Literatur zu finden.

Mensch-Natur-Verhältnisses in typische Engpässe gerät, wenn die Begründung von Normen für ein umweltgerechteres Handeln zwar theoretisch überzeugend begründet werden kann, die Impulse zur konsequenten praktischen Umsetzung aber ausbleiben.

Zur Diskussion stehen drei mal sechs Thesen, die den Gebieten *Ethik (1.)*, *Ästhetik (2.)*, *Ethik & Ästhetik (3.)* zugeordnet sind und jeweils folgende Aspekte entfalten:

- eine grundlegende Positionsbestimmung,

- das Problem der Anthropozentrik,

- die Erläuterung des Gegenstandsbereichs ethischer bzw. ästhetischer Erfahrung und Reflexion,

- das Zusammenspiel von individuellen Präferenzen und systemischen Imperativen,

- weltanschauliche Kontexte,

- Handlungsorientierungen.

Die Thesen können (bei aller Skepsis gegenüber krampfhaften Systematisierungen) sowohl vertikal (1.1 - 1.6, 2.1 - 2.6, 3.1 - 3.6) als auch horizontal (1.1, 2.1, 3.1, usw.) gelesen werden. Eine sukzessiv parallele Lektüre der drei Thesenreihen erlaubt einen unmittelbaren Blick auf Konvergenzen und produktive Kollisionen, die sich für die praktische Vernunft aus der Verbindung von Ethik und Ästhetik ergeben. Es sind Thesen, die zur Diskussion und zu eigenen Bemühungen im Spannungsfeld zwischen umweltethischer Theorie und Praxis einladen.

1. Thesen zu einer ökologischen Sozialethik

(1.1) «Umweltethik» wird in diesem Projekt im Kontext einer theologischen Sozialethik konzipiert, die sich *an den Leitbildern sozialer Gerechtigkeit und umweltverträglichen Handelns orientiert*. Ein solcher Entwurf ist Teil einer Ethik gesellschaftlichen Handelns unter den Bedingungen moderner Wirtschafts- und Kommunikationsformen und in Kenntnis der Paradoxien des industriellen Fortschritts.

Bei der institutionellen Verankerung ökologischer Ethik im Rahmen aktueller interdisziplinärer Ethikdiskurse stellt sich die Frage, ob dieses Forschungsgebiet an Traditionen der Bioethik oder der Sozialethik anknüpfen sollte. Es wäre zu zeigen, dass es sich hierbei um eine falsche Alternative handelt. Umweltethik ist eine *Ethik des Lebens* (Ethik der Natur), insofern sie sich auf naturale Lebensgrundlagen bezieht, die für ethisch begründete Entscheidungen relevant sind (wir können nicht davon abstrahieren, dass wir Teil der Natur sind); sie ist eine *Ethik der Gesellschaft* (in der Dialektik von Individualität und Sozialität), insofern es um die Rechtfertigung von Geltungsansprüchen geht, die sich nicht unmittelbar aus einer Logik der Natur ableiten lassen. Deshalb kann eine ökologische Ethik sowohl vom methodologischen Profil der neueren Bioethik als auch von den Traditionen sozialethischer Forschung profitieren.

Da heutige Umweltprobleme zu einem grossen Teil anthropogen sind, konzentriert sich eine ökologische Sozialethik auf die «human dimension» der Ökologie. Wissenschaftliche Gesprächspartner sind in erster Linie die Sozialwissenschaften, die über die Funktionen und Strategien ökologischer Kommunikation informieren und gesicherte Erkenntnisse über Grundlagen umweltverträglichen Handelns erarbeiten. Die Priorität dieser Gesprächsebene schliesst Kontakte zu den Natur- und Technikwissenschaften keineswegs aus. (Diese Kontakte werden erleichtert, wenn Natur- und TechnikwissenschaftlerInnen zur handlungstheoretischen und ethischen Reflexion ihrer eigenen Arbeit bereit und fähig sind.)

Aus der Perspektive einer theologischen Sozialethik werden die Handlungsoptionen vorrangig in Verbindung mit Kriterien sozialer Gerechtigkeit untersucht. «Ecological correctness» als reine Gesinnung der guten Umweltmoral kann also kein Selbstzweck sein (im Sinne des Ideals einer Harmonie mit der Natur), sondern ist im Rahmen einer argumentativ vertretbaren Folgenabschätzung mit den Konflikten und Paradoxien der Industriegesellschaft zu konfrontieren: in den reichen Ländern des Nordens und im Weltmassstab aus der Perspektive der Armen des Südens. Dabei werden «Grenzen des Wachstums» sichtbar, die auch im optimistischen Szenario der Transformation von der Industrie- zur Informationsgesellschaft dazu führen, dass es Gewinner und Verlierer gibt. Das Postulat einer weltweiten «ökologischen Gerechtigkeit» kann deshalb von anderen Verteilungskonflikten nicht losgelöst werden. Deshalb ist aus unserer Sicht jede ökologische Sozialethik daran zu messen, ob sie diesen Aspekt einkalkuliert.

(1.2) Eine handlungstheoretisch fundierte und systemtheoretisch informierte Sozialethik hat sich in ökologischer Hinsicht zwangsläufig an den *Widersprüchen des Anthropozentrismus* abzuarbeiten. Gesellschaftsethik ist an der Herstellung menschengerechter Verhältnisse interessiert. Dies schliesst nicht aus, dass das herkömmliche Mensch-Natur-Verhältnis einer Revision bedarf. Die Rückwege ins Paradies symbiotischer Naturbegeisterung sind jedoch versperrt.

In der philosophischen Ethik wurde intensiv die Problematik der Anthropozentrik bearbeitet, nicht ohne Kritik an der jüdisch-christlichen Tradition, die angeblich Mitverantwortung für die umweltschädliche Sonderstellung der «Krone der Schöpfung» trägt. Eine theologische Ethik muss sich deshalb zwangsläufig mit dem Anthropozentrismus-Problem auseinandersetzen und bei dieser Gelegenheit die alternativen Denkmodelle (Pathozentrismus, Biozentrismus, Physiozentrismus) rezipieren, zum Beispiel in Auseinandersetzung mit der Tierethik oder mit Ansätzen der «deep ecology», einem holistischen Modell mit weitreichenden praktischen Folgen. Es besteht inzwischen ein weitreichender Konsens darüber, dass die Ausgangsposition eines *epistemischen Anthropozentrismus* kaum zu vermeiden ist, dass aber auf dieser Grundlage eine Erweiterung der umweltethisch relevanten Lebensgemeinschaften notwendig und möglich ist. Diese bestehen nicht nur aus tatkräftigen und selbstbewussten «moral agents», sondern auch aus schutzbedürftigen «moral patients», deren moralischer Status nicht angetastet werden darf.

Die handlungstheoretische Subjektzentriertheit ökologischer Sozialethik wird vor allem durch die Integration systemtheoretischer Ansätze überwunden. Systemische Zugänge haben nicht zuletzt den Vorteil, sozial- und naturwissenschaftliche Forschungen (Öko-Systeme!) leichter miteinander verbinden zu können. Die Selbstherrlichkeit des erkennenden und handelnden Subjekts gerät durch solche Einsichten ins Wanken.

(1.3) Eine Sozialethik umweltverantwortlichen Handelns bezieht sich primär auf die Logik systemischer und kollektiver Prozesse. Die Notwendigkeit individueller Umweltverantwortung (Tugendethik) ist damit keineswegs bestritten; sie steht jedoch nicht im Mittelpunkt sozialethischer Analysen. Hauptgegenstände sozialethischer Arbeit sind die *Systemlogiken von Wirtschaft, Politik, Recht, Wissenschaft und Kultur* und die Erforschung von deren wechselseitiger Durchdringung.

Bei ökologischen Fragen stossen wir in besonderer Weise auf ein altes Dilemma sozialethischer Argumentation: einerseits wird ethisch die Verantwortlichkeit eines mündigen und die Folgen seines Handeln abwägenden Subjekts behauptet; andererseits wird ein so umschriebenes Subjekt permanent mit den Grenzen seines Aktionsradius konfrontiert. Globale Umweltprobleme sind nicht durch Appelle zur individuellen Umkehr zu bearbeiten, aber auch nicht resignativ als unlösbar zu betrachten. Neben der normativen Ethik gibt es einflussreichere Instanzen zur Steuerung gesellschaftlicher Interaktion: Recht, Wirtschaft und Politik mit ihren je eigenen Regelungsmechanismen und Sanktionsmöglichkeiten. Aus ethischer Sicht ist zu untersuchen, wie die Genese von Werteinsichten und die Begründung von Normen in den jeweiligen Bereichen gelingt. Als akademische Disziplin und beratende Instanz in einer pluralistischen Gesellschaft verfügt die Ethik nur über die Überzeugungskraft des besseren Arguments. Die Eigenlogik der einflussreicheren Systeme zwingt zur Bescheidenheit, aber auch zu besonderer Präzision, Kommunikabilität und argumentativer Sorgfalt.

Eigeninitiative wird durch die Einsicht in systemische Zusammenhänge nicht ausgeschaltet. Im Gegenteil. Ohne individuelle Werthaltungen und konsequentes Festhalten an Handlungsmaximen ist eine Verbesserung des kollektiven Umweltverhaltens gar nicht denkbar.

(1.4) Moderne Gesellschaften zeichnen sich in zunehmendem Masse dadurch aus, dass die unkontrollierte und unreflektierte Eigendynamik isolierter Systeme an den Rand der Katastrophe führen kann. Über die _«Ökologisierung der Kommunikation»_ erlebt die Risikogesellschaft die Möglichkeit zu einer Trendwende, die sich als lebensrettend erweisen könnte. Um kontraproduktives Moralisieren zu vermeiden, ist die sachliche Analyse dieser moralisch aufgeladenen Kommunikation vorzuziehen.

Die Aporien und Risiken der Industriegesellschaft führen zu einer Kritik an den negativen Folgen der Moderne und zu einer neuen «Erfindung des Politischen» (Ulrich Beck): politikverdrossene BürgerInnen kehren in die Arena der politischen Auseinandersetzung zurück und werden aktiv bei der kreativen Gestaltung von Wegen in eine neue Moderne – in kritischer Auseinandersetzung mit fundamentalistischen Trends.

Freilich ist speziell bei ökologischen Themen zu beobachten, dass sie im Teilchenbeschleuniger des kurzatmigen Informationssystems abgenutzt werden (Waldsterben, Treibhauseffekt, ...). Um so wichtiger ist die medienethische Komponente einer ökologischen Sozialethik.

(1.5) Eine christliche Sozialethik thematisiert den *schöpfungstheologischen Sinnhorizont* **des Naturverständnisses als Angebot eines umfassenden Interpretationsrahmens** *in einer* *pluralistischen Gesellschaft.* **Ein solches Deutungsangebot ist ein Beitrag zur Verständigung zwischen weltanschaulichen «communities» im Wettstreit der Überzeugungen in einer «Zivilgesellschaft».**

In der jüdisch-christlichen Tradition gibt es einen klaren theologischen Bezugspunkt für den Umgang mit Natur: die Glaubensaussage, dass die Welt Gottes gute Schöpfung ist, den Menschen zur Nutzung und Bewahrung anvertraut. Wegen grundlegender Änderungen im naturwissenschaftlichen Weltbild ist eine solche Aussage nicht unwidersprochen geblieben.

Ein historisch-kritisches Wissen um die poetische Struktur der Schöpfungstheologie (Metaphorologie) hindert aber bis heute Menschen nicht daran, die biblische Überlieferung als Impuls und Motivation für ihr eigenes Handeln zu verstehen. Eine aufgeklärte Theologie der Schöpfung schärft das Bewusstsein für Kontingenz, Solidarität und Verantwortung und befreit vom Zwang permanenter Nutzenmaximierung. In Konkurrenz mit den Deutungsangeboten anderer Überzeugungsgemeinschaften hat sich eine solche Grundhaltung zu bewähren. Praktisch gelebte Überzeugungen zeichnen sich im optimalen Fall dadurch aus, dass sie gerade durch einen starken Motivationsvorsprung Kreativität und Korrekturoffenheit ermöglichen.

(1.6) Aus diskursanalytischer Sicht ist die Ethik eine Diskursform neben anderen, die ebenfalls normativ relevant sein können (Recht, Erziehung, Medien, ...). *Ethik* **verfügt über keinen privilegierten Standpunkt, über keinen «Blick von nirgendwo». Sie** *hat sich* *darauf spezialisiert, den Konflikt moralischer Geltungsansprüche prozedural auf dem Forum gewaltfreier Diskurse auszutragen, um zu vorläufigen Verständigungen über das Richtige und Angemessene zu gelangen.*

Ökologische Sozialethik ist in interdisziplinären Diskursen eine hermeneutische Instanz, die in Kenntnis eines möglichst breiten Spektrums kultureller Überlieferungen und durch die Kombinatorik guter Sachargumente und nachvollziehbarer Bewertungen zur Konsensfindung in strittigen Fragen beiträgt. Eine solche Ethik lässt sich auf das riskante Experiment kontroverser Geltungsansprüche ein, um eine neue ökologische Moral als gemeinsamen Gewinn zu erreichen (Steigerung von Umweltverträglichkeit, Sozialverträglichkeit, Lebensqualität). Eine solche Ethik ist zunächst zurückhaltend bei der inhaltlichen Bestimmung guten Lebens, um die Prozedur des fairen Diskurses nicht zu gefährden. Damit soll aber nicht der Eindruck erweckt werden, Ethik wolle sich vor dem ungeheuren Problemdruck konkreter Normierungskonflikte drücken. Sie kann ihre prozedurale Qualität unter anderem dadurch plausibel machen, dass sie zur Entwicklung von Szenarien anregt, um die Erprobung unterschiedlicher Argumentationsrichtungen zu ermöglichen. Ethische Beratung zielt stärker auf die Mediation kontroverser Standpunkte als auf richterliche Urteile, womit sie keineswegs von der Pflicht zu einer eigenen begründeten Position entbunden ist. Denn das Bemühen um unparteiliche Urteilsbildung und die Begründung eigenständiger Haltungen schliessen einander in einer universalistischen Ethik nicht aus.

2. Thesen zu einer Ästhetik der Natur

(2.1) Die Naturästhetik, die innerhalb der Philosophie lange Zeit ein Schattendasein fristete, profitiert zur Zeit von der *Mode der Ästhetik* und von der ökologischen Krise. Es gibt inzwischen sogar Ansätze einer explizit *«ökologischen Ästhetik»*

Angesichts des inflationären Sprechens über Ästhetik sind Differenzierungen erforderlich. Bezugspunkt ist einerseits die philosophische Disziplin der Ästhetik (von Baumgarten über Kant bis Adorno und Lyotard), andererseits das alltagssprachliche Vorverständnis.

Aufwertungen des theoretischen Umgangs mit Kunst haben meist dann stattgefunden, wenn andere Aspekte eines rationalen Weltverständnisses in die Krise gerieten. Dieser Zusammenhang ist auch für das gegenwärtige Interesse an der «Aisthesis» (= Wahrnehmung) zu diagnostizieren, der im vorsichtigen Modus des «schwachen Denkens» mehr zugetraut wird als der klassischen Vernunft, die unter postmodernen Vorzeichen bisweilen sogar als Mitverursacherin der ökologischen Krise an den Pranger gestellt wird. Mit der resignierten Abkehr vom Reflexionsstand praktischer und theoretischer Philosophie wäre der Ästhetik jedoch ein schlechter Dienst erwiesen.

Naturästhetik fasziniert wegen der erwarteten Unmittelbarkeit und Anschaulichkeit, zumal im naturästhetischen Bereich, der als leichter zugänglich gilt als die Kunstphilosophie. Entsprechend gross ist die Enttäuschung, wenn man statt dessen auch zur Erklärung des Naturschönen auf komplizierte philosophische Theorien trifft. Andererseits ist die alltagssprachliche Redeweise von Ästhetik trotz ihrer Ungenauigkeit nicht zu verachten. Sie enthält durchaus einen für die Neugestaltung des Mensch-Natur-Verhältnisses relevanten Kern, indem sie auf eine Konkretisierung drängt, die in der dünnen Luft ästhetischer Theorie oft vergeblich gesucht wird.

Es wäre zu zeigen, dass Ästhetik kein Luxusgut ist, sondern einen allgemein zugänglichen Erfahrungsraum beschreibt: im Alltag ebenso wie bei beruflichen Berührungen von Ästhetik und Naturwissenschaften oder Ästhetik und Technik. Die philosophische Ästhetik steht vor der Wahl, entweder die Theoriedebatten ihrer eigenen Tradition endlos zu reproduzieren und sich in Textkommentaren zu erschöpfen oder aber die neuen Wahrnehmungsfelder des Ästhetischen als Herausforderung zu akzeptieren und den Anlass zur Weiterentwicklung des theoretischen Profils zu nutzen.

(2.2) Eine Ästhetik der Natur enthält das Versprechen eines neuen Verhältnisses zur Natur, die wegen ihres nicht-instrumentellen Wertes anerkannt wird. Damit eröffnet sich eine Perspektive guten Lebens in der Betrachtung einer als selbstzweckhaft erfahrenen Wirklichkeit. Da die *ästhetische Erfahrung* nicht vom *subjektiven Blickwinkel* gelöst werden kann, ist die *Anthropozentrik* zumindest erkenntnistheoretisch nicht zu vermeiden.

Eine ökologische Naturästhetik muss sich der paradoxen Situation stellen, als Ästhetik die anthropozentrische und subjektive Sichtweise par excellence zu vertreten und dennoch zur Entdeckung von intrinsischen Werten der Natur beitragen zu wollen. Über Geschmack lässt sich bekanntlich streiten. Das bedeutet aber immerhin auch, dass sogar für Geschmacksurteile Gründe geltend gemacht werden, die es im offenen Diskurs zu überprüfen gilt. Das Erleben von Naturschönheit betrifft nicht allein persönliche Präferenzen; es ist immer auch in intersubjektiv geteilte Lebenswelten und kulturell geprägte Vorverständnisse eingebunden.

(2.3) Die ästhetische Erfahrung der Natur lebt vom Spiel der Erscheinungen und hat Analogien zum kontemplativen und imaginativen Umgang mit Kunst. *Natur* wird *als lebendiges Kunstwerk* erfahren.

Künstlerische Darstellung von Natur ist nicht einfach Nachahmung der Natur (Mimesis), sondern Gestaltung einer neuen, fiktiven Wirklichkeit. Dieser mit der Kunst der Moderne erreichte Abstraktionsgrad hat Folgen für das Naturverständnis und für die spontanen «Naturbilder», die von kulturellen Bildern überlagert sein können. Ein kulturell sensibles Naturverständnis erfordert daher eine Deutungskompetenz, die im kontinuierlichen Prozess ästhetischer Bildung zu erwerben ist. Die freie Betrachtung der Natur als Raum der Imagination ist eine *Möglichkeit*, freilich keine zwingende. Wer beim Anblick des Genfer Sees hinter dem Bahntunnel von Chexbres nicht an Bilder von Ferdinand Hodler denkt, ist in seiner Wahrnehmungsfähigkeit noch lange nicht eingeschränkt. Er oder sie wird vielleicht sogar für Beobachtungen offen sein, die dem kunstgeschichtlich geschulten Blick verborgen sind. Für eine ökologisch relevante Naturästhetik bedeutet dies, dass die ästhetische Erfahrung von den Fesseln eines akademischen Traditionsbalasts zu befreien ist.

(2.4) Aus der *Kontrasterfahrung zerstörter Natur* erwächst die *Forderung nach dem Erleben unversehrter Natur*. Eine solche Ästhetik lässt sich als Teil einer *Ethik des guten Lebens* rekonstruieren: ästhetische Naturerfahrung ist in diesem Kontext Bestandteil einer individuellen Lebensform, deren Qualität und Intensität mit der Anerkennung des Eigenwertes der Natur verbunden ist.

Eine Sozialmoral der Gerechtigkeit ist nicht denkbar ohne das Zusammenspiel von Ethiken des guten Lebens, in denen es recht unterschiedliche Vorstellungen davon geben mag, was eine optimale Lebensform auszeichnet. Offensichtlich findet der Wunsch, die Lebensqualität durch freien Zugang zu intakter Natur zu steigern, eine relativ breite Zustimmung. Schon allein aus dem Respekt vor solchen Präferenzen ergibt sich die Notwendigkeit eines weitreichenden Schutzes der Natur.

(2.5) Eine Ästhetik der Natur erschliesst Sinnerfahrungen, die als *funktionale Äquivalente religiöser Kategorien* zu interpretieren sind. Die Betrachtung der Natur schärft aber

auch den Blick für die Wahrnehmung von Kontingenz und ist insofern *für nachmeta-physische und nicht religiös gebundene Konzepte offen.*

Kunst und Religion sind kulturgeschichtlich in vielfacher Weise miteinander verknüpft: in der Tradition der Mystik, in Mythologien, in Entwürfen einer Kunstreligion. Dabei trat der Kunstgenuss gelegentlich auch an die Stelle religiöser Erfahrung. Im Kontext einer erneuerten Naturästhetik sind derartige Interferenzen einzukakulieren: im Interesse struktureller Entsprechungen und produktiver Kollisionen. Es besteht jedoch keine Notwendigkeit, Erfahrungen von Zufälligkeit, Unverfügbarkeit und Zweckfreiheit in der Natur um jeden Preis in ein weltanschauliches Schema zu pressen. Der Gedanke der Naturteleologie (der zielgerichteten Struktur natürlicher Vorgänge) erfährt zwar gegenwärtig gerade über die Ästhetik eine Rehabilitierung, nachdem er lange Zeit als unwissenschaftlich ausgegrenzt worden war; der Schluss von sinnhaften Ordnungsstrukturen auf normative Verbindlichkeiten ist aber zumindest mit Vorsicht zu geniessen.

(2.6) Ästhetik versucht sich immer wieder gegen *Funktionalisierungen* und Instrumentalisierungen zu immunisieren. Ästhetische Erfahrungen von Natur lassen sich jedoch durchaus als *handlungsleitende Modelle* interpretieren und in den Dimensionen der Sensibilisierung, der Motivation, der Kontrast- und der Sinnerfahrung entfalten.

Wo bleibt die praktische Bedeutung einer Ästhetik der Natur, wenn Ästhetik sich prinzipiell gegen Funktionalisierungen wehrt? Der Brückenschlag zwischen Ethik und Ästhetik ist auf dem Weg einer «Modellethik» zu versuchen, die Förderungsgestalten umweltgerechter Praxis auch im Medium der Kunst und der Naturerfahrung erschliesst. Modelle umweltgerechten Handelns hätten den Charakter offener Einladungen zur Erprobung neuer Freiheitsräume.

3. Synthese: Umweltethik & Naturästhetik

(3.1) Ethisch-ästhetische Konvergenzen haben in der Geschichte der Philosophie und Theologie eine lange Tradition, die an ausgewählten Beispielen zu beschreiben ist, um

das begriffliche Instrumentarium für die aktuelle Forschungsarbeit zu stärken. Dies beinhaltet auch eine deutliche Abgrenzung *gegen den modischen Missbrauch der Ästhetik zur Verschleierung ethischer Argumentationsdefizite oder zur Entpolitisierung der Sozialethik.*

Die stärkere Gewichtung des sozialethischen Teils in unserem Projekt könnte als eine «Entmündigung der Kunst» (A. C. Danto) aufgefasst werden. Eine kunstkritische Forschungsrichtung ist insofern durchaus beabsichtigt, als eine ästhetisch aufgeladene Öko-Ethik kein elitäres Luxus-Projekt mit gefälligem Design sein soll. Dieser Primat der praktischen Vernunft in scharfer Abgrenzung gegen jede Form von Ästhetizismus hat dann freilich auch Konsequenzen für die Konzeptualisierung der Ästhetik, die in prominenten Strömungen ihrer Tradition als eine betont distanzierte Wirklichkeitswahrnehmung verstanden wurde. Es gehört zur ästhetischen Betrachtungsweise, den Handlungsdruck zu suspendieren und die Welt zunächst einmal subjektiv aus einem anderen Blickwinkel zu betrachten. Dagegen rechnen heutige Neuansätze von Ästhetik gerade wegen der unvermeidbaren Provokation des Ethischen auch mit einem neuen ästhetischen Kritikpotential. Es artikuliert sich in einem Denkstil, der für Pluralität wirbt, einen ausgeprägten Blick für das Besondere, das Heterogene, das Ausgestossene hat und somit aus einer ungewohnten Sicht für Anliegen der Gerechtigkeit und des Respekts einsteht.

(3.2) Bei der Untersuchung des Mensch-Natur-Verhältnisses stellt sich sowohl aus ethischer als auch aus ästhetischer Sicht die Frage nach der Klärung des «Zentrismus-Problems». *Ist eine «a-zentrische» Weltsicht in ethischen und ästhetischen Kategorien überhaupt denkbar?*

In gegenwärtigen Debatten taucht diese Frage sowohl als erkenntnistheoretisches Problem als auch als esoterische Spekulation auf. Auf jeden Fall erleben wir ein Ende der Zentren im Sinne hierarchisch organisierter Gesellschaftsformen und zentral gesteuerter Entscheidungsmechanismen; in pluralistisch verfassten Gesellschaften lösen sich epistemologische Zentren auf. Die andere Seite dieser Entwicklung ist das Enstehen von neuen Netzwerkstrukturen, die allerdings leicht mit den Eindeutigkeitswünschen ökologischer Politik in Konflikt geraten können. Das wäre zu verdeutlichen an verschiedenen Arten, «Rechte der Natur» zu denken und praktisch umzusetzen. Was den einen als evidente Forderung erscheint, ist für andere ein Vorbote der Ökodikatur.

Ein extremes Beispiel für die Aporien des Zentrumsverlustes sind die widersprüchlichen Argumente zugunsten der Erhaltung einer maximalen Biodiversität, die mal aus Gründen der Nutzenmaximierung, mal unter Hinweis auf den Eigenwert schöner Natur eingefordert wird. In beiden Fällen sind Menschen die Nutzniesser: im Falle der profitorientierten Bewirtschaftung und im Fall der reinen Kontemplation. Offensichtlich ist eine epistemische Anthropozentrik gerade auch bei der Synthese von Umweltethik und Naturästhetik unumgehbar, da mit der Ästhetik ein extrem subjektiver Faktor ins Spiel kommt.

(3.3) Die *Ästhetik der Natur* ist systematisch in einer *Ethik der Kultur* zu verorten. Von diesem Standort aus sind auch Transfers in andere gesellschaftliche Subsysteme (z. B. Wissenschaft, Wirtschaft, Technik) möglich, zwischen denen auf der Ebene ästhetischer bzw. ästhetisierter Kommunikation Wechselwirkungen entstehen können. Die jeweiligen Kommunikationsstile sind systemspezifisch sowie hinsichtlich der Habitusformen und anderer Aspekte der Sozialstruktur zu differenzieren.

Der Rekurs auf Kultur ist zu einem ambivalenten Topos politischer Rhetorik geworden: Kultur gilt einerseits als etwas Gegebenes und Bewahrenswertes, das andererseits wegen seiner Dynamik auch immer etwas Unberechenbares hat. Kultur wäre in Anlehnung an Bourdieus Kultursoziologie präziser zu fassen als soziale Grammatik von Praxisformen, die stilbildend sind und Modi der Selbstverwirklichung und Selbstdarstellung festschreiben. Die ästhetische Praxis ist Teil eines Ensembles von Strategien, die erlernt werden und den jeweiligen Lebensstil prägen. Auf die Dauer verändern sich auch die Subsysteme der Gesellschaft, wenn eine genuin ästhetische Naturbetrachtung auf den Stil der Wissenschaft, der Wirtschaft, der Technik usw. Einfluss nimmt.

(3.4) *Von einer Ästhetik als Teil einer Ethik des guten Lebens gibt es Brücken zu einer gesellschaftlichen Moral der Anerkennung*: Menschen anerkennen sich wechselseitig als Individuen, die an einem Naturverhältnis interessiert sind, in dem auch nicht-instrumentelle Werte zur Geltung kommen.

Das Eintreten für Lebensformen, in denen ein ästhetisches Verhältnis zur Natur Platz hat, ist mehr als nur eine persönliche Präferenz. Es erfordert eine Koordination von Handlungserwartungen, die moralisch anzuerkennen sind. Lebensformen, für die der Schutz von Natur wesentlich ist, verdienen gleiche Anerkennung wie jene Lebensentwürfe, in denen der Schutz von Kulturgütern als zentral erachtet wird. Für die Wahrnehmung beider Schutzbedürfnisse gibt es gesellschaftliche Strategien, die nicht allein auf individuellen Präferenzen beruhen, sondern auf die Unterstützung durch rechtliche Regelungen, ökonomische Anreize, schulische Lernprozesse, Medienarbeit usw. zurückgreifen können.

(3.5) Religion, Ethik und Ästhetik sind Bündnispartner im *Prozess der Delegitimation und des Verlustes letzter Gewissheiten* («Postmoderne»-Syndrom). In einer solchen Situation erschliessen sie mit unterschiedlichen Mitteln *neue Sinnressourcen und Verbindlichkeiten.*

Die Ästhetisierung der Ethik ist kein raffiniertes Comeback der Religion, auch kein Absturz ins New Age, sondern eine Erschliessung von Sinn-, Motivations- und Evidenzerfahrungen. Damit ist die Chance verbunden, die ästhetischen Modelle, die in religiös geprägten Naturbildern vorhanden sind, neu zu rezipieren und auch unabhängig von Fragen der Doktrin als öko-spirituelle Grundhaltungen zu würdigen.

(3.6) Ethik und Ästhetik finden in der pluralen Kommunikationsgesellschaft Beachtung in einer medialen *Öffentlichkeit*, die als *Forum für Debatten über die Geltung von Normen und über die Sensibilisierung für Werte* funktioniert. Dabei setzt die Vermittlung von umweltgerechten Haltungen nicht zuletzt auf die *persuasive Kraft der Bilder*, die den Denkhorizont rationaler Diskurse erweitern und für *transkulturelle Kontakte* öffnen.

Eine ökologische Ethik, die mit der Überzeugungskraft der Bilder rechnet, zugleich aber um deren Manipulierbarkeit weiss, öffnet den Blick über den europäischen Tellerrand hinaus und fördert die Kommunikation in der einen «Weltgesellschaft». Bilder können Rationalität erweitern; sie können diese aber auch unterlaufen. Ethik und Ästhetik sind daher zwar in engem Kontakt mit der massenmedialen Kultur zu entfalten, sollten aber ihre Kritikfähigkeit gegenüber den dort herrschenden Vermarktungsinteressen bewahren.

Die Autorinnen und Autoren

Ursula Brechbühl, Romanistin und Linguistin, Geographisches Institut, Universität Bern, Hallerstr. 12, CH-3012 Bern

PD Dr. Andreas Erhardt, Biologe, Universität Basel, Schönbeinstr. 6, CH-4056 Basel

Andreas Föhn, Theologe und Wirtschaftswissenschaftler, Universität Fribourg, Rue St-Michel 6, CH-1700 Fribourg

Prof. Dr. Uwe Gerber, Theologe, Technische Hochschule Darmstadt und Universität Basel, Mitglied der Expertengruppe der Basler Stiftung «Mensch-Gesellschaft-Umwelt» (MGU), Birkenweg 17b, D-64807 Dieburg

Wolfgang Gessner, Psychologe, Interfakultäre Koordinationsstelle für allgemeine Ökologie (IKAÖ), Universität Bern, Falkenplatz 16, CH-3012 Bern

Christian Häuselmann, Wirtschaftswissenschaftler, Interfakultäre Koordinationsstelle für allgemeine Ökologie (IKAÖ), Universität Bern, Falkenplatz 16, CH-3012 Bern

Dr. August Heuser, Theologe, Limburg und Universität Frankfurt a. M., Rauenthaler Weg 1, D-60529 Frankfurt am Main

Prof. Dr. Ruth Kaufmann-Hayoz, Psychologin, Interfakultäre Koordinationsstelle für allgemeine Ökologie (IKAÖ), Universität Bern, Falkenplatz 16, CH-3012 Bern

Dr. Christin Kocher Schmid, Ethnologin, University of Kent at Canterbury und Seminar für Volkskunde der Universität Basel, Augustinergasse 19, CH-4051 Basel

David J. Krieger, Ph.D., Religionswissenschaftler, Hochschule Luzern und Institut für Kommunikationsforschung Meggen/Luzern, Löwengraben 10, CH-6004 Luzern

Dr. Walter Lesch, Sozialethiker und Literaturwissenschaftler, Interdisziplinäres Institut für Ethik und Menschenrechte, Universität Fribourg, Rue St-Michel 6, CH-1700 Fribourg

Angela Lüthje, Wissenschaftliche Mitarbeiterin, Ökomedia Institut, Freiburg i. Br., Habsburgerstr. 9a, D-79104 Freiburg i. Br.

Charles Martig, Theologe und Kommunikationswissenschaftler, Katholischer Mediendienst Zürich, Bederstr. 76, 8027 CH-Zürich

Dr. Lucienne Rey, Geographin, Geographisches Institut, Universität Bern, Hallerstr. 12, CH-3012 Bern

Dr. Christian Thomas, Architekt und freier Forscher, Büro für ökologische Kommunikation, Gratstr. 3, 8143 CH-Üetliberg/Zürich